专利创造性审查
强化源头保护的关键

国家知识产权局专利局
专利审查协作北京中心 ◎组织编写

知识产权出版社
全国百佳图书出版单位
—北京—

图书在版编目（CIP）数据

专利创造性审查：强化源头保护的关键/国家知识产权局专利局专利审查协作北京中心组织编写. —北京：知识产权出版社，2023.9

ISBN 978 – 7 – 5130 – 8929 – 6

Ⅰ.①专… Ⅱ.①国… Ⅲ.①专利—审查—研究—中国 Ⅳ.①G306.3

中国国家版本馆 CIP 数据核字（2023）第 186209 号

内容提要

本书以专利制度的历史沿革为切入点，阐释了创造性从无到有的历史必然性以及创造性高度与经济社会发展之间的关系。书中不仅介绍了创造性判断的一般规范，还通过大量案例讨论了创造性判断的重点和难点问题，最后结合审查实践提炼出的经验给出了创造性判断中的三种思维方法，并通过实际案例介绍创造性审查意见撰写的注意事项，以期帮助读者更好地从"道"和"术"两个层面理解创造性判断的实质和核心要义、创造性判断在专利法体系中的地位和作用以及创造性与其他可专利性条件之间的内在联系。

责任编辑：王祝兰   责任校对：王 岩

封面设计：杨杨工作室·张 冀   责任印制：刘译文

专利创造性审查

——强化源头保护的关键

国家知识产权局专利局专利审查协作北京中心 ◎ 组织编写

出版发行：知识产权出版社 有限责任公司	网 址：http://www.ipph.cn
社 址：北京市海淀区气象路 50 号院	邮 编：100081
责编电话：010 – 82000860 转 8555	责编邮箱：wzl_ipph@163.com
发行电话：010 – 82000860 转 8101/8102	发行传真：010 – 82000893/82005070/82000270
印 刷：天津嘉恒印务有限公司	经 销：新华书店、各大网上书店及相关专业书店
开 本：787mm×1092mm 1/16	印 张：21.75
版 次：2023 年 9 月第 1 版	印 次：2023 年 9 月第 1 次印刷
字 数：490 千字	定 价：138.00 元

ISBN 978 – 7 – 5130 – 8929 – 6

本书编委会

主　编　田　虹

编　者　丁　雷　李　翔　武利媛

　　　　李玉菲　张晓丹　陈茜茜

　　　　杨　坤　张明霞　柳　玲

统　稿　田　虹　丁　雷

编写人员分工

丁　雷　第 5 章第 5.1 节、第 5.3 节，第 6 章第 6.1 节，第 7 章

李　翔　第 3 章第 3.4.3 节、第 3.4.4.1 节，第 4 章

武利媛　第 5 章第 5.2 节，第 6 章第 6.2 节

李玉菲　第 2 章，第 3 章第 3.4.4.2 节

张晓丹　第 3 章第 3.4.1—3.4.2 节、第 3.4.4.3—3.4.4.4 节，第 6 章
　　　　第 6.4 节

陈茜茜　第 3 章第 3.3.5 节，第 8 章

杨　坤　第 1 章第 1.1.1—1.1.2 节、第 1.3—1.4 节，第 3 章第 3.2 节

张明霞　第 1 章第 1.1.3—1.2.1 节，第 3 章第 3.1 节，第 6 章第 6.3 节

柳　玲　第 1 章第 1.2.2—1.2.4 节，第 3 章第 3.3.1—3.3.4 节

序　言

从 1474 年威尼斯诞生近代第一部以保护技术为目的的专利法以来，授予专利权的条件从仅有新颖性、实用性，发展到必须满足创造性的要求，是专利制度为了适应社会科技水平不断提高的必然趋势，也是专利制度鼓励创新价值取向的必然要求。

创造性具有衡量创新高低的功能。准确把握创造性，不仅可以通过授予合理的专利权来体现对创新的鼓励，还能通过与现有技术之间的比较，使创新主体明确创新高度，了解创新方向。创造性判断的示范和引导作用，对于促进技术创新，形成正向循环，具有重要意义。因此，帮助专利从业者准确理解创造性的立法本意，正确、灵活运用创造性的判断方法，实现通过创造性评判鼓励和引导创新，有助于推动从源头对创新进行保护。

本书以专利制度的历史沿革为切入点，试图帮助读者理解创造性从无到有的历史必然性，以及创造性高度与经济社会发展之间的关系。在主体部分，不仅介绍了创造性判断中的一般规范，还通过大量案例讨论了创造性判断的重点和难点问题，最后结合审查实践提炼出的经验给出了创造性判断中的几种思维方法，以期帮助读者更好地理解创造性判断的实质、创造性判断在专利法体系中的地位和作用以及创造性与其他可专利性条件之间的内在联系。

本书的编写人员均为国家知识产权局专利局专利审查协作北京中心的资深审查员，作者团队在多年的审查实践中形成了对创造性理解、运用和把握的丰富经验。希望本书的出版有助于专利审查员，专利代理师，企业、高校的专利管理人员，以及其他专利相关从业人员加深对创造性立法本意的理解，增强实践中准确、灵活运用创造性判断的能力，为实现专利行业的高质量发展、推动创新驱动发展战略的实施尽到一份绵薄之力。

限于编者的知识和水平，本书中难免存在不妥之处，敬请读者批评指正。

田　虹

2023 年 9 月 15 日

目　录

第1章 创造性的历史沿革

1.1 专利制度的演进

专利制度诞生已经有数百年的历史，在其演进和发展的过程中，逐渐形成了近代专利制度这种成熟的体系。在这个不断演化、日臻完善的法律体系中，授予专利权的申请必须满足一定的条件已成为最广泛的共识。具体而言，授予专利权的申请必须具备新颖性、创造性、实用性已经成为《保护工业产权巴黎公约》（以下简称《巴黎公约》）中的基本要求，这三项授予专利权必须满足的条件也被称为"可专利性条件"。而在这三者之中，创造性又是在审查中使用最为频繁、最容易引起社会公众注意，也是最能影响整个国家专利政策贯彻的条件。对创造性进行研究的书籍和文章虽然已有很多，但是从审查角度，系统地研究创造性的内容还不多见。本书试图从专利审查的角度去理解和挖掘创造性的内涵，给出在行政审批角色下对于创造性的一些思索。

1.1.1 专利制度的雏形

专利制度的诞生不仅是一个法律史的研究内容，也是一个技术发展史的内容。法律学家认为，古希腊对厨师的优秀菜单进行奖励已经成为专利制度最早的雏形。[1] 但目前的主流观点还是将12—13世纪西欧国家的"特许垄断"现象认为是早期专利制度的起源。彼时中世纪欧洲国家普遍实施过对新产品的封建特许授权，当时各国君王为鼓励充满风险的工商业探索，往往授予个人、团队或城市以经营特权，向引进、开发新技术或新产品者授予市场经营垄断特权，通过授予经营特权以刺激引进、开发新技术或新产品的做法相当普遍。例如，1331年，英王爱德华三世就授予弗兰德斯编织工约翰·肯普（John Kempe）及其同伴关于技艺保护的特权[2]；1421年，意大利的设计师布鲁内莱希（Brunelleschi）向佛罗伦萨申请关于"装有吊机的驳船"的技术的垄断，并获得了市政府的批准；1440年，英国向引入制盐方法的约翰·谢尔达曼（John

---

❶ BUGBEE B W. Genesis of Amercian Patent and Copyright Law［M］. Washington D. C.：Public Affairs Press，1967：166.

❷ MAY C，SELL S K. Intellectual Property Rights：A Critical History［M］. Boulder：Lynne Rienner Publishers，2006：52-54.

Shiedame）授予了专利（letters patent）；1449 年，向英国引入彩色玻璃新技术的约翰·乌提纳姆（John of Utynam）也获得了皇家的垄断性授权。这些出现在欧洲各地带有政府颁发特许证性质的行为，都可以称为现代专利制度的雏形。

在中世纪晚期，意大利北部的一些独立城市授予了作为发明奖励的第一批特许权。颁发特许权是为了吸引其他城市的技工，从而带来新的技术。接受邀请定居在该城市从事工作的，并且训练当地工人的技工能够享受 5—20 年的技术独享权。这种特许的目的是技术引进，并且由城邦进行担保和保护。这就是目前公认的专利制度的雏形。这种特许保护，最终形成了世界上第一部专利法，并在 1474 年 3 月 19 日由威尼斯共和国颁布。

威尼斯共和国的专利法被称为最早的专利法，并不单纯因为它是颁布最早的涉及特许的法律，还在于它在内容上与现代专利制度非常接近，在体系上也非常完备，不仅包括如何获得权利，还包含如何行使权利。现代专利制度中的许多重要特征都能从这部法律中找到线索。

比如，威尼斯专利法有这样一些规定：本城市共和国有着本国的和因各种原因来自外国的、能够设计和制作各种发明的能工巧匠，只要规定他人不得制造他们所作出的且由他人所制造不出的发明，同时规定他人不得盗窃他们的发明荣誉，他们就会竭尽全力为本城市共和国作出有用和有益的发明；任何在本共和国作出的、本国前所未有的新发明的人，一旦其发明被完成并且可以付诸应用和实施，就应该向本城市共和国政府办理登记；对于专利申请应当进行审查；任何其他人在 10 年以内，在本城市共和国的领土范围内，未经发明人的同意或许可，不得制造相同或相似的物品；违反上述规定的，发明人有权向城市政府办公室起诉。❶

威尼斯专利法有很多非常现代性的特征，其中最为明显的是，首先，不同于由君主颁布的特许经营，专利的获得是由相对中立的机构来审查，判断标准也并非要迎合君主的喜好，而是需要促进威尼斯的技术发展，因此，该法实际上限制了统治者的自由裁量权，将其让渡给发明者和竞争者，这使得专利成为一种可以实现自由竞争的市场工具，对于发明者来说，是否能够获得专利的理由变得更加客观；其次，虽然该法中提及要鼓励进口新技术，但其同样保护本土的发明人，因此其同样可以促进威尼斯国内产生出可以与进口技术竞争的新技术。

这项法规在颁布后受到了发明人的欢迎，威尼斯境内的专利数量与日俱增：1474—1500 年专利数量为 33 件，1501—1550 年为 116 件，1551—1600 年为 423 件。❷

英国虽然从 13 世纪就开始颁布特许保护，但是到 16 世纪时，授予的专利权已经有泛滥的趋势。英国女王将专利授予一些用来奖励仆人的产品，以此奖励她的仆人，而不是直接提高赋税，因此，专利成为她间接提高赋税的私人工具，这种行为导致 1623 年国会颁布垄断法。

---

❶ 何敏. 知识产权法总论 [M]. 上海：上海人民出版社，2011：28.
❷ 格莱克，波特斯伯格. 欧洲专利制度经济学：创新与竞争的知识产权政策 [M]. 张南，译. 北京：知识产权出版社，2016：14.

垄断法中废除了英王以前授予的垄断特权，宣告所有的特许垄断一律无效，明确国王之后再也无权进行类似的授权行为。同时，英国垄断法中还规定了授予专利权的条件，在内容上有许多与威尼斯专利法类似的部分。例如，其规定：专利是一种独享权，它是竞争的一种例外（事实上，这种专利是一种特殊的垄断的观点直到今天仍然成立）；专利必须授予第一个真正的发明者；发明的保护期是有限的，最长是 14 年。

英国的垄断法中体现了国会对于专利制度的看法，即专利是一种特殊的特许，它应当是垄断与竞争之间一种特殊形式。专利是政府引入竞争的一种尝试，通过专利可以避开手工业公会制度：由于公会制度一直试图垄断技术，阻碍创新，使用技术必须获得公会的许可，这就阻碍了技术的传播，还有可能造成价格的垄断。通过申请专利得到长达 14 年的保护，也就可以至少获得 14 年的新行业的经营权，而且无须获得公会的许可，因此垄断法对专利申请形成了非常积极的影响，在垄断法实施之后，英国的专利申请量得到了极大的增长。

这个阶段的专利制度，虽然已经有了一些现代专利制度的雏形，但其本质上，仍然有很强的君主授权的性质，与现代专利制度的"私权"仍然有较大差距。早期的专利制度是在国家重商主义的支持下诞生的，其目的不是满足市场竞争的需要，而是加强国家的经济和技术基础。此时的专利制度，所要实现的是国家利益。重商主义鼓励原材料进口和产品出口，重视本国的制造业发展，着力培育和保护本国的工业。为了促进制造业的发展，重商主义奖励增加人口，保障就业，反对人才外流，特别鼓励掌握科学技术或者专门技艺的手工业者移民到本地。因此，当时的专利制度对于专利的要求是模糊的，虽然威尼斯专利法中规定专利授权需要经过一定的审查，但该审查一般是通过组织专家，采用面试的方式来听取发明人的陈述。在审查时，专家也更加关注发明实施的可行性或者有用性，与现代专利制度中采用书面审查的制度并不相同。

1.1.2　专利制度的成熟

现代意义上的专利制度中的"专利权"这一概念是由法律概念中"私权"的理论发展而来的，这种理论是在整个资本主义社会经济发展到一定水平之后，随着洛克为代表的劳动财产权理论的丰富而逐渐形成的。

受到"私权"理论的影响，同时，工业革命的到来也极大地加速了技术的传播，各国政府对技术改变的重视程度相比专利制度刚诞生时要高出很多，欧洲的专利制度向现代专利制度迈出了重要一步。

1791 年，法国通过了专利法，其中第 1 条就规定，在各种工业中，所有新的发明或发现作为财产应该归属于该发明或发现的创造者，由此突出了专利的财产属性。1791 年的法国专利法确认发明者对新发明的财产权利的享有，改变了威尼斯专利法、英国垄断法中以国家或者城邦作为利益主体的状况，体现了知识产权和其他财产一样，属于个人的自然权利。同时，这部法律中废除了之前的复核制度。根据申请人交纳费用的不同，可以获得不同的保护期限，例如 5 年、10 年、15 年等。法国模式的专利制度在整个 19 世纪影响了世界上其他国家的专利制度，所有欧洲和大多数的拉丁美洲国家在 19 世纪颁布的专利法，基本以 1791 年的法国专利法为模板。

在大洋彼岸，刚刚独立的美国，在 1790 年，根据 1787 年宪法制定了专利法。美国宪法第 1 条第 8 款第 8 项规定，国会有权通过确保作者和发明者对其作品和发明在有限时间的专有权来促进科学和实用技术的进步。实际上，在殖民地时期，英国就已经向北美引进了专利制度。殖民地时期的专利习惯影响了美国独立以后邦联时期的州专利制度，也影响了联邦的专利法律和专利制度。

和欧洲大陆的专利法类似，殖民地的专利条款都包含了一项实施条款，该条款规定在一定期限内必须成功实施该专利，如果不能在规定的期限内实施专利，则任何人在该期限内都有权以相同的方法制造相应的产品。有的殖民地专利条款还规定，专利权人在授权时必须接纳一定数量的当地学徒。[●] 这些条款都说明了殖民地时期北美大陆的专利制度与欧洲渊源相同，其立法的目的仍然是吸引技术人才，并刺激在本地内发展产业。

由于在北美殖民地时期，各殖民地州的立法机关和议会已经开始授予在各州内生效的排他性专利权，在独立战争胜利后，各州新政府在摆脱英国的殖民统治、建立自己的新制度时，继承了殖民地时期的这一传统，继续授予在州内生效的专利。独立战争之后，邦联内的各州均享有独立的主权，各州有权管理本州内部事务，虽然各州均有授予专利的现象，但普遍没有专门立法，而且各州授予专利权的标准也不统一，造成了各州之间的专利冲突。因此，将专利制度纳入联邦管辖，由国会统一授予专利权，从而统一专利权授予的原则、标准就显得很有必要。因此，殖民地时期的专利制度成为 1787 年宪法中专利条款出现的基础，而各州之间的专利冲突则直接促成宪法中出现专利条款。

除了历史的渊源之外，美国宪法中专利条款的时代背景是，1787 年费城召开制宪会议时，欧洲正在经历第一次工业革命的高峰时期，专利制度为英国带来了巨大的社会冲击。在工业革命时期，随着发明的激增，英国政府缩减了授予专利权的程序，降低了成本，使得大量促进工业进步的专利出现，为发明人带来巨大的利益。典型的是瓦特的蒸汽机，这项技术因为可以延续的保护期，享有长达 28 年的保护期。正是这些因素在一起，促成了美国专利法的出现。

在 1787 年的制宪会议之后，根据宪法中的授权，1790 年 2 月 6 日，美国国会通过第一部专利法案，同年 4 月 10 日经华盛顿总统签署生效，至此，以成文法为基础的美国专利制度才正式形成。

虽然 1790 年的美国专利法只有 7 条，但却已经是那个时代最为系统的专利法。该法中已经包括了授予专利权的条件、专利权的保护期限、授予专利要经过审查的制度、发明申请的形式要求、无效专利权的程序等一系列现代专利制度中的内容。其中授予专利必须满足一定条件，如专利法中规定的"以前未知或未使用"和"充分实用"即

● 杨德桥. 专利实用性要件研究 [M]. 北京：知识产权出版社，2017：47.

为现代专利制度中的新颖性和实用性；成立专利委员会对专利申请进行审查即为专利审查制。虽然美国在 1793 年修订专利法时，将专利审查制改为专利注册制，但这主要还是为了适应当时专利申请的需要，专利审查并没有可供参考的资料，审查人如果对发明完全没有经验和相关知识，则无法公正地给出结论；而且当时专利委员会的三名成员都是政府高官，在履行重要的政府职责之外，还要履行授予专利的职责，导致他们实际上没有时间和精力来审查专利申请，审查效率极低。

19 世纪的后半叶，受到美国专利法的影响，西班牙、德国和日本陆续颁布了专利法。到 19 世纪末大多数的发达国家已经配备了比较稳定的专利法律和审查体制，专利成为现代经济或者说追求经济现代化的一种标准配置。这也标志着专利制度从中世纪的雏形逐渐成熟为一种被广泛接受的近代社会制度。

1.1.3　专利制度的现代化和国际化

在 19 世纪末，世界范围内的专利制度的主要变化是寻求国际协调。当时虽然主要的资本主义国家都制定了专利法，但这些专利法基本都会倾向于保护本国发明人，有歧视外国人的内容，例如针对不同国籍的发明人收取不同的费用。随着工业革命的发展，国际运输能力大幅增长，随之而来的是跨境经济的增长，包括物品、资本和技术，各国都希望其在国与国之间的交流门槛越来越低。于是资本开始推进国际协调，并在 1883 年由 10 个国家制定并签署了《巴黎公约》。之后 1884 年英国加入该公约，美国在 1887 年加入，德国和墨西哥在 1903 年加入。《巴黎公约》中最重要的内容是提出了"国民待遇原则"，即任何国家的外国居民都应该得到和该国国民一样的待遇。此外，《巴黎公约》中还提出了"优先权"的概念，任何国家的申请人在选择向其他国家提出申请之前，都可以在一段时间内在世界范围内获得保护。这样，一个申请的时间起点可以在签署公约的其他国家都得到承认，这对于需要以申请日来定义现有技术的专利申请在不同国家获得保护十分重要。

由于《巴黎公约》中没有任何惩罚措施，即使违反也不会产生恶劣的后果，因此美国开始推动将专利和知识产权整合到国际贸易协定中。在美国的推动下，1994 年签署了由世界贸易组织（WTO）监管的《与贸易有关的知识产权协议》（TRIPS）。这对国际范围的专利制度发展是非常重要的，因为不同于监管《巴黎公约》的 WIPO，WTO 拥有惩罚成员的权利。TRIPS 中规定了专利的类型、保护期限等，这使得许多 WTO 的发展中成员重新修订专利法来适应 TRIPS。

进入 20 世纪后，为了布局需要，发达国家申请人之间的相互申请日益增多，同样的内容在不同国家之间进行同样的程序，增加了申请人的成本和行政负担。1970 年由美国推动，在华盛顿签订了《专利合作条约》（PCT），条约于 1978 年 6 月 1 日生效。PCT 规定了国际专利的申请程序：申请人通过向 WIPO 提交 PCT 申请，在申请中列举其之后想使该申请在哪些国家生效，然后由 WIPO 指定的国际检索单位（ISA）对该申请进行检索，当时组成国际检索单位的机构包括欧洲专利局（EPO）、美国专利商标局

（USPTO）和日本特许厅（JPO）。国际检索单位可以对这些国际申请的可专利性发表书面意见，但是审查、授权还是在国家或地区专利局各自的独立的司法管辖权之下。PCT程序除了能给申请人提供一份供参考的书面意见之外，还允许申请人享受比《巴黎公约》更长的选择时间，在申请之后的 18 个月内，申请人可以选择想要进入的具体国家或地区。

除了这些国际组织之外，地区组织也在 20 世纪陆续出现，其中最为重要的就是欧洲专利局。虽然在第二次世界大战结束后不久的 1949 年，欧洲理事会就开始倡导建立欧洲专利局，但直到 1959 年，欧洲理事会的成员国才开始正式讨论欧洲专利局的可行性。

1973 年在慕尼黑签署的《欧洲专利公约》（EPC）标志着欧洲统一专利制度的实现，到 1977 年，该公约在 16 个国家生效。依托《欧洲专利公约》，欧洲专利局成立，作为由签署国建立的用来执行欧洲专利组织法规的执行机构。欧洲专利局仅进行单一申请和审查程序，获得授权的专利可以在专利权人选择的国家中生效，但受到本国法院的管辖。

通过提供统一的标准和集中管理，《欧洲专利公约》节约了成员国获得专利的成本，而且，由于独特的管理风格和文化，欧洲专利局成为国际公认的高质量专利审查机构，这些使得获取欧洲范围内的专利保护变得更加安全和便捷。截至 2023 年 8 月，欧洲专利局的成员国已经达到了 39 个。

在 20 世纪中，除了重要的国际专利组织的成立，还有一件对专利制度来说非常重要的事发生：除了新颖性、实用性之外，绝大多数国家专利法的可专利性条件中都增加了"非显而易见性"，也就是创造性。关于创造性在专利制度出现的历史，将在下一节给出详细的说明。

从 20 世纪开始，在世界范围内，虽然随着主要国际专利组织的建立，国与国之间的专利法体系差异越来越小，但将创新作为发展主要驱动力的国家或地区，其内部对于专利制度的发展路径并不完全一致，专利制度的政策工具属性越来越明显。如何在使用专利制度时能够发挥其激励创新，同时防止垄断的作用，是各国都在探索的专利制度之路。

以美国为例，自 19 世纪末期至今，专利制度曾经历了一次由"反专利"向"亲专利"转变的过程。20 世纪初期，美国出现了对专利权进行严格限制的势头，通过在专利法内增加创造性要求，大幅提高了授予专利权的门槛，将发明人获得专利权的范围控制在创新性贡献的范围内，避免通过对现有技术进行简单的变化，从公有领域中得利的可能。此外，20 世纪 30 年代的"经济大萧条"促使美国政府以及民众对托拉斯的态度越发怀疑，因此，对作为一种垄断形式的专利权也采取了越来越严格的态度。这一时期，美国的专利政策可以称为"反专利"。

这种情况随着美国在 20 世纪 70 年代末至 80 年代初将创新作为国家战略之后有所改变。通过成立专门处理专利诉讼的联邦巡回上诉法院（CAFC）和通过一系列重要的法案，美国政府大力推动了专利制度的扩张性发展。在这段"亲专利"时期，美国经历了自有专利制度以来最快的专利增长，大量的专利极大地促进了技术创新，特别是信息技术和生物技术，但过多的专利也带来了"专利流氓""专利丛林"，使得专利诉讼激增，普通企业创新路径狭窄。为了应对这种专利权滥用带来的社会运行成本增加，美国政府在 2013 年通过了新的发明人法案，并通过 KSR 案后确立的新的创造性标准，大幅提高了专利授权的门槛。

从专利制度诞生自威尼斯的特许状到发展为现代专利制度的历史过程可以看出，专利制度本质上是一种政策工具，它应重商主义的政府需要而产生，作为一种激励，满足城邦或者君主的利益，补充城邦或者国家的技术库。特许一开始并没有明确的标准，直到市场上有足够多的技术开始竞争，于是授予专利权的标准逐渐脱离君主本人的好恶，变成规则，固化成法律。从其诞生之初，专利制度就带有鼓励创新的政策工具的属性。这一属性随着历史的演进，有时明显，有时则不那么明显。但不可否认的是，每个国家在制定、调整自己国家专利政策时，从来不是简单地将专利制度定义为简单的市场手段，而都是希望专利制度能够发挥出单靠市场无法实现的目的——促进公共知识的增加。

1.2　美国专利制度中创造性的发展过程

虽然专利制度最早出现在欧洲，但是美国的专利制度以其悠久的历史、持续的发展对世界范围内的专利制度产生了重大影响，特别是，虽然不是专利制度的诞生之地，但美国在专利制度的实践中为世界提供了很多首创的规则：在专利权的司法解释中，美国贡献了等同原则、禁止反悔原则、捐献原则；此外，美国还第一个在专利法中增加创造性规定。无论是在制度层面还是实践层面，美国的专利制度都积累了大量的规则和经验。以美国专利中创造性的发展历史为对象进行分析，就能非常清晰地看出创造性的历史脉络，而看懂了创造性的历史，就能更为准确地预测创造性的未来。

1.2.1　早期的"独创性"要求

1790 年美国专利法规定了新颖性和实用性标准，此后虽然在 1790—1950 年 1790 专利法被修正了约 50 次，但国会一直坚持专利的授权条件仅限于 1790 年专利法中的新颖性和实用性。这主要是囿于科技和工业的发展水平，对发明的授权门槛尚没有严格的要求，只要能够满足没有占有公有领域的知识，并能够在现实中实践的要求，就已经满足了丰富技术的目的。如果在此基础上再增设授权条件，则有可能挫伤发明人的积极性，导致其技术公开后无法获得授权从而进入公有领域，使他人可以无偿使用，进而发明人选择不再申请专利，采用商业秘密的方式保护自己的知识，这对于提高整个社会的知识储备是相当不利的。但法律中没有创造性的规定，并不意味着在实践中就未曾出现过关于"创造性"的讨论。

实际上，1825 年，在 Earle 案中，就出现了关于授权专利应当具有比新颖性、实用性更为严格标准的诉求。该案的发明人将现有技术中瓦工制造机器中的直角锯替换成环形锯，并获得该技术的专利权。专利权人起诉使用该技术的被告侵权，而被告则在抗辩中主张，获得专利应当具有除新颖性和实用性之外更高的标准，而专利权人的技术是一种可以"显而易见地"获得的技术，因此该专利不符合授予专利权的条件，应当无效，因此被告并不存在侵权。

法院最终没有支持被告的主张，斯托里大法官认为，如果它（指专利）是新的和有用的，如果它并未被公开或使用过，则符合了专利法中发明的每一项定义。但被告提出的关于专利权应当具有除新颖性、实用性之外更高的标准的要求，意味着在专利的利益相关团体中，已经存在一种共识：应当提高专利授权的条件，那些通过简单变型的技术不应获得专利权。果然，在 1850 年，美国联邦最高法院就通过 Hotchkiss v. Greenwood 案回应了这种呼声。

该案的专利权人发明了一种采用陶瓷制作的门把手。在当时，现有技术中采用木质材料制作的门把手容易变形或者开裂，而采用金属制作则容易生锈。因此，采用现有技术中已知的陶瓷来制作的门把手，不仅耐用而且便宜。和 Earle 案的过程类似，专利权人起诉被告侵权，被告向法院辩称该专利是显而易见的，专利权应当无效。与 Earle 案不同的是，审理该案的一审法院作出了专利权无效、被告胜诉的判决。

作出这个判决的理由之一是，陪审团认为，采用黏土或陶瓷门把手相对于现有的木质材料或金属材料制成的门把手，如果不考虑其他因素，单纯材料的改变对于熟悉该技术领域的设计人员来说不需要更多的创造性或技能。

专利权人对该判决不服，向美国联邦最高法院上诉。美国联邦最高法院维持了巡回上诉法院对专利无效的判决。同时，美国联邦最高法院还首次在判决中确认，授予专利权的内容应当具有超过新颖性和实用性的要求。在判决中，纳尔逊大法官从该案出发，对为何要对发明授权提出更高的要求作出了详细解释。他认为，授权的专利仅仅是将已有设计中的把手替换了材料，其中使用了已知的材料、已知的方法，利用了材料本身固有的性质，因此，虽然该技术与现有技术不同，但这种区别是普通的，缺乏"独创性"（ingenuity）或"创造性"（invention）。在解释了为何 Hotchkiss 的专利应当无效后，判决中还给出了对授权专利的新的要求："在使用已有的方法把陶瓷把手而不是其他材料的把手与金属柄固定在一起时，除非要求比一般技工所掌握的更多的独创性和技能，否则就缺乏构成任何发明必备的技能和独创性水准，换言之，改进只是熟练技工的工作，而不是发明者的工作。"

在 Hotchkiss 案中，美国联邦最高法院超越了之前专利法中对专利性条件的要求，第一次以除新颖性和实用性之外的条件认定一件专利无效。按照英美判例法的惯例，该生效的判决构成成文法的一部分，其中指出的"独创性"或"发明性"成为美国专利授权中的新条件。虽然在判决中没有明确所谓"独创性"和"发明性"究竟是什么，但显然这是一个超过新颖性的标准，而且在判决中还引入了一个重要的概念——"熟练技工"，这个概念逐渐演变为"本领域技术人员"，最终和其他标准一起，构成现代专利体系中非显而易见判断标准中的准则。

Hotchkiss 案虽然为专利授权提出了新的条件，但这个条件是相当模糊和主观的。因此，在 Hotchkiss 案之后的很长一段时间里，美国联邦最高法院和处理专利事务的联邦巡回上诉法院不得不一次次地通过判决来反复寻找一个合适的、可供操作的标准来衡量到底该如何定义这个不同于新颖性的条件。虽然在之后的一系列判决中，美国联邦最高法院陆续引入了一些创造性中其他的重要概念，例如，1876 年的 Smith 案中引入辅助性判断因素，同年的 Dunbar 案中引入"要素组合"发明的判断，1881 年的 Loom 案中引入"长期渴望解决的技术问题"。可以说，从 Hotchkiss 案之后，美国联邦最高法院并没有给出在决定发明专利是否显而易见从而具备"发明"条件时的明确判断方法。

从美国联邦最高法院的判决可以看出美国立法、司法机关对待专利制度的态度，专利作为产权的一种，应当对其给予保护，但智力的产权如果要想得到保护，就必须符合一定的条件，而这个条件，就是专利制度诞生时就已经存在的条件：促进整个社会科技水平的进步。对于那些不符合该条件的专利，如果授予它们专利权，将无助于实现该目的。从这个角度来说，创造性的出现，正是为了实现专利制度的价值。

虽然在 19 世纪的美国联邦最高法院判例中就出现了"非显而易见性"，并通过判例法使其成为专利授权条件的一部分，但创造性成为成文法的一部分却要等到 20 世纪。

1.2.2 "非显而易见性"条款

1952 年 7 月 19 日，美国国会重新颁布了专利法，这部专利法奠定了现代美国专利法的基本框架。这部专利法除了在结构上重新编排已有规定从而使之更加规范，还将美国联邦最高法院判例和美国专利商标局中已经使用的原则纳入成文法中，扩展了法律的边界。在这些新纳入专利法的规定中，最为重要的就是已经由美国联邦最高法院和美国专利商标局确定，但未见于专利法中的"非显而易见性"。

美国专利法第 103 条规定："一项发明，尽管与本法第 102 条所说方式加以披露或描述的技术不同，但如果申请专利的客体与现有技术之间的不同是这样一种程度，即在该客体所处的技术领域中一般技术水平的人员看来，该客体作为一个整体，在发明完成时是显而易见的，则不能获得专利。"

第 103 条用法律条文的形式将在实务界没有明晰、规范语言进行表述的"非显而易见性"写进了法典，不仅稳定了专利权授予条件，也使得关于创造性的标准更加规范化。不过，虽然美国专利法中用文字的形式对非显而易见性进行了明确，但是在审查或者司法实践中，如何具体判断一项发明是否符合非显而易见性，该法中并没有给出一个判断方法或者规范。这也是美国专利界亟待解决的现实问题。

1966 年，美国联邦最高法院再次通过判例响应了实务界对判断方法的需求。在 Graham 案中，美国联邦最高法院给出了判断一项发明是否显而易见的一般步骤。

在这起侵权附加无效的诉讼中，美国联邦最高法院不认可联邦巡回上诉法院采用的非显而易见性判断标准，进而给出了自己认为的更为恰当的程序和方式，分为以下步骤；①分析涉案专利，调查背景，特别是涉案专利所要解决的技术问题；②确认现有技术范围，找出涉案专利与现有技术之间的区别；③判断区别的非显而易见性。通过该案的审理，美国联邦最高法院以判例的形式，对判断专利是否具备非显而易见性给出了一个可操作的框架，其中包括具体的步骤，这就是 Graham 准则。该准则是在美国联邦最高法院判例基础上总结得出的一套判断非显而易见性的流程，其具体包括：①确定现有技术的范围和内容，这是确定发明是否具备非显而易见性的基础，此处的"现有技术"的范围，以美国专利法第 102 条"新颖性"中对现有技术的规定为依据；②确定发明与现有技术之间的区别；③限定"本领域普通技术人员"的水平，这是非显而易见性判断的主体，其是一个假想的人，最早来自 19 世纪美国专利判例中的"普通技术人员"，"他"虽然只具有一般的技术水平，但却通晓所有相关的现有技术，但没有创造力；④辅助因素，包括是否取得商业上的成功、是否解决了长期未解决的问题、是否提供了预料不到的效果、是否具有协同效果等。

Graham 准则的建立，为当时专利审查和司法裁决中非显而易见性的判断提供了一个明确的指导。专利的非显而易见性虽然是一个法律问题，但是，对于以技术内容作为权利获得和丧失基础的专利，首先要解决的应该是事实问题。Graham 准则就对非显而易见性中的事实判断进行了明确，只有明确事实，才能保证判断的客观。另外，通过建立 Graham 准则，也统一了非显而易见性的判断方法，由于非显而易见性本身就是带有主观色彩的判断，为了减少审查员或者法官在该判断过程中的主观因素，必须通过统一的标准来降低主观差异导致的不确定性。

1.2.3　TSM 准则

Graham 准则的建立，为美国专利届准确判断非显而易见性奠定了良好的基础。在将事实认定准确、清楚之后，非显而易见性判断的关键就从一个相对模糊的法律问题，变成了如何判断发明与现有技术的差别是否显而易见这个技术问题上，由此，如何判断发明与现有技术之间的区别是否显而易见也就成为创造性判断中最为关键、也是最容易出现争议的部分。美国联邦最高法院对此并未给出判断的标准和程序，而是由联邦巡回上诉法院确立了关于判断区别是否显而易见的 TSM 准则。

联邦巡回上诉法院通过一系列的判例，逐步明确了"非显而易见性"判断中如何确定区别是否显而易见的标准。这个标准叫作"教导－启示－动机"（teaching－suggestion－motivation）准则，也被简称为 TSM 准则。TSM 准则中规定，只有当多份现有技术文献中给出了明确的教导和启示，使得该技术领域内的普通技术人员有动机将它们结合起来得到发明中的技术时，才能确定权利要求请求保护的产品或方法不具备创造性。

TSM 准则中强调教导和启示，认为必须存在书证，且有明确记载的教导和启示，才能产生动机。TSM 准则也将判断发明是否显而易见这个相对复杂的问题，拆解成了三个问题：第一，本发明所要解决的技术问题；第二，现有技术中教导或启示的内容；第三，本领域技术人员的水平。通过确立这个相对简单且容易操作的准则，TSM 准则逐渐成为专利实务界中判断一件发明是否具备创造性的唯一准则，其一直被法院和美国专利商标局广泛使用。

TSM 准则的建立，在一定时间内产生了非常积极的作用。首先，审查员、法官和发明人在判断非显而易见性时有了可操作性更强的依据。其次，TSM 准则提高了创造性判断的客观性，有效地防止了创造性判断中最容易出现的主观误区——后见之明。无论是审查员还是法官，在判断一项发明是否具备创造性时，都是在申请日之后，虽然通过现有技术时间的限制将申请日之后的技术排除出创造性判断的范围，但是仍然很难排除个人在对案件审查或审理过程中带入的申请日之后获得的信息，特别是关于发明本身的信息。按照理想的判断流程，本领域技术人员在现有技术的基础上，要获得请求保护的技术内容时，并不知道将获得怎样的技术方案，但作出判断的审查员和法官则是已经通过阅读申请文件了解了该方案。如何在判断时将这个方案对判断者的影响降到最低，TSM 准则给出的方法就是必须有明确的教导和启示，通过这种方法，将由于后见之明带来的已经获知的信息排除出判断的过程。从这个角度来说，TSM 准则是偏向于发明人的。另外，TSM 准则也提高了非显而易见性判断时的准确性，通过给出一系列标准的操作流程，整个判断过程中主观随意性已经被减少到最低程度，专利审批或者无效判定中结果的可预期性变得很高。发明人、申请人以及了解 TSM 准则的社会公众，在看到审查或者审理过程案卷中涵盖的现有技术内容后，可以相当准确地预测最终的结果。

但随着时间的推移，TSM 准则也逐渐暴露出一些弊端，其中最大的问题是对于启示的要求过于严苛，导致在审查中创造性标准偏低。TSM 准则中对于教导、启示的要求是必须明确记载在书面证据中，由此才能构成本领域技术人员改进的动机。但是，无论是科研论文、研究报告还是专利文献，其作者在撰写技术内容时，很少会单独对该内容中存在的技术启示进行非常明确的记载，不会有作者在自己的科研文献里专门说明某个手段可以用在类似的或者另一个领域中去解决一个技术问题。因此，按照 TSM 准则的要求，绝大多数科技文献都不能给出明确的启示，这也导致专利局在审查或者法院在作出无效判定时，难以获得完全符合 TSM 准则的证据。这不仅导致 TSM 准则实际上难以发挥出真正的判断非显而易见性的作用，而且使想要以创造性驳回或者宣告一件专利无效变得非常困难。专利权的获得不仅容易，而且难以被挑战，就有可能对创新造成阻碍。这样的弊端，在专利权数量较少时并不明显，但当美国的科技随着信息技术的突飞猛进快速进步并带来了大量的专利之后，就开始凸显出来。

从 20 世纪 80 年代联邦巡回上诉法院建立 TSM 准则到 21 世纪初这不到 30 年的时间里，美国的专利申请量增加了 4 倍，专利授权量增加了 3 倍。快速增长的专利申请量是科技进步的表现，但同样快速增长的专利授权量却未必能够同样反映科技进步的水平。实际上，TSM 准则导致在审查中创造性水平偏低，美国的专利制度慢慢陷入了专利权过多、过滥的新困局。这种专利权过多、过滥的情形，已经妨碍了竞争机制的正常发挥，甚至对专利制度发挥激励创新的作用产生了妨碍，影响了专利制度的价值。

实际上，当时在专利实务界已经有呼声要求修改创造性的判断标准，使其能够发挥出鼓励创新、防止垄断的作用。这种呼声体现在 2003 年，由美国联邦贸易委员会（FTC）发布的长篇报告《促进创新：竞争与专利法律政策的适当平衡》（To Promote Innovation：the Proper Balance of Competition and Patent Law and Policy）中。

美国联邦贸易委员会是执行多种反托拉斯和保护消费者法律的联邦机构，其成立于 1914 年，目的是确保国家市场行为具有竞争性，且繁荣、高效地发展，不受不合理的约束。美国联邦贸易委员会也通过消除不合理的和欺骗性的条例或规章来确保和促进市场运营的顺畅。从建立的目的不难看出，联邦贸易委员会主要是处理垄断联邦机构，其可以通过开展反垄断调查来限制大公司形成垄断，进而保护消费者。在美国联邦贸易委员会的历史上，多次提出关于垄断的诉讼，例如，其曾经起诉过微软、高通，认为它们通过不正当的手段实现垄断地位。从美国联邦贸易委员会的历史和功能不难推断出，当其对专利问题作出报告时，专利应该是达到了产生垄断的可能。

报告中认为，竞争和专利都能对技术创新产生促进作用，但各自作用的充分发挥需要一种合理的平衡；如果对其中一个方面政策的诠释和应用产生谬误和偏差，就会损害另一种政策的效率。反垄断的宗旨是保护竞争，专利制度虽然就宗旨和整体效果而言具有促进竞争的作用，但促进竞争的方式是通过授予专利权人一定期限内的垄断来实现的。当一项发明获得授权后，只要落入专利权的保护范围，即使他人对该技术进一步进行改进，也仍然会构成侵犯专利权的行为，因此，专利权的行使在一定程度上会限制竞争。当专利权过多时，就会形成阻碍他人创新的障碍，这是专利制度的代价。从国家、社会、公众的整体利益出发，付出这样的代价来换取专利制度是合适的，但也是因为专利制度的运行需要整个社会承担成本，那么需要采用合理的方式运行，将整个社会的成本控制在一定范围之内。

报告在大量听证的基础上，揭开了当时美国专利制度运行存在的严峻问题：专利权过多、过滥。专利权过多体现为在高科技领域中，各种技术和产品均被数量巨大的专利权笼罩；专利权过滥体现为在授予专利权的发明中，相当数量的申请并不符合授予专利权的条件，还有部分授权的专利保护范围过宽，超过了其实际的贡献。❶ 而专利权过多和过滥的一个主要原因，就是当时美国的专利实践中，创造性的标准过低，导致获得专利权过于简单。

参与听证会的专利从业人员普遍认为，美国的专利制度是美国在世界上保持领先的重要原因之一，其具有非常重要的作用，当时美国专利制度中出现的问题对创新已经产生负面影响，到了非解决不可的时候。为此，报告建议对创造性判断进行改革，提高授权的实质性条件。

---

❶ 尹新天. 美国专利政策的新近发展及对我国知识产权制度的有关思考［M］//国家知识产权局条法司. 专利法研究 2007. 北京：知识产权出版社，2007：4.

报告中认为，创造性判断中使用的 TSM 准则过于僵化，并不能有效地判断一项发明是否真的显而易见。

报告还给出了提高创造性标准的具体建议："赋予普通技术人员与其创造能力和问题解决能力相称的组合对比文献或者改进对比文献的能力，这本来就是实际普通技术人员具有的特性。要求对比文献一定要有具体的建议或者提示，这超出了现实中普通技术人员的实际需要，忽视了现有技术作为一个整体所能提供的建议、从要解决的技术问题中所能获得的建议以及普通技术人员的能力和知识，导致对显而易见的发明授予专利权，给竞争带来不必要的损害。"

美国联邦贸易委员会的上述报告，对美国专利制度运行中出现的问题进行了深刻的揭示，同时提出了提高创造性门槛的具体建议。由于报告是在听证了大量专利从业人员的基础上形成的，因此，提高创造性门槛这一专业性极强的建议，可以看作美国专利界、创新主体的集体呼声。

该报告公布之后，不仅在美国国内，包括世界范围都在关注美国是否会根据报告的内容适时调整专利政策，响应业界的呼声。很快，美国联邦最高法院就通过一次判例给出了答案。

1.2.4 KSR 案

2002 年 11 月 18 日，美国公司 Teleflex 向美国密歇根州联邦地方法院发起了一项诉讼，被告是经营客车和轻型卡车脚控油门踏板的加拿大公司 KSR，诉讼的理由是 KSR 公司生产和销售的可调节油门踏板装置侵犯了其拥有的美国专利（US6237565B1），具体而言，是该专利中的权利要求 4。

该专利涉及一种脚踏油门控制装置。虽然叫作油门，但其开闭实际上是控制节气门张开的大小，从而控制进入发动机燃烧的空气。传统的节气门调节是通过与油门踏板连线的缆线或者连杆来实现。但随着车辆技术和电子技术的不断进步，油门技术已经有了较大的改进，原先油门踏板的位置是固定的，不利于不同体型的驾驶员根据自己的身材进行调整，这种固定式油门踏板在20世纪70年代被可调式油门踏板取代；之后，随着电脑技术的进步，电子油门又逐渐取代了机械油门，通过传感器控制节气门开度的电子油门，可以比机械油门更为精确地调整进入发动机的空气。而 Teleflex 公司的专利，实际上就是将可调整位置的油门踏板与电子油门控制系统结合在了一起。针对 Teleflex 公司的侵权指控，KSR 公司抗辩的策略集中在该专利是否有效上。KSR 公司认为，结合现有技术中已知的可调位置型油门和电子油门技术，可以显而易见地获得 Teleflex 公司的专利，因此该专利应当无效。

密歇根州联邦地方法院接受了 KSR 公司的抗辩，在判决中认为 Teleflex 公司的专利由于显而易见而无效，侵权不成立。Teleflex 公司不服，向联邦巡回上诉法院提出上诉。2005 年 1 月 6 日，联邦巡回上诉法院推翻了州法院的判决。二审判决中认为，除非现有技术中准确地提到了专利权人所要解决的技术问题，否则即使现有技术中存在问题本身，也不足以促使一个发明人去查看这些现有技术。

KSR 公司不服判决，上诉至美国联邦最高法院。由于该案涉及非显而易见性这个长期困扰美国专利界的核心问题，而该诉讼中的现有技术证据又非常明确地能够完全覆盖专利内容，仅仅是没有像 TSM 准则那样明确地提及发明中所声称的技术问题，因此，该案受到了专利从业者的高度重视。无论判决如何，都可以预期这个判决将影响美国专利制度中创造性的判断。

2007 年 4 月 30 日，美国联邦最高法院作出判决，推翻了联邦巡回上诉法院的判决，认为 Teleflex 公司的专利相对于现有技术是显而易见的。在判决中，美国联邦最高法院详细解释了作出该结论的原因。

美国联邦最高法院首先肯定，当权利要求请求保护的发明是已知技术的组合时，通过两份以上现有技术的结合得出该组合不具备创造性的结论是需要有一定规则的。由于绝大多数发明都是改进型发明，其都是在一定现有技术的基础上得到的，如果允许采取任意拼凑现有技术的方式来否定创造性，那么世界上就没有几份专利申请能够获得批准了；尽管肯定应当对证据组合设定规则，但是美国联邦最高法院认为规则也不应是僵化和千篇一律的。非显而易见性的判断不能局限于表达教导、启示或者动机的文字的字面含义，也不能过分强调已经公开文献和授权专利的字面内容的重要性。在许多技术领域，对技术或者其组合是否显而易见的讨论并不多。在多数情况下，是市场需求而非科技文献决定了设计的发展方向。将专利权授予那些并未带来实质性创新，而在现有技术基础上自然就会产生的成果会妨碍科技进步。可以说，美国联邦最高法院的这个结论，与美国联邦贸易委员会在前述报告中提出的创造性判断原则几乎完全一致。

进一步，美国联邦最高法院还分析了联邦巡回上诉法院在适用 TSM 准则中出现的错误[1]，而这个错误不仅出现在联邦巡回上诉法院，也是美国专利商标局在使用 TSM 准则中经常出现的错误，这也正是导致美国创造性标准过低的元凶。

其一，认为联邦巡回上诉法院和专利审查员过分关注专利权人试图解决的问题，而没有意识到促使专利权人作出发明的问题可能只是发明所能解决的诸多问题中的一个。需要回答的问题不是该组合对专利权人来说是否显而易见，而是该组合对于本领域普通技术人员来说是否显而易见。按照正确的分析，在发明完成时所属技术领域中的任何需求或者问题同样能够为将要素组合起来提供理由。

其二，联邦巡回上诉法院在使用 TSM 准则进行创造性判断时作出了一个错误的假设，即试图解决某一技术问题的普通技术人员只会关注现有技术中提及的用于解决相同问题的技术手段。然而，已知技术可以具有超出发明者所声称的首要目的的其他明显用途。判决中过分强调现有技术中关注的技术问题与发明技术问题的一致性，这低估了普通技术人员的能力。普通技术人员同样是具有普通创造能力的人，而不是一台

---

[1]　KSR International Co. v. Teleflex Inc., 550 U. S. 398, 418（2007）。

机器，这样的假设的人能够将多个对比文件的教导结合在一起，就像利用常识将拼图碎片拼在一起。

其三，当存在设计需求以及解决问题的市场压力，并且有一些有限的、可预测的解决方案时，普通技术人员完全有理由在其掌握的技术知识中寻觅已知的可选方案。如果仅带来了预料到的成功，那么它可能被认为不是一种创新，而是普通技术和常识的产物。这种情况下，存在组合是"显易尝试"（obvious to try）的情况也许可以证明不具有非显而易见性。

美国联邦最高法院对 Teleflex 公司的专利具体分析认为，当时的市场存在将传统机械式油门踏板转变为电控油门踏板的强烈需求，而且当时已经存在的现有技术提供了很多实现这一改进的技术。在判断非显而易见性时，更为恰当的判断原则应当是一个普通的油门踏板设计人员面对该领域的发展所产生的强烈需求，是否应当想到将已有的可调油门踏板机构升级为带传感器的油门踏板机构所能带来的好处。

美国联邦最高法院的判决（下称"KSR 判决"）可以说既在情理之中，但又有意料之外的内容。首先，KSR 判决对被诟病多年的 TSM 准则进行大幅度的修正，这可以说是响应了整个美国创新主体、专利从业者的呼声；但 KSR 判决仅仅是修正 TSM 准则，并未推翻 TSM 准则，在判决中仍然使用 Graham 方法和 TSM 准则进行非显而易见性的判断。这又不得不说是美国联邦最高法院对传统的一种尊重，并保持了整个创造性判断方法的一种延续。

在保持创造性判断基础结构的前提下，KSR 判决扩大了"教导、启示和动机"的来源，认为不应将其局限在文献中明确记载的完全相同的文字，还应当包括技术发展趋势，或者一些领域内的常识。这样赋予了关于非显而易见性判断新的解释，对整个美国专利界产生了非常深远和重要的影响。

在美国联邦最高法院对 KSR 案作出判决后，为了使审查适应判例中对于创造性的要求，美国专利商标局迅速作出响应，在 2007 年 10 月 10 日实施了新的非显而易见性审查指南，来指导专利局审查员对于非显而易见性的判断。2010 年 9 月 1 日，美国专利商标局就 KSR 案后的非显而易见性问题公布新审查指南，即《2010 KSR 案新指南》。在《2007 非显而易见性审查指南》的基础上，《2010 KSR 案新指南》收录了 KSR 案后联邦巡回上诉法院判决的 24 件有关非显而易见性争议的重要案例，通过这些案例，美国专利商标局为 KSR 案后的创造性审查设置了新的条件。

除了延续原有的 Graham 事实调查之外，新指南中对于创造性判断的标准给出了更高的要求。具体而言，首先是对现有技术进行重新定义，不再将其局限在发明相同或相似的领域中。新指南中指出，现有技术既可能存在于申请人努力的领域中，与申请人所关注的特定技术问题具有合理的相关性，也可能是在申请人努力的领域之外的领域，解决了和申请人试图解决的问题不同的问题。这一规定扩展了现有技术的范围，将可以作为教导、启示的内容从联邦巡回上诉法院要求的与申请人解决相同技术问题，扩展为实质上与发明特征相同但解决的问题不同的现有技术。此外，新指南中还提高了创造性判断主体"本领域技术人员"的水平，新指南中强调本领域普通技术人员是一个具有普通创造能力的人，而不是一台机器。在许多情况下，普通技术人员能够将多份专利的教导像智力拼图那样拼在一起。审查员在进行非显而易见性的判断时，要考虑本领域普通技术人员会使用的推理和创新措施。

对于TSM准则中的教导、启示和动机，新指南中也给出了更灵活的判断原则，即并不一定要在字面上有结合现有技术的启示，一些情况下，结合的动机可以是暗示的，可以是本领域普通技术人员知识范围内获得的，或者可以从要解决问题的本身中得到。此外，当改进独立于技术本身并且对比文件的结合能够得到更理想的产品或方法时，如使其更结实、更便宜、更快、效率更高等，也存在暗示的结合动机。

在KSR案之后，从法院的判例来看，美国对于创造性的判断标准更加灵活，法院否定了僵化适用KSR案之前的TSM准则，而是以灵活的方式适用新指南阐明的7点标准，创造性的判断标准得到进一步细化和提高。美国专利制度中创造性标准就此进入后KSR案的时代。

纵观美国专利制度中"非显而易见性"标准的演变历史，我们可以得到这样的结论：创造性的标准对于整个专利制度具有非常重要的意义。这种重要性体现在，创造性的标准不仅会影响一件个案能否得到授权，从而影响具体的申请人，更能够直接关系专利制度是否能够发挥出激励创新、促进科技进步的制度价值，进而影响一个国家的科技创新程度。从这个角度甚至可以说，创造性是专利制度中最为重要的部分。

从创造性在专利制度中出现，立法者就在不断摸索它的标准，并不断调整。在这个漫长的实践中，创造性的标准呈现出一种螺旋式上升的进程，也慢慢浮现出一种标准变化的历史规律，那就是一种动态平衡。平衡的一端是"新颖性"，这是创造性的最低标准，由于专利权的独占性，为了保障公有领域内技术的免费性，势必要将现有技术中已经存在的内容排除在独占权之外，才能合理保护公众的利益；另一端则是"天才闪现"这一不切实际的过高标准，如果标准高到绝大多数申请都无法获得专利权，则申请人就不会再选择使用专利来保护自己的技术，而选择商业秘密或其他方式，这无法达到使更多的技术进入公有领域的目的，且无助于领域内的技术信息交流、促进竞争、鼓励创新。

从这个角度来说，检验创造性标准就只有一个原则，即该标准是否能够充分发挥专利制度的价值，实现公众与创新主体之间的利益平衡。

1.3　其他主要国家/地区的创造性历史沿革

1.3.1　欧　洲

1.3.1.1　欧洲专利制度

1474年，威尼斯共和国颁布了世界上第一部专利法——发明人法。该法案与现代专利法的立法宗旨基本一致，并且与现代专利法的规定基本相近。该法案第一次确定了发明人的独占权，且对专利进行了具体的定义，即专利应当是首创的、新颖的和可实用的。但是这部专利法由于威尼斯的战争而未能得以充分实施。

1623 年，英国颁布了垄断法，该法律对现代专利法产生了重大影响。垄断法废除了国王的垄断权，使得专利制度真正实现了向保护私权的转变。英国在 19 世纪以前，不认为在新颖性之上，专利还应具备智力劳动。

1877 年，德国颁布了帝国专利法，这也是德国的第一部专利制定法，专利性条件限定为新的和有用的。虽然德国是民法法系国家，但判例法仍然非常重要。德国在判例法中增加了两个专利性的附件条件，分别是创造性和技术进步。

1968 年，法国在专利法中规定了专利应当具备非显而易见性的条件。如果技术方案是对现有技术的细微改进，则法国法院将会认定技术方案不是新的。它们基本上是通过扩张新颖性的适用范围来涵盖对现有技术的细微改进。❶

1965 年，为了消除知识产权保护差异对自由贸易的影响，欧洲共同体委员会起草了一部完整的共同体专利法草案。该草案分为两个条约。第一个条约最终形成了 1973年的《欧洲专利公约》，又称《慕尼黑公约》，其目的是建立欧洲范围内集中的专利程序，根据该条约获得授权的专利在指定成员国有效。1977 年，《欧洲专利公约》生效。第二个条约最终形成了 1975 年的《欧洲共同体专利公约》（CPC），又称《卢森堡公约》，目的是创立统一的专利制度，但至今没有生效。

按照《欧洲专利公约》的规定，欧洲专利局成员国的国民只要向欧洲专利局提出一项专利申请，指定要求得到保护的国家，在专利授权后就可以在指定的国家得到专利保护。欧洲专利局成员国可以不是欧盟成员国，其效力覆盖了 39 个国家（截至 2023年 3 月 27 日）。❷《欧洲专利公约》最近的修改是 2020 年 11 月的第 17 版❸（以下简称"EPC 2020"）。《欧洲专利局审查指南》（Guidelines for Examination in the European Patent Office）最近的修改是 2023 年 3 月。❹

1.3.1.2　欧洲专利局有关创造性的规定

EPC 2020 中涉及创造性的法条如下。

第 52 条第（1）款规定：对于新颖的、具备创造性并且能在工业中应用的全部技术领域的任何发明，可以授予欧洲专利。

第 54 条第（2）款规定：现有技术应认为包括在欧洲专利申请日前，依书面或口

---

❶　国家知识产权局学术委员会 2017 年度一般课题研究项目"创造性高度对专利质量提升和社会经济发展的影响"（Y170505）。

❷　Member states of the European Patent Organisation ［EB/OL］. ［2023 - 03 - 27］. https：//www.epo.org/about - us/foundation/member - states.html.

❸　The European Patent Convention：17th edition/November 2020 ［EB/OL］. ［2023 - 03 - 27］. https：//www.epo.org/law - practice/legal - texts/epc.html.

❹　Guidelines for Examination in the European Patent Office：March 2023 edition ［EB/OL］. ［2023 - 03 - 27］. https：//www.epo.org/law - practice/legal - texts/guidelines.html.

头叙述的方式，依使用或任何其他方法使公众能获得的东西。

第 56 条规定：如果在考虑到现有技术的情况下，一项发明对于本领域技术人员来说是非显而易见的，则该发明应被视为具备创造性。

第 69 条第（1）款规定：欧洲专利或欧洲专利申请所赋予的保护范围应由权利要求来确定，说明书和附图可以用于解释权利要求。

其中，第 52 条第（1）款规定了发明授权的实质性条件，并重点指出"新颖的""具备创造性""能在工业中应用"等限定条件，分别对应于发明新颖性、创造性和实用性的相关内容。

第 56 条明确了发明具有创造性的定义，其中有关现有技术的内容规定在第 54 条第（2）款中。有关创造性的定义强调了创造性的判断原则是评判发明与现有技术相比是否显而易见；而在有关现有技术的定义中重点指出了现有技术的时间节点（专利申请日前）、表现形式（书面或口头叙述的方式，使用或任何其他方法）以及判断主体（公众）等内容。

第 69 条第（1）款规定了创造性判断客体——权利要求保护范围的相关内容，指出其判断原则是以权利要求中限定的内容为准，例外情况是可以用说明书和附图解释权利要求。

《欧洲专利局审查指南》中与创造性相关的内容主要涉及 F 部分第 4 章第 4 节以及 G 部分第Ⅶ章，其中主要包括以下几部分内容：①对现有技术、申请日、本领域技术人员、公知常识等的定义；②显而易见性；③"问题－解决方案法"；④创造性评判的辅助标准；⑤权利要求保护范围的解释；⑥其他相关内容。

其中，现有技术、申请日、本领域技术人员、公知常识等均是 EPC 2020 有关创造性评判中出现的几个重要概念，是创造性评述的基础，《欧洲专利局审查指南》中对其含义进行了深入细致的进一步解读。"显而易见性"的判断是创造性评判的核心所在，也是判断发明是否对现有技术作出实质性改进及贡献的重要标准。"问题－解决方案法"是创造性评判的基本方法，其力求客观还原发明人作出发明创造的过程，避免"事后诸葛亮"。创造性评判的辅助标准作为"问题－解决方案法"这一基本评判方法的有益补充，例举并分析了创造性评判的若干特例形式，涉及可预测的缺点、非功能性修改和任意选择、红利效果等。权利要求保护范围的解释涉及创造性评判的客体，权利要求保护范围的不同解读对权利要求的创造性评判具有直接影响。❶ 鉴于后续章节对于公知常识、"问题－解决方案法"等内容还有详细的描述，本节内容仅针对本领域技术人员、显而易见性、创造性评判的辅助标准等进行简单介绍。

在进行创造性的判断时，《欧洲专利局审查指南》首先规定了创造性的判断主体为本领域技术人员。❷

"本领域技术人员"被假定为相关技术领域的熟练从业者，具备一般知识和能力

---

❶ 国家知识产权局学术委员会 2013 年度专项课题研究项目"创造性评判方法比较研究"（ZX201301）。

❷ Guidelines for Examination in the European Patent Office, March 2023, Part G, Chapter Ⅶ, section 3。

（普通技术人员）。本领域技术人员知道在相关日期之前本领域的常识。本领域技术人员还被认为可以接触到"最先进"的一切，特别是检索报告中引用的文件，并拥有在所涉技术领域正常进行日常工作和实验的手段和能力。如果该问题促使本领域技术人员在另一技术领域寻求其解决方案，则该领域的专家是有资格解决该问题的人。技术人员参与相关技术领域的不断发展。技术人员可能会在邻近和一般技术领域，甚至在远程技术领域（如有提示）寻求建议。因此，对解决方案是否涉及创造性步骤的评估必须基于专家的知识和能力。在某些情况下，从一组人员（例如研究或生产团队）而不是单个人员的角度来思考可能更为合适。应记住，本领域技术人员在评估创造性步骤和充分披露方面具有相同的技能水平。

1. 显而易见性的判断❶

显而易见性的判断是指，对于本领域技术人员来说，在权利要求的申请日或优先权日之前，基于当时的现有技术，获得该权利要求范围内的技术方案，是否是显而易见的。如果是，则该权利要求不具有创造性。术语"显而易见"是指没有超出技术的正常发展进程，仅仅是简单地组合或合乎逻辑地由现有技术得到，即没有超出所预期的本领域技术人员所具有的任何技能或能力的应用。与新颖性不同的是，在判断创造性时，根据本申请申请日或优先权日前的知识来解释任何已公布的文件，并且关注本领域技术人员申请日或优先权日之前一般能够获知的全部知识，这些都是合理的。由此可见，"显而易见性"的评判实质上等同于创造性的评判，即评判要求专利保护的发明基于现有技术是否作出了技术上的突破和改进，使得发明的技术方案明显优于现有技术，且相对于现有技术具有实质贡献，并获得相应的技术效果。

2. "问题－解决方案法"

与美国的非显而易见性判断不同，欧洲专利局采用了"问题－解决方案法"来判断创造性，这在一定程度上是受到了德国思维方式的影响。《欧洲专利局审查指南》规定，在"问题－解决方案法"中，主要包括三个步骤：①确定"最接近的现有技术"；②确定要解决的"客观技术问题"；③从最接近的现有技术和客观技术问题出发，判断所要求保护的发明对本领域技术人员来说是否显而易见。❷

在步骤③判断时，欧洲专利局采用的是"可能－应当法"（could－would approach）。在进行创造性的判断时，要回答的问题是，现有技术作为一个整体是否存在任何教导，该教导将（不仅仅是能够，而是应该）促使技术人员面对客观的技术问题时，同时考虑该教导以修改或改变最接近的现有技术，得到权利要求的技术方案，从而实现本发明所要实现的技术效果。

换言之，问题不在于本领域技术人员是否可以通过调整或修改最接近的现有技术来实现本发明，而是本领域技术人员是否会这样做，因为现有技术提供了这样做的动机，以期望某种改进或优势。即使是隐含的激励或隐含的可识别的激励也足以表明本

---

❶　Guidelines for Examination in the European Patent Office, March 2023, Part G, Chapter Ⅶ, section 4。

❷　Guidelines for Examination in the European Patent Office, March 2023, Part G, Chapter Ⅶ, section 5。

领域技术人员已经结合了现有技术的要素。对于本领域技术人员而言，在申请日或优先权日之前，必须是这种情况。

当一项申请需要各种步骤才能得到技术问题的完全解决方案时，如果要解决的技术问题促使本领域技术人员以循序渐进的方式找到解决方案，并且根据已经完成的任务和仍然要解决的剩余任务，每个单独的步骤都是显而易见的，则认为该申请是显而易见的。

3. 创造性确定的次要因素❶

1）可预测的缺点、非功能性修改、任意选择

如果一项发明是对最接近现有技术进行可预见的不利修改（foreseeable disadvantageous modification）后产生的结果，本领域技术人员可以清楚地预测和正确地评估，并且如果这种可预见的缺点没有伴随着预料不到的技术效果，则所要求保护的发明不具备创造性。换句话说，现有技术的可预见的劣化不涉及创造性步骤。然而，如果这种劣化伴随着预料不到的技术效果，则可能具备创造性。类似的考虑适用于发明仅仅是现有技术方法的任意非功能性修改的结果，或者仅仅是从一系列可能的解决方案中任意选择的结果的情况。

2）预料不到的技术效果、红利效应

预料不到的技术效果可以被视为具备创造性的指标。然而，它必须源于所要求保护的主题，而不仅仅源于仅在说明书中提及的一些附加特征。预料不到的技术效果必须基于本发明的特征和权利要求的已知特征，而不能仅仅基于现有技术中已经包括的特征。

然而，如果考虑到现有技术，本领域技术人员已经很明显地得出了属于权利要求条款范围内的结果，例如，由于缺乏替代方案，从而造成了"单行道"的情况，则预料不到的技术效果仅仅是一种奖励效果，不赋予所要求保护的主题以创造性。如果本领域技术人员必须从一系列可能性中进行选择，则不存在"单行道"的情况，并且预料不到的技术效果很可能会导致对具备创造性的认可。

必须准确描述预料不到的性质或效果。诸如"这些新化合物显示出了出乎意料的良好医药性能"之类含糊不清的陈述不能表明本申请具备创造性。

然而，产品或工艺不一定要比已知的产品或工艺"更好"，预期不到该性质或效果就足够了。

3）长期以来试图解决的问题、商业成功

如果本申请解决了本领域技术人员长期以来试图解决的技术问题，或者以其他方式满足了长期以来的需求，则这可以被视为具备创造性的指标。

单独的商业成功不能被认为是具备创造性的标志，但是如果审查员确信成功来自发明的技术特征而不是来自其他影响（例如销售技术或广告），那么商业成功的证据与长期需求（long-felt want）的证据是相关的。

---

❶ Guidelines for Examination in the European Patent Office，March 2023，Part G，Chapter Ⅶ，section 10。

1.3.2　日　本

日本是亚洲最早向西方学习近现代法制的国家之一，其知识产权法律的建立始于明治政府时期，此后陆续完善知识产权制度。

1.3.2.1　日本专利制度

日本知识产权法律体系的建立和完善大致可分为三个阶段：明治维新至 1959 年的第一阶段、1959 年至 2002 年的第二阶段以及 2003 年后的第三阶段。在第一阶段，日本开始建立知识产权制度。在第二阶段，日本包括知识产权法律在内的法律体系被美国改造，得以学习和继受美国法律。其中在 1959 年至 1970 年，日本对原有知识产权法律进行了集中修改。在第三阶段，日本宣布实行知识产权立国战略，此后至今，日本进行了大量有关知识产权的立法和修法活动。❶ 其中，日本专利制度的发展历程如下。

1. 第一阶段

（1）1871 年的专卖简则。日本制定的第一部专制法就是专卖简则。其中规定，专利保护期分为三等，一等为 15 年，二等为 10 年，三等为 7 年。

（2）1885 年的专卖专利条例。这是日本最早的专利法，标志着日本专利制度的开始。

（3）1888 年的专利条例。该条例采用了先发明原则，这是美国专利法的基本原则之一。

（4）1899 年的专利法。专利法与设计法和商标法同时颁布，这是为了同年加入的《巴黎公约》而制定的。法律中第一次承认了外国人首获专利的权利。

（5）1905 年实用造型法。日本根据德国造型专利法，开始实施实用造型法，用于保护新的、有用的设计，它的程序方面与专利法类似，例外的是它对第一个申请者给予优先，而不是对第一个发明者。

（6）1921 年的专利法。其修改中最突出一点是将先发明原则改为先申请原则。

2. 第二阶段

（1）1959 年，日本在参考了大量国外立法的基础上，全面修改了专利法，这也是日本现行专利法的基础。修改的主要内容有：判断发明新颖性的标准包括国内所发表的刊物，新增加了发明创造性的规定，改变了有关职务发明的规定，采用了共同申请制度等。

（2）1970 年对专利法进行修改，主要体现在：采取申请公开制度和请求审查制度，扩大先申请的范围，以及采取前置审查制度。

（3）1978 年，为配合已经加入的《专利合作条约》，日本政府制定了"关于根据

---

❶ 智南针. 日本知识产权制度是怎样建立和发展的？［EB/OL］.（2014 – 12 – 15）［2023 – 03 – 27］. https：//www. worldip. cn/index. php？m = content&c = index&a = show&catid = 54&id = 33；吴佩江. 日本专利法史要略［J］. 浙江大学学报（哲学社会科学版），1996（3）：57 – 61.

《专利合作条约》进行国际申请等的法律"，并在专利法中新设立了"关于根据《专利合作条约》进行国际申请的特例"。

（4）1985 年的日本专利法修改主要是设定了基于在先申请主张优先权的国内优先权制度，相应地，同时废除追加专利制度及修改驳回决定的申请制度。

（5）1994 年对专利法进行修改，主要体现在：引进了通过外国语书面进行申请的制度，依据《巴黎公约》的规定主张优先权的有关规定等。

3. 第三阶段

日本在 2002 年 2 月提出了"知识产权立国"的基本国策。2002 年 7 月，正式公布了知识产权战略大纲。2002 年 11 月，出台知识产权基本法；2003 年 3 月，设置知识产权战略本部；2003 年 7 月，通过知识产权战略推进计划。在这一系列政策的影响之下，日本对专利法作了多次修改。

目前日本专利法的最新版本是 2023 年 4 月 20 日修订的版本。

1.3.2.2　日本专利局有关创造性的规定

日本专利法的第 29 条第 1 款、第 2 款是关于新颖性和创造性的规定，其中第 29 条第 1 款规定，作出产业上可以应用的发明的，除以下所列的发明以外，可以就其发明享有专利❶：①专利申请前已在日本国内或国外为公众所知的发明；②专利申请前已在日本国内或国外公开实施的发明；③专利申请前在日本国内或者外国出版的刊物上已有记载的发明，或公众通过电信线路可以利用的发明。

第 29 条第 2 款规定，专利申请前，该发明所属技术领域的普通技术人员，基于前款各项中所列的发明，已经能够轻易得出发明时，不受同款规定所限，此发明不能取得专利权。

可见，日本专利法第 29 条第 1 款指出了"现有技术"的范围；第 29 条第 2 款的目的在于，如果发明领域的普通技术人员（即"本领域技术人员"）能够容易地基于现有技术作出发明，则不得就发明（缺乏创造性步骤的发明）授予专利。这是因为授予本领域技术人员本可以容易地作出的发明专利权，不会促进技术进步，反而会阻碍技术进步。❷

追根溯源，日本在制定专利法之初并没有创造性的概念。1959 年修改的专利法首次引入了创造性的规定：如果技术方案相对于本领域技术人员而言是容易得出的，则不具备专利性。但是这并不是说之前日本的专利审查中不审查创造性的内容，而是在之前的审查实践中新颖性、创造性没有明确区分开。

创造性的概念提出后，最初日本特许厅并没有明确的判定标准，各领域都是根据自己的情况来判断，直至 1972 年，在特许厅内部出现了"发明创造性的判断方法"。

---

❶　日本特许法［EB/OL］. （1959 – 04 – 13）［2023 – 03 – 27］. https：//www. japaneselawtranslation. go. jp/ja/laws/view/4097.

❷　Examination Guidelines for Patent and Utility Model in Japan, Part Ⅲ （Patentability）, Chapter 2 （Novelty and Inventive Step）, Section 2 （Inventive Step）, 1 （Overview）。

1993 年，日本特许厅首次对外公开了审查基准（相当于中国的专利审查指南），其中规定了创造性的判定规范。在最初的这段时间，创造性的评判没有什么特别之处，可以说是一个比较宽松的标准。日本的专利审查和我国类似，不存在判例法审查制度，主要以专利法和审查指南为审查基准。2000 年以后，日本专利法以及审查指南在涉及创造性方面几乎没有实质性修改。

1. 创造性判断的基本思路❶

创造性判断对象是权利要求要求保护的发明。审查员判断权利要求要求保护发明是否具备创造性，通过判断本领域技术人员基于现有技术是否能够容易地获得所要求保护的发明来进行。本领域技术人员是否容易获得所要求保护的发明，应通过全面评估支持创造性的各种事实的存在或不存在来确定。审查员应该通过合法评估这些事实来进行推理。"本领域技术人员"是指满足以下所有条件的假设人员。①在提交申请时具有所要求保护的发明的技术领域的一般常识的人；②能够使用普通技术手段进行研究和开发的人员（包括文件分析、实验、技术分析、制造等）；③能够在选择材料和修改设计方面发挥普通创造力的人；④在提交申请时能够理解所要求保护的发明所属技术领域中的所有现有技术，并且能够理解该领域中与发明要解决问题相关的所有技术问题的人。在某些情况下，将本领域技术人员视为若干技术领域的"专家团队"而非个人是合适的。

审查员在试图进行推理时，应当准确地了解申请时所要求保护的发明所属技术领域的技术状况，同时，还应该考虑本领域技术人员的能力，即本领域技术人员在申请日不具备所要求保护的发明的知识，但了解现有技术中的所有问题时，是否能够得到本申请的技术方案。

2. 创造性判断的基本步骤❷

审查员选择最适合于推理的现有技术（在本节中称为"主要现有技术"），并确定本领域技术人员通过遵循以下步骤是否能够容易地从主要现有技术获得权利要求的技术方案：

（1）基于权利要求与主要现有技术之间的不同，审查员通过采用其他现有技术（在本节中称为"次要现有技术"）或考虑公知常识，来判断是否存在创造性。

（2）如果审查员基于上述步骤（1）确定推理是不可能的，则审查员确定所要求保护的发明具备创造性。

（3）如果审查员基于上述步骤（1）确定推理是可能的，则审查员通过综合评估包括支持创造性存在的因素在内的各种因素（参见图 1 - 3 - 1）来确定是否具备创造性。

（4）如果审查员基于上述步骤（3）确定推理是不可能的，则审查员确定权利要求具备创造性。如果审查员基于上述步骤（3）确定推理是可能的，则审查员确定权利要

---

❶ Examination Guidelines for Patent and Utility Model in Japan, Part Ⅲ（Patentability），Chapter 2（Novelty and Inventive Step），Section 2（Inventive Step），2（Basic Idea of Determination of Inventive Step）。

❷ Examination Guidelines for Patent and Utility Model in Japan, Part Ⅲ（Patentability），Chapter 2（Novelty and Inventive Step），Section 2（Inventive Step），3（Detail of Determination of Inventive Step）。

求不具备创造性。

不具备创造性的因素	具备创造性的因素
——将次要现有技术应用到主要现有技术的动机 （1）技术领域的关系 （2）待解决问题的相似性 （3）操作或功能的相似性 （4）现有技术内容中显示的建议 ——主要现有技术的设计变化 ——仅仅是现有技术的集合	——有益效果 ——阻碍因素 　例如：将次要现有技术应用于主要现有技术时，与主要现有技术的目的相反。

图 1 – 3 – 1　创造性判断的主要因素

审查员不应将两项或多项独立现有技术的组合视为主要现有技术。如果有两项或更多权利要求，审查员应确定每项权利要求分别是否具有创造性。

1.3.3　韩　国

1.3.3.1　韩国专利制度

韩国的科技和经济发展迅速，与其日益完善的知识产权制度密不可分。提起知识产权制度，保护发明专利的法律起源可以追溯到 1908 年。韩国于 1908 年首次公布了《特许令》（或称为《专利令》），直接引进并适用日本的法律体系，建立了专利制度。

1946 年，韩国设立特许院并制定了第一部真正意义上的特许法，该法主要参照美国专利法内容制定。1949 年 11 月，韩国颁布并制定了商标法，同年以商务部外设局的名义成立了专利局。1961 年，韩国将专利法拆分为四部法律，分别为专利法、实用新型法、商标法以及外观设计法。1977 年，作为商业、工业和能源部下属的一个独立机构，韩国工业产权局（Korean Industrial Property Office）成立。1979 年，韩国加入世界知识产权组织。1980 年，韩国加入了《巴黎公约》。1984 年，韩国加入《专利合作条约》。❶ 2000 年，韩国将韩国工业产权局正式更名为韩国知识产权局（Korean Intellectual Property Office，KIPO）。2003 年，韩国加入《马德里议定书》。目前韩国专利法最新版本是 2022 年 10 月 18 日修订的版本（Act No. 19007）。

1.3.3.2　韩国专利局有关创造性的规定

韩国专利法第 29 条第（1）款规定了新颖性条件，第 29 条第（2）款规定了创造性条件。

---

❶　韩国专利制度的历史 ［EB/OL］. （2020 – 08 – 20）［2023 – 03 – 27］. https：//www. kipo. go. kr/ko/kpo-ContentView. do？ menuCd = SCD0200111.

第 29 条第（1）款规定，具有工业实用性的发明，除下列发明外，可获得专利：（a）在提交专利申请之前在韩国或外国公开已知或实施的发明；（b）在韩国或外国发行的出版物中发表的发明，或在提交专利申请之前通过电信线路向公众提供的发明。

第 29 条第（2）款规定，如果发明申请相关的本领域技术人员基于申请日前的第 29 条第（1）款规定的发明能够容易作出发明申请，则该发明申请不应授予专利。可见，韩国专利法中并没有对"创造性"进行定义。但是，如果本发明可以容易地完成，则本发明不具备创造性；否则，本发明具备专利法第 29 条第（2）款规定的创造性。关于创造性条件的目的，韩国专利审查指南❶认为，韩国专利法第 29 条第（2）款的目的是不对本领域技术人员容易作出的发明授予专利，因为对这些发明授予专利不会促进甚至会阻碍技术进步。换言之，授予稍微先进的技术专利，就意味着授予相同的现有技术专有权。这与专利法的主旨背道而驰，该法赋予发明者专有权，以换取新技术的公开，从而限制了第三方获取该技术的可能性。

韩国专利审查指南同样也规定了创造性的判断主体为"本发明所属领域的技术人员"（以下简称"本领域技术人员"），并对其给出如下定义："是指具有所要求保护的发明所属的领域的公知常识并能够使用普通技术手段进行研究和开发（包括实验、分析和制造）的假设人，其有能力在选择材料和改变设计方面发挥普通创造力，并且能够基于他/她自己的知识理解在提交专利申请时所要求保护的发明所属领域的现有技术。"此外，技术领域的专家能够基于他/她自己的知识理解与所要求保护的发明要解决的问题相关的技术领域中的所有技术问题。

提交专利申请时的"现有技术"，除韩国专利法第 29 条第（1）款任何一项所述的发明外，还包括公知常识和其他公知的技术事项。它还涉及与权利要求中描述的本发明的技术领域相关的、所有类型的信息，包括进行日常工作和实验的普通方法。

1. 创造性判断的一般原则

（1）在确定创造性时，关键在于判断所提交的"权利要求书中描述的发明"是否可以由本领域技术人员在提交专利申请之前根据韩国专利法第 29 条第（1）款中定义的发明（以下简称"现有技术参考文献"）轻易作出。如果"权利要求中的发明"可以由本领域技术人员单独或通过结合现有技术参考文献容易地作出，则权利要求中所述发明不被认为具备创造性。

（2）当申请中有两项或多项权利要求时，应针对每项权利要求进行单独判断。

（3）通知申请人关于新颖性的驳回理由不同于通知申请人关于创造性的驳回理由。然而，当确定发明不具备新颖性时，通知申请人驳回的理由也可以包括不具备创造性。

专利申请的创造性的判断基于所要求保护的发明是否具备新颖性。因此，与已公开的发明相比，确定所要求保护的发明是否具备新颖性应与确定所要求的发明是否可以由本领域技术人员容易地作出不同。因此，为了确定所要求权利要求的创造性，应

❶　Patent Examination Guidelines（KIPO，November 2022），PART Ⅲ（Requirements for Patentability），Chapter 3（Inventive Step）。

首先判断新颖性。

（4）对于包含两项以上发明（包括马库什组类型的发明）的权利要求（包括选择性地列举多项权利要求或要素的情况），如果审查员通知申请人关于某项发明的驳回理由，审查员需要准确地指出本发明的驳回理由是关于新颖性还是创造性。

2. 创造性的判断方法❶

审查员应努力考虑本领域技术人员在提交申请时的总体技术情况，同时，应充分考虑本发明的目的、技术构成和有益效果，同时注意申请人的论据，充分考虑所要求保护的发明的具体目的和效果，全面确定所要求保护的发明是否具备创造性，并关注所要求保护的发明的技术构成的困难。

创造性的判断应考虑：从本领域技术人员的观点来看，所要求保护的发明是否具有优于现有技术的有利效果，同时关注现有技术参考文献是否为本领域技术人员提供了任何动机以获得权利要求保护的方案，或者与现有技术的区别是否仅仅是普通创造力的运用。

3. 创造性的判断步骤

（1）审查员确定要求保护的发明。确定要求保护的发明的方法与确定新颖性的方法相同。

（2）审查员确定现有技术参考文献的范围和内容。确定现有技术参考文献的范围和内容的方法与确定新颖性的方法相同。审查员应从本领域技术人员的角度出发，在假定所要求保护的发明的共同技术领域和技术问题的基础上，确定现有技术参考文献。

（3）审查员选择最接近要求保护的发明的现有技术参考文献，并通过将现有技术参考文献与要求保护的本发明进行比较来找出二者之间的明显区别。在这样做时，审查员应考虑发明要素的组合。更具体地，本发明的组合要素应作为整体（不分离）与现有技术参考文献中的相应要素进行比较。

（4）审查员根据现有技术参考文献或提交前的公知常识，确定权利要求书中描述的发明是否可以由本领域技术人员容易地完成，即使所要求保护的发明与现有技术参考文献之间存在差异。

4. 确定显而易见时应考虑的其他因素❷

原则上，创造性的判断需要综合考虑权利要求中描述的发明的目的、技术构成和功能效果，即主要基于技术构成的难度来判断目的的唯一性和功能效果的显著性。然而，在确定创造性时可能存在其他因素。因此，如果申请人提交的书面论据声称所要求保护的发明有以下原因是非显而易见的，则审查员不应轻易得出权利要求不具备创造性的结论。

（1）如果现有技术参考文献教导不依赖其现有技术，即如果现有技术参考文献中

---

❶ Patent Examination Guidelines（KIPO, November 2022），PART Ⅲ（Requirements for Patentability），Chapter 3（Inventive Step），5（Method of determining the inventive step）。

❷ Patent Examination Guidelines（KIPO, November 2022），PART Ⅲ（Requirements for Patentability），Chapter 3（Inventive Step），8（Other factors to be taken into account in determining obviousness）。

存在教导所要求保护的发明的描述，则尽管现有技术与所要求保护发明之间存在相似性，但依据该现有技术并不能否认本申请的创造性。此外，现有技术参考文献中的现有技术变劣的事实也不必然是给出偏离本申请权利要求技术方案的教导。

（2）商业上的成功或来自行业的好评，或者在申请所要求的发明之前很久没有人实施该发明的事实，可以被视为创造性判断的次要证据。然而，这些事实本身不应被视为本申请具备创造性的指示。由于创造性的判断应当基于说明书中公开的内容（即本发明的目的、构成和效果）来确定，因此商业成功不应被视为确定具备创造性的标准，因为这种成功不是源自本发明的技术特征而是源自其他因素（例如销售技巧或广告的改进）。

（3）所要求保护的发明解决了本领域技术人员长期以来试图解决的技术问题或满足了长期以来的需求，这一事实可以被视为具备创造性的指标。此外，作为本领域技术人员长期以来已经认识到的问题，权利要求应当首次实现该技术问题或解决该需求。要接受这一点作为创造性判断的指示，则需要客观证据的佐证。

（4）如果发明是通过使用本领域技术人员由于技术偏见而放弃的技术手段来实现的，该技术手段干扰了本领域相关领域技术问题的研究和开发，从而解决了技术问题，则这被视为具备创造性的指标。

（5）如果权利要求提出了克服其他方法无法解决的技术困难或解决技术问题的方法，则这被视为具备创造性的有利证据。

（6）如果权利要求属于全新技术的领域，并且没有与本发明相关的现有技术，或者如果与本发明最接近的现有技术远离本发明，则本发明的创造性很可能会被认可。

1.4　我国专利制度及创造性历史沿革

1.4.1　我国专利制度的产生

1898 年 7 月 12 日，清政府颁布了《振兴工艺给奖章程》。其中规定：对于不同的发明新方法及新产品，可以给予 50 年、30 年、10 年的专利。❶

1912 年 6 月 13 日，中华民国政府工商部制定了《奖励工艺品暂行章程》，同年 12 月 12 日，由参议院通过予以施行，这是民国政府颁布的第一部涉及专利的法规。该章程规定，奖励对象为改良的产品，但对食品和药品不授予专利权；奖励办法是分等级授予 5 年以内的专利权，或者给予名誉上的褒奖；对伪造或者假冒行为处以徒刑或者罚金；对外国人不授予专利权。

1944 年 5 月 29 日，中华民国政府颁布了中华民国专利法，这是我国历史上颁布的

---

❶　赵元果. 中国专利制度的孕育与诞生［M］. 北京：知识产权出版社，2003：6 - 7.

第一部专利法，共 133 条，其中规定了三种类型的专利，即发明专利、实用新型专利和新式样专利（亦即现在所称的外观设计专利），其保护期限分别为 15 年、10 年和 5 年。1947 年 11 月 8 日，中华民国政府又颁布了该专利法的实施细则。然而，中华民国专利法及其实施细则在大陆并没有真正予以实施，只是从 1949 年 1 月 1 日起在我国台湾地区予以施行。❶

1950 年 8 月，中华人民共和国政务院颁布了《保障发明权与专利权暂行条例》，这是新中国颁布的第一部有关专利的法规。政务院财政经济委员会于 1950 年 10 月 9 日颁布了上述条例的实施细则。1963 年，国务院废止了新中国成立初期的上述条例及实施细则，颁布《发明奖励条例》和《技术改进奖励条例》。此后的 20 年间，中国以发明奖励制度取代了发明保护制度，实行单一的发明奖励制度。1978 年国务院发布《中华人民共和国发明奖励条例》，1982 年颁布《合理化建议和技术改进奖励条例》。❷ 因此，从 1949 年新中国成立到 1985 年，我国实际上并没有真正建立专利制度，只是实行了对发明和技术改进的奖励制度。

1979 年 3 月，原国家科学技术委员会（以下简称"国家科委"）正式组建了专利法起草小组，为我国制定专利法、建立专利制度积极开展各种调查研究工作。1980 年 1 月，国务院批转了原国家科委《关于我国建立专利制度的请示报告》，并在批示文件中指出：有必要在我国建立专利制度。根据国务院的批示，原国家科委组建了中国专利局。

国务院于 1983 年 9 月 29 日讨论通过了《中华人民共和国专利法（草案）》，提请全国人民代表大会常务委员会进行审议。1984 年 3 月 12 日，第六届全国人民代表大会常务委员会第四次会议对历时 5 年、先后历经 25 稿的专利法草案进行了表决，并通过了此草案。至此，我国建立专利制度的标志——《中华人民共和国专利法》（以下简称《专利法》）诞生了。该部法律自 1985 年 4 月 1 日起施行。为了配合《专利法》的施行，国务院于 1985 年 1 月 19 日审议批准了《中华人民共和国专利法实施细则》（以下简称《专利法实施细则》），由原中国专利局同日予以公布。《专利法实施细则》自 1985 年 4 月 1 日起与《专利法》同日施行。

为了落实深化改革、扩大开放的既定方针，并履行我国政府在《中美关于保护知识产权的谅解备忘录》中作出的承诺，第七届全国人民代表大会常务委员会第二十七次会议于 1992 年 9 月 4 日审议通过了《专利法》修正案，对其进行了第一次修改。此次《专利法》修改决定于 1993 年 1 月 1 日起施行。主要修改内容为：延长专利权的期限，将发明专利权期限从原来的 15 年改为 20 年，实用新型专利权和外观设计专利权从原来的 5 年加 3 年续展期改为 10 年；将授权前的异议程序改为授权后的撤销程序；增加专利复审的范围；对无效宣告请求的时间及无效宣告的效力作了进一步限制；重新规定强制许可的条件；扩大了专利保护的技术领域，将食品、饮料、调味品、药品和

---

❶ 徐海燕. 中国近现代专利制度研究：1859—1949 [M]. 北京：知识产权出版社，2010：174 - 178.

❷ 文汉圭. 中韩专利权保护制度比较研究 [D]. 青岛：中国海洋大学，2011.

用化学方法获得的物质列为保护范围；重新规定专利侵权诉讼中举证责任转移的条件；增加对假冒专利产品或者方法的处罚等。1992 年 12 月 12 日，国务院审议批准了对《专利法实施细则》的修订案，由原中国专利局 1992 年 12 月 21 日予以公布，修订后的《专利法实施细则》自 1993 年 1 月 1 日起与《专利法》修改决定同日施行。

为了适应我国建立社会主义市场经济体制的需要，适应我国加入 WTO 的需要，第九届全国人民代表大会常务委员会第十七次会议于 2000 年 8 月 25 日通过了《专利法》修正案，对《专利法》进行了第二次修改。修改后的《专利法》于 2001 年 7 月 1 日起施行。主要修改内容为：明确专利立法促进"科技进步与创新"的宗旨；加强对专利权的保护，专利权的内容上增加了有关许诺销售权的规定。简化、完善专利审批和维权程序，规定实用新型专利和外观设计专利的复审和无效由法院终审；与国际条约相协调，明确了通过《专利合作条约》途径提交国际专利申请的法律依据等。2001 年 6 月 15 日，国务院审议通过并以国务院令第 306 号公布了《专利法实施细则》的修订案。修订后的《专利法实施细则》自 2001 年 7 月 1 日起与《专利法》第二次修改决定同日施行。

为了适应我国调整经济结构、转变发展模式，实现可持续科学发展的需要，促进创新型国家的建设，落实《国家知识产权战略纲要》提出的要求，第十一届全国人民代表大会常务委员会第六次会议于 2008 年 12 月 27 日审议通过了《专利法》修正案，对《专利法》进行了第三次修改。此次《专利法》修正案自 2009 年 10 月 1 日起施行。主要修改内容为：通过提高专利授权标准、完善审批程序、加强专利权保护以及合理平衡专利权人与公众利益关系，以期达到激励创新、保护创新，增强我国核心竞争力的立法目标。2009 年 12 月 30 日，国务院第九十五次常务会议审议通过了《专利法实施细则》修订案。修订后的《专利法实施细则》于 2010 年 1 月 9 日予以公布，自 2010 年 2 月 1 日起施行。❶

为了维护专利权人的合法权益，增强创新主体对专利保护的信心，充分激发全社会的创新活力，第十三届全国人民代表大会常务委员会第二十二次会议于 2020 年 10 月 17 日审议通过了《专利法》修正案，对《专利法》进行了第四次修改。此次《专利法》修改决定自 2021 年 6 月 1 日起施行。主要修改内容为：一是加强对专利权人合法权益的保护，包括加大对侵犯专利权的赔偿力度，对故意侵权行为规定 1—5 倍的惩罚性赔偿，将法定赔偿额上限提高到 500 万元，完善举证责任，完善专利行政保护，新增诚实信用原则，新增专利权期限补偿制度和药品专利纠纷早期解决程序有关条款等；二是促进专利实施和运用，包括完善职务发明制度，新增专利开放许可制度，加强专利转化服务等；三是完善专利授权制度，包括进一步完善外观设计保护相关制度，增加新颖性宽限期的适用情形，完善专利权评价报告制度等。而与之对应的《专利法实施细则》修订案也在审议进行当中。

---

❶　尹新天. 中国专利法详解［M］. 北京：知识产权出版社，2011：1－6.

1.4.2 我国的创造性制度

1.4.2.1 我国创造性制度的相关规定

《专利法》第 22 条规定：授予专利权的发明和实用新型，应当具备新颖性、创造性和实用性。该条规定自 1984 年制定《专利法》以来，在 1992 年和 2000 年两次修改《专利法》时均未进行实质性修改，唯一的变化是在 2000 年修改《专利法》时，将其中所述"专利局"改为"国务院专利行政部门"。2008 年修改《专利法》时，对本条规定进行了重要修改。2021 年修改《专利法》时，上述条款未进行变动。《专利法》和《专利法实施细则》在 2008 年第三次修改前后，对于新颖性和创造性的规定如表 1 - 4 - 1 所示。

表 1 - 4 - 1　《专利法》及《专利法实施细则》2008 年修改前后新颖性和创造性的条款比较

内　容	2008 年修改前	2008 年修改后
新颖性	新颖性，是指在申请日以前没有同样的发明或者实用新型在国内外出版物上公开发表过、在国内公开使用过或者以其他方式为公众所知，也没有同样的发明或者实用新型由他人向国务院专利行政部门提出过申请并且记载在申请日以后公布的专利申请文件中。	新颖性，是指该发明或者实用新型不属于现有技术；也没有任何单位或者个人就同样的发明或者实用新型在申请日以前向国务院专利行政部门提出过申请，并记载在申请日以后公布的专利申请文件或者公告的专利文件中。
创造性	创造性，是指同申请日以前已有的技术相比，该发明有突出的实质性特点和显著的进步，该实用新型有实质性特点和进步。	创造性，是指与现有技术相比，该发明具有突出的实质性特点和显著的进步，该实用新型具有实质性特点和进步。
现有技术	专利法第二十二条第三款所称已有的技术，是指申请日（有优先权的，指优先权日）前在国内外出版物上公开发表、在国内公开使用或者以其他方式为公众所知的技术，即现有技术。	本法所称现有技术，是指申请日以前在国内外为公众所知的技术。

可见，在 2008 年第三次修改前，《专利法》新颖性的规定中没有冠以"现有技术"的称呼，创造性的规定中没有对"已有的技术"作出定义，《专利法实施细则》规定中没有明确判断新颖性的基础也是"现有技术"。

《专利法》在 2008 年第三次修改后，对于新颖性和创造性的规定中均明确了判断基础为"现有技术"，并明确定义了"现有技术"。上述修改：①拓宽了现有技术的范围，规定在申请日之前在国内外为公众所知的所有技术均属于现有技术；②调整了

《专利法》第 22 条第 2 款和第 3 款对新颖性和创造性作出规定的逻辑结构，将其统一建立在现有技术的概念之上；③改变了构成抵触申请的条件，使之包括任何单位或者个人在先申请、在后公开的发明或者实用新型专利申请。❶

1.4.2.2　我国创造性制度的特点

我国专利法关于创造性条件的表述方式在世界上可以说独树一帜，提出了两方面的要求：对发明而言是指具有突出的实质性特点和显著的进步，对实用新型而言是指具有实质性特点和进步。由此可以看出，发明专利与实用新型专利的不同点之一就是发明具备创造性的条件高于实用新型具备创造性的条件。

条款中规定的"具有突出的实质性特点""具有实质性特点"，指申请专利的发明或者实用新型与申请日（有优先权的，指优先权日）以前的现有技术相比，在技术方案的构成上具有实质性的区别，不是在现有技术的基础上通过逻辑的分析、推理或者简单的试验就能得出的结果，而是必须经过创造性思维活动才能获得的结果。"具有显著的进步""具有进步"，指申请专利的发明或者实用新型同申请日（有优先权的，指优先权日）以前的现有技术相比，其技术方案具有良好的效果。其中"突出"和"显著"分别表明对发明专利和实用新型专利的实质性特点和进步的要求在程度上有所不同。

1. 突出的实质性特点的判断

创造性的判断比新颖性的判断更为困难。为了使创造性的标准尽可能客观，避免审查员主观因素的影响，对此，《专利审查指南 2010》❷ 第二部分第四章第 2.4 节中规定了"所属技术领域的技术人员"的概念："发明是否具备创造性，应当基于所属技术领域的技术人员的知识和能力进行评价。所属技术领域的技术人员，也可称为本领域的技术人员，是指一种假设的'人'，假定他知晓申请日或者优先权日之前发明所属技术领域所有的普通技术知识，能够获知该领域中所有的现有技术，并且具有应用该日期之前常规实验手段的能力，但他不具有创造能力。如果所要解决的技术问题能够促使本领域的技术人员在其他技术领域寻找技术手段，他也应具有从该其他技术领域中获知该申请日或优先权日之前的相关现有技术、普通技术知识和常规实验手段的能力。"在创造性的判断中，判断的主体即为"本领域技术人员"。判断的方法即为"三步法"，《专利审查指南 2010》第二部分第四章第 3.2.1.1 节中规定的具体方法如下：

（1）确定最接近的现有技术

最接近的现有技术，是指现有技术中与要求保护的发明最密切相关的一个技术方案，它是判断发明是否具有突出的实质性特点的基础。最接近的现有技术，例如可以是，与要求保护的发明技术领域相同，所要解决的技术问题、技术效果或者用途最接近和/或公开了发明的技术特征最多的现有技术，或者虽然与要求保

---

❶ 尹新天. 中国专利法详解［M］. 北京：知识产权出版社，2011：244－267.
❷ 本书中如无特别指明，《专利审查指南 2010》系指本书出版时现行有效的版本。

护的发明技术领域不同，但能够实现发明的功能，并且公开发明的技术特征最多的现有技术。应当注意的是，在确定最接近的现有技术时，应首先考虑技术领域相同或相近的现有技术。

（2）确定发明的区别特征和发明实际解决的技术问题

在审查中应当客观分析并确定发明实际解决的技术问题。为此，首先应当分析要求保护的发明与最接近的现有技术相比有哪些区别特征，然后根据该区别特征在要求保护的发明中所能达到的技术效果确定发明实际解决的技术问题。从这个意义上说，发明实际解决的技术问题，是指为获得更好的技术效果而需对最接近的现有技术进行改进的技术任务。

审查过程中，由于审查员所认定的最接近的现有技术可能不同于申请人在说明书中所描述的现有技术，因此，基于最接近的现有技术重新确定的该发明实际解决的技术问题，可能不同于说明书中所描述的技术问题；在这种情况下，应当根据审查员所认定的最接近的现有技术重新确定发明实际解决的技术问题。

重新确定的技术问题可能要依据每项发明的具体情况而定。作为一个原则，发明的任何技术效果都可以作为重新确定技术问题的基础，只要本领域的技术人员从该申请说明书中所记载的内容能够得知该技术效果即可。

（3）判断要求保护的发明对本领域的技术人员来说是否显而易见

在该步骤中，要从最接近的现有技术和发明实际解决的技术问题出发，判断要求保护的发明对本领域的技术人员来说是否显而易见。判断过程中，要确定的是现有技术整体上是否存在某种技术启示，即现有技术中是否给出将上述区别特征应用到该最接近的现有技术以解决其存在的技术问题（即发明实际解决的技术问题）的启示，这种启示会使本领域的技术人员在面对所述技术问题时，有动机改进该最接近的现有技术并获得要求保护的发明。如果现有技术存在这种技术启示，则发明是显而易见的，不具有突出的实质性特点。

2. 显著的进步的判断

《专利审查指南2010》第二部分第四章第3.2.2节中规定：

在评价发明是否具有显著的进步时，主要应当考虑发明是否具有有益的技术效果。以下情况，通常应当认为发明具有有益的技术效果，具有显著的进步：

（1）发明与现有技术相比具有更好的技术效果，例如，质量改善、产量提高、节约能源、防治环境污染等；

（2）发明提供了一种技术构思不同的技术方案，其技术效果能够基本上达到现有技术的水平；

（3）发明代表某种新技术发展趋势；

（4）尽管发明在某些方面有负面效果，但在其他方面具有明显积极的技术效果。

3. 判断发明创造性时需考虑的其他因素

《专利审查指南 2010》第二部分第四章第 5 节中规定：

> 发明是否具备创造性，通常应当本章第 3.2 节所述审查基准进行审查。应当强调的是，当申请属于以下情形时，审查员应当予以考虑，不应轻易作出发明不具备创造性的结论。

> 5.1 发明解决了人们一直渴望解决但始终未能获得成功的技术难题

> 如果发明解决了人们一直渴望解决但始终未能获得成功的技术难题，这种发明具有突出的实质性特点和显著的进步，具备创造性。

> …………

> 5.2 发明克服了技术偏见

> 技术偏见，是指在某段时间内、某个技术领域中，技术人员对某个技术问题普遍存在的、偏离客观事实的认识，它引导人们不去考虑其他方面的可能性，阻碍人们对该技术领域的研究和开发。如果发明克服了这种技术偏见，采用了人们由于技术偏见而舍弃的技术手段，从而解决了技术问题，则这种发明具有突出的实质性特点和显著的进步，具备创造性。

> …………

> 5.3 判断预料不到的技术效果的判断

> 发明取得了预料不到的技术效果，是指发明同现有技术相比，其技术效果产生"质"的变化，具有新的性能；或者产生"量"的变化，超出人们预期的想象。这种"质"的或者"量"的变化，对所属技术领域的技术人员来说，事先无法预测或者推理出来。当发明产生了预料不到的技术效果时，一方面说明发明具有显著的进步，同时也反映出发明的技术方案是非显而易见的，具有突出的实质性特点，该发明具备创造性。

> 5.4 发明在商业上获得成功

> 当发明的产品在商业上获得成功时，如果这种成功是由于发明的技术特征直接导致的，则一方面反映了发明具有有益效果，同时也说明了发明是非显而易见的，因而这类发明具有突出的实质性特点和显著的进步，具备创造性。但是，如果商业上的成功是由于其他原因所致，例如由于销售技术的改进或者广告宣传造成的，则不能作为判断创造性的依据。

1.4.3　我国创造性制度与欧美创造性制度的比较

如表 1-4-2 所示，我国在创造性评价上与美国专利商标局、欧洲专利局有很多相同点，但也存在不少不同点。❶❷

---

❶ 国家知识产权局学术委员会 2013 年度专项课题研究项目"创造性评判方法比较研究"（ZX201301）。

❷ 国家知识产权局学术委员会 2014 年度专项课题研究项目"创造性相关问题研究"（ZX201404）。

表1-4-2 中美欧创造性的评价比较

	中美欧相同点	美国专利商标局不同点	欧洲专利局不同点
权利要求范围的解释	基本原则一致：发明的保护范围以其权利要求的内容为准，同时说明书和附图对权利要求有一定的解释作用	权利要求保护范围的"最宽合理"的解释原则	理解权利要求时，更强调权利要求实质上保护的整体技术方案，即更加强调不能停留在其字面所限定的内容上，而是要突出其所要体现的技术意义，当满足严格的限制条件时可能引入权利要求中没有记载的内容，在整个创造性评判体系中更关注发明技术的实质
本领域技术人员	本领域技术人员在进行显而易见判断时可以进行分析推理	本领域技术人员具备普通的创造力	《欧洲专利局审查指南》进一步明确了本领域技术人员可以是一组人，在判例法中又进一步解释了专家组的概念，并对在创造性评判中本领域技术人员对相邻领域现有技术的考虑程度进行了说明
整体原则	对发明和现有技术进行整体考虑的基本原则	—	—
评判的方法和思路	评判方法基本一致：对发明与现有技术的区别进行显而易见的判断	不进行实际解决的技术问题的认定，对于现有技术的选择不局限于解决相同或类似技术问题的现有技术，仅将技术问题作为显而易见性判断的考虑因素，但不是唯一途径	"问题-解决方案法"——实质上相同
考虑的辅助因素	基本一致；判断创造性的积极因素：关于长期存在但未解决的需求；关于克服技术偏见	—	还包括对变劣发明、非功能性的改进以及任意的选择的创造性的否定（如果没有伴随预料不到的优点）。在判例法中明确提出对问题解决方案没有贡献的技术特征不予考虑的做法，使欧洲专利局在创造性评判中更突围绕解决的技术问题考虑技术特征，而不仅关注技术特征本身
公知常识	明确在创造性评判中可以使用公知常识	更明确提出公知常识应能迅速且毫无疑问地证明，而当使用公知常识受到质疑时，明确应当提供证据，或者解释为什么申请人的质疑不充分	明确将创造性评判中涉及的公知常识与充分公开的要求相关联，同时当使用公知常识受到质疑时，明确只要提供文献性证据即可；如果该发明属于很新以至于相关的技术知识不能从教科书获得的研究领域，则公知常识还可以是包含在专利说明书或科学出版物中的信息

1. 相同点

（1）关于权利要求范围的解释：在权利要求范围的解释上基本原则一致，发明的保护范围以其权利要求的内容为准，且对权利要求的解释要从本领域技术的角度出发；说明书和附图对于权利要求具有一定的解释作用。

（2）本领域技术人员：本领域技术人员指一种假设的"人"，同时，本领域技术人员都具有相关现有技术知识，具有的常规实验能力、逻辑分析推理能力。在进行显而易见性判断时并非仅仅限于对比文件公开的内容，可以进行分析推理。

（3）整体原则：对发明和现有技术理解、对比时采取整体考虑的基本原则；❶

（4）评判的方法和思路：在创造性评判时，评判方法基本一致，对发明与现有技术的区别特征进行是否显而易见的判断。

（5）考虑的辅助因素：基本一致，都包括判断创造性的积极因素、长期存在但未解决的需求以及克服技术偏见。❷

（6）公知常识：明确在创造性评判中可以使用公知常识。

2. 不同点

1）美国专利商标局

（1）对权利要求的解释原则更明确❸

在理解权利要求的保护范围时，采用"最宽合理"的解释原则（Broadest Reasonable Interpretation）；在专利审查阶段，待审权利要求必须"给出与说明书一致的最宽合理解释"；最广泛的合理解释并不意味着尽可能广泛的解释。相反，赋予权利要求术语的含义必须与该术语的普通和习惯含义一致（除非该术语已经在说明书中给出了特殊定义），并且必须与权利要求术语在说明书和附图中的使用一致。此外，权利要求的最广泛的合理解释必须与本领域技术人员将得出的解释一致。

（2）本领域技术人员具备普通的创造力❹

本领域技术人员是一个具有普通创造力的人，而不是一个机器人。本领域技术人员在面临技术问题时不仅会考虑解决同一技术问题的现有技术，也具有一般的判断、分析能力，能像玩拼图一样将多个专利的教导组合在一起。例如，尽管现有技术中没有给出明示/暗示的教导、启示、动机，本领域技术人员也可以具有如下能力修改现有技术：①采用已知技术按照相同方式改进类似对象；②对待改进的已知对象应用已知技术并产生可预料结果；③本领域普通技术人员能够鉴于明确的设计上的激励或者其他市场因素，对现有技术进行变型。

对于本领域技术人员知识和技能水平从以下几方面考量：一是技术问题的类型；二是现有技术对这些问题的解决方案；三是创新的速度；四是技术的复杂性；五是本领域技术人员的教育程度。在具体案件中，并不需要把每个因素都考虑到，只有其中一个或几个因素是决定性的。

---

❶ Manual of Patent Examining Procedure（MPEP），Ninth Edition，Revision 07.2022，Published February 2023，2141.02。

❷ Manual of Patent Examining Procedure（MPEP），Ninth Edition，Revision 07.2022，Published February 2023，2141 Ⅱ。

❸ Manual of Patent Examining Procedure（MPEP），Ninth Edition，Revision 07.2022，Published February 2023，2111。

❹ Manual of Patent Examining Procedure（MPEP），Ninth Edition，Revision 07.2022，Published February 2023，2141.03。

（3）创造性评判的思路不同

美国专利商标局在现有技术的选取中会关注技术问题的因素，但不局限于对技术问题的关注，而是在确定了发明与现有技术的区别后，考虑本领域技术人员的水平时，虽然将现有技术面临的问题作为重要考虑因素，但并不要求基于区别特征确定发明实际解决的技术问题，仅将技术问题作为显而易见性判断的考虑因素，但不是唯一途径。

对于现有技术的选择，除现有技术文献外，有些文献由于相关日期晚于所要求保护的发明而不能作为现有技术的参考文献，以及因为没有广泛传播而不能构成现有技术的文件，都可以用于证明发明作出时或该时间前后的本领域普通技术人员水平。❶

（4）对公知常识的使用限制更明确

审查员使用的公知常识应能迅速且毫无疑问地证明，而当使用公知常识受到质疑时，审查员应当提供证据，或者解释为什么申请人的质疑不充分。❷

2）欧洲专利局

（1）对权利要求的解释更细化

《欧洲专利局审查指南》更明确地提出了对权利要求技术含义的解释程度，判例法则对不同情形下权利要求的解释原则进行了阐述。《欧洲专利局审查指南》提出，应当尽量从技术含义的角度理解权利要求，尽管该理解可能打破权利要求中术语的严格字面含义，判例法虽然提出对权利要求的保护范围进行解释的最终目的是使得权利要求更清楚，更易于理解，其保护的界限更明晰，但还指出即使依据权利要求本身的措辞该权利要求是清楚的，如果它不包含在说明书中被指出是发明的最重要条件的特征，也需要依据说明书对其进行解释。❸ 总之，欧洲专利局在理解权利要求时，更强调权利要求实质上保护的整体技术方案，即更加强调了不能停留在其字面所限定的内容上，而是要突出其所要体现的技术意义，当满足严格的限制条件时有可能引入权利要求中没有记载的内容。

（2）本领域技术人员的范围更宽

《欧洲专利局审查指南》还明确了本领域技术人员可以是一组人的概念。判例法进一步明确：如果技术问题促使本领域技术人员在另一个技术领域寻找解决方案，则应当将该假想的"人"转换为该其他领域的技术人员，站在该其他领域的角度进行创造性评判；或者与该其他领域的技术人员组成"专家组"，从多个技术领域的角度多方位全面评判发明的创造性。❹

（3）更突出对技术特征"贡献"的考量

《欧洲专利局审查指南》增加了可预料的缺点、非功能性的修改或任意选择作为创

---

❶ Manual of Patent Examining Procedure（MPEP），Ninth Edition，Revision 07.2022，Published February 2023，2124。

❷ Manual of Patent Examining Procedure（MPEP），Ninth Edition，Revision 07.2022，Published February 2023，2144.03。

❸ Case Law of the Boards of Appeal，10th edition，July 2022，chapter Ⅱ，department B，section 5.3。

❹ Case Law of the Boards of Appeal，10th edition，July 2022，chapter Ⅰ，department D，section 8.1。

造性评判的辅助考虑因素，明确变劣的修改如果没有伴随预料不到的技术优点则不具备创造性，同样的考虑也适用于非功能性的修改或者任意的选择，体现出对技术特征实质作用的关注。判例法更明确提出：没有对解决技术问题的技术方案作出贡献的技术特征，在评判技术特征组合的创造性时不予考虑;❶ 换个角度，也即只有当申请中提供了证据证明技术特征独自或者与其他技术特征联合应用对解决说明书中提出的技术问题有贡献时，才考虑这些技术特征。

欧洲专利局对技术特征是否有技术贡献的判断是围绕技术问题展开的，权利要求中与发明有效地解决的技术问题/发明客观解决的技术问题无关的技术特征被认为对发明没有作出贡献，在评判创造性时不予考虑。

（4）对公知常识的使用要求更明确

欧洲专利局明确将创造性评判中涉及的公知常识与充分公开的要求相关联，同时当使用公知常识受到质疑时，其明确只要提供文献性证据即可。我国的要求则是："如果申请人对审查员引用的公知常识提出异议，审查员应当能够说明理由或提供相应的证据予以证明或说明理由。在审查意见通知书中，审查员将权利要求中对技术问题的解决作出贡献的技术特征认定为公知常识时，通常应当提供证据予以证明。"❷ 由此可见，欧洲专利局对何时需要用证据证明公知常识的规定更明确。

---

❶ Case Law of the Boards of Appeal, 10th edition, July 2022, chapter Ⅰ, department D, section 8.4。

❷ 国家知识产权局. 专利审查指南 2010（2019 年修订）［M］. 北京：知识产权出版社，2020：235 –236.

第 2 章　创造性审查中的事实认定

在创造性审查过程中，审查员需要首先理解发明并判断和比较发明创造的技术事实以及对比文件的技术事实，并基于二者技术事实的比较结果，对发明创造创新高度作出评判，继而作出具备或不具备创造性的审查结论。实际上，事实认定是贯穿创造性的整个审查过程之中的。

2.1　事实认定的把握原则

1. 充分理解发明是准确进行事实认定的基础

《专利审查指南 2010》第二部分第八章第 4.2 节"阅读申请文件并理解发明"中规定，审查员在开始实质审查后，首先要仔细阅读申请文件，力求准确地理解发明。重点在于了解发明所要解决的技术问题，理解解决所述技术问题的技术方案，并且明确该技术方案的全部必要技术特征，特别是其中区别于背景技术的特征，以及该技术方案所能带来的技术效果。上述规定实际给出了在阅读申请文件时，如何有条理、有步骤地理解发明的方法，通俗地讲，就是理解发明过程中需要踩的点，这样能够避免审查员因阅读习惯不同、审查经验欠缺等因素而导致理解过程中出现主观偏颇，致使理解发明不全面、不到位。

实质审查的第一步即是"理解发明"，审查员在审查发明创造是否符合《专利法》以及《专利法实施细则》的相关规定时，都需要以准确理解发明为前提条件。理解发明要求"准确"，而"准确"理解发明实际就是要求对本发明的事实认定准确，包括正确认定本发明所属的技术领域、所要解决的技术问题、解决所述技术问题的技术方案、技术方案所能带来的技术效果，准确理解发明实际是以发明自身的事实认定准确为要求和目的。

发明所属的技术领域应当是要求保护的发明所属或者直接应用的具体技术领域。对于发明的技术领域认定应当是适宜的，不能过于概括和上位，也不能过于具体和下位。在理解发明的过程中，审查员实际是基于所属技术领域的技术人员的视角以及能力进行的，而技术领域实际上限定了所属技术领域的技术人员应当具备的知识和能力范围，不同技术领域的技术人员所具备的知识和能力结构及范围是不同的。在理解发明时，如果技术领域确定不准确，可能会导致对发明的技术内容理解深度不够，甚至出现错误。例如，技术领域不同，则该技术领域的技术人员所掌握的公知常识也就不同，这个技术领域的常规技术手段，在另一个技术领域也许并非那么显而易见；同样的一个名词，在这个技术领域所代表的技术含义可能与其在另一个技术领域所表达的含义存在天壤之别。

发明所欲解决的技术问题是一件发明创造产生的源动力。如果不能正确把握发明所欲解决的技术问题，则势必不能理解发明的本质动机，无法全面衡量其形成的技术方案，无法准确掌握技术方案的技术迭代层次，也就不能抓住在解决技术问题时所采用的最为关键的技术手段。另外，有的时候，我们往往仅能够看到技术问题所引发的症状表象，却难以发现隐藏在症状表象背后的症结所在。对于所属技术领域的技术人员而言，一旦发现了症结所指向的技术问题，则如茅塞顿开一般获得解决手段的指引。可见，发现现有技术中所存在的技术问题本身就是一种技术贡献。如果不能正确地把握发明所欲解决的技术问题，将导致不能客观、公正地评价一件发明创造的创新方向和创新程度。

发明所采用的技术方案，是指对要解决的技术问题所采取的利用了自然规律的技术手段的集合。技术方案是发明人在所发现的技术问题的驱动下，为解决该技术问题而在现有技术基础上的再次技术创新，集中体现了一项发明创造对现有技术所作出的技术贡献。技术方案往往集中体现了一项发明创造的技术精髓，是对发明创造的技术表达。只有深刻理解技术方案，仔细分辨构成技术方案的每一技术要素的特点以及各个技术要素之间的关联性、协同性，才能理解发明并正确评判发明创造的技术贡献大小。

发明所获得的技术效果体现在实施发明创造的技术方案的过程中，当技术手段起到了相应的作用和功效，并解决了相应的技术问题时，自然而然地能够实现一定的技术效果。所欲解决的技术问题不同，采取的技术手段不同，或者解决的技术问题相同，但采取的技术手段不同，则所取得的技术效果也不尽相同。由于技术效果与技术问题、技术方案的密切相关性、因果性，因而，技术效果一方面能够反映一项发明创造的有效性，另一方面也能反映发明创造的先进程度，技术效果实际成为理解以及评判发明创造技术方案的重要指标。

如上所述，《专利审查指南 2010》第二部分第八章第 4.2 节"阅读申请文件并理解发明"中的规定实际给出了在阅读申请文件时，如何有条理、有步骤地理解发明的方法。由其规定的内容不难看出，理解发明的过程是以所属技术领域的技术人员的视角对发明创造的技术事实进行重新梳理的过程。理解发明作为实质审查过程中的启动点，首先要求发明理解准确。本申请的事实认定准确，实质审查启动正确，才能正确继续进行实质审查程序的其他节点，理解发明是否准确甚至会影响实质审查程序的审查走向。充分理解发明，准确进行技术事实认定，包括对申请文件所属技术领域、解决的技术问题、采取的技术方案、取得的技术效果事实认定准确，能够把握发明创造的发明构思以及其技术创新点；也包括对权利要求的事实认定准确，体现为需要准确解读权利要求的保护范围，既包括对权利要求构成字句的含义解读，也包括技术特征之间相关性的把握。准确理解发明，把握发明事实，才能够建立正确的审查方向和检索策略。

2. **准确认定事实要结合背景技术、现有技术及公知常识的整体把握**

对本申请的事实认定过程并非囿于本申请自身之中。在了解发明所要解决的技术问题时，离不开对发明所处的背景技术环境的了解；在理解解决所述技术问题的技术方案，特别是其中区别于背景技术的特征，以及该技术方案所能带来的技术效果时，也离不开对现有技术的了解。因而在理解发明的过程中，既要厘清本申请的"内源"，也要了解现有技术的"外促"，由"外"至"内"，"内""外"兼顾，才能客观、全面、准确地理解发明，把握事实。可见，理解发明而对本申请事实的认定，既包括对本申请的事实认定，还包括对表征现有技术的背景技术文献的事实认定。

在实质审查过程中，本申请的事实认定，即理解发明仅是按下了审查的启动键，审查工作主要是审查发明创造是否符合《专利法》以及《专利法实施细则》的相关规定。在全面审查过程中，除了本申请以外，我们还经常会遇到并使用其他技术载体，即我们常说的对比文件，例如《专利法》第 31 条第 1 款涉及的单一性的审查，又如《专利法》第 22 条第 2 款、第 3 款涉及的新颖性、创造性的审查，这些审查条款均会涉及将本申请与对比文件相比较审查。为保障审查的客观、公正、准确、及时，就必然要求审查过程中的事实认定要准确，既包括对本申请的事实认定要准确，也包括对对比文件的事实认定要准确。除对比文件以外，实质审查过程中还经常涉及对某一技术手段是否为公知常识这一事实的认定，需要从本领域技术人员的角度，通常还需要借助公知常识证据（例如教科书或者工具书）进行佐证。

在实质审查程序的诸多过程节点均需依赖事实认定准确，这一要求在创造性审查中尤显重要。创造性审查在于评判发明创造的技术创新高度，无论在理解本申请时的事实认定，还是在确定对比文件公开内容时的事实认定，抑或对公知常识这一事实认定，事实认定的"失之毫厘"，都会导致创造性评判结果的"谬以千里"。

事实认定涉及广泛、情形复杂。理解发明是事实认定的基础，也是事实认定的头阵。事实认定还包括对背景技术、对比文件、公知常识、隐含公开内容等的事实认定。按照审查习惯，通常首先需理解发明。只有能够正确理解发明，在这个前提下，才能够明确审查的技术事实要点，有序引导进行对最接近的现有技术、公知常识、结合的对比文件、隐含公开内容等的事实认定。但也需注意，虽然最接近的现有技术、公知常识、结合的对比文件、隐含公开内容等事实是客观的，但由于以上事实的认定均发生在理解发明创造的申请文件之后，受限于主观因素，往往易于以该发明创造的视角解读最接近的现有技术、公知常识、结合的对比文件、隐含公开内容等所记载的技术事实，易于导致事实误读，影响创造性评判。

因此，对于事实认定需建立正确、客观的审查思维，以准确梳理各技术事实、掌握技术要点为原则，要求审查员站位所属技术领域的技术人员，摒弃审查固习和主观偏见，从而客观、准确地进行事实认定。

创造性的评判在发明创造的实质审查过程中占有重要地位，而事实认定又是正确进行创造性评判的重要条件和基础。因此，客观认定事实，应当贯穿创造性评判的整个过程之中，并与创造性评判"三步法"有机融合，以期获得正确的创造性评判结论。

3. 准确认定事实应基于本领域技术人员这一主体

由于发明创造自身以及检索获得的技术文献记载着由所属技术领域内的技术知识形成的技术方案，并且具有一定技术目的性，其针对的阅读人群并非普通大众，也不是所属技术领域内的特定学术研究专家，而是针对所属技术领域的一般技术人员，因而对其技术创新高度的要求也应是以所属技术领域的一般技术人员的水平为基础。如果以普通大众的知识水平为准，则势必导致技术创新高度要求过低，被授予专利权的发明创造创新水平不高，但又被专利权人所独占，影响社会公众的利益。如果以所属技术领域内的特定学术研究专家的知识水平为准，则势必导致技术创新高度脱离该技术领域的整体水平，科技创新皆难以被授予专利权，影响所属技术领域内的技术人员的创新热情，不利于所属技术领域的科技创新。因此，为正确认定事实，避免由于理解偏颇而误读发明、错误认定技术事实，导致创造性认定不准确，审查员应站位所属技术领域的技术人员对本申请以及对比文件作出客观、准确的理解和认定。

在作出最后的创造性评判结论前，对本申请的事实认定实际是对发明创造技术内容的首次技术评估，并且依赖于该首次技术评估的结果。当基于专利法对发明创造性的要求标准进行评判时，如果该发明创造与现有技术相比，具有突出的实质性特点和显著的进步，则具备创造性；反之，则不具备创造性。因为发明创造的申请文件以及记载现有技术的技术文献的阅读对象为所属技术领域的一般技术人员，因而在对其进行首次技术评估时，也应当是由所属技术领域的一般技术人员完成，就像对于一部电影的评价应当由普通观影者作出，对于一道菜的评价应当由普通大众作出一样。

对于以上提到的一般技术人员，我们称之为"所属技术领域的技术人员"。

设定这一概念的目的，在于统一审查标准，尽量避免审查员主观因素的影响。上述"所属技术领域的技术人员"的概念是在《专利审查指南 2010》的创造性章节中提出的，理解发明是对发明创造技术方案的首次解读，是创造性评判的前提，事实认定贯穿创造性的评判之中，因而"所属技术领域的技术人员"这一虚拟的角色应同样适用于事实认定的过程。所属技术领域的技术人员所拥有的知识和能力的理解应当符合所属技术领域中现实的普通技术人员的一般状况，其专业知识和技术能力要符合一名专业技术人员的要求。一项发明创造主要依赖于申请文件文字记载的全部内容（结合附图）来表达其技术创新。事实认定的执行主体是所属技术领域的技术人员，其所具有的知识和能力与事实认定的准确程度直接相关。试想对于基于电路的发明创造，如果阅读者对相应的电路这一技术领域不了解，不具有电学专业基础知识，势必无法理解申请文件的技术内容，不能抓住发明创造的技术构思和技术贡献点。当不能准确理解发明并相应地进行事实认定时，则势必无法对发明创造作出客观公正的审查。

对本申请的事实认定要力求准确，即理解发明，包括所属技术领域、所要解决的技术问题、解决所述技术问题的技术方案、技术方案所能带来的技术效果。其中，应结合所属技术领域的现状深入了解本申请的发明动机，正确理解发明人如何在现有技术中发现其所要解决的技术问题，所采取的技术方案与其解决技术问题的关联性、针对性，以及最终实现技术效果的必然性、可预期性。

理解发明的过程实际可以看成还原发明创造的过程，审查员以所属技术领域的技术人员的角色，站位发明人的视角，发现现有技术中存在的技术问题，寻求解决该技术问题的可行技术方案；既要明确技术方案的全貌，也要能够抓取解决该技术问题的关键技术手段，即区别于背景技术能够给发明创造带来创造性贡献的特征，并了解技术方案所能带来的技术效果。

创造性审查在于评判发明创造的技术创新高度，重点在于评判发明创造的技术方案相对于最接近现有技术的技术方案是否具有符合创造性标准的技术创新高度，即由最接近现有技术向本申请的技术方案改进，对于所属技术领域的技术人员是否是显而易见的。具体而言，创造性评判实际是聚焦解决技术问题的关键技术手段，即区别于最接近现有技术的区别特征，并考察实施具有这样的区别特征的技术方案所能带来的技术效果。如果区别特征与解决技术问题的关联性是显而易见的，由此取得的技术效果是可以预期的，这样的技术方案不具有突出的实质性特点和显著的进步，因而不具备创造性；反之，则具备创造性。

可见，创造性的审查需要先以事实认定为前提基础，否则创造性的评判也就无从谈起。万丈高楼平地起，需要先打好一砖一瓦的地基，而准确认定事实就是进行创造性评判的地基。发明创造以及对比文件代表的现有技术二者作为创造性评判中的比对两方，只有对其进行正确的事实认定才能保障创造性评判结果正确。

2.2 "三步法"中的事实认定

《专利法》第22条第3款规定："创造性，是指与现有技术相比，该发明具有突出的实质性特点和显著的进步，该实用新型具有实质性特点和进步。"

对于"突出的实质性特点"以及"显著的进步"两大创造性评判要件而言，在评价发明是否具有"显著的进步"时，要求考虑发明是否具有有益的技术效果，往往判断较容易；而在评价发明是否具有"突出的实质性特点"时，需要求对所属技术领域的技术人员来说，判断发明相对于现有技术是否是显而易见的。虽然其判断主体是假设的"所属技术领域的技术人员"，但由于评判过程仍然是由审查员进行的，受限于其自身知识水平的差异，在审查过程中难免受主观性影响，因此，在规定了创造性的评判主体——所属技术领域的技术人员之后，为尽量避免审查过程的主观性导致的审查错误，《专利审查指南2010》第二部分第四章第3.2.1.1节中还具体规定了关于突出的实质性特点的判断方法，即"三步法"，使得创造性的评判变得有迹可循，有章可遵。

判断要求保护的发明相对于现有技术是否显而易见，通常可按照以下三个步骤进行：①确定最接近的现有技术；②确定发明的区别特征和发明实际解决的技术问题；③判断要求保护的发明对本领域的技术人员来说是否显而易见。

那么，我们来具体分析判断要求保护的发明相对于现有技术是否显而易见时执行的上述三个步骤。

第一步，确定最接近的现有技术，其实质是以发明人的视角，基于发明创造的整个技术方案，选取发明合理的技术改进起点。其目的是以此判断从该确定的最接近的现有技术出发，基于所属领域的技术现状，本领域技术人员基于其所具备的一般技术知识，是否能够显而易见地获得发明创造的技术方案。在理想情况下，确定的最接近的现有技术恰是发明人在申请文件的背景技术中所描述的发明的技术起点，以此进行的"三步法"评判还原了发明人的实际发明过程，由于与发明人的发明过程十分贴合，则相应的创造性的审查结论往往也更易于被接受。但在实际的审查过程中，由于对现有技术的偏狭认知，发明人所认定的发明起点会存在与现有技术实际现状不相符合的情况；同时，基于现有技术形式要件要求、检索资源的限制、"三步法"的评述逻辑等原因，审查员对最接近的现有技术的选择往往也存在与发明人声称的技术起点不同的情形。

在第一个步骤中，只有准确理解发明，正确认定发明创造的技术事实，才能选择最合适的最接近的现有技术。虽然《专利审查指南2010》第二部分第四章第3.2.1.1节给出了在选择最接近的现有技术时的参考原则，即"最接近的现有技术，例如可以是，与要求保护的发明技术领域相同，所要解决的技术问题、技术效果或者用途最接近和/或公开了发明的技术特征最多的现有技术，或者虽然与要求保护的发明技术领域不同，但能够实现发明的功能，并且公开发明的技术特征最多的现有技术。应当注意的是，在确定最接近的现有技术时，应首先考虑技术领域相同或相近的现有技术"，但以上参考原则不是直接拿来即用，针对每一件发明创造该如何依据上述参考原则确定最适宜当下情况的最接近的现有技术，仍然需要审查员站位所属技术领域的技术人员，在正确地理解申请文件并充分地把握发明创造的发明构思之后，结合发明创造自身的技术特点而作出合理选择。最接近的现有技术是发明创造的起点，选取不当，必然将导致由该起点到达发明创造的难易程度不同，甚至无法到达，导致对发明创造创新高度的误判。

第二步，确定区别特征和实际解决的技术问题，实际是从第一步所确定的最接近的现有技术出发，确定是否客观存在对其改进的技术需求以及为达成该需求所采取的技术手段。有因才有果，只有现有技术中存在改进的迫切需求，同时本领域技术人员基于其所具备的一般技术知识也能够发现该需求，则相应地，本领域技术人员才有意愿和动机对该最接近的现有技术作出技术改进和革新。在第二步中，准确确定现有技术存在的可改进之处并且确定针对该改进之处所采取的针对性的技术手段，才能够在后续环节正确评判由最接近的现有技术走到发明人的发明创造的难易程度。也就是说，"三步法"中的第二步实际是承上启下的一环，起到由最接近的现有技术到一件新的发明创造的串接作用。

在第二个步骤中，为"确定发明的区别特征"，先要准确理解发明，正确认定发明创造的技术事实，除此之外，还需正确认定所选择的最接近的现有技术公开的技术事实，并准确把握二者的技术事实实质，才能在将二者比较的过程中确定发明与最接近的现有技术之间的技术差别，准确确定区别特征。在确定了区别特征之后，需要根据该区别特征所能达到的技术效果确定发明实际解决的技术问题。其必然要求回归申请文件，基于所确定的区别特征在发明创造中起到的作用、功效以及其能够带来的技术效果确定发明实际解决的技术问题。基于最接近的现有技术重新确定的该发明实际解决的技术问题，可能不同于说明书中所描述的技术问题，这需要审查员站位所属技术领域的技术人员，结合在理解申请文件过程中的技术事实认定以及对最接近的现有技术的技术事实认定而作出。

第三步，确定发明创造对于本领域技术人员来说是否显而易见，实际是判断本领域技术人员基于所属领域的技术现状并凭借其所具备的一般技术知识，是否能够获得技术教导，从而促使其为解决在第二步中所确定的实际解决的技术问题采取区别特征所限定的技术手段。

在第三个步骤中，要从最接近的现有技术和发明实际解决的技术问题出发，判断要求保护的发明对本领域的技术人员来说是否显而易见。在这个步骤中，不仅仍然依赖于对最接近的现有技术的技术事实认定正确，还需要对所属技术领域的公知常识、其他对比文件公开的技术事实等认定正确。事实认定正确，才能客观判断要求保护的发明对所属技术领域的技术人员来说是否显而易见，并且保障最终判断结果的正确性。

理解发明时不仅要立足本申请，还需要考虑发明所处的背景技术环境，由"外"至"内"，"内""外"兼顾，以准确理解发明，把握事实。理解发明的过程实际可以看成还原发明创造的过程：审查员以所属技术领域的技术人员的角色，站位发明人的视角，发现现有技术中存在的技术问题，寻求解决该技术问题的技术方案，并达到相应的技术效果。

"理解发明"是还原发明创造并找准其技术创新的过程。"三步法"是以还原发明的创造过程为线，对其技术创新的贡献大小进行评判的过程。以上两个过程都需要依赖于准确的事实认定。可见，在创造性评判中，以理解发明为始，以"三步法"为主要手段，以事实认定准确为保障，以具有一定的技术创新高度为标准，才能最终作出准确客观的创造性评判结论。

可见，事实认定既是创造性评判的起始，也需贯穿创造性的整个审查过程。准确理解发明以及事实认定正确既是创造性评判的基本要求，也是创造性评判结论客观公正的最大保障。

2.3 事实认定的要点

为作出客观、准确的创造性评判结论，审查员应站位所属技术领域的技术人员，按照"三步法"进行创造性评判，这使得创造性评判有章可循。在前面对"三步法"的分析中不难发现，创造性审查实际是一个复杂的技术评判过程，在创造性的评判过程中涉及对申请文件、最接近的现有技术、所属技术领域的公知常识以及其他对比文件等的理解及事实认定，这就使得创造性评判成为实质审查中的一个难点、重点，这也与目前的审查实践是相符合的。上述情形对审查员提出了较高的要求。

目前对创造性评判中出现的问题已有大量研究，例如，技术问题及发明构思在创造性评判中的作用、权利要求中特征对创造性评判的影响等。本书撰写前期进行的数据调查显示，理解发明阶段的审查难点主要集中于"难以准确抓住发明构思""权利要求解读不准确"，并且"事实认定有误"亦是贯穿整个创造性审查过程中的突出问题。以下将主要针对这三方面审查难点，通过实际案例详细阐述问题表象、分析问题产生的原因，希望有助于审查员在创造性评判过程中对创造性评判方法及标准的理解和掌握。

2.3.1　准确把握发明构思

要准确地理解发明，应首先从发明的背景技术出发，以发明所要解决的技术问题、解决所述技术问题的技术方案和该技术方案所带来的技术效果为脉络，厘清发明相对于背景技术所作出的改进。专利审查需要立足于技术创新过程，即一项新技术构思的形成过程，对于发明而言实际是发明构思的形成过程。在创造性评判中，把握实质应当更突出地体现在对发明构思和现有技术的技术构思的比较和判断上。

既然发明构思如此重要，那么究竟什么是发明构思呢？

虽然"发明构思"目前尚没有明确、统一的定义，但非常有趣的是，实际上，"发明构思"这一概念早已被我们"熟知"。《专利法》第 31 条第 1 款规定："一件发明或者实用新型专利申请应当限于一项发明或者实用新型。属于一个总的发明构思的两项以上的发明或者实用新型，可以作为一件申请提出。"《专利法实施细则》第 34 条规定："依照专利法第三十一条第一款规定，可以作为一件专利申请提出的属于一个总的发明构思的两项以上的发明或者实用新型，应当在技术上相互关联，包含一个或者多个相同或者相应的特定技术特征，其中特定技术特征是指每一项发明或者实用新型作为整体，对现有技术作出贡献的技术特征。"以上两个条款涉及单一性问题，实际并未给出发明构思的明确定义，但由该两个条款不难发现，其强调了发明构思需对现有技术作出贡献，而该技术贡献直接由权利要求中的技术特征体现，这样的体现其技术贡献的技术特征即被称为特定技术特征。

由此可窥"发明构思"之一斑，即发明构思需重点关注其对现有技术作出的技术贡献。

目前普遍被接受的发明构思的定义认为，发明构思来源于发明创造过程，是发明人为解决技术问题所提出的思路或想法，该思路或想法通常通过若干技术手段来实现。该定义立足于发明所作出的贡献这一过程，紧紧抓住"发明能够解决的技术问题是什么"，为了解决该问题本发明中"所采用的关键技术手段是什么"，将问题和手段这二者作为一个整体，构成了发明的核心，即一项发明的发明构思。也就是，从技术创新的起因，到技术创新的结果，忠实地还原了发明创造过程。因为在一般情况下，技术创新的起点都是源于在现有技术中发现技术问题，在确定了所要解决的技术问题之后，接下来就需要寻找解决技术问题的具体方法或手段，进行技术构思，最终获得解决方案并达到一定的技术效果。

另有其他学术观点认为：发明构思是基于申请文件本身所记载的背景技术、客观完成的发明内容所确认的技术改进思路，是依据申请文件本身的记载能够确认的发明对现有技术有所贡献的内容，而不是在新颖性和/或创造性的评述过程中，在与所选择的具体的某一篇或多篇对比文件相比较以后所确定的相对于该文献作出贡献的部分。这个观点实际肯定了发明构思的原创性、独立性以及整体性，对从更加客观的角度评判发明创造的创造性具有一定的借鉴意义。

发明构思实际体现了发明人集成脑力劳动之后所作出的智慧贡献，其既包括发明人发现技术问题时的智慧贡献，也包括发明人针对技术问题确定并形成解决该技术问题的技术方案时的智慧贡献。该智慧贡献的大小、高低，在创造性审查中即体现了发明创造自身是否显而易见。如果智慧贡献不大，程度不高，对本领域技术人员是显而易见的，则这样的发明构思所形成的技术方案不具备创造性；反之，则是具备创造性的。可见，发明构思在创造性的评判过程中尤其重要。

《专利法》第2条第2款规定："发明，是指对产品、方法或者其改进所提出的新的技术方案。"

虽然目前对发明构思定义的观点不一，但都基本一致地认可，发明构思本质上是发明人为解决技术问题所提出的改进思路或想法，是发明的核心或实质，是发明人智慧贡献的体现，是正确地理解发明的一般路径，这与《专利法》第2条第2款对发明的规定相一致。

"三步法"实际是一种评判一项发明创造是否具备创造性的、具体的、易于执行的审查实操方法，由其三个步骤不难发现，"三步法"紧扣发明构思本质，实际是在寻找发明构思中的特定技术特征（即关键技术手段）并由此判断发明构思所作出的技术贡献的过程。实现创造性立法宗旨的核心要求就是把握发明构思的实质，从发明构思上比较由现有技术得到该发明创造是否显而易见，并且是否解决了现有技术缺陷，有益于推动技术更新进程。在创造性的评判过程中，如果权利要求限定的技术方案与现有技术相比，其区别特征为特定技术特征，解决了一定的实际技术问题并对现有技术作出贡献，取得了相应的技术效果，则这样的权利要求具备创造性。如果区别特征仅为公知常识或已被现有技术披露，则其并不属于特定技术特征，这样的技术方案对本领域的技术人员来说显而易见，即并未对现有技术作出贡献，因而这样的权利要求不具备创造性。

在实际审查过程中，创造性的评判对象针对的是权利要求，准确把握发明构思将有利于客观地进行创造性评判。发明构思是技术方案的价值所在，其应能够为本领域技术人员提供一种解决某个/某些技术问题的方向指引，这其中，体现发明构思技术贡献的技术创新点（即特定技术特征）尤其重要。评判发明创造的创造性时，正确把握发明构思，对于作出正确的创造性评判结论突显作用。

下面以案例进行说明。

【案例 2 - 3 - 1】　一种餐馆服务系统

【案情介绍】

该案涉及一种餐馆服务系统。现有技术中存在多种不同类型的餐馆服务系统，例如，一种是由服务员提供服务的餐馆服务系统，服务员为顾客提供服务，虽然这种周到的服务能给顾客带来舒适感，但却需要服务员投入大量的时间和人力。还有一种是自助式的餐馆服务系统，相较于前述的由服务员提供服务的餐馆服务系统，虽然自助式的餐馆服务系统可以节省服务员人力、节约开支，但是由于就餐全过程均需顾客亲力亲为，违背了顾客外出轻松就餐的初衷。

为克服这两种餐馆服务系统的缺陷，该案提出一种新的技术方案：由图 2 - 3 - 1 所示涉案申请的餐馆服务系统俯视图可见，附图标记 3 所示的中间区域为后厨工作区，附图标记 4 所示的周边区域为顾客就餐区，该周边区域 4 中的多个矩形框为餐桌，以附图标记 5 表示，在后厨工作区 3 与餐桌 5 之间采用轨道线路相连，以附图标记 56 表示，具体参见图 2 - 3 - 2。针对现有餐馆服务系统或耗费服务员人力以及时间成本，或轻松就餐的体验感差的技术问题，在该案的技术方案中，采用轨道线路 56 直接连接于后厨工作区 3 和顾客餐桌 5 之间，并且设置后厨工作区 3 的位置高于餐桌 5 的位置，因而做好的饭菜借助重力由后厨工作区 3 沿轨道线路 56 直接滑送至餐桌 5，不再需要服务员中间传菜，实现直接将饭菜由后厨工作区传送至顾客餐桌，从而节约了人力和时间，也不需要顾客自己动手，提高了轻松就餐的体验感。

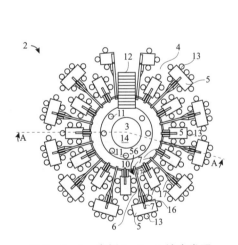

图 2 - 3 - 1　案例 2 - 3 - 1 涉案发明
餐馆服务系统俯视图

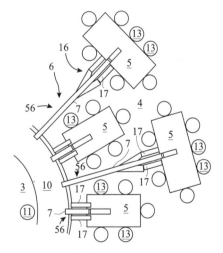

图 2 - 3 - 2　案例 2 - 3 - 1 涉案发明
顾客就餐区放大图

涉案申请权利要求 1 如下：

1. 餐馆服务系统 (2)，需包括：

a) 至少一个用以烹饪和/或准备饭菜和/或饮料的后厨工作区 (3)；

47

b）至少一个顾客就餐区（4），该区需特别为顾客配置一张或者多张餐桌（5）；

…………

后厨工作区（3）应通过至少一条轨道线路（56）与顾客就餐区（4）的至少一张餐桌（5）相连接或者可以连接。

该权利要求整体上限定了一种餐馆服务系统，并且针对其发明构思的技术创新点"采用轨道线路直接连接于后厨工作区和顾客餐桌之间，不再需要服务员"，权利要求中相应地限定了"后厨工作区通过至少一条轨道线路与顾客就餐区的至少一张餐桌相连接"这一关键技术特征，即限定了轨道线路两端的连接对象为"后厨工作区"与"顾客就餐区"。

再来看对比文件，对比文件公开了一种食物供应装置，以适用于诸如展览会、交易会、嘉年华会等人口密集、占地场所受限的食品输送，特别是涉及一种可在相对较小的服务区域内使用的设备。具体来说，如图 2-3-3 和图 2-3-4 所示，对比文件公开的食物供应装置包括：附图标记 6 所示的抬升平台，用于准备食物，相当于涉案申请的后厨工作区；附图标记 25 所示的服务台，在抬升平台 6 与服务台 25 之间连接有滑道，以附图标记 24 表示，借助于重力，饭菜食物沿滑道 24 由抬升平台 6 先被传送到服务台 25，再由服务员从服务台 25 取出饭菜送至周围的服务柜台，以附图标记 2 和 3 标记，相当于该案的顾客就餐区。对比文件通过将抬升平台 6 升高，进而利用了占地面积之上的空间，有效地利用了有限的地面空间，可应用于较小的服务区域，并且为了匹配升高的抬升平台 6，对比文件相应地设置滑道连接于"抬升平台"与"服务台"之间，即滑道两端的连接对象实际为"后厨工作区"与"服务台"。

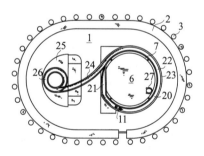

图 2-3-3 案例 2-3-1 对比文件
食物供应装置俯视图

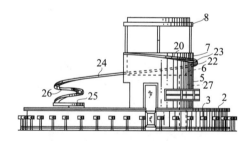

图 2-3-4 案例 2-3-1 对比文件
食物供应装置侧视图

那么，对比文件是否公开了该案的发明构思，或者所属技术领域的技术人员是否能够由对比文件的技术方案显而易见地获得该案的发明构思呢？

【案例评析】

该案与对比文件的发明构思之间存在根本的差别，二者在实际解决的技术问题、采用的技术手段以及实现的技术效果方面均不同。该案的无效宣告请求审查决定分析如下。

第一，实际解决的技术问题不同。该案将饭菜和/或饮料从后厨区域直接送到了顾客的餐桌上或餐桌旁，不再需要传菜员或服务员，既解决了现有服务系统依赖人力提供服务导致人力和时间成本高的技术问题，同时解决了因取消人力服务（如自助餐厅）而带来的用餐不便、体验不佳的技术问题。

第二，采用的技术手段不同。对比文件仅仅是提供了从后厨到服务台或者服务员的传送系统和具有该系统的餐饮服务模式，由后厨准备好的饭菜和/或饮料被提供到服务台上。在对比文件所述的诸如展览会、交易会、嘉年华会等空间短缺的场所中，能够被利用的空间有限，而后厨和服务台的占地通常是比较小并且是相对固定的，且其之间距离比较短，因此，对比文件通过抬升后厨区域提升了空间的利用率，并通过较少的轨道（如仅需一条）和相对简单、固定的轨道搭建方式（仅需从后厨搭建到服务台的某处即可）就可实现菜品的传送，但其最终仍需要服务员将菜品送到顾客餐桌上。众所周知，顾客就餐区在餐厅中的占地相对来说比较大，并且顾客的座位（餐桌）相对是分散的，因此，要搭建从后厨到餐桌的轨道不但数量较多而且占据大量的空间，搭建方式也会因餐桌的分散性而极其复杂。因此，本领域技术人员无法从对比文件公开的解决狭小空间利用问题的技术方案中得到技术启示或指引，将占据较小空间且仅需一条轨道的从后厨到服务台的传送系统，改进为延伸到顾客的餐桌。

第三，实现的技术效果不同。餐饮作为一种文化，餐厅的布置、风格以及餐厅的服务是除菜品特色和质量之外很重要的两个方面。结合以上两点，可以说明就餐模式的改进空间不大，并且要让顾客既不会因节约了人力而感受到服务的缺失，同时又能够提供新奇的就餐体验，带来一种不同的餐饮文化，正是该案通过包括上述技术要点的技术方案来实现的技术效果，解决了传统的服务员上菜模式和自助餐或回转模式各自的弊端，做到了餐厅环境、服务、人力成本、顾客体验多方面的兼顾，而对比文件无法实现这些技术效果。

将涉案申请和对比文件相比较，虽然二者解决问题的技术手段均利用了滑道，但还需结合滑道两端的连接对象考虑技术手段的整体，并且二者所欲解决的技术问题和技术效果也不同。涉案申请的目的是省略服务员，而对比文件的目的是利用有限的空间，其传菜过程当然需要服务员，因而不存在省略服务员的改进动机。涉案申请与对比文件二者的发明构思不相同，发明创造的改进动机、改进方向以及改进效果均不同，本领域技术人员难以从对比文件出发，走上涉案申请的改进之路。

上述案例给出这样的启示：在创造性的审查过程中，应当牢牢把握发明构思，重点把握申请所解决的技术问题、技术手段以及技术效果，且以上三者应被作为一个整体考虑，把握其间的关联性，而不应该将技术手段孤立，而忽视发明构思的整体性。即使技术手段相同或相近，还应当考虑其与技术问题、技术效果的关联性，从发明构思的整体出发，当其解决的技术问题不同，实现的技术效果不同时，即使技术手段相同或相近，本领域的技术人员也不易产生动机以朝发明的方向去改进。这是因为所欲解决的技术问题是发明创造的源动力，在对解决技术问题的技术追求驱使下，所属技术领域的技术人员才有动力以及方向对现有技术作出相应的改进。虽然技术方案中的关键技术手段体现了发明构思的技术价值所在，但仍不能将技术方案本身等同于发明构思。虽然发明构思是以构造技术方案为直接目的，但如何构造技术方案，是需要在解决技术问题的指引下而进行的；技术问题不同，则构造技术方案的考量因素必然不同，由此构造出的技术方案也必然不同。因此，当判断由最接近的现有技术向发明创造的方向进行构造是否可行及构造的难易程度时，应当紧紧把握发明创造的整体发明构思进行判断。

2.3.2　准确解读权利要求范围

前面已经详细阐述了在创造性审查中发明构思的重要地位，在创造性评判中把握实质应当更突出地体现在对发明和现有技术发明构思的比较和判断上，并要求申请人撰写权利要求书中能分层次对其发明构思作出限定保护。

创造性评判的直接对象为权利要求。如果说发明构思体现了发明创造的"神"，那么权利要求则是发明创造的重要的"形"表达。在发明申请的创造性审查中，既要从整体把握发明构思的精髓，还要客观分析权利要求的实际保护范围。因而建议在通过阅读申请文件掌握发明构思之后，还应再重读权利要求书。

权利要求的解读过程实际是针对权利要求文字所记载的整个技术方案以界定其所请求保护的技术主题以及欲获得的保护范围边界，需要核准权利要求中记载的所有技术特征对权利要求保护范围的限定作用。权利要求中记载的技术特征的限定作用大小、轻重有不同，对保护范围产生的影响也不同，因而在创造性评判过程中的考量程度也相应不同。

《专利法》第64条第1款规定，发明或者实用新型专利权的保护范围以其权利要求的内容为准，说明书及附图可以用于解释权利要求的内容。

专利制度的设计，以鼓励发明创造、促进科技进步为目的，专利权人通过向社会公众公开其发明创造，获得一定范围的垄断权。专利制度平衡的关键在于：要想获得享有独占地位的专利权，其公开的发明创造必须具有一定的技术创新高度，具有技术参考价值。如果对没有带来技术贡献的申请授予专利权，将会损害公众的利益，不符合专利制度的设计初衷。

权利要求书在发明专利制度中占有非常重要的地位，是整个专利制度的核心。权利要求书则界定了赋予申请人的独占范围。由此可见，权利要求书是专利审查过程中最重要的法律文件之一，作为授权后解释专利权保护范围的法律依据。一件发明专利申请被授予专利权后，究竟能获得多大范围的法律保护，与其权利要求的撰写内容以及由此所限定的保护范围大小是直接相关联的。

权利要求是申请人试图使用人类语言对客观的技术方案本身进行记录而形成的载体或表达。然而，包括汉语在内的任何一个门类的语言都有其深厚的背景和底蕴，拥有丰富的语义体系和灵活的组合形式，它是人们将脑海中的思维、概念、观点具化为文字、符号、语句的转换器。理想状态下，二者应该完全对应以确保对外传达的精准性，但人类的理性是有限度的，用语言文字来描述客观世界有其局限性。我们的词汇再丰富，语库再翔实，呈现在公众面前的辨识度再高，最终所表现出的语言形式在不同人眼中总会存在细微的差别，产生不同的理解。❶ 因而，准确解读权利要求的保护范围存在一定难度，但这也说明了其重要性。准确地解释权利要求和确定权利要求的保护范围无论是在专利的授权程序中，还是在专利的确权程序中，以及再后的专利侵权纠纷中均是至关重要的。

发明和实用新型的保护范围以其权利要求的内容为准，因此，创造性的审查重点是权利要求。对权利要求保护范围的解释是创造性评判的基础，对权利要求保护范围的不同解读对权利要求的创造性评判具有直接影响。专利的授权程序是对申请人独占范围的首次法律确认，其中，对权利要求的创造性评判则是执行上述对申请人独占范围的首次法律确认的重要手段之一。创造性是衡量发明创造技术创新高度的重要标准，以创造性评判为手段而使申请人获得适当的独占权，并保障社会公众的合法利益，使申请人和社会公众之间的利益关系处于平衡状态，这是创造性审查的意义所在。因此，必然要求对发明创造的创造性作出正确的评判，这既是社会公众的呼声，也是申请人的迫切愿望。

创造性的评判过程是以权利要求表达的技术方案为准。虽然由语言撰写而成的权利要求，其含义表达可能会因为语言本身的原因而不易确定，但由于权利要求是创造性评判的对象，正确解读权利要求是客观评判创造性的前提条件，因此在创造性评判时，如何理解和分析权利要求，尽可能作出正确解读尤显重要。

准确解读权利要求范围需注意以下几个方面：①权利要求是否实际体现发明构思；②权利要求技术特征的真实意思表达；③权利要求技术特征的实际限定作用；④考虑所属技术领域的特点。

2.3.2.1　权利要求是否实际体现发明构思

《专利审查指南 2010》第二部分第二章第 3 节规定："权利要求书应当记载发明或者实用新型的技术特征，技术特征可以是构成发明或者实用新型技术方案的组成要素，也可以是要素之间的相互关系。"第二部分第二章第 3.2.2 节规定："权利要求书是否清楚，对于确定发明或者实用新型要求保护的范围是极为重要的。权利要求书应当清楚，一是指每一项权利要求应当清楚，二是指构成权利要求书的所有权利要求作为一个整体也应当清楚。"这就要求我们解读权利要求保护范围时，首先要基于技术方案的全部技术特征聚焦至每一项权利要求，包括技术特征的组成要素以及要素之间的相互关系，并且还要从整体上把握所有权利要求。

然而，一方面，由于权利要求是采用语言撰写而成，受到语言本身的原因，有时会导致权利要求保护范围的解读会因主观原因出现不同的解释；另一方面，权利要求书连同说明书以及附图都是申请文件的重要组成部分，有的审查员先解读权利要求书，而后再阅读说明书，有的审查员反之。基于不用先后阅读习惯，也会导致审查员在解

---

❶　博登海默. 法理学：法律哲学与法律方法［M］. 邓正来，译. 北京：中国政法大学出版社，2004：503.

读权利要求时带入主观意识，这也是权利要求解读不准确的一个诱因。

由于权利要求是高度浓缩、概括的技术性文字集合，因而为准确理解权利要求的保护含义，对权利要求的解读往往是在通篇阅读了说明书之后，这有利于站位于所述技术领域的技术人员从而充分、全面地理解发明构思。但在实际审查工作之中，由于事先已经阅读了说明书及附图，发明构思先入为主，基于人的思维惯性，往往容易忽略了权利要求自身的撰写情况，而主观地将权利要求的保护范围等同认定为发明构思。

在创造性的评判过程中，要做到既尊重于发明构思，又不囿于发明构思，从而避免"困"于发明构思而不自知，导致发明构思与权利要求撰写表达不一致的"神形分离"的情形被主观误判为"神形兼具"，而导致作出不正确的创造性评判。为了避免该情形，重点是抓住发明构思并确定权利要求是否体现了发明构思，特别需要关注独立权利要求。

由于独立权利要求是从整体上反映发明技术方案的最宽泛权利要求，因而申请人在撰写独立权利要求时，往往因追求更大的保护范围而导致没有记载体现其发明构思的关键技术特征，或者某些内容没有起到限定作用导致没有体现发明构思。面对独立权利要求的保护范围大于或异于发明构思的情形，即申请人欲寻求的保护范围超出了其发明实际作出的技术贡献时，应当基于其独立权利要求的保护范围，准确评判其创造性。

【案例 2 - 3 - 2】 一种成人纸尿裤

【案情介绍】

该案涉及一种成人纸尿裤，如图 2 - 3 - 5 中所示。在现有技术中，均单纯以腰围定义纸尿裤的不同尺寸，参见图 2 - 3 - 5 中上部短的横向双箭头所示，对应附图标记 302，并以与不同腰围之间相同的放大比例依次放大制作形成 S、M、L 等不同系列型号，以适用不同人体体型。这样的纸尿裤尺寸选择标准实际是将人体体型改变视为均匀发展的，其忽视了人体体型的多样性存在。实际上，人体体型的生长发育并非均衡变化，并非如俄罗斯套娃一般均匀放大尺寸，人的体型是多样的，包括沙漏形、梨形、苹果形等，如图 2 - 3 - 6 所示。因此，由于现有产品设计参考因素单一（仅考虑腰围），因而不能满足人体多种体型的穿着体验。

现有公知的体质指数 BMI，实际就是考虑了人体体型的差异，其采用体重除以身高的平方来评估人体健康程度，如图 2 - 3 - 6 所示，相较于仅使用体重或身高的人体健康程度评估方式更加科学合理且准确。也是基于这样相同的思路，该案参考体质指数 BMI，同时采用"腰围"（参见图 2 - 3 - 5 中上部短的横向双箭头所示，对应附图标记 302）以及产品长度（参见图 2 - 3 - 5 中部的竖向双箭头所示，对应附图标记 300）与上述腰围相比较获得的"产品长度对腰部轮廓比"这两个参数定义纸尿裤型号大小，也就是，在考虑了"腰围"这一设计参数的基础上，还结合人体生长发育的特征，增加了另一设计参数"产品长度对腰部轮廓比"，为适应人体不同阶段、不同体型，在现有"腰围"这一设计要素的基础上，结合采用不同的"产品长度对腰部轮廓比"制作 S、M、L 系列型号，而非以相同制作比例依次放大形成 S、M、L 系列型号，因此可更紧密地匹配身体的形状，相较于现有的纸尿裤能够显著减小变形程度，更加贴合体型，从而提供更有效的密封和较好的穿着体验。

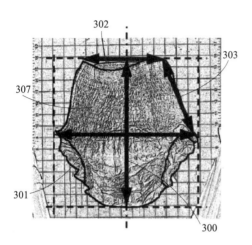

图 2 - 3 - 5　成人纸尿裤

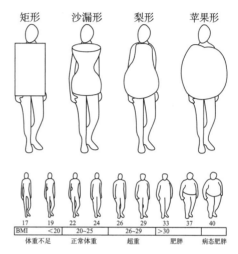

图 2 - 3 - 6　体型及体型随 BMI 变化

涉案申请权利要求 1 如下：

　　1. 一种包装件系列，所述包装件系列包括三个或更多个不同尺寸的一次性纸尿裤，所述系列包括：

　　第一包装件，所述第一包装件包括第一纸尿裤（S），所述第一纸尿裤为第一尺寸；

　　第二包装件，所述第二包装件包括第二纸尿裤（M），所述第二纸尿裤为第二尺寸；

　　第三包装件，所述第三包装件包括第三纸尿裤（L），所述第三纸尿裤为第三尺寸；

　　第一纸尿裤（S）的腰部宽度小于第二纸尿裤（M）的腰部宽度，第二纸尿裤（M）的腰部宽度小于第三纸尿裤（L）的腰部宽度；

　　其中，第一纸尿裤（S）的产品长度对腰部轮廓比等于或小于第二纸尿裤（M）的产品长度对腰部轮廓比；第二纸尿裤（M）的产品长度对腰部轮廓比等于或小于第三纸尿裤（L）的产品长度对腰部轮廓比；

　　其中"产品长度对腰部轮廓比"意指松弛的产品长度（300）除以松弛的产品腰部宽度（302），其中松弛的产品长度是裆区中的纵向最远点和沿前腰边缘的纵向最远点之间的纵向距离，以及松弛的产品腰部宽度是从前腰边缘的右侧处的最远点到前腰边缘的左侧处的最远点的侧向距离。

【案例评析】

阅读该案的申请文件并理解发明之后可知，涉案申请的发明构思是：因人体体型的多样性，针对现有纸尿裤设计仅主要参考"腰围"这一单一因素并以相同制作比例依次放大形成 S、M、L 系列型号，不能满足人体多种体型的穿着体验的技术问题，涉案申请基于由体质指数 BMI 获得的技术启示，进一步结合了"产品长度对腰部轮廓比"这一考虑因素，即除"腰围"不同以外，还采用不同的"产品长度对腰部轮廓比"制作 S、M、L 系列型号，而非以相同制作比例依次放大形成 S、M、L 系列型号，这样能够更好地适应处于人体不同生长发育阶段的不同体型。

在把握发明构思以后，我们再来重新阅读并理解权利要求。由权利要求的撰写可见，其请求保护的包装件系列包括三种尺寸的纸尿裤 S、M、L，技术特征"第一纸尿裤（S）的产品长度对腰部轮廓比等于或小于第二纸尿裤（M）的产品长度对腰部轮廓比；第二纸尿裤（M）的产品长度对腰部轮廓比等于或小于第三纸尿裤（L）的产品长度对腰部轮廓比"（以下简称"技术特征 A"）是主要体现涉案申请发明构思的技术特征，即三个纸尿裤的腰围以及相应的产品长度对腰部轮廓比不同。但是，如果我们再仔细分析技术特征 A 即可发现，由于技术特征 A 中出现两处"等于或小于"的表述，因此技术特征 A 实际可组合获得多个并列的技术方案。在技术特征 A 涉及的多个并列的技术方案中，除了可以获得"产品长度对腰部轮廓比不同"的多个技术方案以外，其还包括了这样一种技术方案：纸尿裤 S、M、L 的产品长度对腰部轮廓比均是相等的，即"第一纸尿裤（S）的产品长度对腰部轮廓比等于第二纸尿裤（M）的产品长度对腰部轮廓比；第二纸尿裤（M）的产品长度对腰部轮廓比等于第三纸尿裤（L）的产品长度对腰部轮廓比"。基于前述对涉案申请发明构思的分析可知，这样的技术方案没有体现涉案申请的发明构思（即采用不同的产品长度对腰部轮廓比制作 S、M、L 系列型号），根据涉案申请背景技术的描述可知，其实际属于已知的现有技术。也就是说，涉案申请的权利要求除了要求保护与其发明构思相应的技术方案以外，实际还包括了其背景技术中记载的现有已知的仅以腰围定义的纸尿裤系列，即与涉案申请发明构思"神形分离"的情形。如果据此授权，就会将现有技术划入该案专利的独占范围之内，导致申请人不当获利。这样的权利要求也是不稳定的，亦会损害社会公众的利益，并且对审查程序的公正、严谨性造成不良影响。

由于我们一般是先阅读说明书之后，再去看权利要求，因而容易带着对说明书的内容去解读权利要求的技术方案，也就是以发明构思先入为主了，这样容易导致将权利要求的技术方案等同于说明书记载的实施例，继而认为其自然而然体现了发明构思。发明专利权的保护范围以其权利要求文字记载的内容为准，而创造性的评判对象即是权利要求的技术方案。在解读权利要求的保护范围时，应该避免受到说明书具体实施方式的影响，导致主观带入发明构思，如此才能合理解读权利要求所保护的范围，准确评判创造性。

审查员的职能就在于要求申请人明确界定真正体现发明对现有技术作出技术贡献的发明创造的范围，对于创造性的要求，其目的之一就是将不属于新发明的技术内容排除出去。该案中，权利要求中包括多个并列的技术方案，各个技术方案之间的异同十分隐蔽，不易区分，为避免以偏概全的思维惯性导致权利要求保护范围解读出现疏漏，进而导致授权不当，建议在审查这类权利要求时，首先厘清所包含的全部技术方案以及每个技术方案的实际限定范围，然后针对各个技术方案进行单独审查。

实际上，权利要求未体现发明构思是较为常见的一类典型问题，该案未体现发明构思的技术方案是多个并列技术方案中的一个，是这类典型问题中比较容易发现问题的一种。有的时候，虽然权利要求只有一个技术方案，但由于审查员先阅读了申请文件中的说明书，特别在理解发明之后，往往急于进入"三步法"的创造性评判步骤，并将脑海中留有印象的技术方案作为审查对象，而忽略了对权利要求保护范围的仔细甄别。因此，建议审查员在阅读申请文件理解发明之后，首先明确发明构思的技术创新点以及与之相同的技术手段，并对权利要求体现了该技术创新点的技术特征进行标注，通过标注的手段分辨申请人在撰写权利要求时是否秉承其发明构思，在权利要求中忠实地表达了其所欲保护的发明构思。

2.3.2.2 权利要求技术特征的真实意思表达

【案例 2 - 3 - 3】 一种摘除血栓装置

【案情介绍】

该案涉及一种微创手术中使用的摘除血栓装置。该摘除血栓装置包括导管 110 和可自扩张构件 106，可自扩张构件 106 被完全容纳在导管 110 的管腔内，并随其一起进入血管 150，到达血栓 148 附近，如图 2 - 3 - 7 所示。为摘除血栓，可自扩张构件 106 需先被从导管 110 中推出，在这个过程中，随着可自扩张构件 106 由导管 110 被推出的程度不同，其分别表现为一开始完全位于导管 110 内的塌缩状态（参见图 2 - 3 - 7）、一部分被推出导管 110 的半扩张（半塌缩）状态（未图示）以及全部被推出导管 110 的扩张状态（参见图 2 - 3 - 8），且以上状态均可通过在可自扩张构件 106 上设置射线不可透材料而被指示。

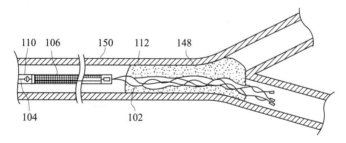

图 2 - 3 - 7 案例 2 - 3 - 3 涉案申请可自扩张构件 - 塌缩状态

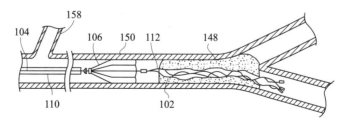

图 2 - 3 - 8 案例 2 - 3 - 3 涉案申请可自扩张构件 - 扩张状态

微创手术不同于传统的外科手术方法，其是通过人体自然开口或人造一微小入口，将窥镜等手术器械送入体内执行外科手术操作的一类手术。由于该类手术不是在直观视角下实施，因而医生需借助于医学影像学而在术中辅助观察微创手术器械的行进位置、操作状态等。通常会在微创手术器械上设置射线不可透材料制成的显示标记，这些显示标记能够在医学影像中被显影，医生能够在显示装置上观察到显示标记，从而辅助医生确定微创手术器械的行进位置、操作状态等，以完成微创手术（参见图2-3-9）。

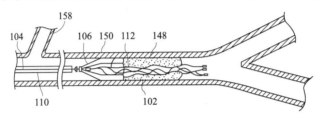

图2-3-9 案例2-3-3涉案申请可自扩张构件－捕获血栓

涉案申请权利要求1如下：

1. 一种血栓摘除装置，其包括：

导管（110）；

…………

可自扩张构件（106），其在所述导管（110）的远端处附接到导管（110），所述可自扩张构件（106）具有开放的远端，被配置为捕获患者的血管内的血栓；

可自扩张构件（106）还涂覆或附接射线不可透材料制成的显示标记，用于提供所述可自扩张构件的塌缩或扩张程度的指示。

对比文件1与涉案申请同属于血栓摘除的技术领域，包括导管13和可自扩张构件1。同样地，操作时，首先，可自扩张构件1被完全容纳在导管13的管腔内，并随其一起进入血管12，到达血栓5附近，如图2-3-10所示。为摘除血栓，可自扩张构件1需先从导管13中被推出，在这个过程中，随着可自扩张构件1由导管13被推出的程度不同，其需要经过一开始完全位于导管13的塌缩状态（参见图2-3-10）、一部分被推出导管13的半扩张（半塌缩）状态（未图示）以及全部被推出导管13的扩张状态（参见图2-3-11）。由图2-3-10可见，在可自扩张构件1的最左端设置了射线不可透材料的标记（箭头A所示），同时，在导管13的最右端设置了另一射线不可投射的标记（箭头B所示），当这两处标记重合时，由于是可自扩张构件1的最左端与导管13的最右端对齐，则此时可自扩张构件1从导管13被完全推出，处于完全扩张状态。

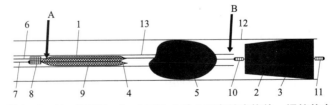

图2-3-10 案例2-3-3对比文件1可自扩张构件－塌缩状态

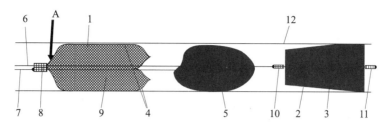

图 2 - 3 - 11　案例 2 - 3 - 3 对比文件 1 可自扩张构件 - 扩张状态

该案的焦点在于权利要求 1 中的技术特征"涂覆或附接射线不可透材料制成的显示标记，用于提供所述可自扩张构件的塌缩或扩张程度的指示"，特别是其中的"塌缩或扩张程度的指示"是否被对比文件公开。

【案例评析】

"程度"一词在《现代汉语词典》中的解释为"文化、教育、知识、能力等方面的水平"或者"事物变化达到的状况"❶，表示事物发展过程中不同阶段的状态。结合涉案申请的技术领域而言，可自扩张构件在由整体位于导管内的"完全塌缩"状态变为全部被推出导管而展开的"完全展开"状态的变化过程中，可自扩张构件的展开/塌缩状态是不同的，既存在完全塌缩、完全展开状态，也存在位于上述两个状态之间的中间状态，例如半塌缩、半展开状态。涉案申请能够显影可自扩张构件的整个展开/塌缩变化过程。权利要求 1 中限定射线不可透材料制成的显示标记用于"提供所述可自扩张构件的塌缩或扩张程度的指示"，也就是说，权利要求 1 所请求保护技术方案中的由射线不可透材料制成的显示标记，能够指示可自扩张构件的状态变化过程，因而操作者能够合理预期手术进程，精确定位导管和可自扩张构件的位置，实现准确捕获血栓并避免损伤血管壁。

就对比文件而言，由图 2 - 3 - 10 可见，其设置由射线不可透材料制成的显示标记的具体手段为：在可自扩张构件 1 的最左端位置设置了射线不可透材料的标记（箭头 A 所示），同时，在导管 13 的最右端位置设置了另一射线不可投射的标记（箭头 B 所示），仅当这两处标记重合时，可自扩张构件 1 的最左端与导管 13 的最右端对齐，可自扩张构件 1 全部被从导管 13 完全推出，处于完全扩张状态。可见，对比文件 1 仅能够实现完全扩张这一个状态端点的监测，不能指示状态变化的过程监测。因而，对于在事实认定中，技术特征"塌缩或扩张程度的指示"实际并未被对比文件公开。

该案中之所以出现事实认定不准确的误判，究其原因：涉案申请权利要求 1 为产品权利要求，虽然对于其中的结构特征"射线不可透材料制成的显示标记"可以采用制作材料、尺寸、形状、布局以及位置等结构特征进行详细限定，但该案却借助于功能性限定，即限定射线不可透材料制成的显示标记"用于提供所述可自扩张构件的塌

---

❶ 中国社会科学院语言研究所词典编辑室. 现代汉语词典［M］. 7 版. 北京：商务印书馆，2016：170.

缩或扩张程度的指示"，该功能性限定就包括了能够实现该功能的全部结构特征组合。由于未深入、透彻地理解涉案申请以及对比文件的技术原理、工作过程，因而对于涉案申请权利要求1中的上述功能性限定的实际限定作用解读不准确，没有清晰、客观地认定权利要求技术方案表达的真实意思，对于权利要求的解释也仅浮于表面，没有深入透彻地解读文字所隐含的深层含义，仅关注于射线不可透材料制成的显示标记能够进行"指示"，而忽略了对"指示"限定的深层意义的追究，满足于大概，最终导致认为对比文件公开了该技术特征的事实认定错误。

该案属于典型的由于权利要求保护范围解读不准确而导致的创造性评判过程中的事实认定错误。由该案例可以发现，在事实认定时，特别是对于稀松平常的技术术语，更应该仔细解读认定，甄别其对技术事实的实质影响，避免由于思维惯性而忽略了隐藏在平常背后的技术事实。

2.3.2.3 权利要求技术特征的实际限定作用

为达到权利要求撰写清楚的目的，《专利审查指南2010》第二部分第二章第3.2.2节进行了较为详细的规定，包括：每项权利要求的类型应当清楚；权利要求的主题名称应当能够清楚地表明该权利要求的类型是产品权利要求还是方法权利要求；产品权利要求适用于产品发明或者实用新型，通常应当用产品的结构特征来描述；特殊情况下，当产品权利要求中的一个或多个技术特征无法用结构特征予以清楚地表征时，允许借助物理或化学参数表征；当无法用结构特征并且也不能用参数特征予以清楚地表征时，允许借助于方法特征表征；每项权利要求所确定的保护范围应当清楚，权利要求的保护范围应当根据其所用词语的含义来理解，一般情况下，权利要求中的用词应当理解为相关技术领域通常具有的含义。

表面来看，《专利审查指南2010》的上述规定对权利要求的撰写提出了更为具体的限制要求，但实际我们可以发现，上述规定并非对申请人的绝对限制，其实际是提供给申请人撰写权利要求更为自由宽广的空间，上述规定仅是使得该自由宽广的撰写空间变得有迹可循。例如，产品权利要求应该用产品本身的技术特征来描述，但是由于产品发明本身的多样性，申请人为追求更大的保护范围，往往不局限于限定产品的结构特征，而是会采用其他性能参数来明确表征限定。

由此可知，权利要求撰写形式是多样性表达的，也正由于权利要求撰写体例的多样性，势必要求在解读权利要求时不局限于技术特征的表达形式，而能够抓住表象之下的技术本质。

申请文件作为一项发明的载体，其面向的读者群体主要是所属技术领域的技术人员，为准确把握其发明构思必须站位所属技术领域技术人员客观判断。权利要求书作为申请文件的重要组成部分，其更是对发明构思的高度浓缩概括，必然同样要求站位所属技术领域技术人员以合理解读权利要求的保护范围，这一要求实际从《专利审查指南2010》的上述规定中已可初见端倪。下面以一个案例帮助读者体会在解读权利要求的保护范围时站位所属技术领域的技术人员对客观、准确解读权利要求保护范围的重要性。

【案例 2 - 3 - 4】 一种用于制造固体剂型（如片剂）的组合物

【案情介绍】

该案涉及一种用于制造固体剂型（如片剂）的组合物。现有技术中，为制造适合口服的药物片剂，使片剂方便服用，通常会在片剂中增添赋形剂，以使药物维持固态片剂形式。通常形成赋形剂的材料不是药物活性组分，不提供治疗作用，但是添加在片剂配料中以使片剂具有某些特定性质。例如，为适应直接压制工艺和高速制备设备，使片剂更易于成型，现已有对增加赋形剂的流动性和压缩性的功能性要求。因此，获得具有优良功能，特别是高紧压性、低润滑剂敏感性和低排出力分布的赋形剂，使得具有这些优良性质的赋形剂能够成为片剂配料，特别是用于直接压制的理想候选赋形剂，利于药物成型，仍然是所属技术领域的技术人员的技术追求。

该案涉及一种用于制造固体剂型（如片剂）的组合物，即赋形剂，该组合物包括微晶纤维素和糖醇，采用与糖醇共处理的微晶纤维素的物理混合物具有更好的紧压性和用于制备固体剂型（如片剂）的所需的其他功能性质。除对上述两种组分（微晶纤维素和糖醇）的要求以外，在该组合物共处理时还需经干燥步骤，如喷雾干燥、闪蒸干燥、环形干燥、盘式干燥、真空干燥、高频干燥以及微波干燥。依据干燥类型、干燥量以及浆料中微晶纤维素和糖醇的浓度，共处理的组合物将具有不同的粒度、密度、pH 和水分含量。例如，分散水浆料经喷雾干燥而产生的共处理组合物的松散堆密度小于或等于 0.60 克/厘米^3，具有较好的高紧压性、低润滑剂敏感性和低排出力分布，使得药物能够被直接压制为片剂。

基于上述发明构思，涉案申请请求保护一种共处理的组合物，属于产品权利要求，除具体组分及其组成比例等产品特征以外，其技术方案中还包括了方法特征。

涉案申请权利要求如下：

一种共处理的组合物，该组合物基本上由共处理的微晶纤维素和至少一种糖醇的干燥颗粒组成，组合物中：微晶纤维素与至少一种糖醇的比值为 99 : 1 至 1 : 99，所述至少一种糖醇具有至少四个碳原子，并且所述组合物经喷雾干燥。

对于该案，一种观点认为，虽然权利要求 1 限定了 "喷雾干燥" 方式，但干燥方式的不同并不会对产品的结构或组成产生实质影响。从该申请公开的内容可以看出，喷雾干燥方式并不是制备共处理组合物的唯一干燥方式（还包括闪蒸干燥、环形干燥、盘式干燥、真空干燥、高频干燥以及微波干燥等），同时说明书中也没有记载与上述其他干燥方式相比，喷雾干燥方式能够给共处理组合物带来更优性能的对比实验数据。也就是说，在该申请中，不同的干燥方式实际对于该申请的组合物而言，其干燥作用以及干燥效果都是相同的，并没有差异。因此，在解读权利要求的保护范围时，无须考虑方法特征 "组合物经喷雾干燥" 对权利要求保护范围的影响。

另有一种观点认为，不同的干燥手段会影响组合物的微观结构及其展现的不同物理、化学性质，如使得共处理组合物具有不同的松散堆密度以及改善的润滑剂敏感性。因此，对权利要求所请求保护的组合物具有明确的限定作用，不应忽略。

那么，在解读该案的权利要求保护范围时，该如何解读其中的方法特征"组合物经喷雾干燥"对所请求保护的产品权利要求保护范围的影响呢？

【案例评析】

《专利审查指南2010》第二部分第二章第3.2.2节规定："特殊情况下，当产品权利要求中的一个或多个技术特征无法用结构特征予以清楚地表征时，允许借助物理或化学参数表征；当无法用结构特征并且也不能用参数特征予以清楚地表征时，允许借助于方法特征表征。"因此，对于包括物理/化学参数或方法特征的产品权利要求，需仔细甄别物理/化学参数或方法特征对权利要求保护范围的实质限定作用。

制备方法不同并不一定导致产品本身不同，在对组合物处理时，相似/相近的加工方式是否会对组合物产生不同影响，导致化合物的物理、化学性质不同，应针对不同加工方式的方式和原理进行具体分析，从而客观、准确地判断其对组合物的实质影响，不应一概而论。化学领域常见的喷雾干燥，是利用雾化器将溶液、乳浊液等分裂成细小雾状液滴，在其下落过程中与热气体接触进行热传质，瞬间将大部分水分除去而成为粉末或颗粒状产品。喷雾干燥包括了雾化形成液滴的过程，因此物料在结构上受到影响，物料粒子均一性好，粒径小，比表面积大，孔隙间疏松，而上述因素又与物料的吸湿性、压缩性、抗张强度等性质密切相关。实际上，干燥方式的不同会对孔隙率产生影响，进而影响松散堆密度，导致所制备的化合物的物理、化学性质不同。这在该案说明书中也有描述："喷雾干燥良好分散的水浆料产生的共处理组合物的松散堆密度小于或等于 0.60 克/厘米^3，优选 0.20—0.60 克/厘米^3。与材料的干掺混物或相应的湿颗粒相比，喷雾干燥产生的组合物在润滑剂存在条件下具有优选的紧压性。松散堆密度可小于 0.55 克/厘米^3，小于 0.50 克/厘米^3，小于 0.45 克/厘米^3，小于 0.40 克/厘米^3，小于 0.35 克/厘米^3，小于 0.30 克/厘米^3"。因此，对于该案而言，在解读权利要求的保护范围时，不应当忽视"喷雾干燥"这一方法特征对所请求保护的产品的实质限定作用。虽然该申请说明书记载了多种可使用的干燥方式，除喷雾干燥以外，还包括闪蒸干燥、环形干燥、盘式干燥、真空干燥、高频干燥和微波干燥等，但其仅能够说明经上述干燥方式进行干燥的组合物的紧压性能够满足对赋形剂的流动和压缩性的功能性要求。也就是说，干燥效果也许是相近的，但并不能据此认定不同干燥方式制备的相应组合物在结构上必然是相同的。如果没有站位所属技术领域的技术人员，未客观考量该学技术领域的领域特点，而忽视喷雾干燥手段对组合物在微观结构上的影响，则势必导致权利要求解读出现偏差。可见，客观考量该案所请求保护的用于制造固体剂型（如片剂）的组合物所属的技术领域，站位本领域技术人员才能深入抓取权利要求所限定技术方案的技术本质，并最终获得正确的权利要求解读结论。

在某些技术领域，尤其是食品、化学、材料领域，由于仅用结构和/或组成特征不能清楚表征产品权利要求，允许进一步采用物理/化学参数和/或方法特征来限定表征。物理/化学参数和/或方法特征的限定含义不像产品结构特征那样直观，因而在判定物理/化学参数和/或方法特征对于产品权利要求的保护范围的影响时，应当把握方法特征是否导致产品具有某种特定的结构和/或组成，特别是产品的宏观性能和微观结构等。

2.3.2.4 解读权利要求需考虑所属技术领域的特点

《专利审查指南 2010》第二部分第二章第 3.2.2 节规定，每项权利要求所确定的保护范围应当清楚，权利要求的保护范围应当根据其所用词语的含义来理解，一般情况下，权利要求中的用词应当理解为相关技术领域通常具有的含义。就如以上案例 2 - 3 - 3，如果没有站位化学领域技术人员的角度来解读权利要求，做到深入理解，势必会忽视权利要求中方法特征的限定作用而错误解读权利要求的保护范围，继而导致创造性评判出现失误。

不同技术领域有其自身的技术要则以及与之相适应的审查要点，专利审查工作实际是极具技术特色的，因而解读权利要求时需考虑其所属的技术领域。不同领域之间的技术要则以及相应的审查要点不宜直接照搬，应当结合比较不同技术领域各自的领域特点和适用原则，因为彼领域中公认的原则，到了此领域却并非一定是理所当然的。

在实际审查过程中，审查员通常在采用"三步法"评判创造性时，较为关注不同技术领域之间的差异而导致的不同技术领域之间技术启示的大小以及结合的难易程度，却往往忽视了不同技术要则以及相应的审查要点的领域特点在解读权利要求保护范围时产生的影响，未深入考察领域适用性，而简单地"拿来"即用，在解读权利要求时脱离了技术领域，导致权利要求解读不准确。

【案例 2 - 3 - 5】 一种金融交易卡

【案情介绍】

该案涉及一种金融交易卡，例如信用卡。现有的金融交易卡外观图案单一，卡片样式少，手感触觉体验差，品质不高，已经难以满足客户对金融交易卡的高品质需求。针对以上问题，涉案申请提供一种具有 3D 打印图文表面的金融交易卡（参见图 2 - 3 - 12），即在该案的金融交易卡中，除具有现有已知的正面保护膜层（对应附图标记 1）、正面基片层（对应附图标记 2）、中间 INLAY 层（对应附图标记 3）、反面基片层（对应附图标记 4）、反面印刷图文层（对应附图标记 5）、反面保护膜层（对应附图标记 6）以外，还附着一 3D 打印图文层（对应附图标记 7），3D 打印图文层 7 布满整个卡体正面。同时，如图 2 - 3 - 13 所示，该申请还有另一实施例，在上述实施例层布局结构的基础上，进一步还在正面基片层 2 上增加了正面印刷图文层（对应附图标记 9）。配合正面印刷图文层 9，可只在正面保护膜层 1 上方进行局部 3D 图文修饰，如图 2 - 3 - 13 所示的附图标记 7。由于在卡片表面融入了新的 3D 打印图文效果，因此提升了金融交易卡的美化效果，品质较高。

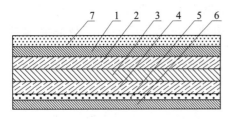

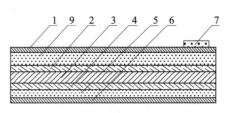

图2－3－12　案例2－3－5涉案申请　　　　图2－3－13　案例2－3－5涉案申请
　　　　　金融交易卡　　　　　　　　　　　　　　另一实施例

涉案申请独立权利要求1如下：

1. 一种具有3D打印图文表面的金融交易卡，具有卡基，所述卡基从上至下依次由正面保护膜层（1）、正面基片层（2）、中间INLAY层（3）、反面基片层（4）、反面印刷图文层（5）、反面保护膜层（6）组成，其特征在于，所述正面保护膜层（1）上表面上附着有3D打印图文层（7），所述3D打印图文层（7）的高度为0.05—0.46mm。

从属权利要求5如下：

5. 根据权利要求1或2所述的一种具有3D打印图文表面的金融交易卡，其特征在于，所述正面基片层（2）上具有正面印刷图文层（9）。

该案的争议焦点在于，解读权利要求1的保护范围时，对于权利要求1中的技术特征"所述卡基从上至下依次由正面保护膜层（1）、正面基片层（2）、中间INLAY层（3）、反面基片层（4）、反面印刷图文层（5）、反面保护膜层（6）组成"来看，由于其采用"由……组成"的封闭式句式撰写，是否应当将该权利要求1所请求保护的金融交易卡解读为仅包括正面保护膜层（1）、正面基片层（2）、中间INLAY层（3）、反面基片层（4）、反面印刷图文层（5）以及反面保护膜层（6），除以上各层以外而不包括其他层，即权利要求1为封闭式权利要求。

【案例评析】

《专利审查指南2010》第二部分第十章第4.2.1节针对组合物权利要求规定，组合物权利要求分开放式和封闭式两种表达方式。开放式表示组合物中并不排除权利要求中未指出的组分，封闭式则表示组合物中仅包括所指出的组分而排除所有其他的组分。开放式和封闭式常用的措辞如下：

（1）开放式，例如"含有""包括""包含""基本含有""本质上含有""主要由……组成""主要组成为""基本上由……组成""基本组成为"等，这些都表示该组合物中还可以含有权利要求中所未指出的某些组分，即使其在含量上占较大的比例。

（2）封闭式，例如"由……组成""组成为""余量为"等，这些都表示要求保护的组合物由所指出的组分组成，没有别的组分，但可以带有杂质，该杂质只允许以通常的含量存在。

以上规定主要针对化学领域中的组合物权利要求，然而"开放式"和"封闭式"

的表述方式在其他技术领域撰写权利要求时也较为常见。因此，《专利审查指南 2010》第二部分第二章第 3.3 节规定，通常，开放式的权利要求宜采用"包含""包括""主要由……组成"的表达方式，其解释为还可以含有该权利要求中没有述及的结构组成部分或方法步骤。封闭式的权利要求宜采用"由……组成"的表达方式，其一般解释为不含有该权利要求所述以外的结构组成部分或方法步骤。上述规定中对于"封闭式"权利要求的解释需要注意以下措辞："其一般解释为不含有该权利要求所述以外的结构组成部分或方法步骤"，"一般"实际是指对于封闭式权利要求的解释应结合具体情况进行，不能一概而论。有些情况下，如装置类权利要求，其中即便使用了"由……组成"等类似用语，也未必是封闭式权利要求，除非申请文件中进行了特别说明。

专利审查指南之所以规定开放式和封闭式的权利要求表达方式，是由于部分技术领域发明的性质不适合将独立权利要求撰写成前序和特征两部分，特别是化学领域的组合物发明，由于组合物组分之间的相互作用，增加或减少化学组分可能导致发明的技术效果产生实质性变化致使发明目的无法实现。

《专利法》第 64 条规定，发明或者实用新型专利权的保护范围以其权利要求的内容为准，说明书及附图可以用于解释权利要求的内容。在对采用"由……组成"或"由……构成"的表达方式的权利要求进行解释时，也应当遵循《专利法》第 64 条的规定，通过审查权利要求的上下文以及专利的说明书及附图记载内容以确定权利要求是否排除了该权利要求所述以外的结构组成部分或方法步骤。在运用说明书及附图解释权利要求时，由于实施例只是说明书所描述的技术方案的示例，因此不能直接对应于权利要求的保护范围。

回归该案，结合法院判决书详细评析来看，权利要求 1 记载："所述卡基从上至下依次由正面保护膜层（1）、正面基片层（2）、中间 INLAY 层（3）、反面基片层（4）、反面印刷图文层（5）、反面保护膜层（6）组成"，在判断权利要求 1 的保护范围是否排除了其他层结构时，应当结合权利要求本身的文字记载、权利要求上下文内容以及说明书和附图的描述，按照所属技术领域的技术人员的通常理解进行合理解释，而不能仅仅因为权利要求 1 使用了"由……组成"的措辞而直接认定权利要求 1 必然排除了其他层结构。究其原因如下：首先，该案说明书记载："3D 打印图文层不局限于布满整个卡体正面，也可以在所述正面基片层上印刷有图文信息，而只在正面保护膜层上方进行局部 3D 图文修饰，以满足不同客户的不同需求。"由此可见，在正面基片层上可以有印刷图文层，说明书的以上描述内容证明该案所请求保护的技术方案并不排除其他层结构；其次，根据权利要求 5 的记载，权利要求 5 引用权利要求 1 或权利要求 2，进一步限定了所述正面基片层上具有正面印刷图文层，即在正面保护膜层与正面基片层之间增加了正面印刷图文层，而权利要求 5 为权利要求 1 的从属权利要求，故权利要求 1 的全部技术特征对权利要求 5 均具有限定作用。如果将权利要求 1 的保护范围解释为排除了其他层结构，那么将导致权利要求 1 与权利要求 5 的技术方案存在相互矛盾之处。由此可见，权利要求 1 的技术方案也并未排除其他层结构。

在机械领域，通常增加或减少结构上的技术特征并不会导致原技术方案中的其他技术特征在性状、功能、特点等方面发生实质性改变，使其他技术特征所起的作用和整体技术方案达到的技术效果产生实质性变化而导致其他技术特征成为一项新的技术特征从而破坏原技术方案的发明目的。因此，在机械领域，通常情况下，减少一项权利要求的某一结构特征，其相应的功能作用也相应地减少，这与该项权利要求是封闭式还是开放式之间没有因果关系，并不能由此而得出该权利要求为封闭式权利要求的结论。只有当某一结构特征减少后该权利要求依然能够保持其原有的功能效果不变，该权利要求才有可能是封闭式权利要求，即其所保护的技术方案明确排除了某一结构特征，但依然保持其原技术方案的功能效果不变。这实际上相对应于《专利审查指南2010》第二部分第四章第 4 节 "几种不同类型发明的创造性判断" 中第 4.6.3 节具体规定的 "要素省略的发明"。该节规定，要素省略的发明，是指省去已知产品或者方法中的某一项或多项要素的发明。如果发明省去一项或多项要素后其功能也相应地消失，则该发明不具备创造性。如果与现有技术相比，发明省去一项或多项要素（例如，一项产品发明省去了一个或多个零部件或者一项方法发明省去了一步或多步工序）后，依然保持原有的全部功能，或者带来预料不到的技术效果，则具有突出的实质性特点和显著的进步，该发明具备创造性。在机械领域中要素省略的发明可以撰写为封闭式权利要求并据此解读其权利要求的保护范围，但这应当与其发明构思是相适应的，其发明构思实质即要素省略的发明创造，而该案显然并不属于这种情况。

因此，综合该案情形，权利要求 1 不应当被视为封闭式权利要求而认定其仅包括正面保护膜层 1、正面基片层 2、中间 INLAY 层 3、反面基片层 4、反面印刷图文层 5、反面保护膜层 6，而排除了其他层，如此解读权利要求 1 的保护范围势必影响后续对其创造性的评判结论。

以上仅是对权利要求保护范围解读的几种情形的例举，并非全部情形，并且也无法穷举全部可能发生的情形。权利要求是实质审查的主要对象，清楚、准确解读权利要求的保护范围才能够获得正确的实质审查结果。在解读权利要求保护范围的过程中，应站位所属技术领域的技术人员，首先需以权利要求文字记载的内容为基础，结合所属技术领域的特点，并可考虑说明书及附图对权利要求的解释作用，客观、合理、准确地解读权利要求所请求保护的实际范围，兼顾申请人的权益以及社会公众的利益。

2.3.3　准确认定证据事实

前面两节从 "发明构思" 以及 "权利要求范围解读" 两个角度阐述了在进行创造性评判时，对本申请事实准确认定的重要性。理解发明不能脱离事实认定，其底层实质涉及对本申请记载内容的事实认定。实际上，专利审查员作为法律工作者，在创造性评判过程中，不仅需对本申请记载的事实认定准确，也需对最接近的现有技术、公知常识、结合的对比文件等的事实认定准确，所作出的最终审查结论才是准确无误并令人信服。以下将从创造性评判中的事实认定的角度进行阐述。

事实认定准确在创造性评判过程中的意义是不言而喻的。事实认定是创造性评判过程中的手点、脚点，只有手点、脚点牢固、结实，才能使创造性评判进行得准确、顺畅。最接近的现有技术、公知常识、结合的对比文件等任一事实认定出现问题，都可能导致需要重新审视和修正已作出的创造性评判结论，甚至可能会得到完全相反的审查结论。

最接近的现有技术是发明创造的起点，因而，"确定最接近的现有技术"也是创造性审查"三步法"中的第一步。对最接近的现有技术的事实认定应着重关注其技术领域、解决的技术问题以及技术方案。技术领域和解决的技术问题要特别关注当其与申请文件记载的技术领域和解决的技术问题极其相似时，需仔细甄别二者之间的细微差别。对于技术方案，需特别关注技术方案包括的全部技术手段，特别是与技术问题直接相关的技术手段，还需关注技术手段之间整体性以及协同作用关联。避免主观将申请文件内容带入对最接近的现有技术的事实认定中，而将申请文件描述的事实错误地认定为最接近的现有技术公开的事实（参见以下案例 2-3-6）。如果发明创造的起点事实认定错位，势必导致创造性评判之路无法启程。

公知常识的事实认定一直是创造性评判过程中的争议点之一。《专利审查指南2010》第二部分第四章第 3.2.1.1 节中规定了公知常识，例如，本领域中解决该重新确定的技术问题的惯用手段，或教科书或者工具书等中披露的解决该重新确定的技术问题的技术手段。但以上仅是对公知常识进行事实认定的手段举例，并非穷举。对于一些技术更迭快的技术领域，例如通信领域，技术手段散播而被公知的速度和广度实际都超过了传统意义上的教科书或者工具书的传播速度和广度。并且随着当今社会网络化、信息化的变化趋势，印刷制作的教科书或者工具书这类固化、记载所属技术领域的技术知识的传统意义上的传播手段和记录媒介已不再是主流手段，这就为公知常识的事实认定提出了新的挑战。另外，《专利审查指南 2010》第二部分第四章第3.2.1.1 节的上述内容，除了以例举的形式规定了公知常识的载体形式以外，还对公知常识的技术内容本身作出了解释。虽然公知常识必然包括技术手段，但其也不单纯等同于技术手段本身，公知常识不应是多个技术手段的简单堆砌。我们在判断技术手段是否属于公知常识时，应该关注对于应用该技术手段解决该技术问题是否为所属技术领域的技术人员所熟知，即在所属技术领域中，应用该技术手段解决该技术问题是否具有普遍性。

如果说公知常识的事实认定一直是创造性评判过程中的争议点之一，那么另一争议点就聚焦在基于其给出的技术启示而被与最接近的现有技术结合用于评判创造性的对比文件。在评判创造性时，由最接近的现有技术出发，所属技术领域的技术人员能否显而易见地获得本申请的技术方案，解决相应的技术问题，实现相同的技术效果，应当基于其他对比文件（或最接近的现有技术的其他实施例）是否给出了同样的技术教导。基于其他对比文件公开的技术事实，如果其明确记载了与区别特征相同的技术手段并且被用于解决相同的技术问题，或者技术手段不同，但手段的原理、性质相同，并且被用于解决相同的技术问题，则认为对比文件给出了结合启示，反之；则不具备结合启示。可见，在创造性评判过程中，最接近的现有技术为起始，而对比文件则为技术改进方向的指引，如果对比文件的事实认定不准确，使得对其的结合都变得毫无意义，势必导致创造性的评判之路被迫折返。

除了基于最接近的现有技术、公知常识、结合的对比文件等明确记载的内容进行事实认定，在进行事实认定时，还需要注意隐藏在明确记载的内容背后的技术事实，即通常所说的技术事实的"隐含公开"。"隐含公开"应当是基于已有的、明确记载的内容能够直接地、毫无疑义地确定得到的技术事实，不应当包括需进一步结合逻辑推测获得的不确定内容。"隐含公开"的内容即实际公开的内容，只是其未被直接以文字或图表等方式直观记录下来，而是隐含在文字或图表背后，所属技术领域的技术人员只需进一步利用基本的自然规律、物理原理、化学机理等就能够确定。

事实认定准确实际对审查员提出了独立、客观的审查要求，是对审查员综合判断能力的考验，在进行创造性评判时，要秉承客观准确、唯实唯法的审查理念。

事实认定始于理解发明，贯穿整个创造性评判过程，涉及本申请、公知常识以及证据等认定对象，需关注上述认定对象中明示或隐含公开的技术事实，包括所属技术领域、所要解决的技术问题、为解决该技术问题采取的技术方案、实施该技术方案所取得的技术效果。事实认定实际是一个复杂的证据认定和法理辩证过程。由于其"先天"的复杂性，审查员在事实认定过程中较易出现错误。为尽量避免因事实认定而导致创造性评判有误，以下选取典型案例进行评析，以供审查员汲取审查经验。

【案例2-3-6】 一种血液透析机新型自动配液容量平衡超滤装置

【案情介绍】

该案涉及一种血液透析机新型自动配液容量平衡超滤装置，如图2-3-14和图2-3-15的示。众所周知，血液透析超滤量就是每次透析的脱水量，血液透析超滤量过大，有可能会影响血流动力学的改变，导致残余肾功能损伤。针对现有技术中，在进行血液透析时，超滤误差比较大，在临床使用中常由于超滤过量而导致病人低血压甚至休克的不良事件，涉案申请公开了一种应用于血液透析机的自动配液容量平衡超滤装置以克服以上缺陷。

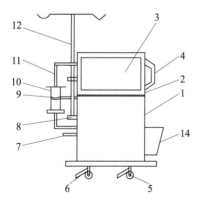

图2-3-14 案例2-3-6超滤装置的整体结构示意

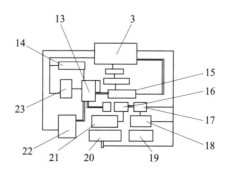

图2-3-15 案例2-3-6超滤装置的局部结构示意

涉案申请权利要求 1 如下：

1. 一种血液透析机新型自动配液容量平衡超滤装置，包括血液透析机本体（1）、界面显示器（2）、触摸式显示屏（3）、把手（4）、行走轮（5）、脚踏锁死开关（6）、血液输出管（7）、固定件（8）、卡箍（9）、血液透析器（10）、连接管（11）、输液架（12）、配液容器（13）、消毒液泵（14）、反渗水加温器（15）、送液分流阀（16）、排液分流（17）、废液监测容器（18）、压力重量传感器（19）、电子监测平衡传感器（20）、贮液容器（21）、透析液电导度检测传感器（22）、血液泵（23）和垃圾收集盒（24），其特征在于：所述血液透析机本体（1）的上部设置有所述界面显示器（2），所述界面显示器（2）内部镶嵌所述触摸式显示屏（3），所述血液透析机本体（1）的一侧设有所述输液架（12），所述输液架（12）一侧设有所述血液透析器（10），所述血液透析器（10）通过所述卡箍（9）安装在所述输液架（12）上，所述血液透析器（10）的顶部与底部设有所述连接管（11），所述血液透析机本体（1）的内部设有所述配液容器（13），所述配液容器（13）的左侧设有所述血液泵（23），所述血液泵（23）的上方设有所述消毒液泵（14），所述配液容器（13）的右侧设有所述反渗水加温器（15），所述反渗水加温器（15）的下侧设有所述送液分流阀（16），所述送液分流阀（16）的右侧设有所述排液分流（17），所述排液分流（17）的下侧设有所述废液监测容器（18），所述废液监测容器（18）的左侧设有所述贮液容器（21），所述贮液容器（21）的左侧设有所述透析液电导度检测传感器（22），所述贮液容器（21）的底端设有所述电子监测平衡传感器（20），所述电子监测平衡传感器（20）的右侧设有所述压力重量传感器（19）。

该案的血液透析机新型自动配液容量平衡超滤装置组成结构较为复杂、繁多。权利要求 1 的前序部分限定了超滤装置的诸多组成部件，特征部分则具体限定了这些主要组成部件之间的空间设置位置以及连接关系。

对比文件涉及一种血液透析机新型自动配液容量平衡超滤装置，包括：电脑、消毒液泵、A 液浓缩液泵、B 液浓缩液泵、配液容器、分流阀、送液分流阀、排液分流阀、反渗水加温器、第一/第二贮液容器、透析液电导度检测传感器等。

有观点认为，由对比文件说明书文字描述的内容可知，对比文件公开了该申请大部分的组成部件并且作用相同，同时结合其附图（参见图 2－3－16）可知，对比文件还公开了该申请组成部件之间的大部分空间设置位置及其连接关系。

上述观点中，对对比文件的事实认定，特别是公开了该申请大部分的组成部件并且作用相同是否认定准确呢？

【案例评析】

该案权利要求 1 请求保护一种血液透析机新型自动配液容量平衡超滤装置，其包括血液透析机本体、界面显示器、触摸式显示屏、把手、行走轮、脚踏锁死开关、血液输出管、固定件、卡箍、血液透析器、连接管、输液架、配液容器、消毒液泵、反渗水加温器、送液分流阀、排液分流、废液监测容器、压力重量传感器、电子监测平衡传感器、贮液容器、透析液电导度检测传感器、血液泵和垃圾收集盒。以上部件均是具有空间体积的实体部件，并且权利要求 1 对以上实体部件的空间设置位置及其连接关系在设置空间中是明确的。

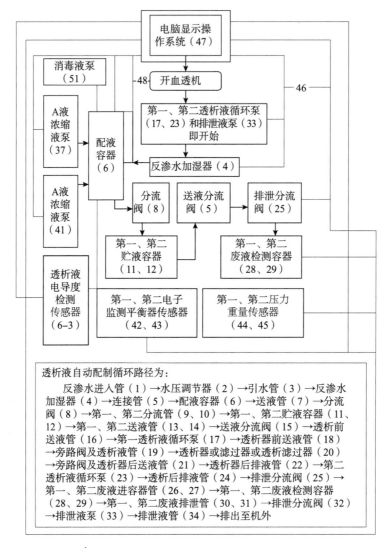

图 2-3-16 案例 2-3-6 对比文件超滤装置的计算机控制原理

对比文件公开的超滤装置包括电脑、消毒液泵、A 液浓缩液泵、B 液浓缩液泵、配液容器、分流阀、送液分流阀、排液分流阀、反渗水加温器、第一/第二贮液容器、透析液电导度检测传感器等，这些部件同样是具有空间体积的实体部件。结合对比文件附图（参见图 2-3-16）可见，图中以方框图示出了超滤装置的组成部件，虽然在该附图中，各个组成部件仅以方框图示意表达，但其仍然代表了具有空间体积的实体部件。但对比文件 1 的所述附图中对这些实体部件之间的空间设置位置的表示是否是确定的呢？

仔细阅读对比文件的附图说明部分即会发现，对比文件的所述附图实际为超滤装置的"计算机控制原理图"，计算机控制一般是应用计算机控制系统参与控制并借助一些辅助部件（输入输出接口、检测装置等）与被控对象相联系（有线方式或无线方式），以获得一定控制功能。也就是说，对比文件 1 的所述附图虽然包括具有空间体积的实体部件，但其仅描述了这些实体部件之间以及这些实体部件各自与计算机控制系统之间的流程控制关系，图中所示的这些实体部件的布局位置并不代表这些实体部件的实际空间设置位置，因此，认为对比文件公开了权利要求 1 中对实体部件的空间设置位置及其连接关系的技术特征的特征对比和事实认定是不准确的。

该案技术内容较为简单，事实认定仅涉及对诸多部件空间设置位置及其连接关系的认定，实际对技术知识储备要求不高，由于该案涉及的组成结构较为复杂、繁多，在理解发明之后易先入为主，仅仅关注各个部件具体空间位置如何设置，以至于在阅读对比文件之后，急于认定各个部件的设置位置是否与涉案申请一般设置，导致被表象蒙蔽而浮于表面，没有深入透彻地对其公开事实作出基本确认，最终导致事实认定有误，影响结论的公信力。

由该案可见，对创造性评判过程中的事实认定应当仔细，但这是远远不够的，由于申请文件、评述证据、公知常识等都具有技术性，这就要求审查员在进行事实认定时，需要站位所属技术领域的技术人员，结合所属技术领域的特点，还应考虑说明书及附图记载的内容，以正确还原事实真相。事实认定无大小之分，即使再小的事实认定错误，也会导致审查意见无效。

第 3 章 创造性审查的"三步法"

我国专利制度的真正建立是在 20 世纪 80 年代。由于我国专利制度起步较晚，并且作为大陆法系国家，专利创造性的各项规定主要借鉴了欧洲专利制度。在对创造性进行判断时，我国专利法中对发明专利和实用新型专利分别采用了"突出的实质性特点和显著的进步""实质性特点和进步"的标准，与美国以及欧洲的"非显而易见性"标准基本一致。

对发明创造性的审查判断方法，我国专利审查指南采用了与欧洲专利审查指南规定类似的"三步法"。不论美国专利制度中判断创造性的 Graham 分析还是欧洲以及中国专利创造性判断的"三步法"，大体方法流程都是，先检索到现有技术，然后确定现有技术与本发明的区别，最后判断该区别对所属领域技术人员而言是否显而易见。美国专利审查实践中遵循的是"教导－启示－动机"的思路，而欧洲和中国所遵从的是"问题－解决方案法"的思路。不论哪种思路，其作用都在于判断能否得到技术启示，在现有技术的基础上，得到发明所要保护的技术方案。❶

3.1 最接近的现有技术的选取

3.1.1 最接近的现有技术概念的提出

我国在《审查指南 2001》中首次给出了"最接近的现有技术"的定义，在《审查指南 2006》中对该部分内容进行了文字性的修订。在后续指南的修改版本中仍延续此次修订。现行《专利审查指南 2010》第二部分第四章第 3.2.1.1 节规定："最接近的现有技术，是指现有技术中与要求保护的发明最密切相关的一个技术方案，它是判断发明是否具有突出的实质性特点的基础。最接近的现有技术，例如可以是，与要求保护的发明技术领域相同，所要解决的技术问题、技术效果或者用途最接近和/或公开了发明的技术特征最多的现有技术，或者虽然与要求保护的发明技术领域不同，但能够实现发明的功能，并且公开发明的技术特征最多的现有技术。应当注意的是，在确定最

---

❶ 欧洲专利局上诉委员会. 欧洲专利法上诉委员会判例法：第 6 版［M］. 北京同达信恒知识产权代理有限公司，译. 北京：知识产权出版社，2016：152 – 154.

接近的现有技术时，应首先考虑技术领域相同或相近的现有技术。"

我国专利创造性的各项规定主要借鉴了欧洲专利制度，对最接近的现有技术的规定也与《欧洲专利局审查指南》中的规定基本一致，但是欧洲专利局尤其强调了"与本发明具有类似的目的或效果"的现有技术，选择最有前景的跳板和出发点，作为最接近的现有技术。在认定的技术问题上，更强调基于申请时的认识客观确定接近的技术问题，对于显而易见的判断更关注技术特征的"贡献"，对创造性评述结合具体分析说理充分，更重视独立权利要求。[1] 美国由于不采用"三步法"，并没有对最接近的现有技术进行限制，认为就发明所涉及的主题而言，只要该现有技术符合逻辑并引起发明人的注意即可。日本的"基本现有技术"类似中国和欧洲的"最接近的现有技术"的概念，也同样先需要确定现有技术中的一篇对比文件即"基本现有技术"与本申请进行比较，找出相同点和区别点，进而进一步作出是否具有创造性的判断。[2] 在中国的专利审查实践中，往往会选择技术领域相同或技术特征披露最多的现有技术作为最接近的现有技术。从我国专利审查指南的规定能够看出，选取最接近的现有技术，以举例的方式，列举给出在选取时需要考虑的重要因素"技术领域"和需要注意的优先选择次序和原则。专利审查指南在给出规定要求的同时，也为审查实践中会出现的各种各样不同情形留出了一定的空间。我们只要基于上述因素的考量，选择最合适的技术出发点，建立发明路径，以严密的逻辑还原发明的过程，那么选取这样出发点的现有技术作为最接近的现有技术就是适宜的。

3.1.2 最接近的现有技术的特点

专利审查指南通过示例性方式给出了如何选取最接近的现有技术，以及应该优先考虑的因素，并未以排除的方式示例哪些不能作为最接近的现有技术。在审查实践中，所确定的最接近的现有技术通常有以下特点。

（1）最接近的现有技术具有不确定性。现有技术是浩瀚的，获取到哪些现有技术，并确定哪份现有技术可以作为最接近的现有技术，与审查员和无效宣告请求人的检索水平、对本申请的理解、对现有技术的理解、检索的范围等均有关，因而能够被确定为发明起点的现有技术事实上也不是非常确定的。通常我们是建立在检索到相关的现有技术之后的选择，把所能检索获得的与本发明最为密切相关的现有技术作为最接近的现有技术。

（2）最接近的现有技术具有不唯一性。根据审查员和无效宣告请求人获知的现有技术的状况，以及由于对现有技术的技术事实认定、发明构思的把握、技术领域、所解决的技术问题、技术手段和技术效果等方面紧密相关，因此在不同的证据中，只要

---

❶ 欧洲专利局上诉委员会. 欧洲专利法上诉委员会判例法：第 6 版［M］. 北京同达信恒知识产权代理有限公司，译. 北京：知识产权出版社，2016：154 - 157.

❷ 增井和夫，田村善之. 日本专利案例指南：第 4 版［M］. 李扬，等译. 北京：知识产权出版社，2016：52 - 53.

考虑上述因素，从该技术起点出发，能够严谨合乎逻辑地还原发明创造，就能够确定出多种证据组合方式，不同的证据组合方式中可能就会出现不唯一的发明的起点。只要以某一现有技术的该起点出发，本领域技术人员能够符合逻辑地实现发明路径，到达发明的终点，那么该起点就可以认为是发明的基础，可以作为最接近的现有技术。

（3）与本发明相比具有高度相似性。通常而言，如果现有技术与发明的技术领域相同或相近，该现有技术与发明希望解决的技术问题相关，二者采取的技术构思相同或相似，并由此导致与上述发明构思直接相关的技术手段存在较多相同或相似之处，进而，在面对发明所要解决的技术问题时，所属领域的技术人员会将该现有技术作为进一步改进的基础，则这样的现有技术适合作为最接近的现有技术，最接近的现有技术也即与本发明最为密切相关的现有技术。

3.1.3 最接近的现有技术的选取要点

最接近的现有技术是判断发明是否具有突出的实质性特点的基础。最接近的现有技术的选取是建立发明路径、还原发明过程的起点，是采用"三步法"正确评述创造性至关重要的一步，这一步被忽视容易导致对创造性判断的结论出现错误。基于专利审查指南的规定，我们在确定最接近的现有技术时，可以从所属技术领域、解决的技术问题、技术效果或者用途、公开的技术特征四个方面考虑。

寻找最接近的现有技术的过程中，应优先考虑技术领域相同或相近的现有技术，在技术领域相同或相近的情况下，优先考虑所要解决的技术问题、技术效果或用途最接近的现有技术，其次考虑公开了发明的特征最多的现有技术。无相同或相近技术领域的现有技术时，可以考虑选择与要求保护的发明技术领域不同，但能够实现发明的功能，并且公开发明的技术特征最多的现有技术作为最接近的现有技术。

3.1.3.1 对"技术领域"的考量

在专利审查指南中，对确定最接近的现有技术时要求应首先考虑技术领域相同或相近的现有技术。

首先，存在于相同或相近技术领域中的发明创造容易在技术上相互关联，通常而言，如果现有技术与发明的技术领域相同或相近，该现有技术与发明希望解决的技术问题相关，二者采取的技术构思相同或相似，并由此导致与上述发明构思直接相关的技术手段存在较多相同或相似之处；进而，在面对发明所要解决的技术问题时，所属领域的技术人员会将该现有技术作为进一步改进的基础，则这样的现有技术适合作为最接近的现有技术。

其次，由于相同或相近技术领域中的发明创造容易在技术上相互关联，例如，经常会面临相同或相似的技术问题需要解决或者在解决技术问题时经常采用相同或相似的技术手段。在从海量的现有技术里寻找最接近的现有技术的过程中，优先从与发明相同或相近的技术领域入手是实践中常见的选择。这意味着，最接近的现有技术经常存在于与发明创造相同或相近的应用领域中。但是，发明与现有技术所属的技术领域是否相同或相近并不对选择最接近的现有技术构成绝对的限制。在某些情形下，二者在技术问题和功能方面的相同或相似性同样足以引导所属领域的技术人员以该现有技术为基础获得发明。

另外，虽然发明与现有技术所属的技术领域不同，但若二者基于同样的技术原理、以相同或相似的技术手段解决相同或相似的技术问题，则技术领域不同的事实并不会阻碍所属领域的技术人员基于技术问题或功能的指引到相关技术领域去寻找适合的最接近的现有技术。

下面我们结合案例进行说明。

【案例 3 - 1 - 1】 一种微波陶瓷元器件制作的激光微调刻蚀方法

【案情介绍】

目前，制作出的微波陶瓷普遍存在尺寸不能精确控制的问题：一方面，微波陶瓷的烧结受炉膛内温度很难完全均匀的影响，直径和厚度等精确度较难控制；另一方面，微波陶瓷的厚度虽然可以通过后期的抛光等工序加以调整，但是普遍存在厚度控制连续性差、手工抛光效率低等问题。激光微调刻蚀工艺是利用激光束可聚集成很小的光斑，达到适当的能量密度，有选择地气化部分材料来精密调节微电子元器件性能的一种方法，激光微调刻蚀技术具有精度高、通用性强、效率高、成本低等优点。

涉案申请提供一种可微细调节，具有速度快、成本低、效率高、可连续监控等优点的微波陶瓷元器件制作的激光微调刻蚀方法，在制作微波陶瓷元器件过程中可调节微波陶瓷元器件的谐振频率和品质因子 Q 值等。

权利要求 1 如下：

1. 微波陶瓷元器件制作的激光微调刻蚀方法，其特征在于，包括以下步骤：

1）用网络分析仪测试出微波陶瓷的微波介电性能参数，微波陶瓷的微波介电性能参数包括谐振频率 f_c、品质因子 Q 值；

2）打开激光仪，选择微调刻蚀的形状和大小，并设置好有关加工参数，所述加工参数包括速度、电流、频率、激光加工方式、加工次数；

3）将激光仪的激光束对准待刻蚀的微波陶瓷，聚焦完毕后，即可微调刻蚀；

4）用网络分析仪测试经过微调刻蚀的微波陶瓷的微波介电性能参数；

5）观察并比较微调刻蚀前后的微波陶瓷的微波介电性能参数数据，根据预先设定的微波陶瓷的微波介电性能参数，判断是否需要继续微调刻蚀，若需要继续微调刻蚀，重复步骤2—5，至达到预先设定的微波陶瓷的微波介电性能参数。

对比文件 1 公开了一种用激光照射对石英晶体（也是用于一种电子元器件，与陶瓷元器件应用领域类似）进行微调的方法，用以对石英晶体谐振频率进行微调，方法包括放置石英晶体片，用高速频率动态采集系统采集石英晶体的频率值，采集的数据经处理后输入计算机分析得到微调数据，使激光电源智能化控制器（相当于激光仪）

控制激光输出参数，激光照射在石英晶体镀银层上（相当于所选择的微调刻蚀区域），调整其频率，然后通过探针导线将振动频率传导到高速频率动态采集系统，采集的数据经处理后给出新的激光输出参数；计算机实时读取频率采集卡的测量数据，并与事先设定的参数值比较是否符合要求。另外，对比文件 1 中还公开了计算机控制的激光参数有激光功率、脉冲宽度和个数等。

【案例评析】

先分析对比权利要求 1 与对比文件 1 公开内容的异同点，相同点在于二者都是利用激光加工工艺对电子元器件进行微加工，并且在加工过程中不断测量被加工元件的某些参数，从而对加工步骤进行修正调整，最终使得元器件达到希望的参数标准。二者区别体现在如下几方面：①激光刻蚀的具体元器件种类不同，该申请是陶瓷元器件，对比文件 1 是石英元器件；②测量元器件的参数和所使用的测量设备不同，该申请是网络分析仪，对比文件 1 是高速频率动态采集系统；③设置具体的加工参数不同，该申请是速度、电流、频率、加工方式、加工次数，对比文件 1 是激光功率、脉冲宽度和个数。

简言之，该申请涉及一种将微波陶瓷进行激光微调刻蚀的方法，具体涉及选择微调刻蚀的形状和大小，设置加工参数，激光束聚焦并进行刻蚀，获得相应的微波陶瓷元器件。对比文件 1 涉及一种对石英晶体进行激光微调刻蚀的方法，同样公开了选择微调刻蚀的形状和大小、设置加工参数等；但二者具体的应用对象不同，该申请涉及微波陶瓷，对比文件涉及石英晶体。

从上述异同点的分析来看，判断权利要求 1 相对于对比文件 1 是否具备创造性的主要焦点在于：二者的激光微调刻蚀方法所应用的对象不同。在所属领域中，石英和陶瓷在材料性质和工作信号频段方面确实存在细微差别，但我们发现无论是权利要求 1 的陶瓷元器件还是对比文件 1 中的石英元器件，均为质地坚硬的材料，均可以作为激光微调刻蚀的对象，也即权利要求 1 和对比文件 1 对激光微调刻蚀方法的应用对象虽然有差别，但由于其具体应用对象的物理属性与权利要求 1 应用对象的物理属性基本相同，均为质地坚硬的材料，雕刻原理也类似，均为激光微调刻蚀，在所要解决的技术问题与实现的功能上二者是一致的，这足以指引所属领域技术人员以对比文件 1 为基础想到并实现激光微调刻蚀陶瓷的技术。

因而，对于上述区别①，无论是对比文件 1 中的石英晶体还是权利要求 1 中的微波陶瓷，都是常用的电子元器件，且二者均质地坚硬，加工性质类似，并且激光微调刻蚀技术本身是集成电路制造中已有的通用方法，用以精密调节微电子元器件性能，因此，本领域技术人员容易想到对比文件 1 公开的激光刻蚀微调石英晶体的方法同样可以用于微调刻蚀微波陶瓷元器件，即区别①无须付出创造性劳动就能想到。对于上述区别②，在激光加工过程中测量参数的目的是判断被加工的元件是否达到理想的参数性能，从而决定加工走向，因此应该测量什么参数、相应地选择何种测量设备，实际上取决于测量的实际需要，就如同机械加工中要不断测量被加工物体的物理尺寸以便选择或调整继续加工方式一样，这种参数和测量设备的选择是根据实际需要而定的，无须付出创造性的劳动即能想到和实现。而且，对于电子元器件而言，谐振频率和品质因子 Q 值都是已知的表征材料性能的重要参数，品质因子 Q 值是描述在电磁场中体系损耗的参数，谐振频率的变化会改变体系的损耗，品质因子 Q 值自然也会发生变化，因此，区别②是本领域技术人员的常规选择。对于上述区别③，激光刻蚀过程中要设置仪器的各种参数是本领域技术人员公知的，对比文件 1 公开了计算机控制的激光参数有激光功率、脉冲宽度和个数，对于还需设置刻蚀时的加工参数包括速度、电流、频率、激光加工方式和加工次数，也是进行激光刻蚀过程中必须考虑的因素，在实际的生产操作中根据设备、被加工材料和产品要求等来调节加工参数是本技术领域技术人员所具有的基本技能，不需要付出创造性的劳动。因此，权利要求 1 相对于对比文件 1 结合本领域的常规技术手段是显而易见的，不具备创造性。

通过以上案例分析可以看出，第一，虽然发明与现有技术所属的技术领域不同，但若二者基于同样的技术原理、以相同或相似的技术手段解决相同或相似的技术问题，则技术领域不同的事实并不会阻碍所属领域的技术人员基于技术问题或功能的指引到相关技术领域去寻找适合的最接近的现有技术。对于最接近的现有技术的选择，应灵活地把握选取原则，切忌教条。第二，存在于相同或相近技术领域中的发明创造容易在技术上相互关联，优先从与发明相同或相近的技术领域入手是审查实践中常见的选择。但是在某些情况下，二者在技术问题和功能方面的相同或相似性同样足以引导所属领域的技术人员以该现有技术为基础出发获得发明。

3.1.3.2　对"要解决的技术问题"的考量

发明要解决的技术问题是促进本领域的技术人员作出技术改进和技术发展的动机。如果所选取的最接近的现有技术完全不存在本发明所要解决的技术问题或相应的缺陷，本领域技术人员无论如何尝试，都难以以其作为技术起点，对其作出相应的改进。

起点决定方向，方向则引导最终结果。最接近的现有技术之所以为"最佳起点"，原因在于可以通过最小的改动和更加富有逻辑地还原发明的过程得到本发明，以需要解决的技术问题为导向，在一定情况下会使整个发明构思过程的改进逻辑更加合理。

【案例 3 - 1 - 2】❶ 一种二维液相色谱测定肉制品中苯并芘含量的方法

【案情介绍】

现有技术在检测熏烤肉制品苯并芘含量的试验过程中，处理时需要将样品经过苯并芘分子印迹柱净化、氮吹仪浓缩等步骤，而且需要使用大量的二氯甲烷毒害性高的试剂，导致检测苯并芘含量的试验过程操作非常复杂，分析时间长，有毒试剂危险性高。涉案申请提供一种二维液相色谱测定肉制品中苯并芘含量的方法，包括将肉制品经有机溶剂处理过滤后得到上清液，有机相微孔滤膜过滤上清液后得到续滤液，使用二维液相色谱检测续滤液。由此在前处理时不需要将样品经过苯并芘分子印迹柱净化、

---

❶ 温萌. 从最佳起点考量最接近的现有技术的选取 [J]. 河南科技，2022，41 (22)：139 - 142.

氮吹仪浓缩等步骤，也不需要使用大量的二氯甲烷毒害性高的试剂，节约了试剂，避免了对人体的伤害。

【案例评析】

通过对该申请的理解可以确定，发明点在于"上清液直接经过有机相微孔滤膜过滤"。通过表3-1-1对比可知，对比文件1和对比文件2均属于食品苯并芘含量检测领域，所要解决的技术问题均是对于食品中苯并芘含量的检测，所公开的特征数量相当，但对比文件1公开了该申请发明点的特征，即直接将有机溶剂处理后离心得到的上清液用于有机相微孔滤膜过滤，进而通过二维液相色谱进行检测，省去样品前处理的烦琐步骤。对比文件2公开了该申请的检测对象和处理样品时有机溶剂的种类。

表3-1-1 案例3-1-2涉案申请与对比文件的特征对比

涉案申请	对比文件1	对比文件2
苯并芘检测	苯比芘检测（√）	苯比芘检测（√）
肉制品	谷物（×）	肉制品（√）
正己烷处理	乙腈处理（×）	正己烷处理（√）
上清液直接经过有机相微孔滤膜过滤	上清液直接经过有机相微孔滤膜过滤（√）	上清液经过分子印迹柱、淋洗柱子、二氯甲烷洗脱，进入有机相微孔滤膜（×）
二维液相色谱	二维液相色谱（√）	液相色谱（×）

注：表中括号内的标记代表涉案申请中相应特征是否在对比文件中得到公开，√表示已公开，×表示未公开。

有观点认为：应以公开发明点的对比文件1作为发明的起点。对比文件1的具体检测对象为谷物，加入乙腈后，通过超声提取、离心出上清液，将得到的上清液作为检测液，直接经过有机相微孔滤膜过滤后得到的滤液用于二维液相色谱检测，该申请与对比文件1的区别特征在于检测对象由谷物变为肉类，以及基于检测对象将处理样品使用的有机溶剂由乙腈变为正己烷，在实际解决技术问题的确定上，此时本领域技术人员认为当有肉类检测需求时，有动机将检测对象由对比文件1中的谷物变为肉类，并且在对比文件2的技术启示下得出当检测对象为肉类时有动机将有机溶剂采用正己烷。因此，考虑将公开发明点的对比文件1作为发明的最佳起点是妥当的。

而另有观点认为：应以公开检测对象的对比文件2作为发明的起点。对比文件2具体检测对象为肉制品，加入正己烷后，通过超声提取、离心出上清液，上清液经过复杂的净化过程后，再通过有机相微孔滤膜过滤，利用液相色谱检测所得到的滤液。对比文件2存在该申请所指出的肉制品苯并芘测定过程中前处理步骤烦琐的技术问题，而对比文件1提供了可以直接将上清液通过有机相微孔滤膜过滤后进入二维色谱直接检测苯并芘的技术启示，对比文件1的前处理过程中，除了处理样品的有机溶剂与样品本身有关，剩下的过滤、二维色谱检测过程与样品对象均无关，且基于肉类和食品均属于食品大领域，本领域技术人员有动机将对比文件 1 中的前处理方法以及后续的二维色谱检测方法用于肉制品的苯并芘含量测定中。因此，对比文件 2 更适合作为发明的最佳起点，也更适合被确定为最接近的现有技术。

上述观点从不同的角度出发，分别认为对比文件 1 或对比文件 2 适宜被选作最接近的现有技术，貌似都存在一定的合理性。但仔细研究后发现，如果将对比文件 1 作为最接近的现有技术，本领域技术人员无法确定将检测对象由谷物变为肉制品解决了对比文件 1 客观存在的哪个技术问题，技术效果是否可以预期，如果说"当有肉类检测需求时，有动机将检测对象由对比文件 1 中的谷物变为肉制品"，那么从谷物检测中寻找对肉制品检测的方法，也难以令人信服地说明本领域技术人员会有这样的动机。进一步地，对比文件 1 中已经使用了较为简单的样品前处理方法检测获得苯并芘含量，本领域技术人员没有动机再强行将检测对象由谷物变为肉类，若强行改变试验对象的种类，在确定实际解决的技术问题方面就会存在生拉硬扯的勉强，容易有"事后诸葛亮"的嫌疑。相反，如果对比文件 2 被选作最接近的现有技术，对比文件 2 公开的技术方案本身即属于肉制品中苯并芘含量的检测，同时客观存在肉制品苯并芘检测过程中前处理步骤烦琐的技术问题，与该申请所关注的技术问题一致，本领域技术人员完全有动机在食品苯并芘检测领域寻找解决上述前处理步骤烦琐这一技术问题的相关技术手段，而对比文件 1 恰好给出了可以采用简单前处理步骤便可得到较为准确的苯并芘含量的技术启示。由此可见，第二种观点的思考过程更加符合还原发明过程的逻辑，以对比文件 2 作为发明的起点，还原该申请的技术方案所需要跨越的障碍也要小得多，因而对比文件 2 更加适合作为该申请的最佳起点。

创造性的评述过程是综合技术领域、技术问题、技术效果、技术特征各方面因素的整体考虑，在"发明起点—改进过程—到达终点"的过程中，希望以最小的跨越、最易理解的方式到达本申请的高度，正向重塑发明的过程，也使得申请人更易于接受审查意见。最接近的现有技术之所以为"最佳起点"，以需要解决的技术问题为导向，在一定情况下会使整个发明构思过程的改进逻辑更加合理，而并非一定要选择公开本申请发明点的现有技术。

3.1.3.3 对"技术效果或用途"的考量

在选取最接近的现有技术时，也要考量该现有技术与本发明所针对的技术效果。如果所选取的最接近的现有技术能够实现与本发明相同的技术效果或者具有相同的用途，则以作为最接近的现有技术的该对比文件为发明的基础并将其向本发明靠拢相对更加容易。

如果最接近的现有技术并未给出与本发明相同或类似的的技术效果或动机或建议，则将该现有技术和其他对比文件进行组合堆砌，虽然被认为公开了技术特征，但也难以显而易见地得到本发明，且仅对特征的组合也将导致创造性中的"事后诸葛亮"。下文结合案例进行说明。

【案例 3-1-3】一种金属化的刀叉餐具

【案情介绍】

涉案申请的目的在于提供高档的一次性食品用具，其不仅价格便宜，还具有真实的金属外观，对塑料刀叉进行改进，在其外表面涂覆薄金属涂层，使其具有增强的真实金属的外观视觉感受和商业吸引力。

涉案申请权利要求 1 与对比文件的特征对比如表 3-1-2 所示。

表 3-1-2　案例 3-1-3 涉案申请权利要求 1 与对比文件的特征对比

权利要求 1	对比文件 1	对比文件 2
金属化的塑料餐具	涉及功能性薄膜、金属涂层，其被放置在基底上以用于装饰等多种目的；可以用于微波炉中烘烤食物的食物容器（√）	一种物品的金属化方法，物品可以为餐具（√）
直接沉积在所述塑料餐具上的仅一层薄金属涂层而没有另外的外涂层，其中所述薄金属涂层具有足够的厚度为塑料餐具提供反光的金属状外观以模拟真实的金属餐具	薄金属涂层具有足够的厚度为塑料餐具提供反光的金属状外观以模拟真实的金属餐具（√　部分特征）	在塑料或玻璃衬底上的背面沉积一层薄金属涂层，在金属涂层上涂覆一层而没有另外的外涂层，丙烯酸树脂层的表层（√　其余特征）
所述薄膜厚度小于 1000nm，所述薄金属涂层通过溅射沉积工艺来沉积	容器表面通过将其表面暴露于蒸发的金属的气相沉积来涂覆（×）	通过溅射沉积，在塑料、陶瓷、玻璃等物品上沉积薄金属涂层，厚度小于 1000 埃（小于 1000nm）（√）

注：表中括号内的标记代表涉案申请中相应特征是否在对比文件中得到公开，√表示已公开，×表示未公开。

【案例评析】

似乎从特征对比的对应可以按照创造性评价的"三步法"预判出该申请不具备创造性。但我们总观对比文件 1 的方案，首先思考"三步法"的第一步即确定最接近的现有技术这一过程是否正确。对比文件 1 虽然描述了在微波炉中烘烤食物的食物容器，该带金属涂层的容器用于微波炉，而金属涂层仅施加在容器的底部，用来有效地加热容器中接触涂层的食物，从而使得食物的底部有烤焦的效果，可以应用于蛋糕、薄饼等；并且在对比文件 1 中没有提及涂层是反射性的，因而，对比文件 1 完全是功能性地使用了金属涂层，无法想到通过涂覆该金属涂层起到装饰性的作用。

因此，需要注意两点：第一，对比文件 1 中的薄金属涂层不是起装饰性作用的；第二，该申请的权利要求 1 的方案中的薄金属涂层是具有反射性的，并具有足够的厚度为塑料餐具提供反光的金属状外观以模拟真实的金属餐具的外观。

并且，要注意的是，微波炉是不允许使用反射性金属容器的，因为微波会从金属表面反射而导致微波炉的损坏。因此，带金属涂层的容器可以在微波炉中使用的原因是该涂层足够薄而不会引致反射，这样微波将不会被反射。显然，这是与该申请权利要求 1 中的特征 "薄金属涂层具有足够的厚度为塑料餐具提供反光的金属状外观" 是完全相反的。因此，对比文件 1 中的用于微波的涂层的功能性使用显然排除了 "提供反光的金属状外观"。该申请权利要求 1 要求保护的是 "金属化的塑料餐具"，其目的不是需要功能性的金属涂层，而是达到装饰性效果的金属涂层。

因而，对比文件 1 并没有考虑该申请权利要求 1 的方案所要解决的技术问题，以及要实现的技术效果和用途，并且实际上，对比文件 1 与该申请的教导是完全相反的。此外，要注意的是，提出技术问题的本身也可能包括了创造性的劳动。因此，当本领域技术人员尝试去寻找能够提供装饰性效果来实现金属状外观的技术方案的时候，他并不能够从对比文件 1 的功能性薄金属涂层中获得任何的启示。因此，对比文件 1 不适宜作为最接近的现有技术。

对于对比文件 2，其金属涂层的目的是要提供真实的金属外观，并保持衬底的美感不会被改变，例如，喷涂在与观察者相对的背面上的金属层可以穿过玻璃而被看到，提供光亮的金属光泽。"金属光泽" 与 "金属状外观" 是不同的，也即对比文件 2 中衬底的美感主要是由衬底的外观所产生的，因为涂层仅能够提供金属光泽。对比文件 2 仅是考虑金属光泽，完全没有考虑 "金属状外观" 的效果和用途。因此，对比文件 2 也不属于最接近的现有技术。

通过上述分析可见，在该案例中虽然对比文件 1 和对比文件 2 与涉案申请的技术领域相同，同样采用在塑料餐具上设置金属涂层的技术手段，但采用该手段的技术效果和用途不同，该申请在于使得塑料餐具呈金属外观，对比文件 1 在于进行微波加热，对比文件 2 在于为透明的物件提供投射的金属光泽。因此，对比文件 1 和对比文件 2 与该申请所要解决的技术问题不同，实现的技术效果和用途也均不同，不适合作为该申请的最接近的现有技术。

在确定最接近的现有技术的众多考量因素中，分析现有技术的技术手段所实现的技术效果和目的是一个不容忽视的环节。最接近的现有技术作为现有技术中与发明最密切相关的一个技术方案，这样的最接近的现有技术不应与发明所关注的技术问题、技术效果和用途无关，否则，所属领域技术人员以此为基础难以产生完成发明的动机。

3.1.3.4 对 "公开的技术特征" 的考量

在审查过程中，由于具体还需要体现在对于技术特征的评述上，如果所选择的最接近的现有技术公开的特征数量较少，则将其向本发明进行改进势必需要作出较大的改动，这在一定程度上将会加大改进的难度。且由于公开的技术特征较少，势必需要进一步结合其他一篇甚至多篇对比文件，则在结合启示以及分析说理上均会增加难度。

确定最接近的现有技术，核心在于从海量现有技术中找到与发明技术方案最密切相关的那个现有技术。尽管技术领域和发明要解决的技术问题的关系是重要的考量因素，但最终影响最接近的现有技术确定的关键因素仍然在于技术方案之间的相似性。现有技术中与发明最密切相关的技术方案应当是：在技术上与发明最为接近、经过较少或者较为容易的改进或调整就能够得到要求保护的发明的技术方案。

通常而言，最接近的现有技术是指现有技术中与涉案申请或专利要求保护的技术方案密切相关的一个技术方案，其是判断涉案申请或专利是否具有实质性特点的基础。而最接近的现有技术的确定，应当以本领域普通技术人员为判断主体，结合涉案申请或专利与相应的现有技术的发明主题、欲解决的技术问题、采用的技术手段、欲达到的技术效果或实现的技术功能等予以综合判断。一般以公开了涉案申请或专利的技术特征最多的现有技术为最接近的现有技术；当然此处的"最多"为相对的概念，其取决于审查员或无效宣告请求人的检索能力及选择标准。❶

但公开特征少不宜作为最接近的现有技术也不是绝对的。如果一项发明基于与某现有技术进行改进的构思是一致的，都为了解决同样的技术问题，最终朝向一个目标进行改进，仅是在发明具体实现的技术手段的细节上该现有技术公开和记载的不够充足，那么本领域技术人员也有动机在该现有技术的发明构思的指引下，寻求具体的解决手段来实现该发明构思，从而完成该发明创造。就好比最接近的现有技术已给出了与本发明同样的发明构思"枝干"，在此基础上，本领域技术人员完全有动机去给枝干填充树叶或花朵来构成整棵大树。因而，这样的现有技术也可以作为最接近的现有技术，成为一项发明创造的智慧出发点。

3.1.3.5 对"还原发明路径的难易程度"的考量

【案例 3 - 1 - 4】滚珠保持装置

【案情介绍】

在对滚珠存放中，现有技术中存在保持装置对滚珠进行分隔但也由于支撑结构设置不合理而导致润滑油不能充分与滚珠接触而使得润滑保持效果并不理想的技术问题。涉案申请为了使滚珠得到充分的润滑，将滚珠隔开部件设置为中空环形结构，并将隔开滚轴的部件设置为一体成型的长条带状结构（参见图 3 - 1 - 1）。

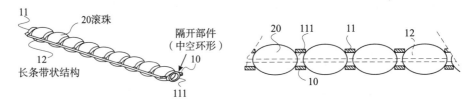

图 3 - 1 - 1　案例 3 - 1 - 4 涉案申请说明书附图

涉案权利要求如下：

---

❶　北京市高级人民法院（2018）京行终 2680 号行政判决书。

　　一种滚珠保持装置，其包括：隔开部件（10），呈中空环形结构，并以该环形结构分隔滚珠（20）；将上述隔开部件（10）连接成一体的长条带状结构（12）。

【案例评析】

　　我们给出两篇对比文件来说明所需思考的问题，两篇对比文件的内容简介如下。

　　对比文件 1 与涉案申请的技术领域相同，均是为了使润滑油进入保持架装置而对滚珠进行充分润滑，并且，采用的技术手段同样为将该保持架装置中的隔开部件设置为中空环形结构，使油脂能够进入其中而起到润滑滚珠的作用，即二者解决了相同的技术问题；唯一的区别在于，对比文件 1 中不具有将隔开部件连接成一体的长条带状结构（参见图 3 - 1 - 2）。

　　我们继续分析对比文件 2。对比文件 2 也为一种对滚珠进行保持的保持架装置（参见图 3 - 1 - 3），与该申请的技术领域完全相同。在对比文件 2 的保持架装置中，对滚珠的支撑是通过一个长条带状结构所实现，可见对比文件 2 公开了保持架装置中具有长条带状结构对滚珠进行保持的结构，但在对比文件 2 中对滚珠的隔开部件不是一种中空结构的设置。

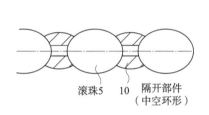

滚珠5　　10　隔开部件
（中空环形）

图 3 - 1 - 2　案例 3 - 1 - 4
对比文件 1 附图

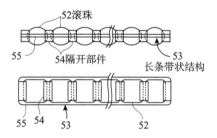

52滚珠

55　　54隔开部件　　　　　53　长条带状结构

55　54　　53　　　　52

图 3 - 1 - 3　案例 3 - 1 - 4
对比文件 2 附图

　　那么此时，我们的问题是：两篇对比文件如何结合进行评述该案例中权利要求的方案呢？基于前一个案例，我们在最接近的现有技术的确定中重点考量解决的技术问题，那么该案例中，对比文件 1 与该申请所要解决的技术问题是相同的，那么，我们应该选对比文件 1 作为最接近的现有技术吗？我们来进行具体分析。

　　若选对比文件 1 作为最接近的现有技术：需在单个的隔开部件的基础上，另外再设置将隔开部件连接成一体的长条带状结构。整体结构改动较大，还需要考虑与其他外围部件之间的干涉与影响，容易对本领域技术人员的改进动机造成阻碍，说理难度更大。

　　若选对比文件 2 作为最接近的现有技术：仅需在长条带状结构的隔开部件上形成中空结构，技术方面的改动较小且不影响整体结构，改进思路顺畅，且容易说理。

　　因而，当面对这两篇对比文件的时候，建议优选对比文件 2 作为最接近的现有技术。通过该案例说明在确定最接近的现有技术时，我们在专利审查指南中给出的确定最接近的现有技术的各种情形和原则的基础上，如何整体考虑、综合考虑，如何站在本领域技术人员的高度，还原和重构发明的过程，主要从中体会在确定最接近的现有技术时的思考过程和"三步法"的评述逻辑。在实践中，可以结合实际情况进行个案分析，确定出最优的最接近的现有技术。

该案例对还原发明路径的难易程度的考量与欧洲专利局"最小限度的修改"的思路较为类似。❶ 选取最接近的现有技术时，除了通常的考虑因素以外，还应当站位本领域技术人员的高度进行全面考量，比如，以拟选取的最接近的现有技术为起点，完成发明的路径是否顺畅、评述说理的逻辑是否合理等。

3.1.3.6 "相反的教导"对最接近的现有技术选取的影响

通常我们在否定一项发明的创造性时，会寻找现有技术中给出的"正向信息"来作构建和还原发明路径的通路，而在此过程中，我们还需要基于整体判断原则，考虑现有技术中，尤其待确定为最接近的现有技术的对比文件中是否给出了相反的技术教导。

为了更好地重塑发明创造过程以及增强审查意见的说服力，我们通常都会寻找现有技术中给出的，正向的技术信息来作构建和还原发明路径的通路，但我们在选取最接近的现有技术时，不应局限于现有技术是否公开了哪些有利于否定创造性的技术特征，还应通过阅读现有技术，从整体上分析最接近的现有技术是否给出了相反技术教导，从而进一步考量其是否适合作为发明创造性评述的起点或基础。此外，如果一篇现有技术既给出了正向的技术信息，又给出了相反的技术信息，这时我们应从本领域技术人员的角度出发，在理解该现有技术时不能局限于其记载的文字表面，然后根据某部分相反技术内容就想当然认为其构成相反技术教导从而否定该现有技术，而应将该现有技术进行整体上的理解与把握，如果本领域技术人员从该篇现有技术整体上可以获知该相反技术信息的存在并不足以阻止其在该篇现有技术的基础上，结合其公开的正向技术信息以得到发明请求保护的技术方案，即该篇现有技术整体上给出了得到该发明的技术启示，那么将该篇现有技术作为最接近的现有技术并无不妥。❷ 但如果给出的技术信息使得在最接近的现有技术的基础上，无法再进行趋于本发明技术方向的构思或最接近的现有技术已无法再与其他现有技术结合而得到本发明，则此时该现有技术不宜作为发明的起点或基础而成为最接近的现有技术。

例如，某发明涉及一种对开式磁力珠链首饰锁扣，其在左、右扣体封口处表面分别装有左、右封闭金属片以防止磁铁受污染。对比文件1公开了一种珠宝闭合件，通过在磁铁的圆周侧以及面对对接表面的端面侧设置涂层保护磁铁免受污染。对比文件2公开了一种首饰扣，使用金属盖包覆磁铁以防止其生锈。权利要求1与对比文件1的区别特征在于：权利要求1的左、右扣体封口处表面分别装有左、右封闭金属片，而对比文件1公开的是封口处设置涂层。那么结合对比文件2公开的磁铁的表面分别装有金属盖，将对比文件1的左右金属涂层换为左右封闭金属盖来否定涉案发明的创造

---

❶ 欧洲专利局上诉委员会. 欧洲专利法上诉委员会判例法：第6版［M］. 北京同达信恒知识产权代理有限公司，译. 北京：知识产权出版社，2016：154.

❷ 潘有礼，朱金虎. 相反技术教导在最接近的现有技术选取时的考量［J］. 中国科技信息，2018（9）：18，22-23.

性是否恰当? 有观点认为, 对比文件 1 指出现有技术中为了避免永磁体的腐蚀和污染, 通过一个盖子密封项链扣件闭锁部分的空腔, 这样的盖子总是产生减弱磁闭合力的空气间隙, 为了解决上述问题, 其公开的发明在永磁体的圆周侧和面对对接表面的端面侧上设有非铁磁材料制成的涂层。因此, 对比文件 1 改进了使用盖子避免磁铁污染存在的缺陷, 进而改用涂层, 即对比文件 1 给出了相反的教导, 本领域技术人员没有动机再将对比文件 1 的涂层改回盖子。❶

　　而事实上, 虽然对比文件 1 公开了在封口处设置盖子会导致磁闭合力减弱, 但是该方面的不足并不会影响该技术手段实现所需的基本功能, 即避免磁铁受污染; 对比文件 1 要解决的技术问题只是避免磁铁受污染, 而不是增强磁闭合力。因此, 对比文件 1 记载的技术缺陷与其公开的发明要解决的技术问题无关。当发明不追求克服"盖子导致的磁闭合力减弱"的技术缺陷时, 本领域技术人员会有动机选择在封口处设置盖子以避免磁铁受污染。因此, 对比文件 1 给出的"反向信息"并不构成评价创造性时的"相反的教导", 对比文件 1 可以作为最接近的现有技术。

　　再如, 某发明为了解决现有技术中热敏传感器两端电极与接触元件在焊接时产生的应力可能导致热敏传感器失灵的技术问题, 采用了将电极和接触元件烧结连接的方式。对比文件 1 公开了烧结连接产生的应力可能导致热敏传感器失灵, 进而提出采用接触元件并将接触元件与电极通过压合的方式进行连接的改进方案。对比二者的区别, 该案实际要解决的技术问题是: 如何减少应力以避免失灵。而对比文件 1 背景技术提到了由于烧结连接存在的应力可能导致传感器失灵, 因而设计了压合连接的方式。因此, 本领域技术人员在对比文件 1 公开的基础上, 面对如何减小连接应力的技术问题时, 获取的技术教导信息应当包括对比文件 1 背景技术提到的烧结应力可能会使得传感器失灵的问题的"反向信息"。在此反向教导下, 面对同样减小应力避免失灵的问题时, 本领域技术人员则没有动机再继续采用对比文件 1 已明示的会导致热敏传感器失灵的烧结连接方式, 去解决减小电极和接触元件之间连接应力以避免失灵的技术问题。该案中, 在拟将对比文件 1 作为最接近的现有技术时, 本领域技术人员将没有动机反向再去结合其背景技术中所提到的否定性的做法, 这样的结合存在技术障碍, 构成了反向教导, 因此对比文件 1 不宜作为该发明最接近的现有技术。

　　值得注意的是, 在判断是否存在反向教导时, 也不应机械地因现有技术记载了负面技术信息就简单认定为存在反向教导, 而是要准确站位本领域技术人员, 整体考量其技术方案, 客观准确而非片面地把握这些负面描述传递的信息, 综合判断解决的技术问题、采用的技术手段以及达到的技术效果, 从现有技术整体上去考量反向教导存在与否, 不能仅因负面描述的存在, 就对相关技术持一概否定的态度。

---

　　❶ 全先荣, 林朋飞. 关于"负面的"或"否定的"信息是否构成"相反的教导"的探讨 [J]. 中国科技信息, 2019 (16): 20-21.

3.1.4　确定最接近的现有技术的注意事项

通过上述理论研究和案例分析可以看出，在确定"最接近的现有技术"时，最接近的现有技术作为还原整个发明的技术起点，决定了整个发明还原过程的走向、完成发明的顺利程度以及最终是否能够达到发明创造的终点，这也进一步说明最接近的现有技术的选择只有从发明整体出发考量和把握，才能选出"最佳起点"。"最佳起点"有可能是直接公开发明构思的现有技术，也有可能不是直接公开发明构思的现有技术，这就要求站位本领域技术人员，从技术领域、技术问题、技术效果、技术特征四个维度综合考量，回归到发明整体构思上，从发明起点到发明过程再到发明终点的整体历程综合考虑，基于改进逻辑的合理性和连贯性确定最佳的发明起点，最终将以最小跨度的改进便可实现本发明的现有技术确定为最接近的现有技术，这样才更贴近发明人原始的发明创造过程，从而使创造性评价过程更加具有说服力。

并且，在判断"最接近的现有技术"过程中，技术特征和发明构思的比对都应该整体考虑，而不应零散分析。在评判过程中，通常应该优先考虑技术领域相同或相近且公开技术特征较多的现有技术。但是根据实际情况，有时也可以选择公开技术特征较少或者技术领域不同但公开了发明点的对比文件。"最接近的现有技术"的确定不但要考虑技术领域、公开技术特征的多少，还要考虑公开发明点与否、所要解决的技术问题以及所起到的技术效果，在衡量上述因素的基础上，综合最终确定出与本发明最密切相关的"最接近的现有技术"。

在确定最接近的现有技术的过程中，需提示注意以下问题。①在确定最接近的现有技术时，应当综合考虑技术领域、技术问题、技术方案以及技术效果，不可只关注技术领域而忽视其他方面。②在选择最接近的现有技术时，不可只关注技术特征，如果虽然公开特征多，但发明构思不同，无法给出朝着本发明的方案进行改进的动机，也不宜将其作为最接近的现有技术。③最接近的现有技术不应与发明所关注的技术问题无关，否则，所属领域技术人员以此为基础将无法产生完成发明的动机。④如果现有技术与发明所要解决的技术问题无关，则其通常是沿着与发明不同的改进方向进行研发而形成的技术方案，此时区别特征的存在往往会使发明技术方案相对于现有技术呈现出较为明显的差异，导致该现有技术不属于与发明最密切相关的技术方案。⑤对于技术领域的理解，应当基于技术之间共性的多少确定是否为相同或相近的技术领域，切不可仅将 IPC 分类号、审查单元作为技术领域。

3.2　区别特征及发明实际解决技术问题的确定

在确定最接近的现有技术之后，便进入了"三步法"中的第二步——确定区别特征及发明实际解决的技术问题。对于创造性的评述来说，这个步骤是承上启下的关键步骤。发明实际解决的技术问题是本领域技术人员在第三步中重塑发明的推动力,并为技术启示的寻找指明方向。本节对区别特征、发明实际解决的技术问题的概念和范围、实际解决技术问题确定的情形等进行了比较详细的阐述,并结合在实际审查过程中,确定区别特征以及实际解决的技术问题时存在的未整体考量区别特征的关联、技术特征上位化、技术问题手段化等典型问题进行分析和论述。

3.2.1 确定区别特征

《专利审查指南 2010》第二部分第四章第 3.1 节规定:与新颖性"单独对比"的审查原则不同,审查创造性时,将一份或者多份现有技术中的不同的技术内容组合在一起对要求保护的发明进行评价。其中"多份现有技术中不同技术内容的组合"指的是多份对比文件结合评价创造性的情况,但在区别特征的确定时,其确定原则也应该与新颖性"单独对比"的原则相同,即将本发明权利要求技术方案的技术特征与最接近的现有技术中的技术方案的技术特征进行"单独对比",而不要将最接近的现有技术中的多个技术方案进行随意组合。由于新颖性判断中的基准同样适用于创造性判断中对该类技术特征是否相同的对比判断,因此,使发明或实用新型具备新颖性的特征属于区别特征。那么,根据《专利审查指南 2010》关于新颖性判断中对技术特征的认定的规定,如果发明或者实用新型的权利要求与对比文件或证据的区别点是以下方面,则不属于区别特征:①简单的文字变换;②对比文件采用了具体(下位)概念,权利要求采用了一般(上位)概念;③所属技术领域的惯用手段的直接置换;④对比文件的数值落在权利要求数值范围内、数值范围部分重叠或者有一个共同的端点;⑤包含性能、参数、用途、制备方法等特征的产品权利要求中,无法确认性能、参数、用途、制备方法等特征会使产品区别于对比文件的产品性能。[1]

在实际处理过程中,由于本发明权利要求和最接近的现有技术的技术特征较多,因此区别特征的数量在多数情况下也是多个。在这种情况下,确定区别特征的难度相应加大,对于区别特征中相互关联的技术特征,不能将其单独考虑、分别确定实际解决的技术问题,需要整体考虑关联关系,将相互关联的技术特征整体分析,整体确定实际解决的技术问题。

3.2.2 确定发明实际解决的技术问题

"技术问题"顾名思义就是指现有技术中存在的缺陷。在判断发明是否具有显而易见性时,如何准确地把握发明所要实际解决的技术问题是核心所在,这种核心指引着本领域技术人员去寻找解决该问题的技术方案。[2] 在分析实际解决的技术问题前,我们

---

[1] 李金光. 浅谈专利审查中对区别技术特征的确认 [J]. 中国发明与专利, 2014 (3): 66 – 68.

[2] 周琦. 从发明要实际解决的技术问题角度看结合启示 [J]. 专利代理, 2022 (1): 95 – 100.

先来看一下《专利审查指南2010》中关于"技术问题"的规定，其中涉及"发明所要解决的技术问题""发明实际解决的技术问题"。

1. 要解决的技术问题

《专利审查指南2010》第一部分第二章第6.3节规定："专利法第二条第三款所述的技术方案，是指对要解决的技术问题所采取的利用了自然规律的技术手段的集合。技术手段通常是由技术特征来体现的。"第二部分第二章第2.2.4节规定："发明或者实用新型所要解决的技术问题，是指发明或者实用新型要解决的现有技术中存在的技术问题。发明或者实用新型专利申请记载的技术方案应当能够解决这些技术问题。发明或者实用新型所要解决的技术问题应当按照下列要求撰写：（ⅰ）针对现有技术中存在的缺陷或不足；（ⅱ）用正面的、尽可能简洁的语言客观而有根据地反映发明或者实用新型要解决的技术问题，也可以进一步说明其技术效果。对发明或者实用新型所要解决的技术问题的描述不得采用广告式宣传用语。一件专利申请的说明书可以列出发明或者实用新型所要解决的一个或者多个技术问题，但是同时应当在说明书中描述解决这些技术问题的技术方案。当一件申请包含多项发明或者实用新型时，说明书中列出的多个要解决的技术问题应当都与一个总的发明构思相关。"

综上，可以看出，发明所要解决的技术问题是申请人根据背景技术文献或者申请人认为的最接近现有技术存在的缺点或不足提出的，其可能是一个技术问题，也可能是多个技术问题。

2. 实际解决的技术问题

《专利审查指南2010》第二部分第四章第3.2.1.1节规定："在审查中应当客观分析并确定发明实际解决的技术问题。为此，首先应当分析要求保护的发明与最接近的现有技术相比有哪些区别特征，然后根据该区别特征在要求保护的发明中所能达到的技术效果确定发明实际解决的技术问题。"由上述规定可以看出，在确定发明"实际解决的技术问题"时，不应仅仅基于区别特征本身固有的功能或作用，而应当根据区别特征在要求保护的整个方案中所能达到的技术效果，同时对于功能上彼此支持、存在相互作用关系的技术特征，在确定发明实际解决的技术问题时应当整体予以考虑。

《专利审查指南2010》第二部分第四章第3.2.1.1节进一步规定："……发明实际解决的技术问题，是指为获得更好的技术效果而需对最接近的现有技术进行改进的技术任务。审查过程中，由于审查员所认定的最接近的现有技术可能不同于申请人在说明书中所描述的现有技术，因此，基于最接近的现有技术重新确定的该发明实际解决的技术问题，可能不同于说明书中所描述的技术问题；在这种情况下，应当根据审查员所认定的最接近的现有技术重新确定发明实际解决的技术问题。重新确定的技术问题可能要依据每项发明的具体情况而定。作为一个原则，发明的任何技术效果都可以作为重新确定技术问题的基础，只要本领域的技术人员从该申请说明书中所记载的内容能够得知该技术效果即可。对于功能上彼此相互支持、存在相互作用关系的技术特征，应整体上考虑所述技术特征和它们之间的关系在要求保护的发明中所达到的技术效果。"

由此可见，对于发明实际解决的技术问题的确定，其依据为区别特征在本申请中的技术效果，并且由于区别特征所带来的技术效果可能是一个或多个，因此重新确定的技术问题也可能是一个或多个。尤其是，当实际解决的技术问题是多个的时候，即使现有技术给出了解决其中部分技术问题的启示，其他未给出技术启示的技术问题依然可能为本发明带来创造性。❶

3. 实际解决的技术问题确定的几种情形

1）将说明书记载的技术问题确定为发明实际解决的技术问题

确定区别特征后，本申请说明书中明确记载了区别特征所起的作用，此时根据该作用即可直接确定本发明实际解决的技术问题。

2）技术效果在说明书中未明确提及，根据本领域技术人员能够得到的效果确定

确定区别特征后，本申请说明书未记载该区别特征所起的作用或技术效果，此时本领域技术人员根据该区别特征在本领域中的通常作用或效果确定本发明实际解决的技术问题。

3）技术效果相当时，提供一种替代方案

若最接近的现有技术公开了与发明相当的技术效果或者二者的技术效果无法比较时，本发明实际解决的技术问题仅仅是提供一种替代方案。

3.2.3 审查实践中的注意点

在实际操作中，确定区别特征及发明实际解决的技术问题时容易出现以下问题：忽略区别特征的关联性导致未整体考量区别特征之间的关系、技术问题上位化以及将技术问题具体化为技术手段或技术方案等。上述问题的出现易导致创造性的判断结论错误，下面将结合案例进行分析和说明。

3.2.3.1 区别特征的整体考量

创造性的判断应当针对权利要求限定的技术方案整体进行评价，即评价技术方案是否具备创造性，而不是评价某一技术特征是否具备创造性。整体考量是指在确定实际解决的技术问题时整体考量所有的区别特征所起的作用，对于相互关联的技术特征整体考虑，而不是单独分析每个特征的作用来确定实际解决的技术问题。整体考量应是贯穿整个创造性审查过程中的，不仅要站位本领域技术人员综合考量技术方案本身，而且在考虑技术方案所产生的技术效果和实际解决的技术问题时也应整体看待，这不仅适用于发明技术方案，也适用于现有技术。对发明相对于最接近的现有技术实际解决的技术问题的重新确定，需要按照整体原则，对说明书记载的多个技术效果、最接近的现有技术的技术效果，以及二者之间的效果差异进行综合考量、客观判断。❷ 在这

---

❶ 候潇潇. 从发明实际解决的技术问题出发评价创造性［J］. 中国发明与专利，2017，14（10）：97 - 99.
❷ 王冬. 多个技术效果在确定实际解决技术问题中的考量［N］. 中国知识产权报，2021 - 12 - 15（10）.

里，我们只为解决"三步法"第二步中的问题，因而本节内容重点介绍对区别特征的整体考量的问题。

一项发明的技术方案通常由多个特征构成，如图3-2-1所示，体现其发明构思的关键技术手段可能是某个特征，也可能是某些特征的组合。如果对技术问题的解决依赖于某些特征共同发挥作用，则这些特征的组合构成了发明的关键技术手段。并且如果在事实认定中，已经确认了发明的关键技术手段是一些特征的组合，那么在创造性评判的整个过程中，应该始终坚持将这些特征的组合作为一个整体看待，而不能随意割裂这些特征。

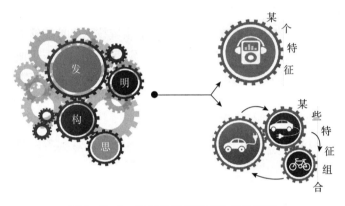

图3-2-1 发明构思与技术特征的关系

【案例3-2-1】 一种用于能源充填口总成的导向件

【案情介绍】

涉案申请涉及一种用于能源充填口总成的导向件，如图3-2-2所示。能源充填口总成可以理解为汽车加油口的结构。现在常用于车辆的能源包括燃料（燃油或燃气）和电能等，用以保证车辆的续驶里程。为了向车辆补充能源，车身上相应地配备有燃料充填口或充电口等能源充填口，其外部覆有盖体。近年来出现了侧向旋转打开式的盖体。现有技术中这种侧向旋转打开式的盖体在打开行程的末端会由于转动惯性而出现回弹或抖动，影响用户的体验；另外，盖体在闭合时的位置匹配控制困难，可能具有较大的间隙面差。

该申请通过对滑槽的特殊设计（例如增加阻尼部）来控制能源充填口总成的盖体相对运动的速度或方向，能够避免由于滑块剧烈撞击滑槽的末端而使能源充填口的盖体发生的回弹和抖动。例如可以在滑槽内滑槽的适当部段上，设置有用于限制滑块的运动的阻尼部，这些阻尼部可以连续或间断地分布在滑槽内（参见图3-2-3），降低芯轴相对于套筒的运动速度，从而降低能源充填口的盖体的运动速度，最终减小盖体在运动行程末端时的冲击，改善或避免盖体的回弹和抖动的现象。这些阻尼部的具体实现形式可以为设置在滑槽的侧壁或底部上的特征，例如但不限于凸起、软垫或者增加滑槽的螺旋角度等。

涉案权利要求内容如下：

一种用于能源充填口总成的导向件，所述能源充填口总成具有能相对于能源充填口侧向旋转打开的盖体（2），其特征在于，所述导向件上设置有用于引导所述盖体（2）的运动轨迹的滑槽（22），在所述滑槽内设置有阻尼部（22c）。

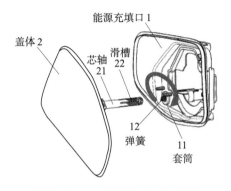

图 3 - 2 - 2　案例 3 - 2 - 1 能源
充填口总成的立体示意

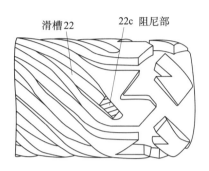

图 3 - 2 - 3　案例 3 - 2 - 1 能源
充填口芯轴的立体示意

对比文件 1 公开了一种制动装置，用于打开或关闭汽车上或汽车内的盖体，具有安装在壳体内的推杆 18（即导向件），在推杆的外侧延伸的槽 30，所述槽使得推杆 18 在壳体内轴向移动时绕其纵向轴线转动。通过图 3 - 2 - 4 可以看出，该盖体的打卡和关闭方式，与该申请中的侧向旋转式打开和关闭方式是相同的。

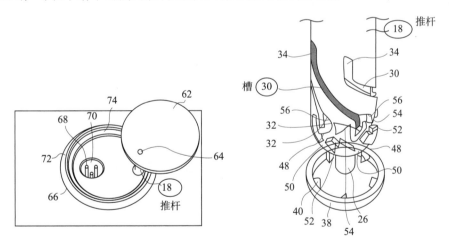

图 3 - 2 - 4　案例 3 - 2 - 1 对比文件 1 制动装置的结构示意

该申请相对于对比文件 1 的区别特征为：在滑槽内设置有阻尼部。基于该区别特征，权利要求 1 的方案实际解决的技术问题是：如何实现盖体运动过程中的缓冲。

对比文件 2 公开了一种加油口组件，加油盖的连接臂 14 与扇形件 12 一体成型，其与销轴 10 外周设置的缓冲件 8 配合，实现盖体 2 在打开和关闭过程中的缓冲。由图 3 - 2 - 5 和图 3 - 2 - 6 可知，对比文件 2 的盖体打开和闭合方式为枢转式的开闭方式。

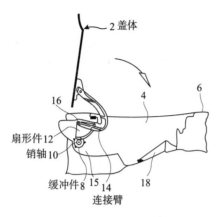

图 3-2-5 案例 3-2-1 对比文件 2
加油口组件打开时的结构示意

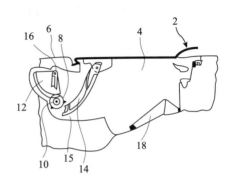

图 3-2-6 案例 3-2-1 对比文件 2
加油口组件关闭时的结构示意

【案例评析】

有观点认为，对比文件 2 给出了设置阻尼装置以实现盖体运动过程中的缓冲的启示，在此基础上，本领域技术人员有动机采用阻尼来实现对比文件 1 中盖体运动中的缓冲，从而在对比文件 1 中设置阻尼，且因为对比文件 1 中的运动是沿着螺旋槽（即滑槽）为轨迹进行，因此，在螺旋槽内设置实现缓冲的阻尼部是本领域技术人员能够想到的最直接的手段，不需要付出创造性劳动。在对比文件 1 结合对比文件 2 的基础上，该申请不具备创造性。那么，这种观点是否正确呢？

我们来梳理对比一下该申请的技术方案和对比文件的技术方案。

如图 3-2-7 所示，该申请中，体现其发明构思的关键技术手段为在导向杆滑槽内设置阻尼件。该关键技术手段包含两个特征，分别是"阻尼件"及"阻尼件的设置位置——在导向杆滑槽内"，这两个特征为组合特征作为一个整体共同发挥作用，实现盖体开闭过程中的缓冲。

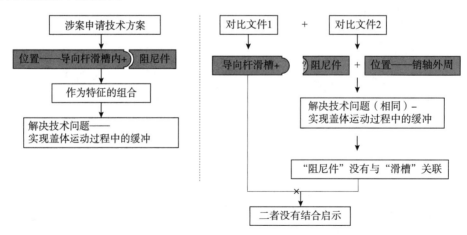

图 3-2-7 案例 3-2-1 涉案申请的技术方案与对比文件 1 和对比文件 2 的对比

对比文件 1 中的制动装置具有导向杆滑槽，其应用场景和该申请相同。

对比文件 2 中的加油口组件虽然具有阻尼件，但其位置设置于销轴的外周。因此，该阻尼件与滑槽没有直接关联关系，其仅给出了在枢转式盖体的销轴处设置阻尼件的启示，并未给出在旋转式盖体的导向杆滑槽内设置阻尼件的启示。因而，对比文件 2 不能给出启示将其结合于对比文件 1 中得到该申请的技术方案。该申请相对于对比文件 1 和对比文件 2 的结合具备创造性。

《专利审查指南 2010》第二部分第四章 3.2.1.1 "判断方法"中规定："对于功能上彼此相互支持、存在相互作用关系的技术特征，应整体上考虑所述技术特征和它们之间的关系在要求保护的发明中所达到的技术效果。"可见，该案产生错误观点的主要原因在于，割裂了区别特征中的有关联的技术手段，对于区别特征中关联的技术手段单独考虑和判断，从而得到了错误的结论。因此，如果技术问题的解决依赖于某些特征共同发挥作用，那么这些特征的组合构成了发明的关键技术特征，而这些特征应当作为一个整体考量，不可分割。

3.2.3.2　避免技术问题上位化

发明实际解决的技术问题应当与区别特征在要求保护的发明中实现的技术效果相匹配；但是在实际操作中，在确定发明实际解决的技术问题时，容易出现"上位化的技术问题"，即概括的技术问题较大，涵盖了包括实现的技术效果之外更大的技术效果，此时，在现有技术中寻找启示时更为容易，并容易将与本申请解决技术问题不同的对比文件进行结合，导致创造性的判断结论错误。

【案例 3-2-2】❶　一种光伏组件清扫装置

【案情介绍】

涉案申请为一种光伏组件清扫装置，即太阳能面板的清扫装置。随着光伏发电行业的高速发展，光伏发电产业以其环保、能源质量高等优点，成为国内外发电行业的一种新趋势，但由于光伏发电所用的光伏板通常安装在室外，而室外的扬尘、雾霾、雨水、鸟类粪便等都会对光伏板面板造成污染和覆盖，从而极大地影响光伏组件的转换效率，因此需要定期对光伏组件的光伏板面板进行清扫。目前大多采用人工方式，使用简单工具进行擦洗，或直接用水冲洗，费时、费力，并消耗大量的水，而且清洗效果很差。另外，光伏发电厂大多建在荒滩野地，地势不平，光伏组件现场安装大多很不整齐，给光伏组件的清扫带来了很大的困难。

权利要求 1（参见图 3-2-8）内容如下：

> 一种光伏组件自动清扫装置，其特征在于，包括……，框架整体跨搭在光伏面板上，框架上端的支撑轮搭载在光伏面板的上侧边，框架下端的支撑轮（3）与光伏面板的下侧边之间具有预定的间隙。

---

❶　最高人民法院（2019）最高法知行终 32 号。

该申请记载的所要解决的技术问题是如何使得自动清扫装置在光伏面板清扫移动时，既能顺着待清扫光伏面板移动，又不会由于边沿参差而被卡。

如图3-2-9所示，支撑轮3限制驱动轮2的行走轨迹，避免驱动轮2走偏；位于下侧边的支撑轮3与下侧边具有预定的间隙。

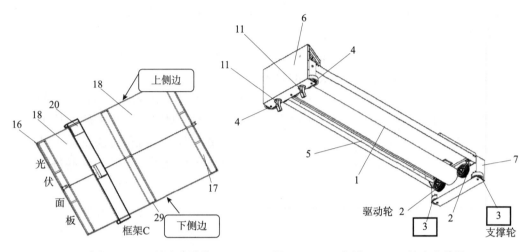

图3-2-8 案例3-2-2涉案申请的
光伏组件自动清扫装置示意

图3-2-9 案例3-2-2涉案申请的
光伏组件中框架的放大

如图3-2-10所示，对比文件1中公开了一种光伏面板清扫装置，其中支架夹持在光伏面板的上下侧边，通过驱动轮和两端限位轮的支撑和限位，行走在光伏面板上，实现自动清扫，降低人工成本。

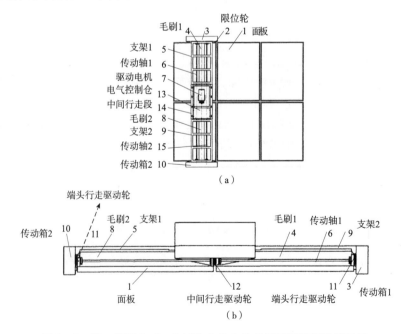

图3-2-10 案例3-2-2对比文件1的光伏面板清扫装置示意

通过上述对比，可以得出该申请与对比文件 1 的区别特征：框架整体跨搭在光伏面板上，框架下端的支撑轮与光伏面板的下侧边之间具有预定的间隙。

【案例评析】

基于上述区别特征，原审判决❶认为，涉案专利说明书第 54 段记载了"导向单元包括设置在框架的一端部 6 的三个支撑轮 4 和设置在框架另一端部 7 的两个支撑轮 3，各支撑轮的端面均与光伏面板平行。通过上下设置的支撑轮，限制驱动轮 2 的行走轨迹，避免驱动轮 2 在行进的过程中走偏"以及"设置在框架另一端部 7 的两个支撑轮 3 与光伏面板的下侧边具有预定的间隙，该间隙使得清扫装置能够适应光伏面板宽度在一定范围内变化"。可知，一方面，为了避免自动清扫装置被边沿参差而卡住，要在支撑轮与光伏面板的下侧边设置间隙；另一方面，在工作状态下，支撑轮与光伏面板既会相互接触，也会相互分离，并依靠上下设置的支撑轮与光伏面板之间在接触时产生的相互作用限制行走轨迹，因此支撑轮与光伏面板之间的间隙也不能过大，要确保支撑轮与光伏面板在工作状态下可以接触，才能有效调整驱动轮 2 的行走轨迹。本领域技术人员在阅读该专利说明书后，可以确定"支撑轮与光伏面板的下侧边具有预定的间隙"在权利要求 1 的技术方案中所产生的作用是确保清扫装置能够正常前行。基于该区别特征，该专利实际解决的技术问题应当是如何确保清扫装置能够正常前行。

对于上述区别特征，由图 3 - 2 - 11 所示，对比文件 2 中公开一种观察窗清洗装置，其底护轮 17 与下导轨 7 滚动接触，并且导轨和护轮的尺寸位置保留适当间隙，以减少长期工作过程中的摩擦力的影响。

对比文件 2 说明书公开了"导轨和支撑轮、护轮的尺寸位置保留适当间隙以减小长期工作过程中摩擦力的影响"。在工作状态下，支撑轮和导轨之间既要滚动接触从而限制运行方向，也要避免工作过程中产生过大摩擦力，因此在导轨和支撑轮、护轮之间需要保留适当间隙，从而确保清

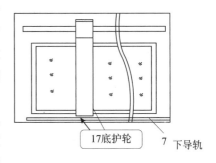

图 3 - 2 - 11　案例 3 - 2 - 2
对比文件 2 的观察
窗清洗装置结构示意

洗装置能够正常前行。即对比文件 2 公开了在导轨、支撑轮和护轮间设置间隙，该间隙所起的作用同样是确保清洗装置能够正常前行，也实现了与该专利中相同的技术效果，因此对比文件 2 给出了将上述区别特征用于对比文件 1 以解决其技术问题的启示。该申请相对于对比文件 1 和对比文件 2 的结合不具备创造性。

最高人民法院❷则认为：该案中，"区别特征（2）"为"设置在框架另一端的支撑轮与光伏面板的下侧边具有预定的间隙"。根据涉案专利说明书第 54 段的记载，该间隙使得自动清扫装置既能够顺着清扫光伏面板移动，又不会由于边沿参差而被卡。由

---

❶ 北京知识产权法院（2018）京 73 行初 9181 号。

❷ 最高人民法院（2019）最高法知行终 32 号。

此可见，由于光伏面板边沿上有参差不齐的现象，该专利通过区别特征的设置能够解决这一问题，使清扫装置能够正常前行。因此，在确定该专利权利要求1所解决的技术问题时，需要从区别特征所直接解决的避免边沿参差而被卡导致清扫装置不能正常前行这一技术问题出发，将该专利权利要求1相对于对比文件1所解决的技术问题确定为：如何使得自动清扫装置既能顺着待清扫光伏面板移动，又不会由于边沿参差而被卡。

对于上述技术问题，对比文件2中虽然公开了保留适当间隙，但是其解决的技术问题是减少工作过程中的摩擦力，与该申请中所起的作用并不相同，因而基于该问题，对比文件2并不能给出技术启示，因此该申请相对于对比文件1和对比文件2的结合是具备创造性的。

如果将技术问题概括得过于上位，由于本领域中，影响光伏清扫装置正常前行的因素有很多，例如，可以是光伏清扫装置的行走单元或驱动单元，可以是光伏面板宽度在一定范围内的变化导致的参差不齐，也可以是对比文件中因地势导致的光伏面板的高矮不平，甚至还可以是清扫单元本身的问题。如果将技术问题概括得过于上位，就会涵盖其他作用不同的手段来解决该上位化的技术问题，显然容易导致创造性的判断出现偏差。而基于区别特征在发明中的直接效果进行确定，使得区别特征与直接效果相匹配，则会避免错误判断结合启示，而得到客观和正确的结论。

3.2.3.3 避免技术问题手段化

发明实际解决的技术问题应当与区别特征在要求保护的发明中实现的技术效果相匹配，但是在实际操作中，在确定发明实际解决的技术问题时，由于某些申请文件并未记载实际解决的技术问题或者记载的技术问题较为含糊，因此实际解决的技术问题的确定较为困难，这时容易将区别特征中的技术手段或技术方案本身直接作为技术问题，由于技术手段通常都是现有技术，从而得出不具备创造性的错误结论。

【案例3-2-3】 一种消毒剂

【案情介绍】

该案涉及一种消毒剂。❶ 目前包含氯型抗微生物剂，如三氯生的卫生处理和消毒皂组合物是已知的，此类组合物需要相当长的接触时间以提供有效的抗菌作用。因此，仍然需要提供组合物，当清洗时间较短时（典型时间约5分钟或更短，优选低于2分钟，在很多情况下低于1分钟或有时低至15秒或更短），该组合物还能提供相对更有效的抗菌作用。

权利要求1内容如下：

> 一种抗微生物组合物，其包含：0.005wt%—5wt%的丁香酚；0.01wt%—5wt%的萜品醇；0.01wt%—5wt%百里酚；1wt%—80wt%表面活性剂；和载体，所述载体为水。

---

❶ 国家知识产权局第1F188354号复审决定，内容经过笔者改写。

该申请解决的技术问题：通过丁香酚 + 萜品醇 + 百里酚三种成分的协同作用实现快速起效、表面杀菌消毒；水可以减少渗透，提高表面消毒的效果；表面活性剂可以提高皮肤与组合物的接触效果，实现组合物杀菌的快速起效。

对比文件 1 公开了一种具有抗菌作用的溶液、霜状或膏状的抗菌剂，其局部地施用于人体皮肤，显示渗透作用，进而能够吸收至皮肤以达到皮下病原体，所述杀菌剂包含：α - 蒎烯 1.9%，α - 萜品烯 1.2%，柠檬烯 25.5%，p - 异丙基苯 1.0%，1,8 - 桉油素 15.6%，γ - 萜品烯 2.8%，萜品 - 4 - 醇 20.0%，橙花醛 9.2%，香茅醛 10.9%，丁香酚 2.4%，γ - 萜品醇 2.2%，百里酚 1.0%，丁基化的羟基甲苯 0.5%，平衡液（无关紧要的天然物质成分的偏差用乙醇补足）；上述抗菌剂所包含的物质可以与乙醇或脂肪物质联合使用，然而通过实际的试验发现当溶解于乙醇时其活性提高，而在水存在时烃类物质活性降低，这是由于其向皮肤的渗透受到极性物质（水）的限制，进而被证实其在消灭深位伤口的细菌时是低效的；最后实施例部分试验了将所述抗菌剂施用于患者，例如用在患有败血症状的脚踝、伤口部位等，一周后杀灭细菌或伤口一月后治愈，所述抗菌剂对广谱的革兰氏阴性和阳性细菌、真菌和某些病毒有效；所述抗菌剂对当前抗菌素不起作用时有效但不适合作为紧急抗菌剂，医生和矫形医生将其应用于处理慢性伤口感染并具有促进伤口愈合的特点。

【案例评析】

通过对比，我们可以发现，权利要求 1 与对比文件 1 的区别特征在于：①权利要求 1 中的载体是水，而对比文件 1 中载体是乙醇；②权利要求 1 含有一定量的表面活性剂，而对比文件 1 不含表面活性剂。

基于上述区别特征，确定该申请实际解决的问题，有以下两种方式。

第一种确定的实际解决的技术问题为：如何采用水和表面活性剂辅助，实现含有丁香酚等物质的组合物的杀菌。

第二种确定的实际解决的技术问题为：如何实现快速起效、表面杀菌消毒。

我们来看一下这两个不同的技术问题会有什么不同的结果呢？

对于第一种方式确定的技术问题，如图 3 - 2 - 12 所示，对比文件 1 公开了利用丁香酚、萜品醇、百里酚杀菌的方法，而水载体和表面活性剂的种类均为本领域常规的选择，在对比文件 1 的基础上结合本领域的公知常识容易得出权利要求 1 的技术方案，此时权利要求 1 不具备创造性。

图 3 - 2 - 12　第一种技术问题确定方式下的创造性评判思路

对于第二种方式确定的技术问题，如图 3 - 2 - 13 所示，该申请中采用水性载体可以避免药剂的渗透，提高表面杀菌的效果，表面活性剂的采用可以增强抗菌剂与皮肤的接触效果，起到快速起效、表面杀菌消毒的作用。对比文件 1 公开了采用主要成分为柠檬烯＋香茅醛、含有丁香酚＋萜品醇＋百里酚等辅助成分实现长期起效、渗透至皮下进行杀菌的方法，其中乙醇可以提高药剂的渗透性，不利用表面杀菌。其未给出仅选择丁香酚＋萜品醇＋百里酚三种成分实现快速起效、表面杀菌的技术启示，本领域技术人员无法针对上述技术问题对对比文件1朝着该申请的方向进行改进。直接把采用的水性载体、表面活性剂等具体技术手段当成技术问题，并以该手段在现有技术中存在或者是公知常识就认为该申请不具备创造性的评述思路是不可取的。

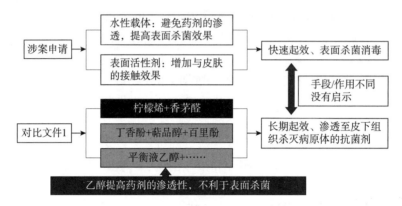

图3－2－13　第二种技术问题确定方式下的创造性评判思路

确定发明实际解决的技术问题，应以技术手段达到的技术效果为基础，而不应将技术手段本身确定为技术问题。在所确定的实际解决的技术问题中，不应带有发明为解决该技术问题而提出的技术手段或对找到该技术手段的某种指引；否则，当所属领域技术人员面对这样确定的技术问题时，将由于该问题中已经给出了解决该技术问题的技术手段或者有助于找到该技术手段的某种指引而对显而易见性的判断陷入"事后诸葛亮"式的误区。

3.3　结合启示的把握

"三步法"中的第三步是创造性判断的难点所在，它包含两个较为抽象的概念：一是如何确定所属领域的普通技术人员的技术水准；二是如何判断现有技术是否提供了教导或者启示，使本领域技术人员有动机构思出要求保护的发明或者实用新型。一项发明或者实用新型是否具备创造性，其标准很大程度上取决于"所属领域的技术人员"和"教导或启示"。创造性判断所包含的上述两个较为抽象的概念实际上是调整授予专利权标准高低的关键枢纽。对两个概念内涵的确定是否得当，将对专利制度的正常运行、创新型国家的建设以及经济社会的发展产生重要影响。❶

创造性"三步法"中能否对第三步作出准确判断，对创造性判断标准是否一致、

---

❶　尹新天. 中国专利法详解［M］. 北京：知识产权出版社，2012：198－199.

审查结论是否正确至关重要。"第三步"的结合启示判断主要围绕"显而易见"的判断展开。"显而易见"一词，美国专利商标局和欧洲专利局对应使用的是"obvious"一词。汉语中，"显而易见"出自清代李渔在《闲情偶寄》中提到的"此显而易见之事，从无一人辨之"❶，意思是事情或道理很明显，极容易看清，没有一个人出来分辨。从释意中可以感受到这个词具有一定的主观性。《专利审查指南2010》第二部分第四章第3.2.1.1节规定："在该步骤中，要从最接近的现有技术和发明实际解决的技术问题出发，判断要求保护的发明对本领域的技术人员来说是否显而易见。"即判断显而易见的过程要从"最接近的现有技术"和"发明实际解决的技术问题"出发，具体判断路径是从"最接近的现有技术"——发明改进起点和"发明实际解决的技术问题"——发明改进动机开始的。

《专利审查指南2010》中还规定："判断过程中，要确定的是现有技术整体上是否存在某种技术启示，即现有技术中是否给出将上述区别特征应用到该最接近的现有技术以解决其存在的技术问题（即发明实际解决的技术问题）的启示，这种启示会使本领域的技术人员在面对所述技术问题时，有动机改进该最接近的现有技术并获得要求保护的发明。"创造性"三步法"的判断，就是一个重塑发明的过程。重塑发明过程的主体是"所属领域技术人员"，具体过程为"所属领域技术人员"以最接近的现有技术为发明改进起点，以"发明实际解决的技术问题"作为改进方向，去寻找其他现有技术的改进动机。如果其他现有技术给出了解决上述"发明实际解决的技术问题"的技术启示，那么所属领域技术人员就可以在其他现有技术的技术启示下改进最接近的现有技术，从而显而易见地获得该发明要求保护的技术方案。

对于"第三步"结合启示判断，《专利审查指南2010》还以举例的方式给出了如下几种具体情况的判断过程。

（1）所述区别特征为公知常识，例如，本领域中解决该重新确定的技术问题的惯用手段，或教科书或者工具书等中披露的解决该重新确定的技术问题的技术手段。

（2）所述区别特征为与最接近的现有技术相关的技术手段，例如，同一份对比文件其他部分披露的技术手段，该技术手段在该其他部分所起的作用与该区别特征在要求保护的发明中为解决该重新确定的技术问题所起的作用相同。

（3）所述区别特征为另一份对比文件中披露的相关技术手段，该技术手段在该对比文件中所起的作用与该区别特征在要求保护的发明中为解决该重新确定的技术问题所起的作用相同。

上述三种情况的区别主要在于现有技术的呈现形式不同，第一种情况是公知常识，第二种和第三种情况都是对比文件，只是第二种情况中结合的技术方案与最接近的现有技术属于同一份对比文件，第三种情况中结合的技术方案与最接近的现有技术分别属于不同的对比文件。而无论是公知常识，还是对比文件，在结合启示判断中都需要考虑其解决的"技术问题"，不能仅考虑技术手段本身，这也是我们容易忽略的地方。

---

❶ 李渔. 李渔全集：第三卷［M］. 杭州：浙江古籍出版社，1992：6.

在创造性"三步法"第三步的"显而易见"判断中，通常需要两个条件，第一是在其他技术方案中找到"相同的技术手段"，第二是这个"相同的技术手段"在本发明的技术方案和其他技术方案中解决的技术问题或所起的作用相同（简称"作用相同"）。发明创造的还原过程为：当本领域技术人员站在最接近的现有技术这个发明创造的改进起点时，若其他现有技术中存在"作用相同"的"相同的技术手段"，使本领域技术人员有动机和启示去改进最接近的现有技术，从而获得本发明创造。

针对上述判断过程，有人提出："三步法"是一种正向的思维过程，它更多关注对比文件是否公开了区别特征以及作用是否相同，以确定是否可以结合，这种所谓的结合只是一种形式上的判断，即满足了区别特征公开和作用相同这样的形式要求。而在形式要求之外，其实还需要考虑一些问题来确定是否可以真正地结合，如现有技术是否存在改进的需求，现有技术之间能否结合、如何结合以及结合的结果是什么等实质问题的判断；只有同时满足形式和实质两方面的要求时，才能是真正的、有机的结合，而不是简单的技术特征的叠加，这样才能有效避免"事后诸葛亮"式的错误。❶还有人提出：设置专利制度的目的是鼓励发明创造，以正向重塑的观点探讨发明人的创新过程，并将其融入结合启示的判断中，对于客观评价发明的创造性至关重要。❷还有人认为，在创造性评判中，找到"技术问题"的"藤"后，所属领域技术人员需顺着"技术问题"这根"藤"去判断能否得到启示，有动机摸到发明保护技术方案的"瓜"，即判断所要保护的发明的"显而易见"性。

对应于创造性判断的"三步法"，美国采用的是"教导－启示－动机"准则，欧洲采用的是"问题－解决方案法"＋"could－would 方法"。这些准则和方法都是为了追求判断结果的客观性。"问题－解决方案法"或者"三步法"的理论逻辑都是以客观衡量发明的技术贡献为目标，将其思维退回到发明作出之前，以最接近的现有技术为起点，按照"技术问题－解决方案"的实际发明产生方式，重走创造之路，这种创造历程应当符合申请日之前的现有技术整体状况；如果现有技术整体上给出了解决最接近的现有技术所存在"客观技术问题"的建议，并且本领域技术人员根据该建议改进最接近现有技术时所获得的技术解决方案，恰好是发明要求保护的技术方案，则认为发明是显而易见的。❸尽管美国的"教导－启示－动机"判断方法与我国及欧洲的"问题－解决方案法"的判断方法有所区别，判断方法中缺少"技术问题"这一纽带，现阶段专利审查实践中，美国对专利创造性的把握尺度往往比我国和欧洲宽松，但是三者在专利创造性判断中聚焦的都是能否得到启示，将其他现有技术和/或公知常识与作为出发点的现有技术（最接近的现有技术）进行结合，从而得到发明的技术方案，中国、美国、欧洲对专利创造性的判断会有些许差异，但本质都是站在所属领域技术人员的角度上，以现有技术为出发点，尽可能地去重塑发明形成的过程，在重塑过程

---

❶ 曾德峰. 关于创造性结合启示的思考 ［C］. 2015 年专利代理学术研讨会，2015：107－115.

❷ 吴静. 创造性判断中结合启示的认定标准 ［J］. 专利代理，2020（1）：67.

❸ 郭丽娜. 论"三步法"的理论逻辑：以创造性判断的客观化和技术问题为视角 ［J］. 中国发明与专利，2016（11）：94－99.

中判断发明的形成是否需要所属领域技术人员付出创造性劳动。●

综上所述，笔者认为还原发明创造的形成过程，是创造性"三步法"中"第三步"对"显而易见"判断的重要方式。在还原发明创造的过程中也存在着一些难点和容易忽略的地方，其主要体现在以下几个方面。

第一，发明起点是否存在改进需求。当所属领域技术人员站在发明改进的起点——最接近的现有技术上时，该最接近的现有技术是否有为了解决实际解决的技术问题而向着接纳区别特征的方向进行改进的需求，也就是说本领域技术人员在看到最接近现有技术时，会面对很多条可以改进发明的方向和路径，而他是否会选择沿着发明实际解决的技术问题的方向去改进，为什么会选择这条改进的路径，这是我们在结合启示判断中需要判断但又比较容易忽略的点。

第二，"技术手段"不完全相同，"作用相同"。当其他现有技术公开的技术手段与本发明的技术手段不完全相同时，如何判断是否存在结合启示。从《专利审查指南2010》中针对"结合启示"判断给出的上述几种判断情况可以得出，判断是否存在"结合启示"需要两个条件，即"相同的技术手段"和"作用相同"，且两个条件缺一不可。然而，实际审查中往往没有那么完美，有时候会遇到技术手段只有部分相同或不完全相同，但又满足"作用相同"的情况。这种情况又该如何判断，是直接认定不存在"结合启示"，本发明不是显而易见的，还是需要怎样的判断过程来进一步判断是否存在"结合启示"，这也是一个难点。

第三，具备"相同的技术手段"，"作用"记载不同。当区别特征在其他现有技术中记载的作用与其在本申请中的作用不同时，又如何判断结合启示呢？这种情况是否可以直接认定不存在"结合启示"？判断过程中本领域技术人员需要发挥怎样的作用才能使结合启示的判断过程更加客观，也是审查的难点。

第四，"相反的教导"的考量。对于创造性评述，申请人常常会在意见陈述中以现有技术给出"相反的启示"或者"相反的教导"、存在"事后诸葛亮"问题为由，提出现有技术之间没有结合启示。面对这个问题，该如何从创造性"三步法"入手，结合发明改进的形成过程去分析是否存在上述问题，避免"事后诸葛亮"，也是需要重点关注的问题。

第五，"技术效果"的考量。在还原发明的过程中，本领域技术人员在经历了发明起点具备改进需求、也满足了"相同的技术手段"和"作用相同"的条件后，将"相同的技术手段"结合到作为发明起点的最接近的现有技术中，这样是否就可以还原出本发明的技术方案进而得出本发明的技术方案是显而易见的结论？结合后的技术方案能否达到预期的技术效果？是否需要达到发明声称的所有技术效果？是否能够带来预料不到的技术效果？这些也都是需要同时考虑的问题。

因此，为了解决上面提及的在还原发明创造过程中容易忽略且难以判断的五个问

● 肖晓丽. 中、美、欧专利创造性评判之比较思考［EB/OL］.（2018－03－29）［2023－03－15］. http：// www. lifanglaw. com/plus/view. php？aid＝1629.

题，下面围绕改进需求、对手段和作用的考虑、相反的教导以及对技术效果的考虑几个方面展开论述。

3.3.1 改进需求

改进需求，是在确定最接近的现有技术后，所属领域技术人员站在最接近的现有技术这个发明改进起点时需要作出的判断。对此，有人提出了"正向审查"的理念，即创造性评价应当努力还原发明创造时申请人的所思、所想，从发明的原点出发去甄别发明，即实质审查应当是从现有技术出发，朝向该发明的"正向审查"，并认为这种审查方式可以促使在判断现有技术是否存在结合启示时，从发明人开发此发明时的角度出发，客观看待作出发明过程中所遇到的困难和付出的努力，以正向看待发明是否存在断点，客观判断现有技术整体上是否存在技术启示，避免"事后诸葛亮"。❶ 还有人提出本领域技术人员在判断发明创造性时并不知道该发明的存在，他在了解到最接近的现有技术解决了本领域中的某种技术问题后，接下来会思考以下四个问题：①最接近的现有技术中的技术方案客观上还能否解决其他技术问题？②在解决其他技术问题的过程中是否客观上存在需要进一步改进的内容？③最接近的现有技术是否阻碍其向改进方向发展？④改进后的技术方案是否影响最接近现有技术解决其原来的技术问题？如果最接近的现有技术中的技术方案客观上解决了发明的技术问题，并且在解决本发明的技术问题时客观上存在着技术缺陷，为了克服该技术缺陷，改进最接近的现有技术不存在障碍，也没有影响其解决原来的技术问题，那么本领域技术人员是存在改进最接近现有技术的动机的。❷ 上面观点也是从最接近的现有技术——发明改进的起点出发的正向审查理念。同时，对于发明改进的起点，还有人提出，对于本领域技术人员来说，最接近发明构思的合适起点，应该是本领域技术人员有理由和动机去改进的现有技术，该理由和动机应该是最接近的现有技术中客观存在，并且是本领域技术人员能够容易意识的、需要解决的技术问题。该技术问题应当在最接近的现有技术中有记载，或者是本领域技术人员根据自身能力和水平容易意识到的客观存在的问题。❸

综上所述，作者认为，对于改进需求的考虑，是充分站位本领域技术人员对现有技术的客观、整体考量，如果现有技术中客观上不存在要解决的技术问题，或者这个技术问题已经在该现有技术中通过其他技术手段解决，那么对于本领域技术人员来说，就不适宜将其作为发明改进的起点——最接近的现有技术对本发明进行创造性评述，正如案例3-3-1所述。

---

❶ 宋伟峰，张一文. 浅析创造性结合启示判断中的正向审查 [J]. 专利代理，2016 (4)：83-85.
❷ 李玢. 专利创造性中改进最接近现有技术动机的判断 [J]. 科技创新与应用，2019 (21)：15-16.
❸ 白光清. 机械领域创造性判断及典型案例评析 [M]. 北京：知识产权出版社，2017：30-33.

【案例 3 - 3 - 1】

【案情介绍】

该案涉及一种抗风遮阳窗帘的实用新型专利。该专利说明书记载了在炎热的夏季，人们都会拉下窗帘以遮挡阳光，但是从打开的窗户吹进来的风又会将窗帘吹得来回摆动，这样不仅效果不好，而且来回摆动的窗帘还会发出噪声。为此，有人在窗帘上设置钢丝绳防动，但防风效果较差；还有人在窗帘底边等间距连接多根柱状配重物，在配重物底面加工挂钩，表面螺纹套有保护套，这种设置虽然能解决防风问题，但结构复杂，且只有在窗帘全部放下来的时候才能起到防风效果；还有人在窗帘的卷帘布两侧边加装尼龙拉链，但是由于卷帘布与尼龙拉链厚度不一样，在卷帘布卷绕时会移位（跑偏）；还有人为了解决跑偏的问题，在卷帘布左右两侧设置了对称的支架，并在支架上、下两端对应设置上、下卷辊，卷辊之间设置环形连接条，上端设置棘轮和环形棘轮拉链，这样虽然也能有效防风，但依然存在结构烦琐、操作麻烦、安装不便等问题。

针对上述问题，该专利提出了一种抗风遮阳窗帘（参见图 3 - 3 - 1），同样是一种收卷窗帘，中间是卷帘布 1，上部有一个位于窗罩 2 内部的卷管组件、设置在卷帘布 1 两侧边的边轨 4，卷管组件外卷绕卷帘布 1，卷管组件转动而带动卷帘布 1 展开或收卷。该专利为了防止卷帘布 1 被风吹起，发生晃动，在卷帘布 1 的两侧边沿各固定连接一裙边 1a，卷帘布 1 通过裙边 1a 横向缝纫固连于定位件珠链 7，珠链 7 的长度与卷帘布 1 的长度相同，这样当风吹向卷帘布 1 时，卷帘布 1 通过裙边 1a 被珠链 7 拉住，珠链 7 被置入边轨 4 的内腔，且随着卷帘布 1 的升降在边轨 4 轴向移动，珠链 7 的外径大于边轨 4 中两卡条 14 之间的间隙宽度，保证了珠链 7 不会从边轨 4

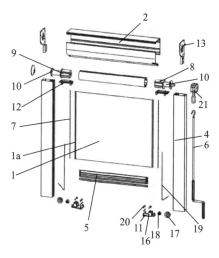

图 3 - 3 - 1　案例 3 - 3 - 1 涉案专利
“一种抗风遮阳窗帘”爆炸结构示意

内脱离出来，这样使得卷帘布 1 始终都是处于被拉直的状态，在放下和收卷过程中都不会轻易出现卷帘布 1 鼓起的现象。

同时，为了进一步解决窗帘卷绕时卷帘布 1 移位的问题，卷管组件中设置了卷管 3 和插固在卷管 3 两端的主动轮管塞 8 和被动轮管塞 9，在主动轮管塞 8 和被动轮管塞 9 外漏在卷管 3 外的部位上均开设有环形凹槽 10 且环形凹槽 10 外径小于卷管 3 管径。当卷帘布 1 卷绕至卷管 3 上时，卷帘布 1 两侧边分别卷绕位于相对应的环形凹槽 10 处。也就是说，当卷帘布 1 上升被卷管 3 卷起来时，珠链 7 也随着卷帘布 1 的上升而卷绕上去并位于相对应的环形凹槽 10 处。由于珠链 7 是缝纫固连在裙边 1a 上的，裙边 1a 卷绕上去叠加在一起时，使得珠链 7 卷绕上去后叠加所形成的厚度大于卷帘布 1 卷绕至卷管 3 上时所形成的厚度，因此，珠链 7 卷绕叠加的位置设置在环形凹槽 10 处。即当裙边 1a 卷绕至环形凹槽 10 时，裙边 1a 在珠链 7 自身重力作用下具有下坠趋势，由于环形凹槽 10 与卷管 3 外壁之间具有一高度差，该高度差弥补了珠链 7 卷绕时所形成的厚度与卷帘布 1 卷绕至卷管 3 上时所形成的厚度之间的厚度差，从而使得裙边 1a 厚度与卷帘布 1 的厚度相同并一直保持平整的状态。这种采取缩小裙边 1a 卷绕位置的管径的方式，使得卷帘布 1 整体整齐平整地卷在卷管 3 上，保证了卷帘布 1 在被卷管 3 卷起或从卷管 3 处被拉出时卷帘布 1 始终保持平整的状态，从而克服了现有防风窗帘卷绕时卷帘布 1 移位的问题。

授权公告的权利要求 1 如下：

> 1. 一种抗风遮阳窗帘，包括卷帘布、窗罩、卷管组件，所述的卷管组件转动式地装配于所述的窗罩之内，卷管组件外卷绕所述的卷帘布，卷管组件转动而带动卷帘布展开或收卷，所述窗罩的两端各向下固定连接一边轨，边轨朝向卷帘布一侧具有纵向开口，其特征在于，所述边轨内沿纵向装入有两对称设置的卡条且所述两卡条之间形成有面朝卷帘布一侧的空隙，空隙的上口与窗罩相连通；所述卷帘布的两侧边沿分别穿过同侧边轨的纵向开口及两卡条之间的空隙后伸入边轨内腔并横向固连于柔性定位件上，所述卷管组件上具有两对称设置的环形凹槽且当卷帘布卷绕至卷管上时卷帘布两侧边分别卷绕位于相对应的环形凹槽处，所述定位件外径大于两卡条之间的间隙宽度。

某第三方以该专利不具备创造性为由请求宣告所有权利要求无效，提交了证据 1—7。在无效宣告请求审查程序以下简称"无效宣告程序"中，专利权人对权利要求书进行了修改，在权利要求 1 中增加了"所述定位件为珠链"。经合议组审理，国家知识产权局专利复审委员会（以下简称"专利复审委员会"）❶ 作出第 28227 号无效宣告请求审查决定书，决定认为，修改后的权利要求 1 相对于证据 1、证据 4、证据 5 的结合不具备创造性，权利要求 2 相对于证据 1、证据 4、证据 5 及公知常识的结合不具备创造性，宣告该专利权利要求 1、权利要求 2 全部无效。专利权人对上述无效宣告决定不服，向北京知识产权法院提起行政诉讼。北京知识产权法院作出（2016）京 73 行初 2483 号行政判决书，认为权利要求 1—2 相对于证据 1、证据 4、证据 5 的结合具备创造性，撤销上述无效宣告请求审查决定书。专利复审委员会不服判决结果，向北京市高级人民法院提出上诉。北京市高级人民法院作出（2017）京行终 2218 号行政判决书，判决书中仍然认为权利要求 1—2 相对于上述证据具备创造性，驳回上诉，维持原判。

上述第三方针对该专利权再次向专利复审委员会提出无效宣告请求。合议组经审查认为，该专利权利要求 1 相对于证据 1、证据 5 与本领域公知常识的结合不具备创造性，并基于此作出第 36840 号无效宣告请求审查决定，宣告该专利权全部无效。专利

---

❶ "国家知识产权局专利复审委员会"已于 2019 年更名为"国家知识产权局专利局复审和无效审理部"。为了便于读者阅读，对于更名前的案例，本书仍使用旧称；对于更名后的案例，本书使用新称。

权人因不服上述无效宣告决定，再次向北京知识产权法院提起行政诉讼。经北京知识产权法院审理认为，该专利权利要求 1 相对于证据 1、证据 5 与本领域公知常识的结合具备创造性，并作出（2018）京 73 行初 11355 号一审行政判决书，撤销国家知识产权局专利复审委员会作出的第 36840 号无效宣告请求审查决定。

【案例评析】

从上述行政诉讼流程可看出，该案例历经两次无效宣告，且无效宣告决定均在后续法院诉讼阶段被撤销。什么原因使这个案例历经两次无效宣告，又是什么理由导致这个案例在法院诉讼阶段被宣告有效？下面具体介绍下该案涉及的几个关键证据。

证据 1 的发明名称为"一种窗帘抗风组件及其窗帘"。该证据在背景技术部分也提到了现有技术中使用的防风遮阳窗帘同样存在被风吹鼓起、有噪声、结构复杂、操作麻烦、安装不便、窗帘布卷绕时会移位跑偏等技术问题。针对该技术问题，证据 1 提出了一种防止窗帘被风从轨道内吹出、抗风性好的新型窗帘（参见图 3-3-2），其包括窗帘布 1、窗罩 5、安装在窗罩 5 内的卷管 6、设置在窗帘布 1 两侧边的边轨 7。为了使窗帘布始终都被拉直，不会出现窗帘布鼓起的现象，保证导向柱不会从轨道内脱离出来，在窗帘布 1 两侧的边轨 7 内安装轨道 2，轨道 2 内安装有导向柱 3，窗帘布 1 两侧边上设置有裙边 4，其中轨道 2 上的开口槽 21 横截面呈"凸"型，导向柱 3 的外径大于开口槽 21 开口处的口径，且裙边 4

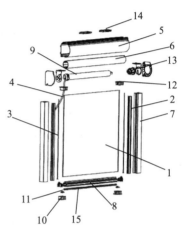

图 3-3-2　案例 3-3-1 证据 1
"一种窗帘抗风组件
及其窗帘"爆炸结构示意

套设在导向柱 3 上并可沿导向柱 3 上下移动。当风吹向窗帘布 1 时，窗帘布 1 通过裙边 4 被导向柱 3 拉住，使窗帘布 1 始终处于被拉直的状态，不会出现窗帘布 1 鼓起的现象，而且由于导向柱 3 的外径大于轨道 2 开口槽 21 开口处的口径，保证了导向柱 3 不会从轨道 2 内脱离出来。同时，在窗帘上部的卷管 6 内安装有电机 9，电机 9 连接有被动轮管塞 13，且被动轮管塞 13 与卷管 6 固连，通过电机 9 可以带动卷管 6 转动。同时，为了克服防风窗帘卷绕时窗帘布 1 移位跑偏的问题，将裙边 4 设置成在对折后依旧很薄，当窗帘布 1 上升被卷筒卷起来时，原本对折形成有周向封闭空间的裙边 4 被压平，使得裙边 4 厚度与窗帘布 1 的厚度相同并一直保持平整的状态，从而窗帘布 1 能整齐平整地卷在卷筒上，保证了窗帘布 1 在被卷筒卷起或从卷筒处被拉出时窗帘布 1 始终保持平整的状态，从而克服了其他防风窗帘卷绕时窗帘布 1 移位跑偏的问题。

证据 1 整体上跟该专利无论从解决的问题，还是采用的技术手段都是类似的，也是中间是卷帘布、上部有窗罩和收卷筒，卷帘布两侧也有导轨，其中针对卷帘布在卷绕过程中容易被风吹鼓起、影响遮阳且产生噪声的问题，也是通过将卷帘布两侧裙边设置到导轨中沿导轨上下移动来解决。但裙边与导轨的具体连接方式有所不同，证据 1 是在窗帘收卷的时候，裙边沿着固定在导轨中的导向柱上下滑动，引导窗帘收卷到卷帘筒上，该专利是在裙边 1a 的两侧边缝上珠链 7，通过将珠链 7 置入边轨 4 的内腔将卷帘布 1 从两侧拉住，且珠链 7 随着卷帘布 1 升降在边轨 4 内发生上下滑动，从而引导窗帘被收卷到卷帘筒上。因此，二者的主要区别在于，该专利的珠链 7 固定到裙边上随着卷帘布一起卷绕，证据 1 中的导向柱固定在导轨中，只有裙边通过沿着导向柱上下滑动来随着卷帘布一起卷绕。同时，二者都解决了窗帘在卷绕时容易移位跑偏的问题，但是解决该问题具体采用的技术手段有所差别。证据 1 采用的是将裙边设置的足够薄，当窗帘布 1 上升并被卷筒卷起来时裙边 4 被压平，裙边 4 厚度与窗帘布 1 的厚度相同并一直保持平整状态。而该专利是通过在卷管 3 两端的主动轮管塞 8 和被动轮管塞 9 上开设环形凹槽 10，当窗帘布 1 上升被卷管 3 卷起来时，珠链 7 随着卷帘布 1 上升卷绕到相对应的环形凹槽 10 处，由于环形凹槽 10 与卷管 3 外壁之间具有一高度差，该高度差弥补了珠链 7 卷绕时所形成的厚度与卷帘布 1 卷绕至卷管 3 上时所形成的厚度之间的厚度差，从而使得裙边 1a 厚度与卷帘布 1 的厚度相同并一直保持平整的状态。也就是说，二者的主要区别在于环形凹槽的设置。

因此，该专利和证据 1 的区别主要在于：①该专利在边轨的纵向开口两侧对称设置两卡条，而证据 1 中在轨道 2 纵向开口的两侧没设置卡条；②该专利卷帘布两侧边上横向固连于柔性定位件（珠链），而证据 1 采用在窗帘布 1 两侧边上固连裙边 4，裙边 4 套设在导向柱上；③该专利所述卷管组件上具有两对称设置的环形凹槽，而证据 1 中卷管 6 上没有设置环形凹槽。因此，相对于证据 1，该专利实际解决的技术问题是如何解决防窗帘鼓起和防卷绕跑偏的技术问题。

证据 5 的发明名称为"一种窗帘抗风组件及其窗帘"。该证据 5 在背景技术部分也提到了有些卷帘为了获得比较好的防风性能，在卷帘面料的两侧装有拉链或面料扣。然而现有卷管头尾塞的结构都过于简单，前述这种卷帘面料在收卷时卷帘面料在卷管上分布不平整，容易发生偏移。为了解决容易偏移的问题，在位于面料卷管 5 两端的头塞 1 和尾塞 2 上均制有用于控制卷帘面料在收卷过程中走位的面料槽 3（在卷帘面料收卷时，卷帘面料两侧的拉链或面料扣刚好伸入所述面料槽中，以控制卷帘面料在收卷时的走位，避免了卷帘面料在收卷过程中发生偏移，具体如图 3-3-3 所示。

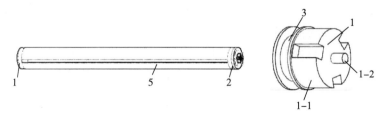

图 3-3-3　案例 3-3-1 证据 5 "一种窗帘抗风组件及其窗帘"卷管及头塞立体图

相对于上述证据 1 和证据 5，第 36840 号无效宣告请求审查决定中认为，权利要求 1 相对于证据 1、证据 5 和公知常识的结合不具备创造性。北京知识产权法院（2018）京 73 行初 11355 号行政判决书中认为，权利要求 1 相对于证据 1、证据 5 和公知常识的结合具备创造性。同样的事实、同样的证据，为什么得出来的结论却截然相反呢？以下进行具体分析。

第 36840 号无效宣告请求审查决定中认为，根据该专利说明书第 0005 段、第 0006 段、第 0029 段的记载及图 2 所示，卷管组件包括卷管 3 和插固在卷管两端的主动轮管塞 8 及被动轮管塞 9，在主动轮管塞 8 和被动轮管塞 9 外露在卷管 3 外的部位上设有环形凹槽 10，所述凹槽外径小于卷管管径，卷帘布宽度大于卷管 3 长度。当卷帘布 1 上升并被卷管 3 卷起来时，定位件 7 也随着卷帘布 1 的上升而卷绕上去并位于相对应的环形凹槽 10 处，使得卷帘布 1 整体整齐平整的卷在卷管 3 上。而证据 5 公开了一种遮阳卷帘卷管传动头尾塞，参见说明书及附图可知，所述头塞 1 和尾塞 2 分别安装在面料卷管 5 的两端。头塞 1 和尾塞 2 上均制有用于控制卷帘面料在收卷过程中走位的面料槽 3，即在卷帘面料收卷时，卷帘面料两侧的拉链或面料扣刚好伸入至所述面料槽 3 中，以控制卷帘面料在收卷时的走位，避免了卷帘面料在收卷过程中发生偏移。因此，证据 5 中头塞 1 和尾塞 2 上设置的面料槽 3 与该专利主动轮管塞和被动轮管塞上的环形凹槽，两者设置的目的相同，结构相同，功能作用也相同。因此，本专利权利要求 1 相对于证据 1、证据 5 与本领域公知常识的结合不具有创造性，不符合《专利法》第 22 条第 3 款的规定。

针对上述第 36840 号无效宣告请求审查决定，北京知识产权法院（2018）京 73 行初 11355 号行政判决书认为，证据 1 中的窗帘布 1 的侧面通过热合和缝纫的方式连接有裙边 4，裙边 4 套设在安装于轨道内的导向柱 3 上，裙边沿导向柱滑动，而导向柱并不收卷，故不会产生偏移的技术问题，即证据 1 并不存在在卷管 6 两端设置环形凹槽来容纳拉链或面料扣用以防止卷帘收卷偏移的需求，即虽然证据 2 和证据 3 公开了面料扣、软条的构件，证据 5 公开了凹槽的结构，但是证据 1 本身不存在改进的需求，本领域技术人员并不存在将证据 1 与上述其他现有技术结合的改进动机，并且将上述证据进行简单叠加也无法获得该专利的技术方案。

从上述两种观点可看出，导致结论截然相反的原因主要在于是否存在将证据 5 结合到证据 1 中的结合启示。第 36840 号无效宣告请求审查决定中认为，证据 5 中的头塞 1 和尾塞 2 上设置的面料槽 3 与该专利主动轮管塞和被动轮管塞上的环形凹槽，二者设置的目的均为防止窗帘布在卷绕时发生跑偏，结构均采用了设置环形凹槽，功能作用也都是实现窗帘卷绕平整避免跑偏，因此本领域技术人员能够从证据 5 中得到启示，将证据 5 中设置在头塞 1 和尾塞 2 中上的环形凹槽运用到证据 1 中，从而得到该专利的技术方案。可以看出，上述对于结合启示判断的分析已经满足了"相同的技术手段""作用相同"两个条件，从表面上看，按照之前对于第三步结合启示判断的条件的分析，应该是可以认定是存在结合启示的。而北京知识产权法院（2018）京 73 行初 11355 号行政判决书认为，证据 1 中的窗帘布 1 两侧边固定连接的裙边 4 是套设在安装于轨道内的导向柱 3 上，裙边沿导向柱滑动，而导向柱并不收卷，且记载了裙边设置得很薄，能够在收卷中保持平整，不会产生偏移的问题，即证据 1 并不存在在卷管 6 两端设置环形凹槽来容纳拉链或面料扣用以防止卷帘收卷偏移的需求，因此认定在证据1不存在结合证据5中的环形凹槽的改进需求的情况下，本领域技术人员是没有动机去寻找证据5的，本领域技术人员在以证据1作为发明创造形成过程的改进起点时，面对多条改进方向，是没有需求选择向解决跑偏问题的证据5的方向去改进的，因此，本领域技术人员也就不存在将证据5结合到证据1的结合启示。

通过上述分析，笔者认为，在判断技术启示时，首先需要考虑的是最接近现有技术的整体方案是否客观存在与本发明解决的技术问题一致的技术缺陷，是否存在向接纳该区别特征的方向进行改进的需求。如果这种改进需求不存在，就没有结合动机。具体到案例3-3-1，在判断技术启示时，首先需要考虑对比文件1的整体技术方案是否客观存在卷帘收卷时容易出现偏移的技术问题，是否存在需要在卷轴两端增设环形凹槽的改进需求。如果对比文件1已经解决了卷帘在收卷时发生偏移的问题，且已经通过其他技术手段使得卷帘在收卷时不会再发生偏移，那就没有在卷轴的两端增设环形凹槽的动机了。

3.3.2　手段的考虑

以上是在还原发明创造形成过程中，本领域技术人员从最接近的现有技术出发进行改进的第一步，其中阐述了如何从发明改进起点出发判断其是否存在改进需求。其后，需要判断另一现有技术是否公开了区别特征，且该区别特征在该现有技术中所起的作用与其在本发明中所起的作用是否相同，即满足"相同的技术手段"和"作用相同"两个条件。其中，对于"作用相同"，可以认为它起到了灯塔般的指引作用，指引本领域技术人员寻找解决该技术问题的技术方案;[1] 也可以认为它相当于桥梁，本领域技术人员沿着该桥梁可以找到该现有技术中公开的"相同的技术手段"，然后将其结合到最接近的现有技术中，即完成了发明创造的整个过程。然而在具体审查实践中，遇到的情况却是千差万别，有时结合的现有技术中公开的技术手段与区别特征不完全相同，但该技术手段在结合的现有技术中所起的作用与其在本发明中所起的作用相同，即本领域技术人员沿着这个"作用相同"桥梁找到的结合的现有技术公开的技术手段与本发明中对应的技术手段并不完全相同。此时能否将这个不完全相同的技术手段拿过来用，是直接认定不存在"结合启示"无法结合，还是需要怎样的分析过程来进一步分析判断？对此疑问，有人在结合启示的认定考量中提出了"特征不同、作用相同"的情况，并认为虽然对比文件2有动机去做，但不能直接得到与本发明相同的技术方案，这种情况在创造性审查中需要适当关注。[2] 还有人提出，创造性判断应该回到基本规则上，判断技术方案整体上相对于本领域技术人员是否显而易见，区别特征的认定只是为了更客观地认定是否显而易见。区别特征未被公开，包括有隐含的技术启示的情形，也有确实不存在技术启示的情形，因此还应当具体考察到底是哪一种情况。同

---

[1] 刘晓军. 专利创造性评判中的技术启示 [J]. 知识产权，2012（5）：42-47.
[2] 薛杰. 浅析创造性结合启示的认定考量 [J]. 专利代理，2019（3）：55-58.

时，美国法院在判例中也明确表示，教导、启示和动机规则是灵活的，并不需要结合现有技术的明显技术启示，认定显而易见并不需要"技术启示一定要明确地、书面地体现在对比文件中"。❶

综上所述，笔者认为，判断现有技术中是否公开了区别特征，并不仅仅包括其中明确记载的部分，还包括本领域技术人员从现有技术明确记载的内容中可以直接地、毫无疑义地确定的部分或隐含公开的部分。同时，即使现有技术没有公开区别特征，也要从该现有技术整体公开的技术方案出发，一方面站位本领域技术人员基于现有技术公开的特征判断其给出的具体启示和教导，判断在此启示和教导下本领域技术人员是否容易想到将现有技术中为解决相同的技术问题公开的技术手段改进为区别特征；如果这个改进是容易想到的，则认为能够将其结合到最接近的现有技术中，本申请不具备创造性。

【案例 3 - 3 - 2】 一种多功能氨基酸肥料

【案情介绍】

该案涉及一种多功能氨基酸肥料的发明专利申请，属于植物种植领域。如何防治病虫害是植物种植领域需要重点关注的问题，然而由于大多杀虫剂都是化学物质，会对土壤造成一定污染。该申请为了避免化学杀虫剂污染土壤，在肥料中添加的是一种植物杀虫剂——印楝叶提取物，由于该植物杀虫剂不属于化学物质，从而避免了对土壤的污染。

涉及的权利要求 1 如下：

一种具有杀虫效果的氨基酸肥料，其组分按质量份配比为：鸭粪 12—14 份，纤维素酶 100—120 份，蛋白酶 1 份，果胶酶 1 份，硝酸铵 5 份，碳酸钙 1 份，硝酸钾 1 份，印楝叶提取物 15—25 份。

对比文件 1 公开了一种复合肥料，同样属于植物种植领域。该复合肥料的组分按质量份配比为：鸭粪 12—14 份，纤维素酶 100—120 份，蛋白酶 1 份，果胶酶 1 份，硝酸铵 5 份，碳酸钙 1 份，硝酸钾 1 份。由此可知，对比文件 1 作为与该申请最接近的现有技术，与权利要求 1 的区别在于：该申请中还添加了印楝叶提取物，以及添加的具体份数。因此，权利要求 1 相对于对比文件 1 实际解决的技术问题是如何使肥料能够起到杀虫作用。

对比文件 2 公开了一种植物源杀虫剂，其中的主要成分就是印楝叶，同样也是用到肥料中起杀虫作用。即对比文件 2 公开的技术手段与该申请不完全相同，对比文件 2 公开的是印楝叶，而该申请采用的是印楝叶提取物，但作用是相同的，都是用于添加到肥料中起杀虫作用。

---

❶　石必胜. 专利创造性判断比较研究 ［D］. 北京：中国政法大学，2011.

【案例评析】

对比文件 2 中的印楝叶和该申请中的印楝叶提取物是不同的物质，一个是植物本身，另一个是植物的提取物，但无论是印楝叶还是印楝叶提取物，它们在各自的技术方案中都是起杀虫作用，且均利用的是其中含有的有效成分——印楝素，且该印楝素起杀虫作用不会因为它的形态是印楝叶还是印楝叶提取物而发生变化。因此，虽然对比文件 2 公开的是印楝叶，但是对于本领域技术人员来说，印楝叶和印楝叶提取物都是印楝素常见的表现形式。以植物为原料，根据需要提取最终产品，以浓集植物中有效成分也是本领域常见的植物提取方法。因此，本领域技术人员在看到对比文件 2 中利用印楝叶杀虫的技术手段时，基于本领域公知的植物提取方法，也能想到把印楝叶改造成印楝叶提取物，同样起到杀虫作用，达到预期的杀虫效果。因此，权利要求 1 相对于对比文件 1 与对比文件 2 以及本领域的公知常识的结合不具备创造性。

通过上述分析可以看出，当遇到现有技术中公开的技术手段与区别特征不完全相同，但该技术手段在结合的现有技术中所起的作用与其在本发明中所起的作用相同时，不要盲目地认定二者不存在"结合启示"，而应该站位本领域技术人员，分析使得二者作用相同的本质特征，再分析二者手段不同的本质差异，以及面对这种差异本领域技术人员是否能通过本领域公知的技术或者原理实现变型转换。如果能够借助本领域公知的技术或原理将不同的技术手段变型转换为相同的手段，则认为二者之间是存在"结合启示"的。

从中可以看出，本领域技术人员的站位高度是统一创造性高度、统一审查标准，避免审查员个人主观因素影响的重要因素。其在判断过程中，能够具备的能力受到了时间、领域和知识范围的限制，其中，时间方面只能包括申请日或者优先权日之前的知识；领域方面只能包括发明所属技术领域，如果所要解决的技术问题能够促使本领域技术人员在其他相关技术领域寻找技术手段，其知识领域也可以扩展到该其他相关技术领域；知识范围只能包括领域内的普通技术知识、所有现有技术和常规实验手段，同时还限制了其不能具有创造能力。也就是说，如果突破了上述时间、领域和知识范围的限制，得出的结论就可能会突破审查标准，导致本具备创造性的专利申请被认为不具备创造性；如果没有达到上述的范围，得出的结论就可能会达不到审查标准，导致本不具备创造性的专利申请被认为具备创造性。比如案例 3 - 3 - 2，如果本领域技术人员不知道印楝叶和印楝叶提取物都是印楝素常见的表现形式，不知道以植物为原料，根据需要提取最终产品，以浓集植物中有效成分是本领域常见的植物提取方法，就不具备将印楝叶转化为印楝叶提取物的动机和能力，就会得出涉案申请相对于对比文件 1 和对比文件 2 以及本领域公知常识的结合不是显而易见的，具备创造性。

综上所述，笔者认为，当现有技术中披露了不同于发明区别特征的技术手段，其与发明的区别特征具有相同或类似的作用，本领域技术人员能够通过公知的变化或利用公知的原理对该技术手段进行改型，将其应用于最接近的现有技术中获得发明，且可以预期其效果，则认为这种情况可以评述本发明不具备创造性。

3.3.3 作用的考虑

具体审查实践中也会遇到技术手段大致相同或相似，但在各自的技术方案中所起的作用却不同的情况。这种情况是否能直接认定不存在"结合启示"？作为判断主体的本领域技术人员是否可以直接依据现有技术中的记载作出判断？回到发明创造的改进过程，当本领域技术人员站在"作用相同"这个桥梁的一头看到桥梁另一头的现有技术采用了相同的技术手段时，能否有动机和启示跨过这个桥梁呢？对于上述疑问，也有人提出了自己的观点。有人认为，"所起的作用"不仅包括明示的作用，还应当包括客观起到的作用。客观起到的作用判断应当从现有技术中整体把握，至少现有技术中有证据证明这种作用的存在，即本领域技术人员根据其知晓的普通技术知识以及能够获知的现有技术，能够得知该客观作用的存在，且某一技术特征客观起到的作用之间不能是矛盾的。❶ 也有人提出，对于技术手段的作用判断往往不是能够唯一、简单确定的，基于该技术手段在技术方案中的记载方式和本领域技术人员的认知，可以分为不同的层次，包括作用的方式、作用的机理和实现的效果等。认定作用时，特征"作用"的层次应该和特征层次相对等，即在遵循整体原则的前提下，准确理解区别特征在权利要求的技术方案中的真实而直接的作用机理，不应将作用进行上升和抽象，在此基础上，是否存在技术启示的判断才会更加客观。也就是说，在判断作用是否相同时，需从本领域技术人员的角度出发，全面、综合、客观、准确分析该区别特征是否解决了另外的技术问题并判断该技术问题是否是本领域公认的或普遍需求的；如果能够确定在对比文件中同样需要该区别特征解决上述问题，则可认为存在结合的技术启示。❷同时，还有人提出，"特征作用"的不同角度、不同层次可以理解为对比文件中明确记载的作用、客观具有的作用，由本领域技术人员判断其实际能够起到的作用、区别特征本身通常意义上的作用、区别特征在技术方案整体中所起的作用。且在确定区别特征的作用时，还要考虑层次问题：如果在确定作用时进行"上位概括"，会使很多不同的作用被抽象成相同的作用，对申请人不公；也不能将具体实施例的方案代入作用中，这样会损害公众利益。❸ 可见，作用判断会直接影响到创造性评判的高度，关乎申请人和公众之间的利益平衡。

综上所述，判断本领域技术人员站在"作用相同"这个桥梁的一头能否有动机和启示跨过这个桥梁去采用另一头的现有技术中的技术手段，需要客观站位本领域技术人员去综合考量。考量时，不仅需要考虑明确记载的作用，也要考虑本领域技术人员根据本领域普通技术知识从不同层次和不同角度出发能够获知的该区别特征在技术方案中客观起到的作用。同时，在认定作用是否相同时，还要从作用的方式、作用的机

---

❶ 兰霞，张文祎. 专利申请创造性审查过程中技术启示的判断：区别特征"所起的作用"认定［EB/OL］. (2016 – 04 – 22)［2023 – 03 – 16］. https：//www.docin.com/p – 1544086426. html.

❷ 何之贤，李杰. 浅谈结合启示判断中特征及其作用的层次考量［J］. 科技与创新，2019（11）：92 – 93.

❸ 王萌. 浅谈创造性评价中技术特征的作用对技术启示的影响［J］. 科学与信息化，2019（29）：186.

理和实现的效果等不同层次，以及对比文件中明确记载的作用、本领域技术人员判断其能够客观实际起到的作用、区别特征本身固有性质能够带来的作用这些角度出发，判断区别特征在对比文件的技术方案整体中是否能够起到与其在本申请中所起的作用相同的作用。例如，某材质具有特性 A 和 B，本申请保护的技术方案中包括了该材质，其作用在于发挥特性 A 的作用。对比文件中公开了该材质，但其记载的作用是发挥特性 B 的作用。此时，对于该材质来说，其虽然在对比文件中记载的作用与其在本申请中的作用不同，但仍然需要客观判断该材质在对比文件中的特性 A 是否能发挥出作用。因此，一个特征的本质固有属性或者公知作用是在作用判断中需要重点关注的，然而在关注的同时，也要注意在作用判断时要将特征放到对比文件的技术方案中整体考量，判断该特征所在的技术方案是否为其提供了能够发挥出其固有属性和公知作用的环境，此环境包括了特征的位置、作用的方式、发挥作用的机理等。如果不具备环境，则不能仅因为该特征具备相应固有属性，就直接判断能够起到该固有属性对应的作用。

总体来说，笔者认为，对于作用的判断，需要客观站位本领域技术人员从对比文件中明确记载的作用、本领域技术人员判断其能够客观实际起到的作用、区别特征本身固有性质能够带来的作用等不同角度出发进行分析，在分析时也不能仅仅停留在作用本身，还要在作用方式、作用机理和实现效果等不同层次进行深入分析，判断区别特征在对比文件的技术方案整体中是否能够起到与其在本申请中所起的作用相同的作用。对于本领域技术人员来说，存在于最接近的现有技术这个发明改进起点和需要结合的现有技术之间的"作用相同"这个桥梁并非单层、单行道，而需要去综合考量，考量因素不仅包括对比文件中明确记载的作用，还包括区别特征本身固有特性带来的固有作用，以及在对比文件中能够客观起到的所有作用；同时，不仅包括对比文件中记载的作用本身，还包括与作用相关的作用方式、作用机理和实现效果；如果本领域技术人员通过整体考量能够得出"作用相同"的结论，就可以跨过这个桥梁去采用对比文件中的技术手段。

【案例 3-3-3】 一种用于制备饮品的仓体

【案情介绍】

该案涉及一种用于制备饮品的仓体的发明专利申请（参见图 3-3-4）。该申请提及目前有很多类型的咖啡制备仓体（即咖啡胶囊），仓体内装入诸如咖啡颗粒等特定粉末，实践中，通常会在仓体的底壁设置过滤原件，过滤原件上设置多个小的圆形通孔，热水在咖啡机中被加压注入仓体内，与仓体内的咖啡颗粒混合形成咖啡饮品后经过底部的过滤元件，从圆形通孔流出。但现有过滤元件中的圆形通孔易于堵塞。涉案申请为了解决上述过滤元件上的圆形通孔容易被咖啡粉末堵塞的问题，将过滤元件上设置一些用于阻挡大颗粒流出的孔，将孔的形状设置为长条形。这也是该申请的发明点。由于槽的宽度小于绝大多数咖啡颗粒，槽的长度大于绝大多数的咖啡颗粒，在槽和颗粒之间留下空隙，具有不把通孔完全堵死的技术效果。

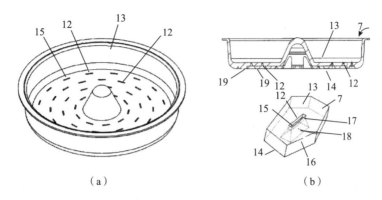

（a）　　　　　　　　　　　　　　　　（b）

图 3 - 3 - 4　案例 3 - 3 - 3 涉案申请"一种用于制备饮品的仓体"结构示意

涉案申请权利要求 1 如下：

> 一种通过向其中注入液体并使加压的液体流过容纳于制作在仓体内的墙体中的粉末状物质来用于制备饮品的仓体，所述仓体（1）包括：……，至少一个过滤元件（7）……，过滤元件（7）上有多个通孔（12）……，其特征在于，通孔（12）具有入口部段（15），且每个入口部段（15）的长度大于入口部段（15）的宽度。

该申请在发明实质审查阶段被驳回。驳回决定中认为，该申请所有权利要求相对于对比文件 1、对比文件 2 和本领域公知常识的结合不具备创造性。申请人因对上述驳回决定不服向专利复审委员会提出复审请求，并在复审维持驳回后向北京市第一中级人民法院提起上诉。北京市第一中级人民法院经审理认为，该申请所有权利要求不具备创造性，因此判决维持专利复审委员会作出的被诉决定。因不服上述一审判决，申请人继续向北京市高级人民法院提起上诉，请求撤销原审判决及被诉决定。北京市高级人民法院经审理认为，该申请所有权利要求不符合《专利法》第 22 条第 3 款的规定，因此判决驳回上诉，维持原判。因不服上述二审判决，申请人向最高人民法院申请再审。最高人民法院经审理认为该申请所有权利要求不具备创造性，因此驳回了申请人的再审申请。

从上述审查程序可看出，该案历经行政驳回、复审，司法一审、二审和再审，且在整个过程中均涉及的是相同的证据。为什么一个案例历经了这么多次审查、审判，双方的争议点到底在哪？下面具体介绍涉及的两篇对比文件。

对比文件 1 即为该申请的背景技术，其中的咖啡机仓体在加压环境下使用，且仓体的底部设置有过滤元件，过滤元件上设置圆形通孔（参见图 3 - 3 - 5）。

对比文件 2 也是一种制备饮品的容器（参见图 3 - 3 - 6），其中上面的容器可用于盛放咖啡颗粒或者茶叶等，其底部设置一过滤元件 14。具体使用时，从顶部靠自然重力向上面的容器内注入水，冲开容器内的咖啡颗粒或茶叶，待水和上面容器中盛放的咖啡颗粒或者茶叶混合后，经中间的过滤元件 14 流入下面的容器，在下面的容器中形成可以饮用的饮品，且从图 3 - 3 - 6 中可看出，过滤元件上的通孔是长条形的槽型通孔，并非圆形通孔。同时，说明书中还明确记载了上述通孔的作用是用于打破自然重力下液体表面张力，提升毛细作用。

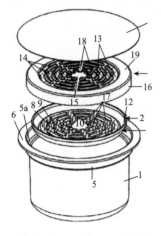

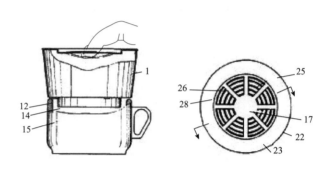

图 3 - 3 - 5　案例 3 - 3 - 3　　　　　　　　　图 3 - 3 - 6　案例 3 - 3 - 3
对比文件 1 "咖啡机仓体"　　　　　　对比文件 2 "一种制备饮品的容器"结构示意
结构示意

基于上述证据，驳回决定认为，对比文件 1 作为该申请最接近的现有技术，其与权利要求 1 的主要区别特征是"通孔（12）具有入口部段（15），且每个入口部段（15）的长度大于入口部段（15）的宽度"，即对长条形通孔结构的具体限定。基于此，该申请实际解决的技术问题是如何避免通孔堵塞。对比文件 2 中公开了一个长条形槽型通孔，且其在对比文件 2 中也客观上起到了避免通孔堵塞的作用，因此，本领域技术人员有动机将对比文件 2 中的长条形槽型通孔运用到对比文件 1 中，以得到该申请权利要求 1 请求保护的技术方案。因此，权利要求 1 相对于对比文件 1 和对比文件 2 的结合不具备创造性。

对于上述认定，申请人和法院双方的主要观点如下。

申请人认为，该申请权利要求 1 在使用条件、要解决的技术问题以及获得的技术效果方面与对比文件 2 均有不同，该申请是在高压沸水压力下解决咖啡可能被压入通孔导致过滤器堵塞的问题，对比文件 2 是通过重力制备咖啡，不会面对过滤器阻塞的问题。因此，本领域技术人员没有动机将对比文件 2 结合到对比文件 1 中，该申请具备创造性。

法院认为，虽然对比文件 2 明确记载的使用条件及解决的技术问题与该申请略有不同，即该申请通过加压水制备咖啡，由于高压沸水的存在会产生咖啡可能被压入通孔而导致堵塞的技术问题，对比文件 2 中的过滤元件的使用条件是重力提取饮品，所记载的要解决的技术问题是减少阻力，打破液体的表面张力、提高毛细作用，不存在加压致使粉末颗粒被压入通孔的现象，但这并不妨碍在实际使用中仍会有部分颗粒在重力作用下会被挤压到通孔中，也并不妨碍对比文件 2 中的长条形槽型通孔同时还具有能够防止阻塞的技术效果，这是长条形槽型通孔本身所具有的性质，不以其使用条件不同而发生改变。因此，对比文件 2 在客观上会面临通孔堵塞的问题，采用具有长条形槽型通孔的过滤元件的技术手段在客观上解决了与该申请相同的技术问题。因此，在对比文件 2 同样采用长条形槽型通孔解决堵塞问题的情况下，本领域技术人员从对比文件 2 中能够获得解决相同技术问题，即防止堵塞的启示。因此，本领域技术人员在面对对比文件 1 的技术缺陷，从其他现有技术中寻找解决方案时，对比文件 2 的该技术特征提供了这样一种显而易见的启示，使得本领域技术人员有动机将该技术特征用于改进对比文件 1，从而获得权利要求 1 的技术方案。

【案例评析】

从上述两种观点可以看出，对比文件作为现有技术的载体，在认定其公开的内容时，不仅需要考虑其在权利要求书和说明书中文字明确记载的内容，还需要考虑本领域技术人员根据权利要求书、说明书及附图能够直接地、毫无疑义地确定的内容。同时，在考虑的过程中，要充分站位本领域技术人员。本领域技术人员是创造性判断的主体，现有技术能否带来技术启示，既要考虑对比文件明确记载的内容，也要关注本领域技术人员在看到对比文件后能够从中直接地、毫无疑义地确定的内容。如果后者能够促使本领域技术人员得到解决技术问题的启示，则该申请同样不具备创造性。

具体到该案，虽然对比文件 2 采用的通孔形状与该申请相同，但是依据说明书的记载，二者的作用是不同的。对比文件 2 是在重力提取下用于降低液体阻力，该申请是避免高压水提取下的水流堵塞。此时不要盲目认定没有结合启示，需要充分站位本领域技术人员，客观审视对应特征在现有技术中能否客观起到与其在该申请中所起作用相同的作用。作为创造性判断主体的本领域技术人员，在看到对比文件 2 中公开的长条形槽型通孔时，不仅需要考虑对比文件 2 中明确记载的该通孔能够起到在重力提取下降低液体阻力的作用，还需要考虑结合本领域技术人员的固有知识能够从中直接地、毫无疑义地确定的内容，比如长条形槽型通孔的结构特点使其本身具有避免颗粒堵塞的固有属性，这个固有属性是本领域技术人员可以预期和确认的。基于此，本领域技术人员在看到对比文件 2 中使用的长条形槽型通孔时，虽然其中记载的是在重力提取下用于降低液体阻力，但本领域技术人员结合上述长条形槽型通孔所具备的避免颗粒堵塞的固有属性可以直接地、毫无疑义地确定出其同样也会有一些颗粒被重力压入孔中易引起水流堵塞，在这个情况下，其中的长条形槽型通孔结构在对比文件 2 中也能在客观上起到避免被咖啡或茶叶堵塞的作用，这并未超出本领域技术人员的认识范畴。因此，长条形槽型通孔在对比文件 2 的技术方案中客观起到了避免水流堵塞的作用，且这一作用能够被本领域技术人员所预期和确认，给出了结合启示。

通过上述分析中可以看出，当现有技术针对区别特征记载的作用与其在该申请中的作用不同时，可以先从作用的方式和机理角度出发分析该申请和对比文件 2 中长条形槽型通孔。通过分析发现，该申请中使长条形槽型通孔起到避免堵塞作用的本质是由孔的长条形形状特征促使的。而对于对比文件 2 中采用了长条形槽型通孔的技术方案，其中使长条形槽型通孔起到降低液体阻力的作用方式和机理本质上也是由孔的长条形形状特征促使的。同时，对于本领域技术人员来说，避免液体生成表面张力、避免颗粒堵塞属于长条形槽型通孔本身的固有属性。通过将长条形槽型通孔放入对比文件2的整体技术方案中发现，其在降低液体表面张力的同时也客观地起到了避免堵塞的作用，且对于该申请和对比文件来说，无论液体注入时是在高压环境下，还是重力环境下都不会对长条形槽型通孔的作用方式和机理产生本质影响，都可以其固有属性发挥出其避免颗粒堵塞的本质属性作用。

综上所述，笔者认为，本领域技术人员是创造性判断的主体，对于现有技术是否存在技术启示需要综合考量，既要考虑对比文件明确记载的区别特征的作用，也要考虑本领域技术人员根据对比文件可以预期或确认的区别特征在客观上具有的作用或效果。对于具体分析过程，可以从作用的不同层次、角度分析本申请和对比文件中的作用方式和机理，再分析产生本质作用的特性是否属于特征的本质属性，且该本质属性是否在所处的技术方案中得以发挥出来；如果能够发挥出来，就可以认定其能够在技术方案客观起到相应的作用。

上面借助案例3-3-3对如何从不同层次、多个角度客观判断区别特征在现有技术中的作用的分析过程进行了阐述。通过分析可以发现，虽然区别特征在其他的现有技术中记载的作用与其在本发明中的作用不相同，但本领域技术人员通过对区别特征从固有属性和作用机理角度综合考量发现，该区别特征在其他现有技术中还是能够客观起到与其在本发明中所起作用相同的作用。基于此，或许有人会说，对于一个特征尤其是材料特征，其固有属性都是客观存在的，且在大致相同的技术手段下所起的作用也大致相同，从这个角度分析是不是大部分情况下，只要满足特征相同，都能借助多层次、多角度分析出来作用也相同呢？通过这种综合考量会不会导致"作用相同"这个条件约束相对弱化，现有技术更容易结合了呢？针对这个疑问，具体先看下面的案例3-3-4。

【案例3-3-4】一种基于硫酸钙的产品

【案情介绍】

该案涉及一种基于硫酸钙的产品的发明专利申请。涉案申请提及的"基于硫酸钙的产品"在日常生活中比较常见，比如家庭装修中常用到的石膏板。当石膏板暴露于高温时，其中包含的结晶水被驱出，产生硫酸钙的硬石膏，可以起到一定的降低传热作用；但是随着温度的继续增高，硬石膏发生相变导致石膏板发生收缩，尺寸稳定性发生损失。为此，该申请提出了一种基于硫酸钙的产品，其包含石膏和抗收缩添加剂，其中所述抗收缩添加剂是三聚氰胺聚磷酸盐或三聚氰胺焦磷酸盐。通过在石膏中增加三聚氰胺聚磷酸盐或三聚氰胺焦磷酸盐，石膏暴露在高温时能够减少其收缩，且由于其具有一定吸热作用，可以使石膏板抵抗源于相变的收缩。

涉案权利要求1内容如下：

一种基于硫酸钙的产品，是通过干燥水性浆料形成的，所述水性浆料包括水、煅烧的石膏和抗收缩添加剂，其中所述抗收缩添加剂是三聚氰胺聚磷酸盐或三聚氰胺焦磷酸盐。

　　该申请在发明实质审查阶段被驳回。驳回决定中认为，该申请所有权利要求相对于对比文件 1、对比文件 2 和对比文件 3 的结合不具备创造性。申请人因对上述驳回决定不服向专利复审委员会提出复审请求。合议组经审查认为，所有权利要求相对于现有技术具备创造性，于是作出复审决定，撤销了上述驳回决定。

　　从上述审查过程可看出，驳回决定和复审决定给出了不同的审查结论。是什么导致在相同的事实、证据下给出不同的审查结论呢？下面具体介绍相关证据。

　　对比文件 1 作为该申请最接近的现有技术，公开了一种防火石膏板，该多层石膏板包括芯体 12，该板材芯体 12 由首级石膏浆料制成，该首级石膏浆料包括硫酸钙半水化合物，抗收缩材料和水。芯体 12 和膨胀层 14 的另一个基本成分是高温抗收缩材料，优选的抗收缩材料是高岭土。

　　对比文件 2 公开了一种石膏纤维板，其制备过程中使用了一种阻燃防腐溶液，其中包括阻燃剂，如聚磷酸铵（APP）、三聚氰胺磷酸盐等，其作用在于提高石膏板抵抗高温的作用。

　　对比文件 3 是一个非专利文献，名称为《无卤阻燃聚合物基础与应用》，其中公开了在膨胀型阻燃剂中三聚氰胺磷酸盐包括三聚氰胺多磷酸盐（MPP）和三聚氰胺焦磷酸盐（MPyP），且三聚氰胺磷酸盐系列相对聚磷酸铵系列具有更高的热稳定性。

　　基于上述证据，驳回决定和复审决定中均认为权利要求 1 与对比文件 1 的区别在于权利要求 1 中限定了抗收缩添加剂是三聚氰胺聚磷酸盐或三聚氰胺焦磷酸盐。二者的不同之处在于对比文件 2 和对比文件 3 结合启示的认定。

　　驳回决定认为，对比文件 2 给出了在石膏板中加入氮磷阻燃剂，提高石膏板抵抗高温的能力。对比文件 3 给出了三聚氰胺聚磷酸盐或三聚氰胺焦磷酸盐相对于对比文件 2 中的聚磷酸铵具有更高的热稳定性的技术启示。因此，在对比文件 3 的启示下，本领域技术人员能够想到将比聚磷酸铵热稳定性更好的三聚氰胺聚磷酸盐或三聚氰胺焦磷酸盐加入石膏板中，能够更有效地提高石膏板抵抗高温的作用。因此，权利要求 1 相对于对比文件 1、对比文件 2 和对比文件 3 的结合不具备创造性。

　　复审决定认为，对比文件 2 虽然公开了一种石膏纤维板，其中使用防火聚合物胶黏剂组合物将纸衬层与石膏芯体黏合起来，还公开了上述防火聚合物胶黏剂组合物包含酪蛋白液体改性的三聚氰胺树脂胶黏剂，该胶黏剂可包括三聚氰胺磷酸盐，但是在石膏纤维板中加入三聚氰胺磷酸盐是为了提高石膏板的阻燃性，并非提高其抗收缩性能。因此，对比文件 2 没有给出在石膏板中增加三聚氰胺磷酸盐来提高抗收缩性的技术启示。

【案例评析】

　　从上述分析可看出，该案例同样属于技术手段大致相同，但其在各自技术方案中记载的作用不同的情况，且区别特征同样属于材料。针对此种情况，按照案例 3 - 3 - 3 给出的启示，关于案例 3 - 3 - 4，虽然对比文件 2 公开了在石膏纤维板中加入三聚氰胺磷酸盐是为了提高石膏板的阻燃性，但是三聚氰胺磷酸盐的热稳定性更好是本领域技术人员可以获知的公知常识，是三聚氰胺磷酸盐的固有属性。在此基础上，本领域技术人员在看到对比文件2公开的石膏板内放置三聚氰胺磷酸盐时能否直接地、毫无疑义地确定出三聚氰胺磷酸盐设置在石膏板中能够客观起到帮助石膏板抵抗收缩变形的作用呢？这个作用与三聚氰胺磷酸盐在该申请中所起的提高其抗收缩性能的作用是否实质相同呢？要想找到答案，就需要再次回到对比文件2和该申请的具体技术方案中，重新站位本领域技术人员去深入分析三聚氰胺磷酸盐在对比文件2和该申请的具体技术方案中的作用方式和机理。

对比文件2中三聚氰胺磷酸盐是作为阻燃剂使用的，它的作用方式是设置在石膏板和纸衬层之间，具体作用机理是：当达到一定温度后，位于石膏板和纸衬层之间的三聚氰胺聚磷酸盐会分解出氮气，形成多孔泡沫碳层，多孔泡沫碳层会凝聚在石膏板和纸衬层的表面，通过将石膏板和纸衬层的表面与空气隔离从而起到阻燃的作用。该申请中，三聚氰胺磷酸盐的作用方式是设置在石膏板内部，具体作用机理是：当达到一定温度时，三聚氰胺磷酸盐会分解出磷酸，磷酸的吸热功能会使温度降低，从而必然起到帮助石膏板抵抗收缩变形的作用。三聚氰胺磷酸盐在对比文件2和该申请中的作用方式和作用机理上是完全不同的。虽然二者都是在石膏板上使用了三聚氰胺磷酸盐这一相同材料，但是其具体的作用方式和作用机理均不相同，从而导致其在各自技术方案中最终所能起到的作用也产生了很大的差别。如果本领域技术人员在客观分析三聚氰胺磷酸盐在对比文件1中所起的作用时，仅割裂地看三聚氰胺磷酸盐本身所固有的吸热性能，分析出的作用就不是本领域技术人员基于其技术方案整体可以预期或确认的，脱离了本领域技术人员的认识范畴，更脱离了技术方案本身。

因此，作为判断主体的本领域技术人员，在了解到对比文件2和该申请使用的是同一种材料时，不能仅仅认为同一材料必然具有相同的属性就直接判断其作用也必然相同，仍然需要将这个材料作为技术方案中的其中一个特征放入各自对应的技术方案中去整体考量。如果将其从技术方案中割裂出来单独考虑，可能会得出三聚氰胺聚磷酸盐在一定温度下分解出磷酸，可以通过磷酸吸热降温，必然能起到帮助石膏板抵抗收缩变形的作用。然而，在对特征的作用进行考量时，不能将其从技术方案中割裂出来单独考虑，要考虑其在整个发明中与其他特征间的相互关系，以及在技术方案的具体作用方式和作用机理，将其放到整个技术方案中去深入考量。

综上所述，笔者认为，判断现有技术是否存在技术启示时，不能将区别特征从对比文件的整体技术方案中割裂出来，只考虑特征本身固有的功能，简单地认为相同的技术手段客观上必然能起到相同的作用，而要将其放入现有技术的技术方案中整体考量。具体到该案，在判断对比文件2是否存在技术启示时，不能将区别特征三聚氰胺聚磷酸盐从对比文件2的整体技术方案中割裂出来，只考虑其能够吸热提升热稳定性的固有属性，就简单地认为相同的材料客观上必然能起到相同的提升石膏板抵抗高温收缩变形的作用，而是要将三聚氰胺聚磷酸盐放入对比文件2的整体技术方案中去整体考量，其是使用在石膏板和纸衬层之间的易燃黏结剂中的，通过高温分解出氮气，形成多孔泡沫碳层，凝聚在石膏板表面，隔离空气，起阻燃作用，并非像该申请一样，直接添加到石膏板内部，也就无法通过分解出磷酸来吸收石膏板内部的热量，起不到帮助石膏板抵抗高温收缩变形的作用，因此，对比文件 2 不存在技术启示。

在综合考量是否满足"作用相同"这个条件时，不能仅判断特征的固有属性，还要看这个特征的固有属性所能起到的作用是否能在其技术方案中发挥出来，因为一个特征尤其是材料，它的固有属性往往不止一个，比如金属铁，其既具有导热性，又具有导电性，还具有延展性，其在不同环境下可能需要发挥出不同的性能作用。因此，在获知该特征的固有属性后，还要将其具体放到技术方案中，去判断这个技术方案为这个特征提供了怎样的环境，在该环境下所起的作用运用的是其哪些固有属性对应的性能，其具体的作用方式和机理与本申请是否一致。如果其运用的固有性能和所处环境均有所不同，具体的作用方式和机理也不一样，那么认为其在客观上无法起到与涉案申请相同的作用。正如案例 3 - 3 - 4，虽然吸热是三聚氰胺聚磷酸盐的固有属性，但三聚氰胺聚磷酸盐还有在高温下分解出氮气，形成多孔泡沫碳层，起到隔绝空气作用的固有属性，而对比文件 2 中为三聚氰胺聚磷酸盐提供的环境正是发挥了其在高温下分解出氮气的属性，从而使其作用方式和机理都与该申请完全不同。

同时，对于本领域技术人员来说，在判断"作用相同"这个条件时，虽然可以充分借助本领域普通技术知识和常规试验手段，从多个层次和多个角度进行综合考量，但这并不意味着判断的层次多、角度多，就更容易判断"作用相同"，而是为了能够更加客观地判断出该特征在其技术方案中是否能够客观起到与本发明中相同的作用，减少因为申请人在申请文件中对特征作用的主观认定而对作用判断出现偏差，使判断结果更加客观、公正，更好地达到创造性评判的标准一致，避免"事后诸葛亮"。

具体判断时，对于技术手段大致相同、作用记载不同的情况，要充分站位本领域技术人员去客观判断，判断其在看到"作用相同"这个桥梁另一头采用的现有技术中存在的技术手段时，能否有动机和启示跨过这个桥梁。而对于这个存在于最接近现有技术发明改进起点和需要结合的现有技术之间的"作用相同"这一桥梁，不能将其认定是单层、单行道，即不能仅因为"作用记载不同"就认定没有结合启示，而要将其认定成是多层、多通道的，这些通道里不仅仅包括对比文件中明确记载的作用，还包括了区别特征本身的固有特性和特定属性以及在对比文件中能够客观起到的所有作用；多个层次中也不仅仅只包括对比文件中记载的作用本身，还包括与作用相关的作用方式、作用机理和实现效果，这样才能充分的站位本领域技术人员，才能使本领域技术人员在面对这个多层、多通道的桥梁时，可以去综合考量该特征在对比文件中是否能够起到其在本申请中所起的作用，去客观、公正地判断作用是否相同。正如案例 3 - 3 - 3，如果仅依据对比文件 2 公开的长条形槽型通孔起到提升毛细作用的记载，肯定无法得出"作用相同"的结论，而本领域技术人员在充分结合本领域对长条形槽型通孔固有属性的了解和对比文件 2 的长条形槽型通孔在其技术方案中的作用方式和作用机理进行客观分析后发现，其能够客观起到与涉案申请相同的减少堵塞的作用。

同时，在对作用进行综合考量时，也不能仅关注特征的固有属性，还要将该特征放入其所在的技术方案中客观判断，分析技术方案所提供的环境使其发挥了哪些固有属性的作用,其具体的作用方式和作用机理与本申请是否相同。如果仅仅是特征相同,但该特征在本申请和对比文件中所处的环境,以及由环境导致的作用方式、作用机理和实现效果等均不相同,也不能认定存在结合启示。正如案例3-3-4,虽然都采用了三聚氰胺聚磷酸盐这个材料,如果仅考虑吸热是三聚氰胺聚磷酸盐的固有属性,而没有将其放入对比文件2中去判断其所在的环境是否使其发挥出了能够发热的固有属性,就很容易简单依据同样材料具有相同属性而得出作用相同的结论。然而,当将其放入对比文件2后会发现,三聚氰胺聚磷酸盐并非处于石膏材料内,其所在的石膏板夹层环境并未使其发挥出能够发热的固有属性,而发挥的是其在高温下分解氮的固有属性,其作用方式和作用机理与其在涉案申请中的作用方式和机理完全不同,因此无法得出二者作用相同的结论。

因此,笔者认为,对于本领域技术人员来说,在判断"作用相同"这个条件时,一方面,不能将这个"作用相同"桥梁看成单层、单通道,仅依据记载的作用进行判断;另一方面,在将其看成多层次、多通道进行综合考量时,也不能走向特征相同、作用必然相同的另一个极端。因此,在综合考量作用是否相同时,要客观站位本领域技术人员,既要充分借助本领域技术人员的常规知识从多角度分析,又要立足所在技术方案从多层次客观判断,这样才能得出更加客观、公正的结论,平衡好申请人和公众的利益,更好地发挥出专利制度对经济社会发展和知识产权强国建设的促进作用。

3.3.4 相反的教导

"相反的教导"这一术语,并不出自专利审查指南,而是来自申请人的意见陈述,申请人为了陈述本申请相对于现有技术具备创造性,有时候会在意见陈述中提出现有技术给出了"相反的启示"或者"相反的教导",因而没有结合启示。什么是"相反的教导"?其实这是美国专利审查用语"teaching away"的中文翻译,也可以翻译成"反向教导""相反启示""反向启示"等,其核心要点是现有技术公开的技术方案会阻碍本领域技术人员完成本申请可实际完成的方案。[1] 由于其往往出现在申请人的意见陈述中,容易在创造性的审查实践中产生争议,对结合启示判断产生了一定影响,很多人在这个方面开展研究,并提出了自己的观点。有人认为,"相反的教导"是指那些明确公开的区别特征与最接近的现有技术无法结合,或者区别特征不能解决发明实际解决的技术问题相关的信息。如果与这两方面无关,而仅仅是客观地公开了与技术问题无关的缺陷,则不构成具有创造性的理由。[2] 有人认为,相反的教导不仅要看对比文件中记载的内容是否存在"相反的教导",还要基于本领域技术人员的知识和能力进一步判断这种"相反的教导"在本申请申请日之前是否还存在;如果技术的发展使得这种技术缺陷不复存在并且成为本领域的普遍技术知识,则对比文件给出的"相反的教

---

❶ 张敏,陈雪妮. 创造性审查中"反向教导"的理解与判断 [J]. 中国发明与专利,2020,17(S2):27-28.

❷ 李晓蕾. 浅谈"相反的教导"在创造性判断中的作用 [J]. 中国发明与专利,2015(7):77.

导" 就不再存在。❶

　　有人将 "相反的教导" 归纳成如下几种情形。第一，现有技术明确记载要保护的发明与最接近现有技术的区别特征相关的技术手段不能用于最接近的现有技术，或用于最接近的现有技术存在技术障碍。在此情况下，现有技术相关技术手段不能解决实际要解决的技术问题。第二，现有技术与上述区别特征相关的技术手段，与要保护的发明为解决同样技术问题所采用的技术手段相反。根据现有技术的技术手段实际上不能解决实际要解决的技术问题。第三，与该区别特征相关的技术手段在现有技术中所起的作用与在要保护的发明中所起的作用相反。根据现有技术不可能想到使用相反作用的相关技术手段解决实际要解决的技术问题。第四，与该区别特征相关的技术手段在现有技术中所起的作用与在要保护的发明中所起的作用相同，但是现有技术中明确记载该技术手段与其他部分结合存在阻碍的内容。其中提及的相反的教导应该满足"现有技术明示其不能解决本专利与最接近现有技术实际要解决的技术问题"这一条件，其中的 "明示" 既包括在现有技术中有明确记载的内容，也包括根据记载可以直接推导出的内容。❷

　　还有人针对 "相反的教导" 总结出了如下几种常见情况：①现有技术中客观描述技术手段的正、负面效果时，当其负面信息的存在并不影响其未解决发明实际要解决的技术问题而所需利用的正面信息时，不构成相反的教导；②如果现有技术中已经教导了为解决发明实际解决的技术问题，可采用该技术手段，优选实施例不会对更广的范围或者非优选的实施例构成相反的教导；③当现有技术中的负面技术效果的存在而导致本领域技术人员没有动机去考虑相关正向技术启示，阻碍采纳所属区别特征来解决发明实际解决的技术问题时，认为此类现有技术给出了相反的教导；④反向教导信息不仅可记载于结合的现有技术中，还可记载于最接近的现有技术中，当最接近的现有技术中明确记载区别特征用于最接近的现有技术结合存在技术障碍时，认为该技术障碍的存在构成相反的教导。❸

　　还有人将 "相反的教导" 归纳成了以下几种常见类型。①技术问题导向型：对现有技术进行改进或者将其他对比文件结合于最接近的现有技术时，导致现有技术丧失相应的功能而无法解决其原本需要解决的技术问题；②技术手段导向型：采用了与现有技术中的某种技术手段截然相反的技术手段来解决相同的技术问题，或者现有技术中明确记载了某种技术手段不能够用于解决该技术问题；③技术效果导向型：现有技术中的某种技术手段在现有技术中达到的技术效果与其在发明申请中的技术效果相反，在该情形下，当需要实现某种技术效果或者实现某种功能时，基于现有技术中对该技术手段能够实现的技术效果的记载，并不会引导本领域技术人员通过该技术手段来实现与已知技术效果截然相反的其他技术效果。❹

---

❶　沈乐平. 创造性中 "相反的教导" 的理解 ［J］. 中国发明与专利，2010（4）：95.

❷　孙长龙. 什么是专利创造性判断中的现有技术反向教导？［N］. 中国知识产权报，2015 – 11 – 26（5）.

❸　张敏，陈雪妮. 创造性审查中 "反向教导" 的理解与判断 ［J］. 中国发明与专利，2020，17（S2）：30.

❹　徐强，李冠林. 浅谈 "相反的技术教导" 在专利审查过程中的判定方式及应对策略 ［J］. 中国发明与专利，2020，17（S2）：18.

综上所述，笔者认为对于"相反的教导"的判断，不能机械地因现有技术记载了相反的技术信息就简单认定为存在相反的教导，也需要站位本领域技术人员从现有技术的整体出发判断。在得出现有技术中明确存在与要保护的发明为解决同样技术问题所采用的技术手段相反，或者与区别特征相关的技术手段在现有技术中所起的作用与在要保护的发明中所起的作用相反时，才能认为现有技术存在相反的教导。如果相反的信息并不影响其解决发明实际要解决的技术问题，现有技术中仅仅是客观地公开了与技术问题无关的缺陷，那么不能直接认定其存在相反的教导。

具体判断时，可以重点关注现有技术中记载的技术问题、技术手段和技术效果，当现有技术在整体技术方案中存在明显有悖于向本发明改进方向进行技术改进的技术障碍，改进后会导致无法解决原有技术方案要解决的技术问题，或者存在与本发明改进方向相反的技术手段、技术效果，本领域技术人员在该相反的教导下就需要审慎判断是否有向着解决本发明实际解决的技术问题所采用的技术手段的方向进行改进的动机和启示。

【案例 3 - 3 - 5】 面膜片包装体

【案情介绍】

该案涉及一种面膜片包装体的发明专利申请。涉案申请请求保护一种收纳有含浸了液状化妆料、药液等的面膜片的面膜片包装体（参见图 3 - 3 - 7）。为了解决在将湿式片材、面膜片等片材从袋中取出的操作中捏取该片材的指尖会被沾染的问题，提出了一种面膜片包装体，其包括包装盒，盒内有底部设有孔的开孔托盘 T1，该开孔托盘 T1 堆积载置有被药液润湿并折成 "Z" 形的全脸形状的面膜片 1，其中，使开孔托盘的孔 4 在上面而放置面膜片包装体时，该折成 "Z" 形的面膜片 1 的上面端部位于被折叠的面膜片的中央部，并且该折成 "Z" 形的面膜片 1 上方的面膜片的下面端部位于下方的面膜片的上面端部之上。这样通过把面膜片放到开孔托盘里面被药液润湿，然后把开孔托盘的孔朝上放到包装盒内，使得面膜片药液得以保存，面膜片不会干燥或变质，且面膜片包装不变形，使用时可以不过度地沾染手指、手部，同时通过面膜片的 "Z" 形折叠和堆积设置方式，使上下两个面膜片之间没有交叉重叠，使得面膜片能够更加方便、快速、一片片分离地被取出。

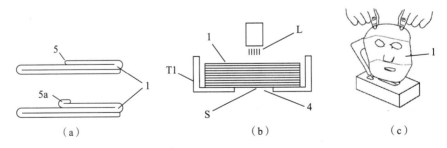

（a）　　　　　　　　　（b）　　　　　　　　　（c）

图 3 - 3 - 7　案例 3 - 3 - 5 涉案申请 "面膜片包装体" 结构示意

涉案申请独立权利要求 1 如下：

1. 一种面膜片包装体，其特征在于，将底部设有孔的开孔托盘收纳于包装盒，该开孔托盘堆积载置有被药液润湿并折成 Z 形的全脸形状的面膜片，其中，使开孔托盘的孔在上面而放置面膜片包装体时，该折成 Z 形的面膜片的上面端部位于被折叠的面膜片的中央部，并且该折成 Z 形的面膜片上方的面膜片的下面端部位于下方的面膜片的上面端部之上。

对比文件 1 涉及一种湿片枕式包装体（参见图 3-3-8），其中提到以往将多片湿片在上下方向多片重叠排列收纳包装时，由于其中含有的药液逐渐向下沉积，会出现湿片内含浸的液体化妆品的含浸量在接近下方处含浸量多、接近上方的部分含浸量不足的问题，难以使多片湿片均匀有效地大量含浸含浸液。为了解决上述问题，对比文件 1 提出了一种在该浅盘 10 的大致中央形成有相当于湿片取出口的开口区 4，该开口区 4 位于枕式包装体的封合面的相反侧的平面部，并且在该平面部设置有面膜片 51 的取出口，浅盘 10 内堆积载置有浸润液体化妆品并折叠而成的面膜片 51，浅盘 10 收纳于枕形包装袋内，面膜片 51 可通过在该封合面的相反面的平面部设置的开闭盖 21 的开闭，经过浅盘开口区 4 及该平面部的取出口一张张取出，进而在该浅盘 10 内沿横向复数个排列收纳有折叠的面膜片 51，以面膜片 51 的折叠线与浅盘底接触的方式排列收纳，即面膜片 51 在浅盘内是竖直叠放的，使用时通过使顶面和底面反转，可更加高效地含浸液体化妆品、药液等液体，而且携带性优异、容易开封，并且由于采用枕式包装这种广泛使用的包装形式，因此经济性好。

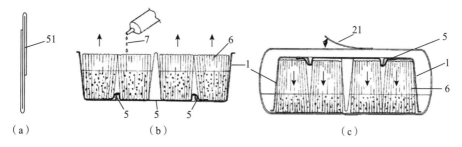

图 3-3-8　案例 3-3-5 对比文件 1"湿片枕式包装体"结构示意

对比文件 2 公开了一种湿纸巾包装体（参见图 3-3-9），其中为了解决层叠并被收容在包装体主体中的多张湿纸巾因其中含有水分相互黏着而难以被捏住取出的技术问题，提出了一种湿纸巾包装体 1，其包括了具有开口部 11 的包装体主体 10、被收容在该包装体主体 10 的内部的多张湿纸巾 20、安装在包装体主体 10 的外表面且覆盖开口部 11 的标签部件 30。多张湿纸巾 20 是在被折叠起来的状态下以不相互夹入的方式层叠并被收容在包装体主体 10 中的，即多张湿纸巾 20 各自的折回部 23 分别位于处在折叠起来状态的湿纸巾 20 中的与第一折痕线 41 至第四折痕线 44 的延伸方向相交叉方向的大致中央部。因此，多张湿纸巾 20 各自的折回部 23 的一部分能够从包装体主体 10 的开口部 11 暴露，被配置在沿层叠方向与开口部 11 相重合的位置。

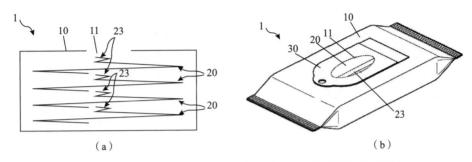

图3-3-9 案例3-3-5对比文件2"湿纸巾包装体"结构示意

【案例评析】

基于上述现有技术公开的内容，当将对比文件1作为最接近的现有技术时，权利要求1相对于对比文件1的区别特征为面膜片的具体折叠方式，即面膜片是折成"Z"形的，使开孔托盘的孔在上面而放置面膜片包装体时，该折成"Z"形的面膜片的上面端部位于被折叠的面膜片的中央部，并且该折成"Z"形的面膜片以上方的面膜片的下面端部位于下方的面膜片的上面端部之上的方式堆积。而对比文件2公开了上述湿巾也同样折叠成"Z"形，使开孔托盘的孔在上面而放置面膜片包装体时，该折成"Z"形的湿巾的上面端部位于被折叠的面膜片的中央部，并且该折成"Z"形的湿巾以上方的湿巾的下面端部位于下方的湿巾的上面端部之上的方式堆积，且上述折叠方式同样是为了方便湿巾的取出。因此，本领域技术人员在看到对比文件2中采用的"Z"形面膜片和具体折叠方式能够方便湿巾取出时，能够从中得到启示，将对比文件1中面膜湿巾的折叠方式也改为"Z"形折叠和具体折叠方式，进而解决湿巾取出的问题。之前在介绍对比文件1时已经提到，其在背景技术中明确记载了"以往将多片湿片在上下方向多片重叠排列收纳包装时，由于其中含有的药液会逐渐向下沉积，会出现湿片内含浸的液体化妆品的含浸量在接近下方处含浸量多，接近上方的部分含浸量不足的问题"，即对比文件1中提及了采用水平重叠排列方式收纳湿片存在上、下湿巾含浸量不均的问题，为解决此问题采用了湿巾竖直叠放的技术方案，本领域技术人员在看到对比文件1给出的认为湿巾水平叠放不好需要改成竖向叠放的技术方案时，会存在将其再改回水平叠放的改进需求吗？如果这样改进，势必会使对比文件1要解决的技术问题重新出现，这显然有悖于对比文件1的发明初衷。

因此，在考虑对比文件1是否存在改进需求时，还需要考虑对比文件1的发明初衷。如果其在背景技术中已经明确提到向着该发明要解决的技术问题方向进行改进的技术方案存在一定问题，其正是为了解决这个改进方向存在的技术问题而采用了另一种与该发明改进手段明显不同的技术手段，这时，对比文件1作为该发明改进的起点明显没有需求再向有悖于发明初衷的、之前认为存在问题的方向进行改进。比如该案例，对比文件1中已经明确指出了该申请中采用的水平叠放湿巾存在上下湿巾含浸量不均问题，而采用与该申请水平叠放湿巾明显不同的竖直叠放湿巾的技术手段，这种情况下，如果将水平叠放湿巾的方式结合到对比文件1中就会导致其明显违背了对比文件 1 中提及的水平叠放湿巾存在上下湿巾含浸量不均问题,导致该问题重新出现。因此,本领域技术人员在以对比文件 1 为发明改进起点时,明显没有再向之前认为存在上下湿巾含浸量不均问题的水平叠放湿巾方向进行改进的需求。

综上所述,笔者认为,在判断现有技术是否存在相反的教导时,需要从其技术方案的整体出发,不仅要看技术方案本身采用的技术手段,还要关注其要解决的技术问题、改进动机和方向。如果其改进动机和改进方向与本申请实际要解决的技术问题存在矛盾,本领域技术人员从现有技术得出的是向着本申请实际要解决的技术问题方向进行改进的技术手段存在一定问题,那么认为该现有技术给出了相反的教导,本领域技术人员在该现有技术基础上没有向着本发明的方向进行进一步改进的动机和启示。

【案例 3 - 3 - 6】 一种生物酶酿造黄酒的方法

【案情介绍】

该案涉及一种生物酶酿造黄酒的方法的发明专利申请。该申请在背景技术中提及,传统黄酒生产中使用麦曲,帮助酒发酵,但只使用麦曲的话,容易使发酵工艺不稳定。因此,该申请在背景技术中提及为了增加黄酒生产的稳定性,也有使用生物酶制剂来部分替代麦曲,添加的生物酶包括 α - 淀粉酶、纤维素酶、中性蛋白酶和糖化酶等,且这些生物酶是在不同温度和 pH 环境下分步骤添加进去的,还分步骤添加了一定量的麦曲粉和活性干酵母等,酿造工艺烦琐,需要多次调节 pH 和温度,耗时耗能,并增大了染菌的概率,大生产可操作性不强,且产品仍然保留一些麦曲味,口味较杂。

为了克服上述使用多种酶制剂部分代替麦曲制造黄酒中的缺陷,该申请提出了由生物酶完全代替麦曲的功能,使用糖化酶、α - 淀粉酶、酸性蛋白酶对大米进行发酵、糖化的酿酒方法,并在具体实施方式中对每千克大米使用的糖化酶、α - 淀粉酶、酸性蛋白酶的具体量和具体酿造步骤。该酿造方法在自然 pH(酸性环境)条件下,使用 3 种生物酶制剂,完全代替麦曲,操作简单,发酵安全,不易染菌,压榨顺畅,出酒率高,产品质量优良,β - 苯乙醇含量高,且彻底消除了传统黄酒的麦曲味,有利用开发口味新颖的清爽型新产品。

在发明实质审查阶段,申请人为克服该申请相对于对比文件 1 不具备新颖性和创造性的缺陷,将权利要求 2 的附加技术特征增加到独立权利要求 1 中,但因修改后的权利要求书相对于对比文件 1 和本领域常规技术手段的结合仍然不具备创造性,该申请在实质审查阶段被驳回。

驳回时涉及的独立权利要求 1 如下:

> 1. 一种酿造黄酒的方法,以大米为原料,其特征在于,酿造过程中由生物酶制剂完全代替麦曲,所述生物酶制剂为糖化酶、α - 淀粉酶、酸性蛋白酶,其中对应每千克大米使用的所述糖化酶、α - 淀粉酶、酸性蛋白酶的量分别为 30000—70000U、10000—25000U 和 30000—70000U。

申请人因对上述驳回决定不服提出了复审请求,且未对申请文件进行修改。复审阶段，合议组经讨论认为，上述独立权利要求 1 相对于对比文件 1 具备创造性，并据此作出复审决定，撤销了上述驳回决定。

对比文件 1 为一篇非专利文献，文献名为《黄酒深层酿造工艺研究》，其中提到了黄酒自 20 世纪 60 年代初开始逐步走向深层酿造的道路，以机械化和连续化方式生产，但由于工艺还不很完善，酿造的黄酒质量距离传统的黄酒有一定差距，因此该文献针对深层酿造黄酒工艺，在酒母和糖化剂、原料米处理及酿造过程中酸败的防治等方面进行研究，力图使深层酿造黄酒的质量与传统工艺相近，为完善深层黄酒酿造工艺提供科学依据。其中，在深层酿造黄酒用糖化剂的研究中，提及了传统操作中糖化剂是曲，而在深层酿造过程中曲的糖化能力满足不了需要，于是以其他形式补足进行了试验研究。通过试验发现，糖化剂种类不同对黄酒质量影响颇大，在深层黄酒酿造可采用复合糖化剂方式，并进行了复合糖化剂小型酿酒试验，试验中具体使用的糖化剂和对应的试验结果如下。

试验 1：

糖化剂：块曲 15.6%（酶活 α - 淀粉酶：0.28，葡萄糖淀粉酶：111，酸性蛋白酶：0.44）

试验结果：按绍兴酒厂传统工艺，糖化发酵缓慢，酒醪稠厚、出酒率低，但酒质芳香浓郁、口味纯正，酒中氨基酸重量最高种类和醇酯含量亦高。

试验 2：

糖化剂：块曲 4% + 3.2783 + 粗酶制剂（酶活 α - 淀粉酶：0.5，葡萄糖淀粉酶：100，酸性蛋白酶：0.5）

试验结果：前酵液化和糖化速度加快，酒醪很快稀薄，发酵旺盛，适用于深层酿造，用曲量减少，黄酒质量口味正，清口，但香气不如试验 1，氨基酸和醇酯类亦低于试验 1。

试验 3：

粗酶制剂（酶活 α - 淀粉酶：0.5，葡萄糖淀粉酶：80，酸性蛋白酶：0.5）

试验结果：酒醪不疏松，蒸饭脱空快，成品酒的糖、酒、酸指标均符合要求，但其氨基酸含量极低，种类亦少，口味淡薄，香味极差。

通过上述三个试验可以看出，其中采用的糖化剂分别为只用块曲、同时使用块曲和粗酶制剂、只用粗酶制剂，且其中的粗酶制剂均为 α - 淀粉酶、葡萄糖淀粉酶、酸性蛋白酶，与该申请中所使用的三种生物酶相同。因此，试验 3 公开了仅使用了 α - 淀粉酶、葡萄糖淀粉酶、酸性蛋白酶三种生物酶的技术方案。权利要求 1 请求保护的技术方案相对于对比文件 1 试验 3 中公开的技术方案，区别仅在于：各种生物酶与大米的配比不同，即对应每千克大米使用的所述糖化酶、α - 淀粉酶、酸性蛋白酶的量分别为 30000—70000U、10000—25000U 和 30000—70000U。上述对于对比文件 1 公开的内容和区别特征的认定，驳回决定和复审决定中的认定是一致的。导致二者之间得出截然相反结论的主要原因在于对区别特征是否属于公知常识的认定。

驳回决定中认为，本领域技术人员根据制备工艺、出酒率、黄酒品质和口感等需要，能够通过有限的试验确定酶制剂中各种生物酶与大米之间的配比，说明书中也没有对比试验结果表明这种选择带来了何种预料不到的技术效果，因此在对比文件 1 的基础上结合公知常识能够获得权利要求 1 的技术方案。因此，权利要求 1 相对于对比文件 1 和本领域公知常识的结合不具备创造性。同时，对比文件 1 中尽管酒的风味、氨基酸含量与种类、口味或香味等效果不理想，但是出于其他目的，比如减少麦曲味，本领域技术人员能够想到采用对比文件 1 公开的酶制剂替代麦曲的技术方案，并在此基础上作简单的改进以酿造黄酒。

复审决定中认为，虽然对比文件 1 的试验 3 公开使用的复合酶仅包括糖化酶、α-淀粉酶、酸性蛋白酶的技术方案，但试验 3 给出的试验结论与其他两个试验相比，存在氨基酸含量极低、种类少、口味淡薄、香味极差的缺点。判断要求保护的发明对本领域技术人员来说是否显而易见的过程中，在确定现有技术整体上是否存在某种技术启示时，需要对现有技术进行整体考虑。如果现有技术中的某一部分内容与现有技术整体上所要表达的观点或教导相反，不能单独依据该部分内容认定现有技术整体上给出了相应的技术启示。对比文件 1 中的三组试验的目的在于考察酶、块曲或者同时使用酶和块曲对黄酒质量的影响，结果表明单独使用酶的试验 3 所制得的黄酒质量差。由此可见，对比文件 1 在整体上并没有明确给出在黄酒酿造中能够以生物酶制剂完全取代块曲的技术启示，本领域技术人员在对比文件 1 已经教导单独使用生物酶制剂效果差的情况下，通常不会想到去进一步实施生物酶制剂完全代替麦曲的技术方案。

【案例评析】

通过上面分析可看出，该案例中的对比文件 1 作为一个技术方案整体，不仅给出了每个试验所用的复合酶成分，还给出了各个试验的结果对比说明，即每个试验的技术效果对比。其中试验 1 给出只使用麦曲酿出的酒口味最纯正，氨基酸含量最高；试验 2 给出麦曲和生物酶都使用酿出的酒口味较正，但氨基酸含量一般；试验 3 中给出只使用三种生物酶酿出的酒口味最差，氨基酸含量最低。因此，全部使用生物酶的试验 3 的技术效果最差，是一种最坏选择。本领域技术人员在对比文件 1 整体公开的这三个试验和它们的质量结果对比的教导下，得到的启示是向全部使用麦曲或麦曲和生物酶都使用的方向改进，而不会向只使用生物酶这个酿酒质量最差的方向改进，更别说在这个方向进行进一步生物酶具体量的改进。因此，对比文件 1 虽然与该申请都采用了全部生物酶的技术方案，但对应的技术效果却是完全相反的，给出了与该申请完全相反的教导，在此情况下，本领域技术人员不存在以对比文件 1 为基础进行改进的技术启示。基于上述分析，笔者认为，当现有技术在技术效果中给出了与本发明相反的教导时，通常不会想到在对比文件 1 基础上向本发明的方向进一步改进的启示。

此时可能会发现，该申请和对比文件 1 同样使用了三种相同的生物酶酿酒，怎么会产生截然相反的两种效果呢？这引出了该案例能够带来的另一个对于数值范围的分析启示。

驳回决定中对于数值范围的分析过程是：本领域技术人员根据制备工艺、出酒率、黄酒品质和口感等需要，能够通过有限次的试验确定酶制剂中各种生物酶与大米之间的配比，说明书中也没有对比试验结果表明这种选择带来了何种预料不到的技术效果。即站位本领域技术人员的角度，从有限次的试验和说明书中没有根据对比试验表明这种选择带来预料不到的技术效果这两个角度进行分析。

复审决定中对于数值范围的分析过程是：权利要求 1 中每千克大米使用的糖化酶、α－淀粉酶、酸性蛋白酶的量分别为 30000—70000U、10000—25000U 和 30000—70000U，对比文件 1 中得出的相应酶含量分别为 100U/克、0.5U/克、0.5U/克，相当于每千克大米使用的糖化酶、α－淀粉酶、酸性蛋白酶的量分别为 100000U、500U 和 500U，权利要求 1 和对比文件 1 中相应酶的用量存在较大差异，尤其是 α－淀粉酶、酸性蛋白酶，权利要求 1 中 α－淀粉酶、酸性蛋白酶的用量远高于对比文件 1 中的相应用量，且三种酶之间的相对比例也发生了明显变化，权利要求 1 中三种酶的用量基本在一个数量级单位，而对比文件 1 中的糖化酶占据了绝对主导地位，其含量是另外两种酶的 200 倍，对比文件 1 中并没有给出可以对三种酶的含量进行如此大幅度调整的技术启示，在三种酶含量大幅度调整所可能产生的技术效果无法明确预测的情况下，本领域技术人员在对比文件 1 的基础上不容易想到将其发酵过程中所采用的三种酶的含量调整为该申请中的权利要求 1 的酶含量。

通过对比上述两个分析过程可看出，在分析数值范围是否属于公知常识的时候，一般是本领域技术人员在现有技术公开的数值范围基础上是否能够通过合乎逻辑的分析、推理或者有限的试验可以得到本申请中的数值范围、在现有技术公开的数值范围基础上选择本申请中的数值范围所带来的效果是否是可以预测到这两个方面进行分析。具体到该案，对比文件 1 中给出的相应酶含量分别为 100U/克、0.5U/克、0.5U/克，换算成与该申请对应的单位，即为相当于每千克大米使用的糖化酶、α－淀粉酶、酸性蛋白酶的量分别为 100000U、500U 和 500U，该数值给出的信息的特点是三种成分中糖化酶占比最多，绝对值达十万数量级，其余两种成分的占比很小且相同，绝对值只有上百数量级，三种物质的相对含量比值大约为 200：1：1。在这种信息下进行的合乎逻辑的分析、推理是在糖化酶占比远大于其他成分含量的方向进行优选改进。而权利要求 1 中给出的具体数值是每千克大米使用的糖化酶、α－淀粉酶、酸性蛋白酶的量分别为 30000—70000U、10000—25000U 和 30000—70000U，其中糖化酶的含量与酸性蛋白酶的相对含量是一致的，且三种成分的相对含量占比相差不大，大致为 3：1：3，α－淀粉酶、酸性蛋白酶的量也达到了上万的数量级。可以看出，该申请与对比文件 1 在三种酶成分的具体含量区别，一个是 α－淀粉酶、酸性蛋白酶的绝对含量相差了大约 200 倍，另一个是相对含量的数量级也相差了大约 200 倍。因此，要想认定上述数值范围区别属于公知常识，就需要本领域技术人员在对比文件 1 给出的糖化酶占比远大于另外两种成分、另外两种成分的含量只有上百数量级的教导下，通过合乎逻辑的分析、推理或者有限的试验得到三种成分相对含量相差不大，且所有成分都在上万数量级的技术方案。另外，对于效果的预期，对比文件 1 中认定的效果是全部使用块曲或者部分使用块曲的效果是相对较好的，仅使用三种酶的效果是最差的。在这种效果教导下，本领域技术人员为了进一步改善效果，会想到在对全部或者部分使用块曲的方案进行进一步优化改进，对于仅使用三种酶的预期则是效果不好。因此，在预期效果不好的情况下，很难去考虑在这个不好的方向再进一步优化改进，更别说再考虑进一步优化的具体改进方向了。

通过上述分析可以看出，当区别特征是数值范围时，不要盲目地直接认定该数值范围属于能够通过合乎逻辑的分析、推理或者有限的试验可以得到的，这样直接认定不仅使判断结果不够客观，也难以让申请人信服。在具体分析中，可以首先对比本申请和现有技术中的对应成分的具体含量，其中的含量不仅包括各对应成分的绝对含量，也包括不同成分之间的相对含量，比如，对应成分的绝对含量是否位于同一个数量级单位，各对应成分之间的相对比值是否大致一致，是否有占据绝对主导地位的物质等。当从上述绝对含量和相对含量等角度分析完本申请和现有技术在数值范围上的具体差距后，再从作为发明起点的最接近的现有技术出发，判断从现有技术公开的对应成分的数值范围是否容易想到将其改进到本申请对应的数值范围，改进后带来的技术效果对于本领域技术人员来说是否可以预测。

3.3.5　效果的考虑

《专利审查指南2010》第二部分第四章第2.2节记载："发明有突出的实质性特点，是指对所属技术领域的技术人员来说，发明相对于现有技术是非显而易见的。"第二部分第四章第2.3节记载："发明有显著的进步，是指发明与现有技术相比能够产生有益的技术效果。"由此可见，发明具备创造性，应当同时具有非显而易见性和有益的技术效果。在发明人作出发明时，通常是从解决特定的技术问题出发的，提出的技术方案客观上应当具有显著的进步。因此，一项发明很容易满足显著的进步即具有有益的技术效果的要求，进而，发明是否具有突出的实质性特点成为判断发明是否具备创造性的关键。而技术效果与突出的实质性特点即非显而易见性的关系，成为判断发明具备创造性的一个常见问题。

结合启示的判断中，区别特征应用于最接近的现有技术以解决存在的技术问题是从现有技术能够获得结合启示的关键，也是由现有技术能够改进得到发明请求保护的技术方案的决定性因素。而对于存在的技术问题的认定，"三步法"判断的第二步中指出，作为一个原则，发明的任何技术效果都可以作为重新确定技术问题的基础，根据该区别特征所能达到的技术效果确定发明实际解决的技术问题，也就是说，对发明产生的技术效果的认定是不可或缺的，重新确定的发明实际解决的技术问题，需要根据区别特征实际所能达到的技术效果来确定。由此可见，技术效果是进行突出的实质性特点判断时必须考虑的因素，是技术启示判断步骤中必不可少的考量环节。

技术效果的考虑是技术启示的判断条件，是创造性判断的事实基础。技术效果应当是基于发明的区别特征得到的，是能够从技术方案的文字记载客观获得的技术效果。通常情况下，技术效果的出处分为明文记载在发明的说明书中的技术效果，以及申请人主张的未记载在发明申请全文的技术效果。在对发明的技术效果认定的过程中，认定的对象应当是根据发明的区别特征所能达到的技术效果。发明申请明文记载的技术效果，可能包括根据发明的区别特征本身能够达到的技术效果，也可能包括根据发明的区别特征本身不能够达到的技术效果及技术方案全范围内都达不到的技术效果；申请人主张的未记载在发明申请全文的技术效果，可能包括所属技术的领域技术人员根据所属技术领域现有技术状况、掌握的普通技术知识及发明申请全文记载的技术方案本质或证据，判断区别特征本身能够客观达到的技术效果，也可能包括区别特征达不到的技术效果。

创造性审查实践的技术启示的获得过程中，对技术效果的认定，不仅包括对本申请技术方案所获得的技术效果的认定，通常还需要对对比文件技术方案相关技术特征带来的技术效果以及对最接近的现有技术进行改进时获得的技术效果进行认定。对比文件中相关技术手段所起的作用及带来的技术效果决定了技术启示获得的难易，对最接近的现有技术进行改造时获得的技术效果是衡量从最接近的现有技术出发是否能够得到本发明技术方案并能够实现本发明技术方案的技术效果的决定性因素。

技术效果既是技术方案的事实本质，也取决于技术效果的判断主体。所属技术的领域技术人员作为创造性判断的主体，也应当是可以根据现有技术及本申请的技术方案对技术效果作出客观评判的主体。技术方案是技术特征的集合，容易从技术方案的文字记载确定。而所产生的技术效果，需要本领域的技术人员根据所属技术领域的现有技术状况、掌握的普通技术知识等对技术方案及区别特征的本质进行客观确认。审查员站位所属技术领域进行客观裁量的能力在技术效果的认定过程中也显得非常重要。

预料不到的技术效果作为技术效果的特殊情形，经常被专利权人或专利申请人用来作为支持其发明具备创造性的主张。预料不到的技术效果，是指发明同现有技术相比，其技术效果产生的变化超出了所属技术领域的技术人员的想象。发明要求保护的技术方案所能够达到的预料不到的技术效果是该技术方案能够获得的技术效果的一种。因此，预料不到的技术效果对发明创造性的影响也应当遵循"三步法"中对技术效果的把握原则。预料不到的技术效果作为创造性审查过程中经常需要予以考虑的情形，在创造性的评判中不容忽视。

化学医药领域的发明创造属于实验科学，技术效果的认定往往需要实验数据的支持，申请人通常在说明书中记载或通过在审查意见答复过程中补充提交对比实验证据用以证明技术方案的技术效果，所记载的或所补充提交的实验数据应当能够证明发明创造的技术方案由于区别特征的引入产生了申请人声称的技术效果。在化学医药领域，对实验的设计、实验对象的选择等都会对实验数据产生影响。因此，对实验结果数据的分析及对实验数据的证明力的客观把握，都是对化学医药领域的技术方案中技术效果认定的关键，对技术方案是否能够产生申请人声称的技术效果的判断起到了重要的作用。

以下对技术效果考量的几种典型情形进行分析和论述。

3.3.5.1 对现有技术改造获得的技术效果的考量

《专利审查指南 2010》关于突出的实质性特点即非显而易见性的判断中，"三步法"第三步记载："判断过程中，要确定的是现有技术整体上是否存在某种技术启示，即现有技术中是否给出将上述区别特征应用到该最接近的现有技术以解决其存在的技术问题（即发明实际解决的技术问题）的启示，这种启示会使本领域的技术人员在面对所述技术问题时，有动机改进该最接近的现有技术并获得要求保护的发明。如果现有技术存在这种技术启示，则发明是显而易见的，不具有突出的实质性特点。"

从上述规定可以看出，判断要求保护的发明对本领域的技术人员来说是否显而易见，关键在于本领域的技术人员在面对发明实际需要解决的技术问题时，是否有动机改进最接近的现有技术并获得要求保护的发明。这种改进建立在对现有技术的改进的基础上，即现有技术需要给出技术启示，本领域的技术人员能够从中获得改进动机。具体地，该技术启示应当是区别特征应用到最接近的现有技术能够解决发明实际解决的技术问题。由此可见，该技术启示的给出，需要现有技术公开的技术方案中采用区别特征，且现有技术的该区别特征的存在使得现有技术能够解决发明实际存在的技术问题。换言之，该技术启示要求现有技术中需公开该区别特征，且该区别特征解决的现有技术的技术问题与发明本身解决的技术问题相同。也就是说，从《专利审查指南2010》的规定看来，现有技术满足了上述条件即可以认为现有技术给出了技术启示，进而能够得到发明是显而易见的，不具备突出的实质性特点。由此来看，在该步骤中，现有技术给出技术启示似乎只要将解决相同技术问题的区别特征应用到最接近的现有技术中用以改进最接近的现有技术，就能够自然而然得到要求保护的发明的技术方案了。

在技术启示的判断中，虽然请求保护的发明与最接近的现有技术不同，存在区别特征，但是本领域的技术人员在最接近的现有技术公开的技术方案的指引下，从本领域的技术需求出发能够有改进动机，并在该动机的驱使下有愿望、有目的地在现有技术中去寻找基于该改进动机的用以解决发明实际想要解决的技术问题的手段，即上述区别特征，进而无须创造力即可以根据现有技术公开的技术状况改造得到请求保护的技术方案。在创造性审查实践中，遵循了上述步骤寻找获得区别特征的手段，并将通过该手段对最接近的现有技术进行改造后获得的技术方案作为要求保护的发明常常是顺理成章的，因此验证的过程往往只需要心证而无须论证或证据证明。事实上，循着发明改进的过程一路走下来，改造后的技术方案从形式上是获得了要求保护的技术方案的技术特征组合，满足了技术领域、技术问题的要求，但是，需要深入考虑是否真正能够获得要求保护的发明所要达到的技术效果。

《专利审查指南2010》第二部分第四章第3.1节关于审查原则的规定记载："在评价发明是否具备创造性时，审查员不仅要考虑发明的技术方案本身，而且还要考虑发明所属技术领域、所解决的技术问题和所产生的技术效果，将发明作为一个整体看待。"由此可见，在创造性的评价过程中，无论是技术方案本身还是所属技术领域、所解决的技术问题和所产生的技术效果，都需要同时考虑，四者之间相互关联、相互影响。判断改造后的技术方案和要求保护的发明二者之间是否相同时，对所属技术领域、所解决的技术问题需要考虑，对所产生的技术效果的考虑也是必要的，更是必须的。

【案例3-3-7】用于清洁装置的抹布及采用该抹布的清洁装置

【案情介绍】

该案涉及一种用于清洁装置的抹布及采用该抹布的清洁装置的实用新型专利申请。涉案专利说明书记载，目前市场上清洁装置使用的清洁抹布设置在装置底部并且与水箱出水口连接，当水流通过出水口渗入抹布后迅速扩散，经过一段时间的渗透，整个抹布都会被浸湿；用这样的抹布清洁待清洁表面，会留下水渍影响擦拭效果。

针对上述技术问题，该专利提供一种用于清洁装置的抹布及采用该抹布的清洁装置。图3-3-10为该用于清洁装置的抹布结构示意图，图3-3-11为该清洁装置的底部结构示意图，图3-3-12为该清洁装置的B-B面的剖视图。

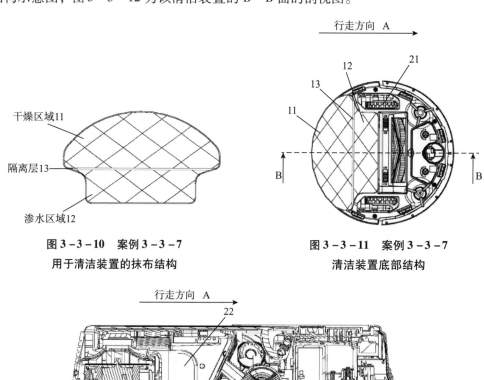

图3-3-10 案例3-3-7
用于清洁装置的抹布结构

图3-3-11 案例3-3-7
清洁装置底部结构

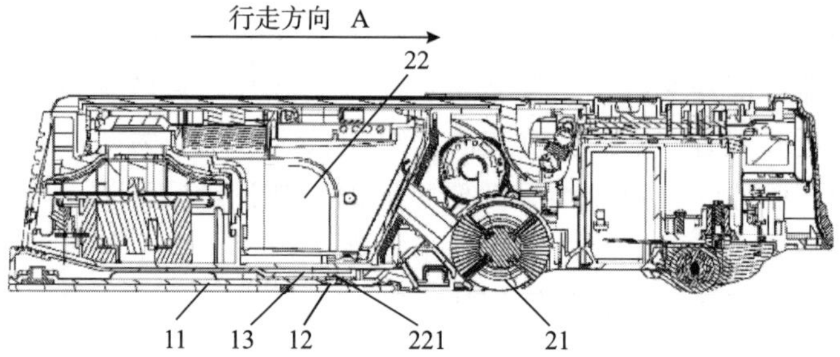

图3-3-12 案例3-3-7 清洁装置B-B面的剖视

该专利提供的用于清洁装置的抹布通过魔术贴与清洁装置的底座连接，该抹布包括：干燥区域11、渗水区域12和隔离层13，隔离层13位于干燥区域11和渗水区域12之间，以防止渗水区域12处的水分渗透到干燥区域11；隔离层13通常选用防水的柔性材质，如橡胶或硅胶等。该专利提供的清洁装置包括：行走单元21和水箱22，行走单元21设置在清洁装置的底部，用于驱动清洁装置行走，清洁装置的底部还设有用于清洁装置的抹布。工作过程中，抹布的渗水区域12通过水箱提供清洁液加湿。水箱22

的出水口 221 位于水箱 22 本体的前端,其与抹布的渗水区域 12 相接触,可使渗水区域 12 侵湿;以清洁装置行走方向 A 为前方,抹布的干燥区域 11 位于渗水区域 12 的后方,当渗水区域 12 清洁待清洁表面后,干燥区域 11 可将残留在清洁表面上的水渍清理干净;为了将残留在清洁表面上的水渍彻底清除,设置抹布干燥区域 11 的清洁宽度大于或等于渗水区域 12 的清洁宽度,避免水渍遗漏。另外,随着清洁装置工作时间的加长,水渍在抹布干燥区域 11 上也会不断累积,当干燥区域 11 被完全浸湿后同样会在待清洁表面留下水渍,影响清洁效果。因此,为了保证抹布干燥区域 11 在预定的时间内不会被完全浸湿,干燥区域 11 相对于渗水区域 12 应当具有足够大的擦拭面积。在该专利中,干燥区域 11 的擦拭面积大于渗水区域 12 的擦拭面积,优选渗水区域 12 的擦拭面积为干燥区域 11 擦拭面积的 1/3—2/3,本领域技术人员可根据需要自行调整渗水区域 12 和干燥区域 11 的面积。

由该专利说明书记载可见,为了解决干抹布清洁不彻底及湿抹布容易在清洁表面留下水渍的缺陷,采用干抹布和湿抹布相结合的方式,将抹布分为干燥区域和渗水区域。工作时,首先通过渗水区域擦拭待清洁表面,对待清洁表面进行清洁,当渗水区域清洁过后,通过干燥区域进行二次擦拭,将残留在清洁表面的水渍清理干净,完成整个清洁工作。

授权公告的独立权利要求 1 和独立权利要求 7 如下:

> 1. 一种用于清洁装置的抹布,所述抹布设于清洁装置的底部,其特征在于,所述抹布包括:干燥区域(11)、渗水区域(12)和隔离层(13),所述隔离层(13)位于干燥区域(11)和渗水区域(12)之间。

> 7. 一种清洁装置,包括:行走单元(21)和水箱(22),其特征在于,所述清洁装置还包括如权利要求 1—6 任一项所述的抹布,所述抹布的渗水区域(12)通过水箱(22)提供清洁液加湿。

2018 年 5 月 28 日,第一无效宣告请求人以该专利权利要求 1 不符合《专利法》第 22 条第 2 款有关新颖性的规定、权利要求 2—10 不符合《专利法》第 22 条第 3 款有关创造性的规定为由,向专利复审委员会提交了无效宣告请求书,请求宣告该专利授权公告文本的权利要求 1—10 全部无效,同时提交了证据 1—4。对于独立权利要求 1 和独立权利要求 7,在无效宣告请求中,请求人认为,证据 2 公开了权利要求 1 的全部技术特征,权利要求 1 相对于证据 2 不具备新颖性;权利要求 7 相对于证据 2、证据 4 和本领域惯用手段的结合不具备创造性。经合议组审理,专利复审委员会于 2018 年 12 月 19 日作出第 38445 号无效宣告请求审查决定书,决定认为,权利要求 1 相对于证据 2 和本领域公知常识的结合不具备创造性,权利要求 7 相对于证据 4、证据 2 和本领域公知常识的结合不具备创造性,决定宣告该专利权利要求 1、权利要求 7 的技术方案无效、维持部分权利要求有效。2022 年 3 月 9 日,第二无效宣告请求人针对专利复审委员会作出的第 38445 号无效宣告请求审查决定书中维持有效的权利要求,向国家知识产权局提交了无效宣告请求书,同时提交了上述证据 2、证据 4。经合议组审理,原专利复审委员会于 2022 年 11 月 7 日作出第 59073 号无效宣告请求审查决定书，再次引用证据 4、证据 2 和本领域公知常识的结合评述上述权利要求的创造性，宣告上述权利要求全部无效。

2019 年 4 月 16 日，专利权人向国家知识产权局提交专利权评价报告请求。2019 年 5 月 19 日，国家知识产权局作出实用新型专利权评价报告，在专利权评价意见中引入对比文件 1、对比文件 2 并指出，权利要求 1—10 相对于对比文件 1、对比文件 2 的结合不具备创造性。2019 年 7 月 11 日，国家知识产权局作出专利权评价报告复核意见，对实用新型专利权评价报告进行更正，其中，引入上述证据 2 和证据 4 进行创造性评述。

至此，该案例经历了两次无效宣告请求和两次专利权评价报告。由上述案情记载可知，在第一次无效宣告请求审理过程和第二次无效宣告请求审理过程中，第一无效宣告请求人和第二无效宣告请求人引用了相同的证据 2、证据 4。首次专利权评价报告引用对比文件 1、对比文件 2 对全部权利要求 1—10 进行创造性评述，在更正后的专利权评价报告中未再引用对比文件 1、对比文件 2，而是引用上述证据 2、证据 4 否定了全部权利要求 1—10 的创造性。

【案例评析】

那么，在该案例历经的多次审理中，各方对关键证据产生了什么争议，应当如何看待各证据对该专利技术方案创造性的影响？

由上述案情记载可知，该案例的审理过程主要涉及，证据 4、证据 2 的结合或对比文件 1、对比文件 2 的结合是否能够评述该专利技术方案的创造性。因此，以下将分别对这两种组合方式的证据及各方争辩意见进行分析。

1）证据 4 和证据 2 的结合

证据 2 涉及名称为"多功能拖布"的中国实用新型专利申请，专利申请日为 2001 年 4 月 16 日，授权公告日为 2002 年 3 月 27 日。证据 2 的说明书记载：现有的拖把通过弯折板和海绵配合实现拖把水分的拧挤，但在地面拖干净的同时不能保持地面无水。针对该技术问题，证据 2 提出了一种多功能拖布，图 3-3-13 为该多功能拖布的结构示意图。

证据 2 的多功能拖布主要由把手 1、拖把杆 2、干拖布 3、头部 4、出水孔 5、盖 6、进水口 7、湿拖布 8 构成。把手 1 采用黏结方法安装在拖把杆 2 的上部位置，构成圆柱形状连接结构，功能是起把手作用；拖把杆 2 采用黏结方法安装在头部 4 的中部位置，构成 T 形连接结构，功能是起支撑作用；干拖布 3 采用黏结方法安装在头部 4 的后侧位置，功能是起擦地和吸水作用；湿拖布 8 采用黏结方法安装在头部 4 的前侧位置，功能是起擦地作用；盖 6 采用嵌入方法安装在头部 4 的左侧位置，功能是起封口作用；出水孔 5 采用钻削方法加工在头部 4 的前侧位置，构成线形形状孔结构，功能是起溢水作用。使用时，头部 4 中的水从出水孔 5 中溢出，浸湿湿拖布 8，用于将地面拖净，之后采用干拖布 3 再擦一遍，地面变得既干净又干燥。

证据 4 涉及名称为"一种清洁机器人"的中国实用新型专利申请，专利申请日为

2014 年 1 月 14 日，授权公告日为 2014 年 6 月 25 日。

证据 4 的说明书记载：现有大部分的智能清洁机器人具备自动吸尘、扫地功能，也有不少智能清洁机器人具备水洗拖地功能，需要一种能够在吸尘的同时进行拖地的结构简单的清洁机器人，能够实现对地面依次进行吸尘、喷雾、擦地一体化作业。针对该技术问题，证据 4 提出了一种清洁机器人，图 3 - 3 - 14 为该清洁机器人的剖面结构示意图。

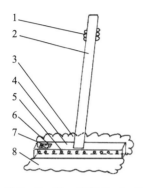

图 3 - 3 - 13　案例 3 - 3 - 7
证据 2 多功能拖布的
结构示意

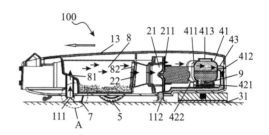

图 3 - 3 - 14　案例 3 - 3 - 7 证据 4
清洁机器人的剖面结构示意

证据 4 的清洁机器人 100 包括本体 1，本体 1 上安装有驱动轮 5、吸尘模块 2、擦地模块 3 和雾化模块 4，擦地模块 3 包括安装在本体底部 11 的擦拭件 31，雾化模块 4 包括相互连接的储液箱 41 和雾化发生装置 42，储液箱 41 设有进风口 411 和出雾口 412 以及注液口 413，本体底部 11 设有与出雾口 412 连通的喷雾口 112。清洁机器人 100 在进行清洁工作时，吸尘口 111 将地面上的灰尘和碎屑等垃圾吸入，随着清洁机器人 100 往前移动，雾化模块 4 将储液箱 41 中的液体经过雾化发生装置 42 雾化后通过本体底部 11 的喷雾口 112 喷到经过吸尘模块 2 吸过的地面以将地面浸润，最后随着该清洁机器人的继续移动，擦拭件 31 将经过雾化模块浸润的地面擦拭干净。擦拭件 31 为抹布，通过魔术贴粘贴在擦地模块底部。擦拭件 31 的横向宽度大于或等于喷雾口 112 的横向宽度，这样使得擦拭件 31 的工作面可覆盖喷雾口 112 的工作面，以便全面地擦拭经过喷雾口 112 释放的雾气浸润过的地面，提高清洁效率。

证据 4 公开的清洁机器人与该专利属于相同的技术领域；其采用的技术手段也与该专利相似，同样包括驱动行走的驱动轮及用来储存清洗用液体的储液箱，且其擦拭件同样设置于清洁机器人的底部。同时，证据 4 还公开在进行清洁作业时，先对地面进行吸尘清洁后将清洁过的地面浸润，再通过擦拭件进行擦拭。证据 4 与该专利的不同在于设置于清洁机器人底部的擦拭件（抹布）不同。因此，该专利与证据 4 的区别特征主要在于：抹布包括干燥区域、渗水区域和隔离层，隔离层位于干燥区域和渗水区域之间，可实现渗水区域和干燥区域的先后顺序擦拭。基于该区别特征，该专利实际要解决的技术问题是如何实现干湿地面的先后擦拭。

证据 2 公开的多功能拖布包括安装在头部后侧位置的干拖布、安装在头部前侧位置的湿拖布，干拖布用于擦地和吸水，湿拖布用于擦地，即证据 2 的拖布包括具有干燥功能的干拖布、具有渗水功能的湿拖布，且也是先使用湿拖布将地面拖净，再使用干抹布将湿拖布拖过的地面擦拭干净。

对于独立权利要求 1 和独立权利要求 7，相对于上述证据 2 和证据 4，在第 38445 号无效宣告请求审查决定的审理过程中，无效宣告请求人认为：证据 2 的多功能拖布中的干拖布、头部和湿拖布分别相当于该专利的干燥区域、隔离层和渗水区域；证据 2 的多功能拖布本身是一种清洁装置，其中的干拖布、头部和湿拖布设置在清洁装置的底部。专利权人认为：证据 2 的干湿两块抹布是两块独立抹布，在实现形态上不等同于同一抹布的不同区域，不能实现一块抹布先湿擦后干擦的效果，且该多功能拖布是手动型抹布，使用时不需要依附于其他清洁装置，单独使用即可完成地面清扫工作，因此没有安装在清洁装置底部的需求。第 38445 号无效宣告请求审查决定书中指出：证据 2 的发明构思与该专利相同，都是在使用抹布时，先将渗水区域打湿，再使用渗水区域清洁表面污渍，最后使用干燥区域将渗水部分擦干表明的水渍；在证据 4 公开的清洁装置的基础上，本领域技术人员容易想到在证据 4 的清洁装置清洁地面时也可以使用先湿拖再干擦的清洁方式；因此，权利要求 1 相对于证据 2 和本领域公知常识的结合不具备创造性，权利要求 7 相对于证据 4、证据 2 和本领域公知常识的结合不具备创造性。同时，第 59073 号无效宣告请求审查决定审理过程中的无效宣告请求人、专利权人及专利复审委员会三方的意见与第 38445 号无效宣告请求审查决定审理过程中的三方意见相似。另外，实用新型专利评价报告的复核意见与专利复审委员会的上述意见也相似。

由此可见，专利权人与无效宣告请求人、国家知识产权局相关审查部门的分歧在于证据 2 的多功能拖布是否能够结合到证据 4 的清洁机器人中用于实现清洁机器人的干湿地面清洁，也就是说，争议点在于证据 2 的多功能拖布是不是具备应用到证据 4 的清洁机器人中的结合启示。专利权人认为证据 2 的多功能拖布的干湿两块抹布不能实现一块抹布先湿擦后干擦的技术效果，且没有安装在清洁装置底部的需求。

证据 4 和证据 2 要实现组合，需要有将证据 2 应用于证据 4 的技术启示，而该技术启示的获得，对证据 4 的清洁机器人的改进需求是改进的动机，寻找证据 2 的多功能拖布用以解决发明实际要解决的技术问题是改造最接近的现有技术的途径。证据 2 的多功能拖布从结构上与上述区别特征相同，其解决的技术问题是使用同一块抹布实现先湿擦后干擦，与发明实际要解决的技术问题相同，按照"三步法"第三步关于是否显而易见的判断，是否具有技术启示的焦点在于采用证据 2 中的多功能拖布对证据 4 的擦拭件进行改进后获得的清洁机器人是不是也能够实现渗水区域和干燥区域的先后顺序擦拭。

关于对证据 4 的清洁机器人进行改造的安装需求，由证据 4 公开的技术内容可知，证据 4 的清洁机器人解决的是吸尘的同时不能够进行拖地的技术问题，其在进行清洁作业时，先对地面进行吸尘清洁，然后将清洁过的地面浸润，再通过擦拭件进行擦拭，提高了清洁效率；而本领域的技术人员在阅读证据 4 后均能获知，证据 4 的清洁机器人在使用时，当擦拭件经过经雾气浸润过的地面时会被浸湿，通过浸湿的擦拭件对地面进行清洁时，由于擦拭件本身带有水分，难免会在地面上留下水渍，水渍的存在不仅会导致清洁度降低，也可能会造成滑倒等安全隐患。因此，对于本领域的技术人员来说，面对证据 4 的清洁机器人清洁地面后的遗留问题，会存在对水渍进行进一步清洁以获得更好的清洁效果的需求。由此可见，证据 4 具有向着先湿擦后干擦方向改进以获得更好的清洁效果的技术需求，是本领域的技术人员为改善清洁度和安全性的必然选择。有了改进动机，为了实现改造目的，本领域的技术人员会在现有技术的范围内寻找与上述区别特征相同、解决的技术问题相同的技术手段，用以改进作为最接近的现有技术的证据 4 的清洁机器人，以获得先湿擦后干擦的技术效果。对此，所寻找到的现有技术证据 2 的多功能拖布同样能够获得先湿擦后干擦的清洁效果，具体地，证据 2 的多功能拖布的干拖布和湿拖布分布在拖把底部的一个平面上，该多功能拖布在使用时，能够在拖把拖地的一个行走过程中，先使用湿拖布将地面拖净，再使用干抹布将湿拖布拖过的地面擦拭干净。由此看来，证据 2 的多功能拖布的技术效果既然与上述区别特征需要达到的技术效果相同，最接近的现有技术证据 4 的清洁机器人又具有向着先湿擦后干擦方向改进以获得更好的清洁效果的技术需求，那么，将证据 2 中同样是装设在清洁装置底部的多功能拖布的拖布部分应用到证据 4 的清洁机器人中用于改进证据 4 的清洁机器人中关于擦拭件的结构，是不是就能获得本申请的技术方案呢？分析证据 2 的多功能拖布的结构可知，该多功能拖布中的干拖布和湿拖布无论是独立的抹布还是一块抹布的不同部分，其均在一个平面上，将干拖布和湿拖布同向设置或同向拼接才能实现当其工作面朝地面、非工作面安装在证据 2 的清洁装置底部时，实现在拖地的一个行走过程中，干拖布和湿拖布的工作面能够工作。因此，当将证据 2 中同样是装设在清洁装置底部的多功能拖布的拖布部分应用到证据 4 的清洁机器人中用于改进证据 4 的清洁机器人中关于擦拭件的结构时，将多功能拖布的非工作面与证据 4 的清洁机器人相关部件对接、将多功能拖布的工作面朝地面，就能获得改进后的清洁机器人在其清洁作业的一个行走过程中实现先湿擦后干擦的技术效果。

由上述分析可知，在"三步法"关于结合启示的判断中，证据 2 的多功能拖布给出了将该专利与证据 4 的区别特征应用到证据 4，以解决干湿地面的先后擦拭的技术问题的启示，本领域技术人员有动机将证据 2 的多功能拖布改进证据 4 的清洁机器人中擦拭件的结构以获得该专利的技术方案。也就是说，在上述"三步法"关于结合启示的判断中，证据 2 多功能拖布的拖布部分的结构特征与上述区别特征相同，即技术手段相同，证据 2 多功能拖布的拖布部分的作用与上述区别特征在该专利中为解决上述实际要解决的技术问题所起的作用相同，且当将证据 2 多功能拖布的拖布部分应用到证据 4 的清洁机器人中，对其中擦拭件的结构进行改进后得到的清洁机器人所获得的技术效果与该专利技术方案所获得的技术效果一致。因此，证据 2 的多功能拖布与证据 4 的清洁机器人是可以结合的，具有结合启示，即现有技术存在将证据 4 和证据 2 结合的技术启示。由此可知，相对于证据 4 和证据 2 的结合，该专利的技术方案是显而易见的，不具有突出的实质性特点。

2）对比文件1和对比文件2的结合

对比文件1涉及名称为"雾化清洁机器人"的中国实用新型专利申请，专利申请日为是2013年5月6日，授权公告日为2013年10月23日。

对比文件1的说明书记载：清洁机器人在擦拭玻璃时，由于玻璃等被擦拭物表面经常覆盖有较深污垢，需要加湿抹布才能够顺利将这些污垢清除，因此，擦窗机器人在作业时需要进行喷水，以润湿抹布；擦窗机器人在清洁过程中由于喷水量非常大，导致整个清洁玻璃表面聚集大量的水，引起机器人行走打滑，而且还容易形成水渍，影响清洁效果。针对该技术问题，对比文件1提出了一种雾化清洁机器人，图3-3-15为该雾化清洁机器人的主视结构示意图。

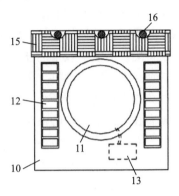

图3-3-15 案例3-3-7
对比文件1雾化清洁
机器人的主视结构示意

对比文件1的雾化清洁机器人可以为擦窗机器人，擦窗机器人1包括本体10、吸附装置11、行走装置12、清洁部15和喷雾部16。吸附装置11和行走装置12分别安装在本体10上。其中，吸附装置11的设置可防止擦窗机器人1在玻璃立面上脱落，行走装置12的设置可方便擦窗机器人1在玻璃立面上行走。清洁部15包括抹布151、海绵152和第一魔术贴153。抹布151采用绒布，具有合适的吸水功能和摩擦功能，适合擦拭玻璃表面。海绵152敷设在抹布151的内侧面，与抹布151平齐，海绵152厚度大于抹布151的厚度，具有较好的吸水性和存水性。喷雾部16包括储液箱161、超声波雾化片162和喷头163。喷头163安装在本体10的操作面E上，且位于清洁部15的前方（以擦窗机器人1行走的方向为前方）。擦窗机器人在工作时，喷头163将雾化的液体喷射到玻璃表面，同时擦窗机器人1吸附装置11和行走装置12动作，在保证擦窗机器人1不脱离玻璃面的基础上在玻璃面上行走，清洁部15在行走过程中进入喷雾部16喷射过液体的玻璃面，抹布151在液体的浸润下对玻璃表面进行擦拭清洁，带有灰尘等杂质的液体存储到海绵152中，擦窗机器人1在行走装置12的动作下，依次经过窗面的各个部分，就将窗面全部擦拭干净。

对比文件2涉及名称为"干湿两面抹布"的中国实用新型专利申请，专利申请日为2010年12月31日，授权公告日为2011年10月5日。

对比文件2的说明书记载：抹布在使用时需要干抹布和湿抹布交替使用，且湿抹布本身结构单一，不能提供输水功能，使用起来十分不便。针对该技术问题，对比文件2提出了一种干湿两面抹布，图3-3-16为该干湿两面抹布的结构示意图。对比文件2公开的干湿两面抹布由干抹布1、湿抹布2以及隔水层3组成，干抹布1位于隔水层3下面，湿抹布2位于隔水层上面，隔水层3位于干抹布1与

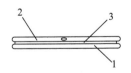

图3-3-16 案例3-3-7
对比文件2干湿两面
抹布的结构示意

湿抹布 2 中间。使用时先往入水管里注水，待抹布充分湿润后就可以方便实用。

对比文件 1 的擦窗机器人与该专利属于相同的技术领域；其采用的技术手段也与该专利相似，同样包括行走装置及用来储存清洗用液体的储液箱，且其清洁部同样设置于擦窗机器人的底部。同时，对比文件 1 还公开，喷头将雾化的液体喷射到玻璃表面，清洁部在行走过程中，经过喷射过液体的玻璃表面并通过抹布对液体浸润过的玻璃表面进行擦拭。对比文件 1 与该专利的不同在于设置于擦窗机器人底部的清洁部件不同。因此，该专利与对比文件 1 的区别特征在于：抹布包括干燥区域、渗水区域和隔离层，隔离层位于干燥区域和渗水区域之间，可实现渗水区域和干燥区域的先后顺序擦拭。基于该区别特征，该专利实际要解决的技术问题是如何实现干湿地面的先后擦拭。

对比文件 2 公开的干湿两面抹布包括呈上中下排列的湿抹布、隔水层和干抹布，使用时可以对湿抹布进行注水湿润，然后干湿抹布交替使用。

对于独立权利要求 1 和独立权利要求 7，相对于上述对比文件 1 和对比文件 2，实用新型专利权评价报告的专利评价意见认为：对比文件 2 公开的干湿两面抹布由干抹布（即干燥区域）、湿抹布（即渗水区域）和隔水层（即隔离层）组成，隔水层位于干抹布和湿抹布之间，且对比文件 2 的作用与上述区别特征的作用相同，都是用于使得抹布具备干湿功能，从而可以消除单一湿抹布清洁后留下的水渍影响；对比文件 2 的干湿两面抹布在使用过程中先用湿抹布擦拭后，再用干抹布擦拭湿抹布清洁后留下的水渍，实现渗水区域和干燥区域的先后顺序擦拭；因此，对比文件 2 给出将区别特征应用到对比文件 1 以解决干湿地面的先后擦拭的技术启示。专利权人在答复上述实用新型评价报告的意见陈述书中认为，该专利的抹布是湿拖干擦一步到位的一体化抹布，渗水区域和干燥区域位于隔离层的左右两侧，三者之间呈左中右的平铺结构，在使用时干燥区域位于渗水区域后方，一次擦拭过去可达到湿拖干擦一步到位的清洁效果；对比文件 2 的干湿两面抹布需要解决的是手用抹布场景中两块干湿抹布交替使用不便的问题，其干抹布、隔水层与湿抹布之间构成上中下结构，在使用时先用湿抹布面进行擦拭，然后对抹布进行调换，调换到干抹布面进行擦拭，是两个擦拭过程，无法通过一次擦拭达到湿擦干擦一步到位的擦拭效果；从抹布结构、使用方式和使用效果来看，对比文件 2 中的抹布均与该专利的抹布不同。

由此可见，专利权人与国家知识产权局相关审查部门的争议点在于，对比文件 2 的干湿两用抹布是否给出任何应用到对比文件 1 从而得到该专利的抹布以解决干湿地面先后擦拭达到进一步清洁的技术启示。专利权人认为：对比文件 2 的抹布在结构上抹布、隔水层与湿抹布之间是上中下结构，与该专利的抹布的渗水区域、隔离层、干燥区域构成的左中右结构不同；对比文件 2 的抹布是手动使用，使用时需对抹布进行干湿面的调换翻转才能实现干湿擦拭交替使用的技术效果，而该专利的抹布则是一体化抹布，一次擦拭能够达到湿拖干擦的清洁效果。

与证据 4 和证据 2 组合时的问题相似，对比文件 1 和对比文件 2 要实现组合，需要有将对比文件 2 应用到对比文件 1 的技术启示，而该技术启示的获得，需要对比文件 1

的擦窗机器人具有改进需求，在此基础上，在现有技术中寻找能够解决干湿地面的先后擦拭的技术问题的技术手段。而对比文件2的抹布正好解决了相同的技术问题，也达到了相同的技术效果。同时，也能够获知，对比文件2的抹布从结构的记载上和该专利要求保护的技术方案与对比文件1的上述区别特征相同。因此，同样地，按照"三步法"第三步关于是否显而易见的判断，是否具有技术启示的焦点在于，采用对比文件2中的抹布对对比文件1的清洁部进行改进后获得的擦窗机器人是不是也能够实现渗水区域和干燥区域的先后顺序擦拭。

关于抹布结构，对比文件2的抹布一面是干抹布，另一面是湿抹布，其在抹布的正反面分别设置干抹布和湿抹布，呈现上中下结构，与该专利的抹布前方是干燥区域、后方是干燥区域的左中右平铺结构不同，但关于抹布的排布结构特征并未限定在该专利的技术方案中；关于使用方式，对比文件2的抹布在使用时，先用湿抹布面进行擦拭，然后对抹布进行调换，调换到干抹布面进行擦拭，是两个擦拭过程，而该专利的抹布则是湿拖干擦一步到位，二者的使用方式虽然不同，但作用是相同的，都是实现渗水区域和干燥区域的先后顺序擦拭；关于使用效果，对比文件2的抹布在使用时，先用湿抹布面进行擦拭，然后用干抹布面对湿抹布擦过的清洁面再次进行擦拭，实现了湿干两擦先后完成以达到进一步清洁的技术效果，而该专利的抹布在使用时也是通过渗水区域湿拖，干燥区域对渗水区域湿拖后留下的水渍进行干擦，实现湿拖干擦以达到进一步清洁的技术效果，即对比文件2达到的技术效果与该专利需要达到的技术效果是相同的。

在分析结合启示之前，先来看看对比文件1的改进需求。由上述对比文件1公开的技术内容可以看到，对比文件1解决的是用湿抹布清除污垢时在清洁表面留下水渍影响机器人行走打滑和清洁效果的技术问题，擦窗机器人在清洁玻璃表面的过程中，喷雾部将雾化的液体喷射到玻璃表面，抹布在行走过程中在液体浸润下对玻璃表面进行擦拭清洁并将清洁后遗留的带有灰尘等杂质的液体存储到海绵中。面对对比文件1的技术方案，本领域技术人员容易获知，对比文件1的擦窗机器人在抹布的湿润擦拭后会留下水渍，虽然对比文件1通过海绵吸收遗留液体兼顾到了水渍擦拭的需求，但本领域技术人员可知将水渍擦干是获得更好的清洁效果的进一步清洁需求，也就是说，对比文件1具有先湿擦后干擦以获得更好的清洁效果的技术需求。面对对比文件1的该技术需求，对比文件2的抹布也具有干湿两部分，也可以实现湿区域和干区域的先后顺序擦拭，达到擦拭遗留水渍的技术效果。那么，在对比文件2公开的干湿两面抹布的结构基础上，既然该抹布在其技术方案中的作用和效果与该专利的抹布相同，那么是否就可以将其应用到对比文件1的擦窗机器人中以改进擦窗机器人的抹布结构从而获得该专利的技术方案了呢？对此，本领域技术人员容易知道，对比文件1的擦窗机器人的抹布是不能自动翻面的，在工作过程中，擦窗机器人的清洁部始终固定在其下部，清洁部的工作面朝向玻璃与玻璃接触，随着擦窗机器人的行进对玻璃进行擦拭；将对比文件2的干湿两面抹布安装到对比文件1的擦窗机器人底部时，由于对比文件2的抹布是上中下结构，因此，结合后的技术方案就会出现两种情况，一种是湿抹布面作为工作面、干抹布面作为与擦窗机器人连接的非工作面以湿抹布进行擦拭,另一种是干抹布面作为工作面、湿抹布作为与擦窗机器人连接的非工作面以干抹布进行擦拭。这两种技术方案,无论是哪一种,均只能实现一种形态的擦拭,要么是湿抹布擦拭,要么是干抹布擦拭,改造后所实现的技术效果要么是单一的湿擦,要么是单一的干擦,均无法实现该专利所要达到的先湿擦后干擦以消除湿抹布擦拭后的水渍的技术效果。

那么,与证据 4 和证据 2 的组合方式相比,对比文件 1 和对比文件 2 的组合方式中,对比文件 1 与证据 4 相同,也具有先湿擦后干擦以获得更好的清洁效果的技术需求;对比文件 2 与证据 2 相同,也具有湿抹布、干抹布和隔离层的结构,也都能够实现干湿两用的技术效果。那么,为何证据 4 和证据 2 组合后能够达到该专利的技术效果,而对比文件 1 和对比文件 2 组合后却不能呢? 首先,对比文件 2 中的干湿两面抹布与对比文件 1 中的擦窗机器人中的抹布使用场景是不一样的,对比文件 2 的抹布是手动使用,湿、干两个部分虽然能实现先后擦拭,但是依靠的是使用中的手动翻转,而将该抹布安装到对比文件 1 的擦窗机器人上之后,由于在擦拭中擦窗机器人无法实现抹布的自动翻转,因此之前对比文件 2 中的湿干先后擦拭这个关键作用消失,从而导致在将对比文件 2 中的抹布结合到对比文件 1 后无法解决该专利想要解决的技术问题,无法达到预期的技术效果。其次,证据 4 的多功能拖布的干湿抹布在一个平面上,与证据 2 的擦窗机器人的使用场景相同,工作方式也相同,因此,证据 4 和证据 2 结合后,证据 4 的多功能拖布仍然能够实现其原有功能,达到了预期的效果。

由上述分析可知,虽然对比文件 2 的干湿两面抹布在其技术方案中所起的作用与上述区别特征在该专利中为解决上述实际要解决的技术问题所起的作用相同,且达到的技术效果与该专利需要达到的技术效果也相同,但在"三步法"关于结合启示的判断中,在得到对比文件 1 具有改进需求后,还需要判断具有相同作用和相同技术效果的对比文件 2 的抹布结合到对比文件 1 的擦窗机器人中时所得到的改进的技术方案是否能够也达到先湿擦后干擦以消除湿抹布擦拭后的水渍的技术效果。也就是说,在上述"三步法"关于结合启示的判断中,对比文件 2 的干湿两面抹布也是起到先湿擦后干擦的作用,但是当将对比文件 2 的干湿两面抹布应用到对比文件 1 的擦窗机器人中对其清洁部的结构进行改进后得到的擦窗机器人的技术方案却达不到与该专利技术方案所获得的先湿擦后干擦以消除湿抹布擦拭后的水渍相同的技术效果。对比文件 2 的干湿两面抹布结合到对比文件 1 的擦窗机器人时,其湿干先后擦拭这个关键作用已经消失,用对比文件 2 的干湿两面抹布对对比文件 1 的擦窗机器人进行改进是得不到该专利的技术方案的。因此,对比文件 2 与对比文件 1 不能结合,不具有结合启示。由此可知,相对于对比文件 1 和对比文件 2 的结合,该专利的技术方案是非显而易见的,具有突出的实质性特点。

在创造性"三步法"第三步关于显而易见性的判断中,审查员不仅需要考虑最接近的现有技术是否具有向着本专利实际要解决的技术问题方向改进的需求、另一现有技术中的相关手段与区别特征是否相同,以及该相关手段在该另一现有技术中的作用与区别特征在要求保护的发明中为解决本专利实际要解决的技术问题所起的作用是否相同，同时还需要考虑将该另一现有技术中的相关技术手段应用到最接近的现有技术后所获得的对最接近的现有技术改造后的技术方案整体是否能够达到本专利所要达到的技术效果，也就是说，将上述相关技术手段应用到最接近的现有技术后，该相关技术手段是否也同样在改造后的技术方案中发挥着同样的作用。如果该相关技术手段的原有作用在改造后的技术方案中变化或消失了，改造后的技术方案通常无法实现本专利所需要达到的技术效果。

评价发明的创造性时，发明的技术方案本身、所属技术领域、所解决的技术问题和所产生的技术效果应当作为一个整体看待，四者是一个有机的整体，孤立地考量任何一个方面都是片面的。同样地，在分析现有技术公开的内容时，也应当立足于整体把握该现有技术的技术方案、技术领域、技术问题和技术效果。在创造性评判过程中，如果只关注技术特征的集合、技术方案的技术领域和区别特征所解决的技术问题，依此对现有技术改造后便得出具有技术启示的结论，则会由于缺失技术效果的考量导致不能还原本发明，造成判断错误。

技术效果作为发明实际解决的技术问题的确定依据，作为技术启示的判断过程中对改造后的技术方案的验证手段，在创造性审查过程中起着至关重要的作用，其能够决定对现有技术改造后能否获得本专利的技术方案。在对现有技术的技术方案进行分析时，尤其是当对区别特征对应的相关技术手段进行认定时，不应当将该相关技术手段在现有技术中所达到的技术效果与区别特征在本专利中的技术效果进行简单生硬的对应，而忽略现有技术结合时的技术启示的客观存在。

同时，在发明还原过程中，需要站位本领域技术人员，基于最接近的现有技术的改进需求，根据本专利所要达到的技术效果确定改造路线，循着现有技术的技术手段，朝着对最接近的现有技术改造后的技术方案获得的技术效果与本专利所要达到的技术效果相同的方向，改造现有技术。

3.3.5.2 对多个技术效果的考量

《专利审查指南2010》第二部分第四章第3.2.1.1节在"三步法"中，关于区别特征如何根据技术效果确定技术问题的规定中记载："重新确定的技术问题可能要依据每项发明的具体情况而定。作为一个原则，发明的任何技术效果都可以作为重新确定技术问题的基础，只要本领域的技术人员从该申请说明书中所记载的内容能够得知该技术效果即可。对于功能上彼此相互支持、存在相互作用关系的技术特征，应整体上考虑所述技术特征和它们之间的关系在要求保护的发明中所达到的技术效果。"

我国专利法和专利审查指南虽然仅规定了任何技术效果都可以作为重新确定技术问题的基础，但从发明创造性的立法本意和司法实践中可以获知，区别特征在发明中实际所能够解决的技术问题应当与其对现有技术的技术贡献相适应，确定发明实际解决的技术问题并不是在区别特征于所属技术领域范围内能够实现的所有技术效果中选择，应当是从要求保护的技术方案的说明书所记载的技术内容中获知该技术效果，而不应当扩充到可以扩散的所有技术效果中。对此，欧洲专利局认为，在选择确定客观技术问题时，应当以发明申请中表述的技术问题作为起点，客观界定要解决的技术问题一般应当从描述在发明申请中的技术问题开始，只有在审查后认定发明申请公开的技术问题没有被解决或者由于选择的现有技术不恰当导致认定的技术问题不准确时，才有必要考察其他客观存在的技术问题。❶ 由此可见，欧洲专利局的观点与我国的审查实践是一致的，即确定发明实际解决的技术问题的技术效果基础应当首先来源于发明申请在说明书中的记载。

发明人在撰写发明专利申请的过程中，通常通过多个技术效果来主张其技术贡献。一项技术特征同时能够实现多个方面的作用和技术效果，是发明作出技术创新的常见方式。发明人经常通过在说明书中记载多个技术效果以期获得技术创新性的认定。然而，说明书中记载的多个技术效果并不一定都是要求保护的技术方案能够带来的。实际的技术效果的认定，应当充分站位本领域技术人员，综合考虑现有技术状况、技术特征本身的属性、技术方案中技术特征之间的相互关系等。

专利审查指南中对创造性审查的整体原则规定，衡量发明是否具备创造性不仅要站位本领域技术人员，综合考量技术方案本身，也要考虑技术方案产生的技术效果。整体审查原则不仅适用于待审专利的技术方案，同样也适用于现有技术。按照整体审查原则，应当对说明书记载的多个技术效果、最接近的现有技术的效果以及二者之间的效果差异作出所属技术领域范围内的客观判断。

当说明书记载多个技术效果时，对技术效果的客观认定通常有以下几种情形❷：①如果说明书中记载的多个技术效果中的部分技术效果是所属技术领域的技术人员基于说明书的记载无法实现的，那这部分技术效果不应当被考虑；②如果说明书记载的多个技术效果是密切相关的，应当同时考虑；③如果说明书记载的多个技术效果的部分技术效果是与相关技术特征无关的技术效果，也不适合作为确定技术问题的依据。

对于要求保护的技术方案记载的多个技术效果和现有技术记载的技术效果之间的差异性，有观点认为，当要求保护的技术方案的说明书中存在多个技术效果而现有技术中仅记载部分技术效果时，可以基于多个技术效果分别确定发明实际要解决的技术问题，只要现有技术能够给出解决其中一个技术问题且获得对应的一个技术效果的技术启示，则要求保护的技术方案相对于所属技术领域的技术人员来说就是显而易见的，则权利要求不具备创造性。❸ 还有观点认为，如果说明书中明确记载了区别特征同时具有多个方面的作用功能和技术效果，那么在确定权利要求限定的技术方案实际解决的技术问题以及现有技术是否公开该区别特征、现有技术整体上是否给出技术启示时，应当综合考虑该区别特征实际具有的所有作用功能和技术效果，即需要现有技术能够给出解决所有技术问题并获得对应的所有技术效果的技术启示，要求保护的技术方案相对于所属技术领域的技术人员来说才是显而易见的，此时才能够判定权利要求不具

❶ 石必胜. 专利创造性判断研究［M］. 北京：知识产权出版社，2012：268.
❷ 王冬. 决定评析：多个技术效果在确定实际解决技术问题中的考量［EB/OL］.（2022 - 02 - 15）［2023 - 03 - 24］. https：//mp. weixin. qq. com/s/ - eL66ZDh_EjsLn5MjlqE8Q.
❸ 北京市高级人民法院（2017）京行终 2473 号行政判决书。

备创造性，否则只要现有技术未给出获得上述任意一个技术效果的技术启示，则权利要求就具备创造性。❶

在审查实践中，第一种观点是"三步法"判断法则中较为普遍采用的观点。由欧洲专利局和我国的相关规定及判例可知❷，到达发明申请的路径有多种，只要其中一种路径相对于所属技术人员来说是显而易见的，就可以认定发明申请不具备创造性；由于作为出发点的现有技术不同，同一个发明相对于不同出发点能够解决的技术问题也不相同，但只要是其中一条道路相对于所属技术领域的技术人员是显而易见的，发明就不具备创造性。由此可见，只要从众多现有技术的其中一个现有技术出发，沿着到达发明的对应发明路径，能够达成发明并获得该路径获得的技术效果，则可以认定发明申请是显而易见的，不具备创造性。但在近些年的判决中，也出现了不少支持第二种观点的判例，认为沿着现有技术出发，只要有一条路径不能到达能够获得相应的技术效果的发明，则认为发明申请是具备创造性的。

因此，对于存在多个技术效果的技术启示的认定以及在多个技术效果的情形下，如何考量技术效果对发明的技术方案的影响，成为创造性审查实践过程中常常遇到的难点和争议点。下面通过具体案例对该问题进行分析。

【案例 3-3-8】 一种设有金属保护层的豆浆机

【案情介绍】

该案涉及一种设有金属保护层的豆浆机的中国实用新型专利申请，专利权人为九阳股份有限公司，专利申请日为 2009 年 12 月 30 日，授权公告日为 2010 年 11 月 24 日。涉案专利说明书记载：现有豆浆机的机头下盖一般采用塑料材料制成，用户在清洗过程中容易损伤机头下盖的外表面，导致清洗困难、外观变差等，给人感觉不够卫生，而直接把机头下盖的材料换成金属，其隔热效果会大打折扣，会导致机头内电机等电器件故障率增高。

针对上述技术问题，该专利提出一种设有金属保护层的豆浆机，图 3-3-17 为该设有金属保护层的豆浆机的剖面结构图。

该专利提供的设有金属保护层的豆浆机包括机头 1 和杯体 2，机头 1 放置在杯体 2 上，机头 1 内置电机 3，机头 1 包括机头上盖 11 和机头下盖 12，防溢电极 7 设置在机头下盖 12 上，机头下盖 12 由塑料制成，其外表面还包覆有一金属保护层 4，为了保证机头下盖 12 和金属保护层 4 之间不进浆液，在二者的底部和顶部设有底部密封件 5 和顶部密封件 6。金属保护层 4 由不锈钢材料制成。由于在豆浆机机头下盖外表面包覆了不锈钢金属保护层，其表面硬度高，耐刮伤，也有一定的隔热效果，且该不锈钢金属保护层不会被水果和蔬菜的色素染色。

由该专利说明书记载可见，为了解决耐划伤、隔热的技术问题，在机头下盖外表

---

❶ 最高人民法院（2018）最高法行再 131 号行政判决书。

❷ 石必胜. 专利创造性判断研究 [M]. 北京：知识产权出版社，2012：268-269.

面包覆不锈钢材料制成的金属保护层 4。

授权公告的独立权利要求 1 如下：

> 1. 一种设有金属保护层的豆浆机，包括机头
> 和杯体，机头放置在杯体上，机头内置电机，机头
> 包括机头上盖和机头下盖，其特征在于，机头下盖
> 外表面还包覆有一金属保护层。

2011 年 4 月 14 日，第一无效宣告请求人以该专利
权利要求 1—8 不符合《专利法》第 22 条第 3 款的规定
为由，向国家知识产权局提交了无效宣告请求书，请求
宣告该专利授权公告文本的权利要求 1—8 全部无效，
同时提交了证据 1 和证据 2。在无效宣告请求中，请求
人认为，权利要求 1—8 相对于证据 1 与本领域公知常
识的结合或相对于证据 2 和本领域公知常识的结合不具
备创造性。

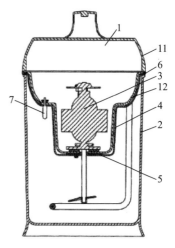

图 3 - 3 - 17　案例 3 - 3 - 8
设有金属保护层的
豆浆机的剖面结构

2011 年 5 月 25 日，第二无效宣告请求人以该专利权利要求 1—8 不符合《专利法》
第 22 条第 3 款的规定等为由，向国家知识产权局提交了无效宣告请求书，请求宣告该
专利授权公告文本的权利要求 1—8 全部无效，同时提交了证据 1—6（其中，证据 1 和
证据 2 与第一无效宣告请求人提交的证据 1 和证据 2 相同）。对于独立权利要求 1，在
无效宣告请求中，请求人认为，权利要求 1 相对于证据 1 和证据 2 的结合不具备创
造性。

专利复审委员会对上述两件无效宣告请求案件合并审理，于 2011 年 12 月 22 日作
出第 17760 号无效宣告请求审查决定。该决定认为，权利要求 1—8 相对于证据 1 和证
据 2 的结合不具备创造性等，因此宣告该专利权利要求 1—8 全部无效。

专利权人对上述决定不服，向北京市第一中级人民法院提起诉讼，请求撤销上述
无效宣告请求审查决定。经审理，北京市第一中级人民法院于 2012 年 11 月 20 日作出
（2012）一中知行初字第 499 号行政判决，维持上述无效宣告请求审查决定。

专利权人对该一审判决不服，向北京市高级人民法院提起上诉，请求撤销上述行
政判决。经审理，北京市高级人民法院于 2013 年 7 月 12 日作出（2013）高行终字第
350 号判决，针对权利要求 7 和权利要求 8 具有创造性的主张，撤销上述（2012）一中
知行初字第 499 号行政判决和第 17760 号无效宣告请求审查决定。

2013 年 12 月 6 日，第三无效宣告请求人提交了无效宣告请求书，认为独立权利要
求 1 相对于证据 1 和证据 2 的结合不具备创造性。

专利复审委员会对（2013）高行终字第 350 号判决撤销的两件无效宣告请求案件
及上述第三无效宣告请求人提交的无效宣告请求案件进行合并审理，并于 2014 年 6 月
17 日作出第 22995 号无效宣告请求审查决定。对于独立权利要求 1，该决定认为，权利
要求 1 相对于证据 1 和证据 2 的结合不具备创造性。第三无效宣告请求人对上述决定不

服，向北京市第一中级人民法院提起诉讼，请求撤销上述无效宣告请求审查决定。经审理，北京市第一中级人民法院于 2015 年 1 月 6 日作出（2014）一中行（知）初字第 8790 号行政判决，维持上述无效宣告请求审查决定。

【案例评析】

该案经历三次无效宣告请求和三次法院审理。由上述案情记载可知，对于权利要求 1，三次无效宣告请求和三次法院审理意见均认为其相对于证据 1 和证据 2 的结合不具备创造性，专利权人不认可该结论并多次上诉。那么，该案例历经的上述审理过程中，各方的意见分歧点出现在哪里，对支持观点的证据持有什么样的看法，应当如何客观审视关键证据对该专利技术方案创造性的影响？

由上述案情记载可知，对于结合启示，该案例的审理过程主要涉及证据 1 和证据 2 的结合是否能够评述权利要求 1 的创造性，其中核心在于证据 2 是否能够应用到证据 1 得到权利要求 1 的技术方案。因此，以下对所涉及的证据和各方意见分歧进行分析。

证据 1 涉及名称为"豆浆机"的中国发明专利申请，专利申请日为 2009 年 4 月 20 日，公开日为 2009 年 9 月 23 日。

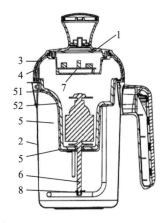

图 3－3－18 案例 3－3－8 证据 1 豆浆机的 结构示意

证据 1 的说明书记载，传统豆浆机机头下盖为单层结构，由食品级 PP 塑胶材料注塑而成，当制作有色食材豆浆时容易使得下盖染色难以清洗，给人不卫生的感觉，而不染色的塑胶材料存在非食品级或机械性能不够或材料成本过高的问题。针对上述技术问题，证据 1 提出了一种豆浆机，图 3－3－18 为该豆浆机的结构示意图。

证据 1 的豆浆机包括杯体 2 以及套设在杯体 2 上的机头 1，机头 1 包括一上盖 3 和与上盖 3 相盖合的下盖 5，在机头 1 上固定安装有电机轴 6 和控制电路 7，电机轴 6 向下延伸入电机室下方的杯体 2 内，电机轴 6 端部装有粉碎刀具 8，所述机头下盖 5 由内层 51、外层 52 成型为复合层结构。所述复合层结构的内层、外层经双色注塑而成，所述复合层结构还有另一变形结构，由套装在一起的内层 51、外层 52 构成。所述机头下盖 5 的外层采用食品级且不易被食品染色的材料制造。

证据 2 涉及名称为"用于家用豆浆机和豆腐机的加强装置"的中国发明专利申请，专利申请日为 2004 年 3 月 3 日，公开日为 2005 年 3 月 23 日。

证据 2 的说明书记载，传统的家用豆浆和豆腐机的底盘罩太短，未被底盘罩覆盖的主体下部受热变形，从而产生振动和噪声。针对上述技术问题，证据 2 提出了一种家用豆浆和豆腐机加强装置，图 3－3－19 为该加强装置的剖面图。

证据 2 的家用豆浆和豆腐机的加强装置包括主体 2、驱动电动机 3、驱动轴 4、刀片 5 和底盘罩 8，底盘罩 8 覆盖和保护主体 2 的下部和驱动轴 4 的一部分底盘罩 8 延伸一预定长度从而形成延伸部分 81，用金属制作带有延伸部分 81 的底盘罩 8，可以防止

用塑料制成的主体 2 的下部因受热产生热变形，进而防止
材料对人体产生毒性和降低振动及噪声。

证据 1 公开的豆浆机与涉案专利属于相同的技术领域，
其基础结构与该专利的豆浆机相似，与该专利的不同在于
设置于机头下盖外表面的覆盖层不同。因此，该专利与证
据 1 的区别特征在于：该专利的机头下盖外表面包覆有金
属保护层，证据 1 的机头下盖 5 的外层采用食品级且不易
被食品染色的材料制造。基于该区别特征，该专利实际要
解决的技术问题是耐刮伤、隔热保护以及防止被水果和蔬
菜的色素染色。

证据 2 公开的家用豆浆和豆腐机与该专利也属于相同
的技术领域，其加强装置中包括用金属制作带有延伸部分
的底盘罩，该底盘罩可以防止主体下部产生热变形。

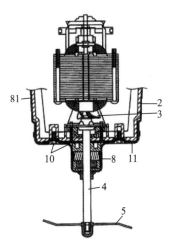

图 3 – 3 – 19　案例 3 – 3 – 8
证据 2 加强装置的剖面

对于独立权利要求 1，在上述审理过程中，第二无效
宣告请求人认为：证据 2 中的底盘罩由金属制成，相当于该专利的金属保护层，能够
起到隔热作用。第三无效宣告请求人认为：证据 2 中给出采用金属覆盖层来保护机头
下盖表面的技术启示，耐刮伤是金属材料所具备的公知客观属性。专利权人认为：证
据 1 没有任何启示要实现耐刮伤的效果或任务，证据 2 的目的是为了避免主体下部因
受热产生热变形，并未给出耐刮伤、保护机头下盖同时具有较佳隔热效果的技术启示。
专利复审委员会、北京市第一中级人民法院、北京市高级人民法院均认为：虽然证据 1
未明确提及外层材质，但其采用内外层的构造是为了解决食品级 PP 塑胶材料制作的下
盖容易染色、不易清洗、机械性能不够等技术问题，在此启示下，本领域技术人员很
容易想到选择一种不容易染色、容易清洗且机械强度高的材料来制作其中的外层结构；
该专利的金属保护层具有隔热效果，证据 2 的金属底盘罩可以防止用塑料制成的主体
下部因受热而产生热变形，即证据 2 给出了采用金属覆盖层来保护机头下盖表面的技
术启示；尽管证据 2 没有明确提到耐刮伤性能，但这是金属材料所具有的公知客观属
性，本领域技术人员在选择金属制作底盘罩时，很容易意识到其保护作用不仅仅体现
在防止塑料材料对人体产生毒性、降低振动及噪声等方面，而且还有耐刮伤、易清洗
等隐含的附加优点。

由此可见，专利权人与无效宣告请求人、专利复审委员会、北京市第一中级人民
法院、北京市高级人民法院的分歧在于证据 1 和证据 2 的结合是否能够达到耐刮伤的
技术效果。

对于该专利与证据 1 的上述区别特征，由说明书记载可知，该专利的豆浆机下盖
外表面包覆有金属保护层，由于硬度高，能够降低钢丝球等洁具对其表面的损伤，同
时，由于机头下盖和金属保护层之间有一定的间隙，因此能够增强整体隔热效果，降
低机头内的电机等电器件因散热不佳导致的高故障率。根据说明书记载，所属技术领
域的技术人员根据所属技术领域的技术常识能够获知上述区别特征可以带来耐刮伤、

隔热保护的技术效果。且所属技术领域的技术人员根据金属与塑料的特性可知，金属相对于塑料而言更抗染色，因此，上述区别特征还能够带来防止被水果和蔬菜的色素染色的技术效果。即根据上述区别特征达到的耐刮伤、隔热保护和防止染色的多个技术效果可以确定该专利实际要解决的技术问题。换言之，该专利与证据1的区别特征能够达到该专利说明书所记载的多个技术效果。

证据1要解决的是食品级PP塑胶材料制作的机头下盖易染色、不易清洗、机械性能不够及材料成本过高的技术问题。虽然证据1未记载下盖外层的材料，但面对证据1这样的技术问题，选择的外层材料需要能够达到不容易染色、容易清洗、机械强度高及材料成本不宜过高的技术效果，本领域技术人员有动机在现有技术已有材料中选择能够满足上述需求的材料。而金属材料作为能够达到上述技术效果的常见材料，是本领域技术人员容易获取的。也就是说，在证据1公开的技术内容的基础上，所属技术领域的技术人员对其下盖外层材料的选择有改进需求和动机。对于金属材料制作外层，证据2公开用金属制作底盘罩用于防止主体下部因受热产生的热变形，其达到了保护主体下部的技术效果，与该专利的隔热进而保护下盖内的电机等部件的技术效果是一致的。也就是说，当证据2应用于证据1中的能够解决通过金属外层保护下盖内的部件以达到隔热和防止染色的技术效果，即在证据1结合证据2的基础上能够还原该专利要求保护的达到隔热和防止染色的技术效果的技术方案。相对于所属技术领域的技术人员来说，获得该技术效果的技术方案是显而易见的。

而对于耐刮伤的技术效果，证据1和证据2中均未明确提到可以达到耐刮伤的技术效果。由上述案情记载可知，对应于耐刮伤的技术效果的技术方案是否是显而易见的，成为专利权人与无效宣告请求人、专利复审委员会、北京市第一中级人民法院、北京市高级人民法院的争辩焦点。对于金属材料而言，耐刮伤是绝大多数金属材料所具有的公知客观属性，所属技术领域的技术人员在选择金属材料时，均能获得常见金属材料的硬度高、延展性好、易导电等特性。在选用金属材料制作底盘罩时，很容易意识到其保护作用不仅仅体现在防止塑料材料对人体产生毒性、并能降低振动及噪声等方面，而且还有耐刮伤、易清洗等隐含的附加优点。也就是说，证据2中虽然没有记载金属材料能够达到耐刮伤的技术效果，但该技术效果是由金属材料本身属性带来的，是在选用金属材料制作底罩时自然而然带来的技术效果。因此，证据2中用于保护主体下部的底盘所使用的金属材料能够应用到证据1的豆浆机的下盖外层中，不仅能够达到所记载的保护机头下盖的技术效果，还能获得耐刮伤、易清洗的附加技术效果。也就是说，当证据2应用于证据1中还能够达到耐刮伤的技术效果，即在证据1结合证据2的基础上，也是能够还原该专利要求保护的、达到耐刮伤的技术效果的技术方案的。相对于所属技术领域的技术人员来说，获得该技术效果的技术方案也是显而易见的。

由上述分析可知，在"三步法"关于结合启示的判断中，证据2中用金属制作底盘罩给出了将该专利与证据1的区别特征应用到证据1的技术启示，本领域技术人员有动机将证据2的金属材料层应用到证据1的豆浆机外层，即本领域技术人员在证据2

的启示下，能够很容易将证据 1 和证据 2 结合以获得该专利的技术方案，不仅能够达到所记载的保护机头下盖的技术效果，还能获得耐刮伤、易清洗的附加技术效果。虽然证据 1 和证据 2 中仅记载了部分与该专利的技术效果一致的技术效果，即保护机头下盖部件，而未记载耐刮伤、易清洗这样的技术效果，但这些未记载的技术效果是本领域技术人员能够从金属的公知客观属性中获得的，是本领域技术人员能够直接地、毫无疑义地获得的技术效果，因此该技术启示是显然的，证据 1 和证据 2 的结合后获得的技术方案是显而易见的。

对于说明书中记载的多个技术效果，应当充分站位所属技术领域的技术人员，对多个技术效果在技术方案中是否能够真正实现进行考量。对于待审专利记载的多个技术效果，应当从说明书的记载及现有技术状况、技术特征的客观属性等多个方面对多个技术效果逐一考察，客观掌握其实现性。对于现有技术记载的多个技术效果，当与待审专利进行差异比对时，说明书记载的技术效果需要考虑，说明书中相应技术特征的本质特性也是获得相应技术效果的重要依据。

如果本专利或现有技术中未记载某个技术效果，但是该技术效果可以由技术特征本身应用在技术方案中客观带来的，或者是由技术特征本身能够推定的，那么即便该技术效果未被记载，也应当是该技术特征所在的技术方案能够获得的技术效果，是根据说明书技术方案的记载获得的附加技术效果，是技术方案由于技术特征本身的应用而带来的奖励式技术效果。

同时，如果说明书记载的多个技术效果是密切相关的，也就是说明书记载的多个技术效果之间是相互关联的，则其应当是同一个技术特征本身或一组技术特征相互作用带来的，该多个技术效果的获得通常是不可分割的，应当作为一组技术效果进行整体考量。相反地，如果说明书记载的多个技术效果是相互排斥的，则应当充分了解技术信息，合理、正确地划分和区分发明的实际技术贡献，对多个技术效果对应的每个技术方案独立进行创造性判断。

3.3.5.3　对预料不到的技术效果的考量

《专利审查指南 2010》第二部分第四章第 5 节"判断发明创造时需考虑的其他因素"中提出，当发明属于解决了人们一直渴望解决但始终未能获得成功的技术难题、克服了技术偏见、取得了预料不到的技术效果、在商业上获得成功这几种情形时，审查员应当予以考虑，不应轻易作出发明不具备创造性的结论。同时，在该章第 5.3 节关于"发明取得了预料不到的技术效果"中规定："发明取得了预料不到的技术效果，是指发明同现有技术相比，其技术效果产生'质'的变化，具有新的性能；或者产生'量'的变化，超出人们预期的想象。这种'质'的或者'量'的变化，对所属技术领域的技术人员来说，事先无法预测或者推理出来。"《专利审查指南 2010》中对预料不到的技术效果的相关规定表明，预料不到的技术效果是在技术效果的事实基础上作出的判断，其相对于技术效果，既是技术效果的一种，其判断标准又高于技术效果，是技术效果在"质"或"量"累积到一定高度时产生的技术效果，是在发明完成之前无法预测或者推理的。

同时，对于在特定情形下如何考虑预料不到的技术效果对创造性评判的影响，《专利审查指南2010》第二部分第四章第4.3—4.6节也进行了详细的补充规定，依据发明与最接近的现有技术的区别特征的特点，具体给出了预料不到的技术效果在选择发明、转用发明、已知产品的新用途发明、要素变更的发明等多种发明类型的创造性评判中的作用。具体规定如下。

（1）在进行选择发明创造性的判断时，选择所带来的预料不到的技术效果是考虑的主要因素。如果发明仅是从一些已知的可能性中进行选择，或者发明仅仅是从一些具有相同可能性的技术方案中选出一种，而选出的方案未能取得预料不到的技术效果，则该发明不具备创造性。如果发明是在可能的、有限的范围内选择具体的尺寸、温度范围或者其他参数，而这些选择可以由本领域的技术人员通过常规手段得到并且没有产生预料不到的技术效果，则该发明不具备创造性。如果选择使得发明取得了预料不到的技术效果，则该发明具有突出的实质性特点和显著的进步，具备创造性。

（2）如果转用是在类似的或者相近的技术领域之间进行的，并且未产生预料不到的技术效果，则这种转用发明不具备创造性。如果这种转用能够产生预料不到的技术效果，或者克服了原技术领域中未曾遇到的困难，则这种转用发明具有突出的实质性特点和显著的进步，具备创造性。

（3）如果新的用途是利用了已知产品新发现的性质，并且产生了预料不到的技术效果，则这种用途发明具有突出的实质性特点和显著的进步，具备创造性。

（4）如果要素关系的改变没有导致发明效果、功能及用途的变化，或者发明效果、功能及用途的变化是可预料到的，则发明不具备创造性。如果要素关系的改变导致发明产生了预料不到的技术效果，则发明具有突出的实质性特点和显著的进步，具备创造性。如果发明是相同功能的已知手段的等效替代，或者是为解决同一技术问题，用已知最新研制出的具有相同功能的材料替代公知产品中的相应材料，或者是用某一公知材料替代公知产品中的某材料，而这种公知材料的类似应用是已知的，且没有产生预料不到的技术效果，则该发明不具备创造性。如果要素的替代能使发明产生预料不到的技术效果，则该发明具有突出的实质性特点和显著的进步，具备创造性。如果发明与现有技术相比，发明省去一项或多项要素（例如，一项产品发明省去了一个或多个零、部件或者一项方法发明省去一步或多步工序）后，依然保持原有的全部功能，或者带来预料不到的技术效果，则具有突出的实质性特点和显著的进步，该发明具备创造性。

《专利审查指南2010》中以上对特定情形下预料不到的技术效果对创造性评判的影响的规定，建立在"三步法"的评判基础上，技术方案的比对是考虑预料不到的技术效果的前提，在技术启示的判断过程中，在全面考量技术效果的指引下，对预料不到的技术效果进行必要性考虑，是上述特定情形下创造性评判不能遗漏的要素。

进一步地，在创造性的评判过程中，关于在"三步法"中如何考虑预料不到的技术效果，《专利审查指南2010》第二部分第四章第6.3节关于"对预料不到的技术效果的考虑"中规定，在创造性的判断过程中，考虑发明的技术效果有利于正确评价发明的创造性；如果发明与现有技术相比具有预料不到的技术效果，则不必再怀疑其技术方案是否具有突出的实质性特点，可以确定发明具备创造性；如果可以判断出发明的技术方案对本领域的技术人员来说是非显而易见的，且能够产生有益的技术效果，则发明具有突出的实质性特点和显著的进步，具备创造性，此种情况不应强调发明是否具有预料不到的技术效果。预料不到的技术效果是"三步法"的有益补充，作为创造性判断的辅助考量因素，在发明要求保护的技术方案的技术特征集合本身与现有技术相比接近时，对预料不到的技术效果的考量有利于对非显而易见性作出客观判断。

预料不到的技术效果的判断主体与创造性的判断主体一致，均为所属技术领域的技术人员。预料不到的技术效果的认定是所属技术领域的技术人员根据现有技术以及本申请的技术效果作出的全面、客观的评判，而不是专利权人或申请人自己所声称的结果。虽然进行技术效果的比较时针对的是本申请的技术效果和现有技术的技术效果，但仅仅知道本申请的技术效果和现有技术的技术效果不足以判断是否产生了预料不到的技术效果，更重要的是应当比较本申请的技术效果是否超越了所属技术领域的技术人员能够预期的技术效果，也就是该技术效果是否超出了所属技术领域的技术人员能够预期的技术效果的标准线，其判断标准应是说明书中能够确认的技术效果相对于现有技术是否达到了预料不到的程度。而发明产生的所属技术领域的技术人员能够预期的技术效果的标准线需要结合发明的背景技术、所属技术领域的普通技术知识、申请人所提交的证据等综合判断。❶ 技术效果是否能够达到预料不到的程度而使得发明要求保护的技术方案因此具备创造性，所属技术领域的技术人员充分站位本领域技术人员，对技术方案的客观审视和对所属技术领域的技术背景、技术知识有充分的了解是非常重要的。同时，现有技术的技术启示获得的难易程度也直接影响了预料不到的技术效果的认定高度：技术启示获得越容易，说明所属技术领域获得相应的技术效果越容易，预料不到的技术效果的认定高度越高；反之，技术启示获得越困难，说明所属技术领域获得相应的技术效果越不容易，则预料不到的技术效果的认定高度则越低。

对于现有技术存在技术启示的情况，如果要求保护的技术方案没有带来预料不到的技术效果，则技术方案不具备创造性；如果技术方案带来预料不到的技术效果，则该技术方案具备创造性。

对预料不到的技术效果的考虑的设立，能够防止在审查中遗漏对于有价值的技术效果的考虑导致轻易抹杀发明的技术贡献。❷

在创造性审查实践中，在发明要求保护的技术方案与现有技术相近时，专利权人或专利申请人经常通过主张其技术方案能够获得预料不到的技术效果对其具备创造性进行答辩。因此，预料不到的技术效果在非显而易见性评价中的考量往往会决定技术

❶ 马文霞，何炜，李新芝，等. "预料不到的技术效果"在创造性判断中的考量［J］. 中国发明与专利，2013（2）：78.

❷ 李越，王轶，杜国顺. 预料不到的技术效果与专利创造性评判：从铁素体系不锈钢不同审级呈现的不同评判方式说起［J］. 审查业务通讯，2015，21（6）：28 – 29.

方案的授权前景，对发明的保护起到关键作用。以下通过具体案例对该问题进行分析讨论。

【案例 3 – 3 – 9】 一种多元置信度适配系统及其相关方法

【案情介绍】

该案涉及一种多元置信度适配系统及其相关方法的中国发明专利申请，专利权人为耐玩公司，专利申请日为 1997 年 10 月 31 日，优先权日为 1997 年 9 月 29 日，授权公告日为 2003 年 2 月 26 日。涉案专利说明书记载，传统的交易系统中，用户给定检索判别式时会返回大量信息，想要找到满意的结果必须增加条件限缩结果，不便于用户进行高效的查询，检索过程花费的时间和费用会增大。

针对上述技术问题，该专利提出了一种多元置信度适配系统及方法，能自动给用户或贸易人员提供感兴趣的信息而无需贸易人员干预，实现高效检索。图 3 – 3 – 20 为该多元置信度系统中实现的方法原理数据流程图，图 3 – 3 – 21 为该专利适配处理的数据流程图。

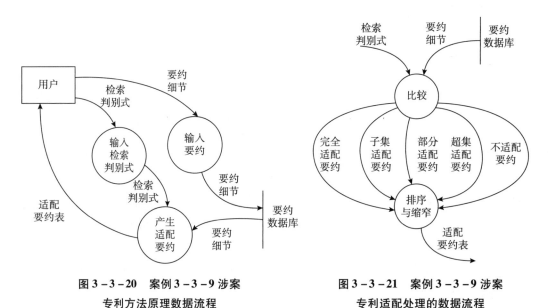

图 3 – 3 – 20 案例 3 – 3 – 9 涉案
专利方法原理数据流程

图 3 – 3 – 21 案例 3 – 3 – 9 涉案
专利适配处理的数据流程

该专利提出的在多元置信度系统中实现的方法如下：由各用户输入的要约细节被写入要约数据库中，并且检索判别式被送入检索引擎所产生的适配进程中，该适配进程将该需求与来自所有其他用户的存于要约数据库中的要约相比较，从而将适配要约表返回给该用户。首先，由用户输入的含有多个条件或元素的需求即检索判别式，与来自要约数据库的要约相比较。每一个条件被分配有一表示其重要程度的权重，从而每个适配结果具有一表示用户满意程度的检索分级。比较结果具有 6 个分级，如完全适配要约、子集适配要约、部分适配要约、超集适配要约和不适配。比较结果被排序和缩窄，并且其分级大于由用户指定的最小可接受分级的适配结果被返回该用户。在贸易领域，一要约可以是买（求购）或者卖（供售），并且一需求也可以是买或者卖。因此，如果需求是求购，其与数据库中的供售要约相比较；如果需求是供售，其与数据库中的求购要约相比较。

由该专利的说明书记载可见，为了解决传统的交易系统中用户检索的不便和低效，多元置信度适配方法通过检索引擎将用户需求与要约数据比较、通过权重表示重要性，根据检索得分返回适配结果，能实现自动高效检索。

授权公告的权利要求 1、权利要求 6 如下：

1. 一种由多个用户使用的计算机适配系统，所述系统包括：

一数据库，用于存贮用户输入的要约数据；

一要约创建程序装置，用来在数据库中为每个用户输入的要约创建一个实体并把所述要约存贮于其中；和

一检索引擎，用于将由一个用户输入的需求与其他用户的存贮在该数据库中的要约进行比较和适配，其中所述需求包括多个元素作为检索判别式，每个所述元素被分配有一个表示重要性的权重，从而每个适配结果具有一表示用户的满意程度的检索得分，并且返回所述适配结果给该用户。

6. 一种用于将一个用户的需求与来自其他用户的要约相适配的计算机适配方法，所述方法包括步骤：

ⅰ）当用户输入一要约时，在一个数据库中创建一要约实体并存贮所述要约于其中；

ⅱ）当用户输入一需求时，将所述需求与存贮于所述数据库中的其他用户的要约相比较和适配，所述需求包括多个元素作为检索判别式，每个所述元素被分配有一表示重要性的权重，从而每个适配结果具有一表示所述用户满意程度的检索得分；并且

ⅲ）返回所述步骤ⅱ）的适配结果给所述用户。

2017 年 10 月 27 日，第一无效宣告请求人以本专利权利要求 1—9 不符合《专利法》第二十二条第三款规定的创造性为由，向专利复审委员会提交了无效宣告请求书，请求宣告本专利授权公告文本的权利要求 1—9 全部无效。无效宣告程序审理过程中，第一无效宣告请求人提交了证据 A1—A9。无效宣告请求中，对于权利要求 1、权利要求 6，请求人认为：权利要求 1、权利要求 6 相对于证据 A4 不具备新颖性。

2018 年 1 月 23 日和 2018 年 2 月 11 日，第二无效宣告请求人和第三无效宣告请求人分别提交了无效宣告请求，对于独立权利要求 1、权利要求 6，指出其相对于提交的证据不具备创造性。

专利复审委员会对上述三件无效宣告请求合并审理，于 2018 年 7 月 2 日作出第 36402 号无效宣告请求审查决定，决定认为：权利要求 1、权利要求 6 相对于证据 A4 和本领域的公知常识不具备创造性。决定宣告该专利权利要求 1—9 全部无效。

专利权人对上述决定不服，于 2018 年 12 月 18 日向北京市知识产权法院提起诉讼，

请求撤销上述无效宣告请求审查决定。经审理，北京市知识产权法院于 2020 年 10 月 12 日作出（2018）京 73 行初 12921 号判决，维持上述无效宣告请求审查决定。

专利权人对该一审判决不服，向北京市高级人民法院提起诉讼，请求撤销上述行政判决。经审理，北京市高级人民法院于 2021 年 12 月 20 日作出（2021）最高法知行终 119 号判决，驳回上诉，维持原判。

至此，本案例经历三次无效宣告请求和两次法院审理。由上述案情记载可知，对于独立权利要求 1、6，第一无效宣告请求人、一审法院和二审法院均引用证据 A4 对该专利授权公告的权利要求 1、权利要求 6 进行创造性评述，认为权利要求 1、权利要求 6 均不具备创造性。由此可见，证据 A4 为该案例的关键证据，焦点问题集中在证据 A4 对该专利的技术方案的影响。以下聚焦证据 A4 与各方争辩要点，对该案例进行分析讨论。

【案例评析】

证据 A4 涉及名称为"一种用于商品或服务代理的计算机辅助系统"的 PCT 发明专利申请，专利申请人为 EAGLEVIEW 公司，优先权日为 1994 年 3 月 11 日，申请日为 1995 年 3 月 9 日，公开日为 1995 年 9 月 14 日。

证据 A4 的说明书记载，现有的商品或服务市场中，由于商品或服务的信息较为分散，而用户必须评估和比较各商品或服务的特性才能作出购买决策，因此导致作出购买决策比较困难。

针对上述技术问题，证据 A4 提出了一种用于商品或服务代理的计算机辅助系统及其方法，能够使得用户的购买过程更高效。证据 A4 具体公开计算机辅助系统包括多媒体数据库、卖方界面和买方界面。数据库被布置为提供产品简档、产品（商品或服务）的每个的描述。卖方界面自动化地进行就其产品询问卖家的流程，以运行在卖方的个人计算机上的应用程序的方式采集产品资料，并为每一个产品生成对应的产品资料存储在数据库中。选择引擎作为买方界面和数据库管理器之间的接口，选择引擎和数据库管理器相配合以选择匹配的那些产品。买方界面帮助买方从数据库中的所有产品简档之中选择感兴趣的产品简档，买方在买方界面的帮助下指定表示用于选择或排除产品的特征的搜索标准。为了提供附加的搜索能力，买方可以指定"必须具有的"标准、加权的"想具有的"标准，"必须的"特征不具有权重。选择引擎选择所有符合"必须具有的"条件的产品，并通过对匹配的"想具有的"特性权重求和来评估所选择的产品。如果组合的所有特征匹配，则给予产品组合的权重分数；或者，如果组合的元素中的任何一个都不匹配，则给予产品组合零分。根据权重的总和对所选择的产品进行等级排序，获取的排序的匹配结果以摘要表格的方式展示给买家。如果买方不指定"必须的"特征，那么选择引擎可以使用多个启发式方法之一调整买家资料来将命中数量减少到可工作的数量；如果存在太少的命中，则这些相同试探法的补充可以被用于将"必须的"转换成"想要的"。

证据 A4 公开的一种用于商品或服务代理的计算机辅助系统及其方法与该专利属于相同的技术领域，其采用的技术手段也与该专利相似，能够作为该专利的最接近现有技术。该专利与证据 A4 的区别特征主要在于：证据 A4 中将检索判别式中包括的多个元素分为"必须具有的"和"想具有的"，其中"必须的"元素不具有权重，仅对"想有的"元素分配权重，并且在存在太少命中的情况下，可以将"必须的"元素转换成"想要的"元素；而该专利权利要求 1 中是直接将检索判别式中的每个元素都分配权重，即不区分"必须具有的"和"想具有的"，相当于全部元素均为"想具有的"元素。基于该区别特征，该专利实际要解决的问题是如何简化对检索元素进行权重分配的处理方式。

对于独立权利要求 1 和独立权利要求 6，相对于证据 A4，在第 36402 号无效宣告请求审查案件的审理过程中，第一无效宣告请求人认为：证据 A4 与独立权利要求 1 和独立权利要求 6 具有相同的技术方案，二者属于相同的计算机技术领域，解决了相同的问题，达到了相同的效果，是相同的发明。专利权人认为：证据 A4 没有公开该专利的检索引擎的相关功能，其选择引擎不能相当于该专利的检索引擎，证据 A4 的买方检索条件中的"必须的"条件不具有数值权重，其公开的内容实质上是精确检索的过程，其检索结果不具有表示用户的满意程度的检索得分，不能解决该专利的多次检索操作麻烦、无法进行高效检索的技术问题，也实现不了该专利的技术效果；该专利的适配系统的软件运行效率高，一个检索判别式，一次检索，获得所有期望的结果，该专利适配系统中的适配程序无须用户干预就被执行，并且适配结果立即返回用户，给用户提供最大信息量，省去不断调整检索判别式的步骤。专利复审委员会在第 36402 号无效宣告请求审查决定中指出：由证据 A4 公开的内容可知，虽然其将各元素分为"必须具有的"和"想具有的"，仅对"想有的"元素进行加权处理，但就其检索方法中在具体针对"想有的"元素所进行的加权处理的搜索方法中，所实现的手段以及达到的效果都与该专利所实现的手段和效果并无不同，均是为了实现一种非精确化的检索，以实现为用户提供可能满足其需求的要约的最大信息量；并且证据 A4 还公开了在判定为存在太少命中的特定情况下，也可以将"必须的"元素转换成"想要的"元素进行检索处理；因此，为了在检索操作时对检索元素的权重分配实现简化处理，本领域技术人员在证据 A4 公开内容的基础上容易想到，可以不对检索判别式中包括的各个元素区分"必须具有的"和"想具有的"，而是直接将检索判别式中的每个元素都视为"想具有的"元素进行处理，由此即简化了处理方式，亦不会影响为用户提供可能满足其需求的、要约的最大信息量的处理效果；上述区别特征属于本领域技术人员在证据 A4 公开内容的启示下容易想到和实现的，属于本领域的公知常识，并没有使该权利要求的技术方案具有意料不到的技术效果。

一审、二审法院均支持专利复审委员会的上述决定。其中，专利权人在二审程序中，针对证据 A4 提出的事实和理由为，该专利与最接近的现有技术证据 A4 相比具有预料不到的技术效果。一是简化输入，窗口极限分布带来用户平等。最接近的现有技术中，检索页面繁杂，90% 的用户因此放弃检索，9% 的用户能够开始检索但难以完成，1% 的用户能够完成检索。权利要求 1 中，检索页面简化，不存在因页面繁杂而放弃检索的用户，仅 1% 的用户因知识局限或者个性差异能够开始检索但难以完成，99%

的用户能够完成检索。二是简化权重，元素极限分布带来知识平等。最接近的现有技术中，检索判别式中的元素分布在多层存在嵌套关系的页面中。权利要求1中，检索判别式的元素分布是一个完整的集合，能够实现简便处理，任何一次需求和要约活动，都能返回全局结果。三是简化需求，要约极限分布带来需求平等。最接近的现有技术中，要约分布在界面逻辑指定的集合之中。权利要求1中，所有要约都可以与要素组合，使任何一次需求和要约活动，都能返回全局结果。四是简化检索，信息极限分布带来数字平等。最接近的现有技术中，信息分布在各个嵌套关系中，妨碍了信息计算。权利要求1中，所有信息都可以被计算，使任何一次需求和要约活动，都能全局计算。二审程序中，各方当事人均认可该专利权利要求1与最接近的现有技术证据A4区别特征的认定。至此，该案例的争议焦点为：该专利是否具备创造性，具体为权利要求1、权利要求6是否具备预料不到的技术效果。

由该专利和证据A4公开的技术内容可知，证据A4的检索方法中，卖方为每一个产品生成产品资料并存储于数据库中，买方通过买方界面从数据库的产品中选择感兴趣的产品，并选择或排除产品的特征的搜索标准；买方还可以指定"必须具有的"标准、加权的"想具有的"标准，其中为"想具有的"元素设置加权；根据权重的总和对所选择的产品进行等级排序，并展示给买家。该专利的检索方法中，通过将需求和要约进行比较和适配，对需求中的每个元素分配权重，对适配结果计算满意度检索得分并将适配结果返回给用户。因此，该专利与证据A4的区别特征仅在于：证据A4中区分"必须具有的"元素和"想具有的"元素，仅对"想具有的"元素分配权重，且仅在命中过少的情况下，将"必须具有的"元素转换为"想具有的"元素；而该专利不区分"必须具有的"和"想要具有的"元素，全部元素均为"想具有的"元素，均分配权重。由此可见，证据A4中针对"想具有的"元素作加权处理的检索方法和该专利的检索方法，在手段和效果方面不具有显著差异。同时，证据A4还公开了命中太少即不再设置"必须具有的"元素的技术方案。也就是说，所属技术领域的技术人员为简化处理，在证据A4公开的内容的启示下，容易想到自始即不区分"必须具有的"和"想具有的"元素这一技术方案，也很容易预料自始即不区分"必须具有的"和"想具有的"元素的技术效果。

专利权人主张其技术方案因取得了简化输入、简化权重、简化需求、简化检索等预料不到的技术效果而具备创造性，但其并未就技术方案确实存在上述技术效果，特别是上述效果达到了不可预料的程度进行举证，同时，也未承担对上述区别特征是如何产生上述技术效果的证明责任。由该专利说明书的文字记载来看，均没有技术内容表明该专利的技术方案能够产生其声称的简化输入、简化权重、简化需求、简化检索等预料不到的技术效果，更没有技术内容能够表明上述预料不到的技术效果是由上述区别特征产生的。对于本领域技术人员而言，基于该专利说明书的记载，并不能够证实或确认该专利能够达到简化输入、简化权重、简化需求、简化检索等技术效果，且该技术效果在最接近的现有技术的基础上已经达到了不可预料的程度。相反地，证据A4公开了区分"必须具有的"元素和"想具有的"元素，"必须具有的"元素不分配权重，"想具有的"元素分配权重，且在命中数量太少的情况下将"必须具有的"元素转换成"想具有的"元素，即不再设置"必须具有的"元素。所属技术领域的技术人员为获得简化处理的技术效果，容易想到在证据 A4 的检索方法中不设置"必须具有的"元素，而仅设置"想具有的"元素，对"想具有的"元素执行设置加权的检索方法。换句话说，在证据 A4 公开的技术内容的基础上，所属技术领域的技术人员很容易获得简化处理的技术效果，该简化处理的技术效果是所属技术领域的技术人员在证据 A4 公开的技术方案的基础上很容易想到的，即该技术效果在证据 A4 的启示下能够预料得到，并不会超出所属技术领域的技术人员的预料。并且上述区别特征仅能解决和获得权重的分配的简化处理，并不能得到简化输入、简化需求、简化检索等简化处理的技术启示。同时，专利权人还声称"最接近的现有技术中，检索页面繁杂，90% 的用户因此放弃检索，9% 的用户能够开始检索但难以完成，1% 的用户能够完成检索。权利要求 1 中，检索页面简化，不存在因页面繁杂而放弃检索的用户，仅 1% 的用户因知识局限或者个性差异能够开始检索但难以完成，99% 的用户能够完成检索"，但其并未对这些能够证明其技术效果优于证据 A4 的百分数是从何而来的进行举证，无法证明该声称中的技术效果是如何获得的。另外，专利权人主张"窗口极限分布带来用户平等""元素极限分布带来知识平等""要约极限分布带来需求平等""信息极限分布带来数字平等"等，但均未对这些技术细节进行阐述，也未证明用户平等、知识平等、需求平等和数字平等在该专利的技术方案中如何体现的，以及其所带来的技术效果是如何预料不到的。换言之，专利权人未能提供证实简化输入、简化权重、简化需求、简化检索等技术效果以及其能够达到预料不到的程度的证据，所属技术领域的技术人员在证据 A4 的启示下难以获知其不可预见性。

由上述分析可知，在"三步法"关于结合启示的判断中，最接近的现有技术证据 A4 不仅具有简化权重分配的改进需求和动机，且根据所属技术领域的技术人员掌握的普通技术知识，很容易在证据 A4 的启示下对证据 A4 进行改进，获得与上述区别特征相同的技术效果，且该技术效果在所属技术领域的技术人员的认知范围内，达不到预料不到的程度。且专利权人并未对其不可预见性进行举证，所属技术领域的技术人员有理由认为其并非不可预见。

对于预料不到的技术效果认定专利创造性，首先，有关证明责任应当由专利权利人或者申请人承担，其至少应当证明存在预料不到的技术效果，且该预料不到的技术效果来源于有关区别特征。其次，预料不到的技术效果认定中的判断时点应当是申请日或者优先权日，比对基准应当是最接近的现有技术而非现有技术整体，判断主体应当是本领域技术人员。最后，预料不到的技术效果应当足以构成技术方案实际要解决的技术问题的改进对象，换言之，其应当构成技术方案选择的重要考量或者重要目标；如果某一技术方案是解决技术问题的必然选择，即便有关技术效果难以预料，该技术效果也仅为本领域技术人员均可作出的必然选择的副产品，其不能成为必然选择技术方案的创造性来源。❶

---

❶　最高人民法院民事审判第三庭. 最高人民法院知识产权审判案例指导：第 14 辑 ［M］. 北京：中国法制出版社，2022：32.

专利权人如果希望通过主张其技术方案由于带来预料不到的技术效果而具备创造性，通常情况下，说明书中对技术效果的记载与证据的提供和补充都是必要的。如果说明书已经对技术效果进行记载，并声称该技术效果是所属技术领域难以预料的，所属技术领域的技术人员根据其掌握的普通技术知识、说明书中对该技术效果实验数据或统计数据等的技术支持内容、对现有技术的合理推定等推断该技术效果的获得确实超出了所属技术领域的预期，并且没有理由怀疑该主张的不合理性，通常可以认定获得了预料不到的技术效果。如果说明书未对该主张的预料不到的技术效果进行记载，且专利权人提供的数据等证据不能证实该技术效果在所属技术领域的技术人员预期之外，甚至没有提供证据，则不应当主动认同其技术效果的不可预见性。

3.4　公知常识

公知常识在汉语中一般指公众普遍知晓的对某些事物的普通认知。在专利审查中，公知常识这一概念具有重要意义。一个区别特征是否属于公知常识往往决定着一件申请创造性判断的结论和最后的走向，因而在审查过程中正确认定和运用公知常识尤为重要。

在审查实践中，部分审查员对公知常识的概念理解不清晰，对何时需要举证不明确，不知道如何充分说理。为了解决这些问题，本节对公知常识的概念和范围、举证意识、充分说理进行比较详细的阐述，并结合在实际审查过程中存在的脱离技术问题认定公知常识、将发明点认定为公知常识等典型问题进行分析和评述。

3.4.1　公知常识的概念

公知常识在《欧洲专利局审查指南》中被称为"common general knowledge"，即"公共的、普通的知识"。如果一项专利申请相对于现有技术的区别仅在于公知常识，一旦被授予专利权，则会对公众正常的生产经营活动产生不适当的限制和干扰，因而在专利审查和审判中需要特别关注区别特征是否属于公知常识，以避免上述情况的发生。我国《专利法》及《专利法实施细则》都没有对公知常识的定义进行明确规定，《专利审查指南2010》也仅仅是以举例的方式表述，因而在实际审查过程中，部分审查员对于公知常识的认定标准不一致，影响了创造性评判的客观性。为了加深读者对公知常识内涵与外延的理解，本节首先以专利审查指南历次修订中对于公知常识记载的变迁来尝试探讨其实质含义。

3.4.1.1　专利审查指南中公知常识部分的历次修订

第一版即《审查指南1993》中与公知常识有关的表述体现在第二部分第四章第3节"创造性的审查原则和基准"，表述如下：

一般认为，下列各种情形的组合是显而易见的：

（1）同一篇对比文件不同部分的技术内容的组合；

（2）一份对比文件的技术内容同公知的教科书或者标准字典的内容进行的组合；

（3）一份对比文件的技术内容同发明所属技术领域中的惯用手段进行的组合；

（4）两份对比文件中，其中一份是明显参考另一份得出的，这样的两份文件的组合。

《审查指南1993》中，上述创造性审查原则第（2）点和第（3）点提及了"公知的教科书或者标准字典的内容"以及"所属技术领域中的惯用手段"，此处便是"公知常识"概念的来源。但依据其表述，"公知的教科书或者标准字典的内容"以及"所属技术领域中的惯用手段"只能与一份对比文件组合使用，对于两份或两份以上对比文件是否可以与之结合评述创造性并没有提及。

第二版即《审查指南2001》相关部分的表述修改为：

下述情况，通常认为现有技术中存在上述"技术启示"：

（ⅰ）所述区别特征为公知常识，例如，公知的教科书或者工具书披露的解决该重新确定的技术问题的技术手段，本领域中解决该重新确定的技术问题的惯用手段。

此次修改首次使用"公知常识"这一概念，并指明其用于对区别特征的判断，对其含义采用了举例的方式进行解释。"公知的教科书或者工具书披露的""惯用手段"的撰写顺序延续了《审查指南1993》中第（2）点和第（3）点，删除了与"一份对比文件"组合的前提。此外，将《审查指南1993》中"教科书或者标准字典"修正为"教科书或者工具书"，适当扩大了公知常识的证据使用范围。

第三版即《审查指南2006》对于该部分再次进行了修改，修改后的表述如下：

下述情况，通常认为现有技术中存在上述技术启示：

（ⅰ）所述区别特征为公知常识，例如，本领域中解决该重新确定技术问题的惯用手段，或教科书或者工具书等披露的解决该重新确定的技术问题的技术手段。

《审查指南2006》删除了"教科书或者工具书"前"公知的"这一限定。之所以作上述调整，是因为不存在不属于公知的教科书或工具书，因而"公知的"限定没有意义，此次修订中删除"公知的"可避免产生歧义。此外，在教科书或者工具书后添加"等"，给使用其他证据举证公知常识的例外情形留出了空间。对于将"本领域中解决该重新确定技术问题的惯用手段"调整至"教科书或者工具书披露的解决该重新确定的技术问题的技术手段"之前，笔者认为，早期的所属领域的惯用手段大部分在教科书、工具书中有所记载，而在较近的时间阶段，科技更新换代的速度加快，存在所属领域常见的惯用手段在教科书、工具书无记载的情形。另外，某些公知常识由于太过于琐碎和简单因而出版物上找不到相关记载。不是所有的惯用手段均可以在教科书或工具书中找到证据，即某一技术特征客观上属于惯用手段的情形多于在教科书或工具书中有记载的情形。另外，某一技术手段属于惯用手段是一种客观事实，而教科书或者工具书的披露属于证明这种客观存在的法律认可手段。在《审查指南 2001》中将公知的教科书或者工具书放在惯用手段之前，反映了证据优先、便于审查操作的原则。而《审查指南 2006》表述顺序的调整，体现了客观事实优先的原则。

《专利审查指南 2010》与《审查指南 2006》公知常识部分的表述相同。

2018 年，《专利审查指南修改草案》中公知常识部分拟修改文本为：

> 所述区别特征为公知常识，例如，本领域中解决该重新确定的技术问题的众所周知的技术常识、本领域技术人员普遍知晓的普通技术知识或惯用手段；或教科书或者工具书等中披露的解决该重新确定的技术问题的技术手段。

修改草案中添加了"众所周知的技术常识""本领域技术人员普遍知晓的普通技术知识"，试图对公知常识的概念进行补充，但基于某些原因，上述修改截至目前为止仍未被专利审查指南采纳。

通过专利审查指南针对公知常识部分的历次修订可以看出，公知常识这一概念伴随着创造性审查原则向"三步法"转化的过程出现，并在使用中不断朝着尊重客观事实、定义更全面准确的方向演进。

3.4.1.2 公知常识的类型

2018 年《专利审查指南修改草案》虽未获得通过，但其相关表述代表了目前业界认同的一种公知常识的分类方式，笔者拟借鉴其对公知常识进行分类，以解释不同类型公知常识之间的区别。

1. 解决某一技术问题的众所周知的技术常识

此时，判断的主体是普通人，指普通人根据生活常识、自然规律或日常生活经验可以确定的事实。例如，锅的手柄设置得更长可以降低远端手柄把的温度。普通人根据生活经验可以确定距离热源越近越烫手，同时，热力学传导原理记载热传递距离越远热能耗散越多，温度也就越低。因而，通过使锅的手柄变长而降低远端手柄把温度属于众所周知的技术常识。

2. 本领域技术人员普遍知晓的普通技术知识

此时，判断的主体为本领域技术人员，他具有一定教育背景和专业知识，知晓某一技术领域内被广泛认可的普通技术知识。需要注意的是，普通技术知识具有领域特点，不同于普通大众所掌握的生活常识。例如，蜘蛛丝几乎完全由蛋白质组成是高分子材料领域的普通技术知识，对三环还原物中的胺基进行苄基保护以减少副反应是有机化学合成领域的普通技术知识。本领域技术人员在创造性判断时，根据所属领域的普通技术知识可以确定某些区别特征属于公知常识。

本领域的普通技术知识不仅包括对特定领域中一般知识的掌握，还包括通过该领域中熟知的试验手段进行比较和实验，并获得结果。例如：

权利要求 1 要求保护一种药物制剂，其中含有雌莫司汀磷酸盐和人白蛋白，所述雌莫司汀磷酸盐与人白蛋白的重量比为 1 : 5—1 : 0.3。对比文件 1 公开了一种雌莫司汀磷酸盐药物，其中起到杀伤癌细胞作用的关键成分是氮芥。对比文件 2 公开了一种用于降低氮芥对暴露于其中的细胞的毒性的方法，其中使用有效量的白蛋白以降低氮芥对细胞的毒性。本领域技术人员容易想到将对比文件 1 和对比文件 2 结合，即将白蛋白添加至雌莫司汀磷酸盐中以降低药物对细胞的毒性。虽然对比文件 1 和对比文件 2 均未公开"雌莫司订磷酸盐与人白蛋白的重量比为 1 : 5—1 : 0.3"这一技术特征，然而对于人体白蛋白和雌莫司汀磷酸盐比例的选择，是本领域技术人员的公知常识。可见本领域技术人员在对比文件 1 和对比文件 2 公开的基础上，可以预期两种组分配合使用能够降低细胞毒性，在此基础上通过常规试验手段获得二者最优的重量比属于一种普通技术知识。

　　本领域的普通技术知识除了一般的技术知识、通过熟知的试验手段进行比较和实验并获得结果，还包括对对比文件公开的内容进行简单的变形、推理、转换就能得到的显而易见的事实。例如：

　　权利要求 1 要求保护一种复合材料，该材料包括片材料或卷材形式的支撑层，并限定了支撑层的组成。对比文件 1 公开了采用热压模方式制备的复合材料。权利要求 1 与对比文件 1 的区别在于，权利要求 1 限定支撑层为片材或卷材形式，而对比文件 1 未公开支撑材料的形式。对此，对比文件 1 中材料是采用热压模方式制备的。本领域技术人员知晓经树脂处理的羊毛状纤维经热压模后可以形成片状。而且对比文件还记载其材料的用途可以是用于家具制造或汽车内衬等。基于上述分析，对比文件 1 公开的热压材料的形状应是片状。❶ 可见本领域技术人员根据对比文件 1 公开的技术方案的实际应用环境，可以在其未明确公开的情况下根据普通技术知识通过推导确定材料可以为片状或卷材。即本领域技术人员对对比文件公开的内容根据普通技术知识进行推理得到的结果属于公知常识。

　　3. 本领域解决某一技术问题的惯用手段

　　对于惯用手段的含义，《专利审查指南 2010》仅在第二部分第三章第 3.2.3 节规定了惯用手段直接置换的内容："如果要求保护的发明或实用新型与对比文件的区别仅仅是所属技术领域的惯用手段的直接置换，则该发明或者实用新型不具备新颖性。"其列举了使用螺栓固定代替螺钉固定作为惯用手段的具体实例。根据新颖性评判中惯用手段直接置换的举例可以分析得出"惯用手段"的含义是：在解决某一技术问题的数个功效等同的常规方法中进行平行选择，采用其中任一方法所实现的功能均相同。然而，在实际审查过程中，不同技术手段具有绝对相同功效的情形很少，大部分是具有一定程度的等效。如中药饮片干燥的方法包括自然干燥、热风干燥、翻板干燥、红外线辐射干燥、微波干燥等。这些手段虽然都能实现干燥这一基本功效，但还具有各自不同的特点，如：自然干燥能耗低、受自然环境因素制约，干燥所需时间长；热风干燥不

---

　　❶　国家知识产权局专利复审委员会. 专利复审和无效审查决定选编（2005）：材料（上）［M］. 北京：知识产权出版社，2005：96 – 100.

受自然环境制约但能耗较高；翻板干燥主要通过机械翻抛的方式干燥，物料干燥比较均匀等。那么使用这些干燥方法中的一种代替另一种是否属于惯用手段呢？在审查过程中，需要判断这些技术手段的替换是否影响了发明所关注的主要效果。如果发明中由于使用翻板干燥，通过机械运动使中药饮片的性质发生了变化，则使用热风干燥代替翻板干燥不属于等效替换。如果不同干燥方式的选择对于发明技术效果的实现并无影响，则这些干燥方式属于平行选择，使用其中任一种均属于本领域的惯用手段。

审查实践中遇到的实际案情比上面引用的例子要复杂得多，而且本领域技术人员对惯用手段进行简单的变形、推理、转换也被认定为公知常识。例如：

权利要求1要求保护一种悬结悬臂式长纤维高速过滤组件，由过滤材料及固定件组成，其特征在于：该组件包括网状固定底架和长纤维滤材，长纤维滤材呈U形悬结于网状固定底架中筛网的对边上，长纤维滤材的悬臂端自由悬置于水流中。权利要求1与对比文件1的区别仅在于：权利要求1中滤材悬结于"网状固定底架中筛网的对边上"。复审决定指出：由于对比文件1的具体实施方案用的是穿孔底板，没有所谓的对边、一边或四边，因此对比文件1的纤维是穿过相邻的孔眼；但当对比文件1使用网状固定底架时，按照本领域的一般常识，要想充分发挥滤层的截污能力，尽可能多地形成滤网，必然要将纤维悬挂在筛网的对边而不是一边上，本领域技术人员在对比文件1的基础上通过简单的分析、推理得出将纤维悬结于"筛网的对边上"这一技术方案是显而易见的。❶

可见，复审决定认为权利要求1中网状固定底架与对比文件1公开的穿孔底板在该申请中功效相同，均为固定长纤维滤材的支撑结构，属于等效替换，因此使用网状固定架代替穿孔底板对于本领域技术人员而言属于惯用手段。除此以外，其还认为本领域技术人员在常规替换的基础上，根据过滤的目的和使用方便的需要，根据网状固定底架的结构以确定长纤维滤材固定在网状固定底架中筛网的对边可以达到较优的过滤效果，上述推理的结果也属于公知常识。

对于以上三种不同类型的公知常识，即众所周知的事实、本领域普通技术知识以及本领域的惯用手段，目前的研究中也有人认为惯用手段以及众所周知的事实均属于本领域普通技术知识，而本领域技术人员的普通技术知识本身就是公知常识。这三个概念确实存在一定程度的交叉和重叠。但不管如何分类，需要明确的是，在实际审查过程中要根据不同类型公知常识的知晓广度、技术水平的难易程度等方面特点选择相应的认定方式，如直接认定、证据举证等，以提高申请人的接受度，达到提高审查质效的结果。

3.4.1.3 他局相关规定

世界上不同国家/地区对公知常识这一概念的认定、分类和使用存在很大的不同，

---

❶ 国家知识产权局专利复审委员会. 专利复审和无效审查决定选编（2005）. 材料（上）[M]. 北京：知识产权出版社，2005：109–111.

本节简单介绍美国专利商标局、日本特许厅和欧洲专利局对于本领域技术人员和公知常识相关概念的规定，以期帮助读者构建全球视角，扩展视野。

1）美国专利商标局

美国专利法中本领域普通技术人员（person having ordinary skill in the art，PHOSITA）的概念来源于 1850 年的 Hotchkiss 案。该案中涉案发明相对于现有技术的区别特征在于，门把手用陶土或者陶瓷做成，相对于木制的门把手不易开裂和翘曲，相对于金属门把手不容易腐蚀，并且制造成本更低、更耐用。该案中法官认为，这种替换是熟悉此领域的普通技术工人的一般水平，因而不涉及可专利的创新。现今，美国专利法对本领域普通技术人员的水平进行调查时会考虑发明人的受教育程度、本领域内典型技术人员的受教育程度（例如，PHOSITA 是否具有高中水平、大学本科学历，或者硕士或博士学位）、该项技术中遇到的问题的类型以及以前解决这些问题的方案、该项技术中新的创新出现得多快、该项技术的复杂程度（一项发明创造是一种鱼饵还是一种克隆基因的方法）。❶ 美国专利商标局规定，所属领域普通技术人员具有普通创造力。对于公知常识，美国审查指南有两个与公知常识近似的概念。一是"本领域的普通技能"（ordinary skill in the art），二是"本领域的普通知识或公知的现有技术"（common knowledge in the art or well‑known prior art）。仅在审查员认为是本领域公知常识的事实能够立刻被毫无疑问地证实的情况下，才适合基于这种没有证据支持的公知常识作出通知书。可以用作公知常识的包括以下两个方面内容：①能够立刻被毫无疑问地证实为众所周知的事实，或者是容易证明的且没有与之相矛盾的记录的事实；②用于证明公知常识的文献证据、宣誓书或者宣言。❷

2）日本特许厅

日本"所属技术领域的具有普通知识的人员"是指假定具有本申请发明所属技术领域的申请时的技术常识，可采用研究、开发用的通常技术的技术手段，可发挥材料的选择、设计变更等的通常的创作能力，并且，可将处于本申请发明所属技术领域的申请时的技术水平的全部作为自己的知识的人员。另外，本领域技术人员可将与发明要解决的问题相关的技术领域的技术作为自己的知识。此外，本领域技术人员还可以是来自多个技术领域的"专家组成的团队"。同时本领域技术人员也可称为"普通专家"。

日本特许厅对公知常识的种类进行了比较细致的划分，包括周知技术、惯用手段、技术常识、公知技术等。日本审查基准（即审查指南）规定："周知技术"是指在本领域普通知道的技术，比如，与此有关，存在相当多的公知文献，或在产业界知晓，或按照无须列举的程度而熟知的技术。惯用手段属于周知技术，是熟知的、广泛使用的技术，属于本领域技术人员通常的知识。周知技术、惯用技术强调技术知晓的普遍性，审查员往往根据自身现有的知识进行判断，不必给出文献或其他资料证明。技术常识指本领域技术人员普遍知道的技术（包括技术上的理论、经验法则）或根据经验

❶　穆勒. 专利法：第 3 版［M］. 沈超，李华，吴晓辉，等译. 北京：知识产权出版社，2013：179，185.

❷　崔伯雄. 国家知识产权局课题研究报告：公知常识的举证和听证［R］. 2009：2.

法则清楚可知的事项。技术常识是比周知技术和惯用手段更宽泛的概念。公知技术指以公开的方式所知道的技术，知道它的人的多少不是问题，强调公开的状态。对于公知技术，一个出版物记载就足以证明；而对于周知技术，则必须具有足够的客观事实，以便其成为广泛所知的技术和广泛使用的技术。审查基准还规定，为了解决某一问题而从公知材料中选择最佳材料、最佳数值范围或优化数值范围、用等同物置换，以及伴随技术的具体应用而变更设计要素等，是本领域技术人员普通创造力的发挥，当上述区别点仅仅在于这些方面时，除非具有推断创造性的其他理由，否则，通常就认为本领域技术人员可以容易地想到该发明。❶

3）欧洲专利局

欧洲专利局规定，"本领域技术人员"可被认为是熟练从业者，他不仅知道申请本身和其引证文件的教导，而且还知道该申请的申请日（优先权日）时本领域的公知常识；假定他具备本领域常规工作和实验所需的一般手段和能力，这些手段和能力在所述技术领域是常规的。

公知常识是指在基本的手册（handbooks）、专著（monographs）和教科书（textbooks）中关于所述主题的信息。例外情况是，如果发明涉及的研究领域非常新，以至于从教科书中尚不能找到相关的技术知识时，公知常识可以是专利说明书（patent specifications）或科技出版物（scientific publications）中包含的信息。欧洲专利局还指出公知常识可以有不同来源，不必来源于特定日期的特定文档。仅当有争议时，关于某项内容是公知常识的断言需要文档证据。公开文件如专利文献、技术期刊通常不能被视为公知常识。在特定情况下，多份技术期刊中的文章可以支持公知常识。欧洲专利局指出，信息并不因为在特定教科书、参考书等被发表就视为公知常识；相反，因为信息已经成为公知常识，才在这种书中出现，这意味着这种出版物中的信息必须在出版日期之前已经成为公知常识。❷ 欧洲专利局上诉委员会制定了三项公知常识性证据的一般判断标准。第一，本领域技术人员的技能不仅包括知晓特定现有技术是基本常识，还包括知晓在哪里可以找到该常识信息，无论是在相关研究的集合、科学出版物还是专利说明书中；第二，为了识别该常识信息，不可能期望本领域技术人员将几乎涵盖全部技术状态的文献进行全面检索，因此本领域技术人员无须在检索过程中付出过度努力；第三，检索到的常识信息必须明确无误，并以直接的方式使用，无须怀疑或进一步调查。

3.4.1.4　公知常识的使用

在审查实践中，可以采用直接认定、举证或说理等方式认定某一区别特征属于公知常识。但不同类型的认定方式适用于不同的情形，要选择适当的认定方式，才能在提高审查效率的同时做到有理有据、说理充分。

---

❶ 崔伯雄. 国家知识产权局课题研究报告：公知常识的举证和听证［R］. 2009：19－23.
❷ 国家知识产权局专利局专利审查协作北京中心. 中欧专利创造性理论与实践［M］. 北京：知识产权出版社，2021：266－267.

1. 通过说理直接认定

教科书、工具书往往只记载领域中比较关键的技术内容，对于细枝末节的技术手段往往很难找到证据支持。若花费大量时间、精力检索不属于发明点的公知常识证据，则会浪费大量审查时间从而影响审查效率。此时，可以采用直接认定或借助说理的方式认定公知常识。例如：

一种气体检漏装置和方法，其发明构思已被最接近的现有技术公开，区别特征在于：盖罩与壳体通过铰链连接，盖罩上设置有把手，支撑板上设置有多个通口。上述区别特征在该申请中的作用为增加装置使用的便利性。审查员在通知书指出，铰链连接、把手、支撑板上的通口在生活中随处可见，例如，门窗上铰链连接和把手，作用是方便灵活操作门窗的开合，厨房置物板、沥水架都设有通口以便于安放物品，这些实际生活中的公知技术手段所起到的作用与其在该案中所起的作用相同，本领域技术人员结合日常生活中的经验容易想到使用把手、支撑板、通口等实现操作更便利的技术效果，属于公知常识。❶

该示例中，对于权利要求中限定的铰链连接、把手、通口是日常生活中普遍使用的元素，为了提高审查效率，采取直接认定公知常识的方式，同时，为了使申请人信服，审查员在通知书中介绍了铰链连接、把手、通口的作用和效果以及人们广泛使用的日常生活场景，通过说理的方式使该认定更易被信服。

2. 采用证据举证

当技术方案中涉及公知常识的技术手段具有一定领域特点时，由于不能确认涉案申请人的知识水平是否达到与本领域技术人员相同的程度，同时，也不能确认申请人是否能够获知该领域的所有普通技术知识，因而在通知书中使用举证的方式认定公知常识可以增加通知书的公信力并可以提高审查效率。例如：

一种新型水稻专用叶面喷施药肥。该申请与最接近的现有技术的区别特征在于肥料中添加了吡蚜酮。相应的技术效果为防治水稻叶蝉和稻飞虱等害虫。复审通知书中指出："本领域公知吡蚜酮可有效防治蔬菜、小麦、水稻、棉花、果树等作物上的蚜虫、飞虱、粉虱、叶蝉等害虫……防治水稻飞虱、叶蝉。每亩使用25%可湿性粉剂15—20g，对水均匀喷雾（参见农药领域技术手册：《农药安全使用技术》，伍均锋主编，河北科学技术出版社，2016年10月第1版，第88页）。因而使用吡蚜酮防治水稻的害虫如飞虱和叶蝉属于农药领域的普通技术知识。当本领域技术人员面临生产一种具有防治水稻叶蝉和稻飞虱的功效的肥料时，根据农药领域的普通技术知识容易想到在肥料中添加吡蚜酮作为杀虫剂可以产生相应的技术效果。"

该案中直接引农药领域技术手册作为公知常识证据使用，证明使用吡蚜酮防治稻飞虱、叶蝉属于农药领域的普通技术知识。上述撰写方式有理有据，使申请人无法置疑，从而使通知书更具公信力。

3. 将举证与说理相结合

有时，通知书不仅需要证明某一知识为本领域的普通技术知识，还需要分析将已

---

❶ 鲍桂清. 浅析创造性判断中公知常识的认定与举证［J］. 中国发明与专利，2020，17（S2）：34.

知的普通技术知识运用到要求保护的技术方案中同样属于公知常识。此时可以将举证与说理相结合，通过详细分析形成逻辑闭环，使说理充分。例如：

> 一种装饰板层压用树脂薄膜，该薄膜是在含有 0.5wt%—60wt% 的结晶促进剂的聚对苯二甲酸乙二醇酯树脂薄膜的至少一个面上进行压纹加工而制成，所述结晶促进剂的粒径为 0.01—5μm，其中前述结晶促进剂是选自碳系列颜料、偶氮化合物系列颜料和花青系列颜料的一种或多种。

对比文件 1 涉及一种适合用于粘结金属的白色聚酯薄膜。其中形成聚酯的二酸可以是对苯二甲酸、间苯二甲酸等，二醇可以是乙二醇、二甘醇等。在该聚酯薄膜中含有 10wt%—30wt% 的平均粒径为 0.01—1.8μm 的白色颜料，所述白色颜料可以为氧化钛、钛酸钡、硫酸钡和碳酸钙颗粒。

复审决定指出："权利要求 1 与对比文件 1 的主要区别在于权利要求 1 采用了有机颜料的结晶促进剂，而对比文件 1 采用的是无机颜料。就本申请而言，权利要求 1 使用有机颜料作为结晶促进剂使用是基于下述发现："树脂的结晶化速度对树脂薄膜的加工性和压纹加工性能有影响，即通过提高树脂的结晶化速度，促进树脂结晶化，结果抑制结晶成长，增加了细微结晶的数量，提高了加工性能，不损害透明性，树脂在水中使用时，树脂劣化得到控制。另外，因树脂中含有一定范围粒径的细微粉末，促进了树脂的结晶化，即细微粉末起到结晶促进剂的作用"（参见本申请说明书第 2 页）。尽管在对比文件 1 中白色颜料起着着色和遮光的作用，但同时本领域技术人员公知对比文件 1 所限定的粒径范围的颜料可以起到结晶促进剂的作用，这在公知的技术手册，例如《塑料工业实用手册》（化学工业出版社出版，1995 年 5 月第 1 版）第 700 页和第 701 页"成核剂"一节中已有介绍，因此，即使在对比文件 1 中未明确指明白色颜料可起到结晶促进剂的作用的情况下，作为本领域技术人员也可以知晓，对比文件 1 中所述的颜料可以起到结晶促进剂的作用。同样地，本领域技术人员公知，有机颜料（如酞青蓝颜料）也具有成核剂的作用（例如，可参见上述《塑料工业实用手册》第 1751 页和第 1752 页）。由此可见，无论是权利要求 1 中所限定的有机颜料还是对比文件 1 中的无机颜料，它们均具有促进结晶的作用（公知常识），并且这些有机和无机颜料也是公知的，因此，在对比文件 1 的基础上用限定的有机颜料替代无机颜料从而得到本权利要求所要求保护的技术方案对本领域技术人员来说是显而易见的，并且从其取得的技术效果上看，例如从本申请说明书第 8 页表 1 中给出的效果数据上看，采用各种结晶促进剂（有机和无机）的效果是相当的。因而这种替代也没有给本申请权利要求 1 所要求保护的技术方案带来预料不到的技术效果。"❶

上述案例中，复审决定首先确定关键技术手段"有机结晶促进剂"在技术方案中实际产生的作用。结合该申请说明书记载的原理、本领域中常见结晶促进剂的一般作用和该申请记载的实验数据证明的技术效果，综合得出以下结论：该申请说明书和实

---

❶ 国家知识产权局专利复审委员会. 专利复审和无效审查决定选编（2005）：材料（上）[M]. 北京：知识产权出版社，2005：112–115.

验数据未体现出有机结晶促进剂和无机结晶促进剂所产生技术效果之间的差异，该申请限定的特定结晶促进剂仅起到本领域常规成核剂的一般作用。复审决定继而在评述中分析了对比文件 1 虽然未指明白色颜料具有成核剂的作用，但公知常识证据表明特定粒径范围的白色颜料具有成核剂作用，因而知晓本领域普通技术知识的本领域技术人员可以确定对比文件 1 中白色颜料属于一种成核剂；又通过公知常识证据证明有机结晶促进剂与无机结晶促进剂都是普通的成核剂，二者在该申请技术方案中功效等同，因而使用有机颜料替代无机颜料属于一种惯用手段，技术方案是容易想到的。该案的评述结合了举证证明本领域的普通技术知识和分析证明技术手段属于本领域的惯用手段两种方式，充分证明了知晓以及运用该特定结晶促进剂均属于本领域的公知常识，因而技术方案是显而易见的，逻辑清晰，有理有据。

3.4.2 公知常识的举证

3.4.2.1 举证责任

专利审查是依据专利法进行行政审批的过程。我国行政程序中对于举证责任没有明确的法律规定，目前专利审查过程中举证规则依据《中华人民共和国民事诉讼法》中相关规定，当事人对自己提出的诉讼请求所依据的事实或反驳对方诉讼请求所依据的事实有责任提供证据加以证明。即谁主张，谁举证。没有证据或证据不足以证明当事人主张的，由负有举证责任的当事人承担不利后果。证据形式包括书证、物证、视听资料、电子数据等。同时，司法解释又规定了六种免证事实无须提供证据，其中包括众所周知的事实、自然规律和定律、推定的事实等。

由于专利审查中公知常识证据与民事诉讼中的证据不同，在专利的审查实践中，对于公知常识是否需要举证、举证方式以及举证的时机还存在争议。对于公知常识是否需要举证存在两种不同观点：第一种观点从行政效率考虑，认为若审查员依据审查经验能够确定某个技术手段属于公知常识，采用直接认定的方式可以提高行政效率，节约行政资源；第二种观点从社会公平角度考虑，认为充分举证可以消除审查员在知识、技术和能力上的个体差异，保证申请人的合法利益。为了兼顾效率与公平，我国目前采取说理与举证相结合的审查方式。

2019 年修订的《专利审查指南 2010》第二部分第八章第 4.10.2.2 节规定："审查员在审查意见通知书中引用的本领域的公知常识应当是确凿的，如果申请人对审查员引用的公知常识提出异议，审查员应当能够提供相应的证据予以证明或说明理由。在审查意见通知书中，审查员将权利要求中对技术问题的解决作出贡献的技术特征认定为公知常识时，通常应当提供证据予以证明。"

上述规定明确了审查中使用公知常识时必须准确的要求，但并未对公知常识的使用方式提出具体限定，也就是说，在保证事实正确的情况下直接认定公知常识是被允许的。其中，"审查员将权利要求中对技术问题的解决作出贡献的技术特征认定为公知常识时，通常应当提供证据予以证明"是《专利审查指南2010》在2019年修订时补充的要求，进一步明确了对于涉及发明点的技术特征认定公知常识时，优先使用证据从而避免公知常识的滥用。

3.4.2.2 需要举证的情形

在审查实践中，对于一个技术手段是否可以不使用证据而直接认定为公知常识需要根据该技术手段是否在说明书中作为重要特征加以描述等情况进行判断。通常认为，在申请文件中发明内容部分被详细说明并通过实验数据证明的技术手段，属于申请人认定的发明点。针对此类技术手段认定公知常识时，审查员应当进行举证。相反，如果在申请中并没有记载技术手段的效果或作用，可以认为该技术手段不是申请人认为的发明点，此时，如果审查员有理由认定该技术手段产生的作用属于公知常识，则可以不进行举证。❶

【案例3-4-1】一种非结晶纤维素制造方法

一种非结晶纤维素制造方法，将含纤维素原料用粉碎机处理，使纤维素结晶度由33%以上降至33%以下，所述含纤维素原料的水分含量为1.8wt%以下。

对比文件1公开了一种非结晶纤维素制造方法，采用介质式粉碎机处理体积密度为100—500kg/m³的含纤维素原料，使纤维素结晶度由33%以上降至33%以下，所述含纤维素原料水分含量优选为20wt%以下，更优选为15wt%以下，特别优选为10wt%以下。

权利要求1与对比文件1相比，区别仅在于：权利要求1是从对比文件1公开的较宽的原料水分含量范围中选择了1.8wt%以下的较窄范围。

审查员在通知书中指出："本领域公知，在对含纤维素原料进行处理以获得工业原料时，为防止原料聚集成团或避免水分的存在影响后续化学反应或物理加工过程，通常会对原料进行干燥，以降低其水分含量。因此，在通过粉碎制备非结晶纤维素时，使用较低水分含量的含纤维素原料，是本领域公知常识。本领域技术人员有动机从对比文件1公开的较宽水分含量范围中选择一个较低的水分含量范围，且水分含量范围的选择是本领域技术人员根据对结晶度和生产率的实际需求，通过常规实验手段进行有限的实验容易确定的。"

然而在案件质检环节，质检员认为："通过本申请说明书中记载的事实可知，使含纤维素原料水分含量为1.8wt%以下，能够更有效地快速降低纤维素结晶度、提高生产率，所述水分含量是本申请解决其技术问题的关键技术手段，是本案创造性有无的焦点所在。因此，尽管本领域公知，在对含纤维素原料进行处理以获得工业原料时，为防止原料聚集成团或避免水分的存在影响后续化学反应或物理加工过程，通常会对原料进行干燥，以降低其水分含量，但在判断创造性时，不能直接以'本领域中通常会

---

❶ 孙瑞丰，曲淑君，范丽. 专利审查中公知常识的认定和举证［J］. 知识产权，2014（9）：77.

对用作工业原料的含纤维素原料进行干燥，以降低其水分含量'作为解决本发明的技术问题的公知常识，进而简单地否定发明的创造性。审查员应进一步查找证据，确定现有技术中是否给出了'使含纤维素原料具有较低的水分含量以促进结晶度有效且快速降低'的技术启示，即应当查找相应的公知常识性证据或对比文件证据。"

后经审查员补充检索，本领域教科书（参见礒贝明编，《纤维素科学》，第 96 – 97 页，朝仓书店出版，2003 年 11 月 25 日第 1 版第 1 次印刷）记载了，在对纤维素进行粉碎处理的过程中，在纤维素充分干燥时，结晶性迅速下降；与水分含量为 7% 的纤维素相比，水分含量为 0 的纤维素能够在更短时间内降低结晶度。因此，在通过粉碎制备非结晶纤维素时，使用较低水分含量的含纤维素原料，能够以较优的生产率降低结晶度，确实是本领域为解决非晶化速度慢的技术问题的公知常识。本领域技术人员有动机从对比文件 1 公开的较宽水分含量范围中选择一个较低的水分含量范围，以更有效地快速降低纤维素结晶度，而水分含量范围的选择是本领域技术人员根据对结晶度和生产率的实际需求，通过常规实验手段进行有限的实验容易确定的。

该案表明，对于涉及发明点的关键技术手段，即使客观上属于公知常识，审查员也不能直接无证据认定，需要提供证据加以证明，以满足证据优先的原则。

3.4.2.3　举证的方式

《专利审查指南 2010》第二部分第四章第 3.2.1.1 节 中规定："下述情况，通常认为现有技术中存在上述技术启示：（i）所述区别特征为公知常识，例如，本领域中解决该重新确定技术问题的惯用手段，或教科书或者工具书等披露的解决该重新确定的技术问题的技术手段。"

《专利审查指南 2010》第四部分第二章第 3.3 节中规定："原审查部门在前置审查意见中不得补充驳回理由和证据，但下列情形除外：（i）对驳回决定和前置审查意见中主张的公知常识补充相应的技术词典、技术手册、教科书等所属技术领域中的公知常识性证据。"

《专利审查指南 2010》第四部分第二章第 4.1 节中规定："在合议审查中，合议组可以引入所属技术领域的公知常识，或者补充相应的技术词典、技术手册、教科书等所属技术领域中的公知常识性证据。"

根据以上规定可知，在法律意义上能接受的公知常识证据范围仅包括教科书或工具书如技术词典、技术手册。如果教科书或工具书中披露了技术特征及其技术效果的相关记载，要优先提供此类书面证据。与其他类型证据相比，教科书和工具书更具有权威性，不容易产生争议。司法审判中，针对技术词典、技术手册、教科书等文献记载的公知常识证据还要判断是否存在相反证据，只有在没有相反证据的情况下相关的技术知识才可以被推定为公知常识。

但在实际审查实践中仅采用"教科书或工具书"中披露的内容认定公知常识是远远不能满足当前高效审查需求的，因为在人类社会的各个领域，方方面面都涉及技术方案和技术方案的改进，并非所有存在的客观事实都能够通过书面证据予以证明，尤其是证明到被法律认可的程度。因此，当判断某技术特征是否属于公知常识时，还要根据该技术手段在所属领域是否具有普遍知晓的客观情况进行判断。为了对专利审查指南中规定的公知常识证据的种类进行补足，目前在业界受到广泛推崇的证据类型还有以下几种。①规范性文件，如行业标准、行业规范、国家标准、国际标准等。这类文献具备被广泛印证且普遍接受的属性，且这些文献公开时间准确，便于参考。②科普类文献。此类文献将难度较大的科学知识以易于接受的方式向公众呈现，传播科学方法，普及科学知识，也具有被广泛认可的属性。③期刊、会议文件、技术报告、学术报告等。这类文献体现了作者的研究水平和所属领域的技术水平。在一定数量的期刊中存在相同或相似的手段，在一定程度上反映了该技术手段在领域中的认可程度。④专利文献的背景技术部分，或多篇专利文献相互印证某一技术手段在该技术领域的认知水平。❶ 在审查实践中，有些领域技术更新很快，某些技术手段客观上属于公知常识，却无法在教科书、工具书中找到证据。面对这种情况，可以尝试采用多篇科技期刊文献相互印证的方式举证公知常识。

【案例 3 – 4 – 2】

权利要求 1 与对比文件 1 的区别在于：在无线通信中使用网状的网络拓扑结构。

在现阶段，网络拓扑属于一个基础技术手段，由于教科书、技术手册等书籍中知识更新的滞后性，难以检索到可用的证据。面对上述情况，复审审查员选择领域内常用的期刊来源网站——中国知网（CNKI），通过简单篇名搜索关键词"无线""网络拓扑"，可获得大量在该案申请日前关于无线通信中使用网络拓扑结构的期刊文献。在确认技术手段属于领域中公知常识后，复审通知书指出："对知晓本领域现有技术的本领域技术人员而言（参考以下文件：（1）"无线传感器网络拓扑结构的研究"，杨宁等，无线电工程，第 36 卷第 2 期，第 11 – 13、60 页，公开日为 2006 年 2 月 28 日；（2）"无线传感网络拓扑优化研究"，马斌等，网络案全技术与应用，2006 年第 4 期，第 88 – 90、10 页，公开日为 2006 年 4 月 30 日），无线网络的拓扑结构通常分为：星状结构、网状网络以及星—网混合网络，因此，网状的网络拓扑结构是本领域所公知的一种用于无线通信网络中的典型网络拓扑结构，在无线通信中使用网状的网络拓扑结构也是本领域技术人员惯常采用的技术手段。"❷

该案例中，复审审查员通过 CNKI 验证网状的网络拓扑结构在现有技术中大量存在，属于该领域的普通技术知识，基于这一客观事实，在公知常识难以在通过技术词典、技术手册、教科书等文献提供证据的情形下，采用多篇科技期刊文献相互印证的方式举证公知常识。

尽管在专利审查过程中，对于明显属于公知常识的技术手段在无法提供教科书、工具书的情况下，允许使用多篇科技期刊相互印证的方式举证，但在司法审判中，对

---

❶ 王桂霞. 专利法中公知常识相关问题研究［D］. 北京：中国政法大学，2019.

❷ 马玉青，刘琼. 关于公知常识举证手段的思考［J］. 专利代理，2019（3）：35.

于公知常识证据的要求非常严格，即使提供了书籍证据，仍需要考证书籍公开的内容是否能确实证明一个技术手段属于公知常识。如最高人民法院（2020）最高法知行终35 号判决书中指出："对于公知常识的认定应该以确凿无疑为标准，应该有充分的证据或者理由支持，不应过于随意化。一般而言，对于相关技术知识是否属于公知常识，原则上可以通过技术词典、技术手册、教科书等所属技术领域中的公知常识性证据加以证明；在难以通过技术词典、技术手册、教科书等公知常识证据予以证明的情况下，也可以通过所属领域的多份非公知常识性证据例如多篇专利文献、期刊杂志等相互印证以充分证明该技术知识属于公知常识，但这种证明方式应遵循更严格的证明标准。其次，公知常识证据是指技术词典、技术手册、教科书等记载本领域基本技术知识的文献。如无相反证据，技术词典、技术手册、教科书记载的技术知识可以推定为公知常识。对于技术词典、技术手册、教科书之外的文献，判断其是否属于记载本领域基本技术知识的公知常识性证据，则需要结合该文献的载体形式、内容及其特点、受众、传播范围等具体认定。"该判决否定了图书《肿瘤研究前沿》作为公知常识性证据的效力，指出其虽然属于图书，却不属于一般性教科书。该书旨在介绍世界肿瘤研究的最新进展，并非讲述肿瘤研究领域的一般性技术知识，不属于通常意义上的教科书。从受众、传播范围方面看，也难以认定其为教科书。

据此可知，对于公知常识的举证，要以专利审查指南的规定为准绳，首先确定技术手段是否属于所属领域的惯用手段，当满足技术手段确实属于公知常识这一客观事实时，如果无法提供教科书或者工具书证据，可以采用补足手段达到举证目的。与之相反，若某一技术手段不满足属于公知常识这一客观事实时，即便提供了书籍中的某处记载作为证据，其证明效果也是微乎其微的。

3.4.2.4　听证

行政听证是行政机关在作出影响行政相对人合法权益的决定之前，由行政机关告知决定理由和听证权利，行政相对人陈述意见、提供证据以及行政机关听取意见、接纳证据并作出相应决定等程序所构成的一种法律制度。❶ 从立法目的出发，行政听证程序的设立在于防止行政权力的滥用，保护个人权益，促进行政行为的公正、公开、民主。但是行政效率是行政权的生命，没有基本的行政效率，就不可能实现行政权维护社会所需的基本秩序的功能。过分强调听证，必然影响效率；过分强调效率，必然影响公平公正。

为了平衡好效率与公平之间的关系，《专利审查指南 2010》第二部分第八章第 2.2节中规定："在实质审查过程中，审查员在作出驳回决定之前，应当给申请人提供至少一次针对驳回所依据的事实、理由和证据陈述意见和/或修改申请文件的机会，即审查员在作出驳回决定时，驳回决定所依据的事实、理由和证据应当在之前的审查意见通知书中已经告知过申请人。"可见，《专利审查指南 2010》一方面约束了审查员对公知

---

❶　宋岩，黄璐. 专利审查程序中的公知常识知常识证明责任探究［J］. 知识产权，2019（8）：85.

常识的认定权力从而保护了公平，另一方面也兼顾了效率。

在审查实践中，申请人为了克服新颖性或创造性问题，经常在答复审查意见通知书的过程中向权利要求中补入公知常识。面对此种情况如何兼顾审查效率与公平，现以一个案例进行解释和说明。

【案例 3 - 4 - 3】

实质审查阶段程序如下：

（1）审查员在第一次审查意见通知书（以下简称"一通"）中引用对比文件 1 评述权利要求 1 和权利要求 2 不具备新颖性，权利要求 3 不具备创造性，其中权利要求 2—3 为权利要求 1 的从属权利要求。

（2）申请人答复一通未修改，仅陈述了权利要求 1—2 具备新颖性，权利要求 3 具备创造性的理由。

（3）审查员在第二次审查意见通知书（以下简称"二通"）中评述权利要求 1 和权利要求 2 不具备新颖性，权利要求 3 不具备创造性。

（4）申请人答复二通时向独立权利要求 1 中补充了说明书中的技术手段 A。

（5）审查员在第三次审查意见通知书（（以下简称"三通"）中指出权利要求 1—3 相对于对比文件 1 和公知常识不具备创造性。

（6）申请人答复三通时向独立权利要求 1 中补充了说明书中的技术手段 B。

（7）审查员以权利要求 1—3 相对于对比文件 1 和公知常识不具备创造性作出驳回决定。

对此，申请人提起复审请求，指出驳回决定不符合听证原则。复审通知书（以下简称"复通"）指出，在作出驳回决定之前，权利要求 3 不具备创造性的事实、理由和证据在二通、三通均已告知申请人，申请人在答复三通时的修改构成同类缺陷，此时作出驳回决定符合听证原则。复通未对权利要求 2 和权利要求 3 的驳回是否符合听证原则发表意见，仅指出权利要求 1—3 相对于对比文件 1 和公知常识不具备创造性。复审请求人在答复复通时指出，合议组在考虑听证时不能回避权利要求 1 而仅提及从属权利要求 3，且未对权利要求的创造性发表意见。在此种情况下，复审和无效审理部发出维持驳回决定指出，尽管申请人在答复三通时再次对权利要求进行了修改，但基于公知常识的属性可知，其是所属技术领域的技术人员知晓的所属领域的普通技术知识。申请人理应了解所属技术领域的公知常识。由于一通、二通和三通均已使用对比文件 1 与公知常识结合评述了以原权利要求 1 为基础的技术方案的创造性，申请人将说明书的技术特征补入权利要求 1 时应当对其是否属于公知常识有所判断和预期，驳回决定指出的缺陷没有超出申请人理性认识的范畴，且同时兼顾了程序节约原则，符合驳回申请的条件。

由该案可知，由于公知常识是所属技术领域技术人员的普通技术知识，申请人对权利要求中新补充的内容是否属于公知常识应当有所判断和预期，因而对于权利要求 1 和权利要求 2 的驳回同样符合听证原则。但上述判断的基础是新增加的技术手段在客观上确实属于所属领域普通技术人员的公知常识，若新补入的特征是否属于公知常识在申请人和审查员之间存在争议，则需要审慎对待听证问题。

3.4.3 公知常识的说理

3.4.3.1 充分说理的重要性

公知常识的运用一直是创造性审查中争议较大的部分，为了避免对其使用的随意性，2019 年修订后的《专利审查指南 2010》中对公知常识的使用进行了专门的规定："审查员在审查意见通知书中引用的本领域的公知常识应当是确凿的，如果申请人对审查员引用的公知常识提出异议，审查员应当能够提供相应的证据予以证明或说明理由。在审查意见通知书中，审查员将权利要求中对技术问题的解决作出贡献的技术特征认定为公知常识时，通常应当提供证据予以证明。"[1] 这种举证的要求，对于避免由于主观因素导致的公知常识滥用起到了很大的作用，也有利于培养审查员建立证据优先、用证据支撑事实的法律意识。

但是，在目前的法律规定下，有些时候公知常识性证据的举证具有非常大的难度，原因在于符合法律规定的公知常识性证据范围过于狭窄，仅局限于教科书和工具书之类的证据。专利本身通常都是所属领域最前沿的技术和最前沿的解决方案。在实践中，由于技术的高速发展，交叉领域技术的融合使用等，如果对于公知常识性证据的载体仅仅限定在上述范围，难于适应技术的发展，并不符合客观情况，可能会导致将不具备创造性贡献的公知技术被不恰当地授予专利权的情况出现，限制了技术发展的空间，阻碍了技术的创新。受限于举证难度，在审查实践中，仍然存在有不少审查意见仅仅采用说理的方式来论证公知常识，而这样的审查意见如果处理不好，可能会导致一些问题。

首先，这种说理方式容易在审查员与申请人之间产生争议。按照审查的一般顺序，在对一件专利申请进行创造性评判前，审查员要进行充分检索，获知该技术领域中现有技术的情况。在这个过程中，审查员会浏览相当数量的技术文献，这些文献与待审案件关注的技术问题接近或相似。通过对现有技术的了解，审查员会在技术水平上逐渐趋近于本领域技术人员。在浏览文献的过程中，很有可能会看到一定数量的采用了待审案件中某些技术手段、获得类似技术效果的文献，并随着这种文献的增多而形成心证，即某个技术手段在某一领域中，是解决某个技术问题的惯用手段，有较大可能是该领域的公知常识。则在进行创造性的审查意见的撰写时，由于审查员已经明了发明实际的改进点以及实际解决的技术问题，在说理的过程中容易导致理所当然地认为面对这样的技术问题时，应当很容易地想到采用区别特征所包含的技术手段，从而在主观上认为该改进是现有技术中为所属领域技术人员熟知的技术手段，创造性高度偏

---

❶ 国家知识产权局. 专利审查指南 2010（2019 年修订）［M］. 北京：知识产权出版社，2020：235.

低。通常情况下，申请人无法获得像行政审批机构一样丰富的现有技术，也无法再现审查员心证某个技术手段是公知常识的过程，因此审查员的认定往往很难被申请人所接受。申请人会与审查员进行争辩，在没有书证的情况下，只给出心证结论的认定，很难让申请人信服。

其次，在某些技术更新迭代很快的领域，或者某些交叉学科，技术发展日新月异，领域交叉也是多种多样。某些技术手段出现并被广泛使用后，还来不及进入教科书或者工具书，就导致公知常识的载体滞后于技术的发展。面对这种情况，审查员只能通过充分说理论证公知常识。由于审查员获知的现有技术丰富程度要远高于申请人，即使申请人或发明人是某个领域的资深技术人员，甚至是技术专家，但他也无法构成专利法意义上的本领域技术人员，无法对所属领域的技术知识做到完全掌握，也就难以认同审查员对公知常识的认定。

因此，如何进行充分说理，使得申请人能够认同审查员的论证过程，是公知常识举证中的一个难点。在没有书证等其他证据支持认定某技术手段是公知常识的时候，认定主体要进行充分的说理，以尽量使申请人能够明了并认可其认定，这对审查员的说理能力提出了很高的要求。

实际上，按照《专利审查指南2010》中的规定，作出创造性判断的主体应当是"本领域技术人员"，他虽然不具备创造力，但是他知晓"申请日或者优先权日之前发明所属技术领域所有的普通技术知识，能够获知该领域中所有的现有技术，并且具有应用该日期之前常规实验手段的能力"，同时他还具有"合乎逻辑的分析、推理"的能力。而说理的充分，就是要将本领域技术人员在能力范围内进行"合乎逻辑的分析、推理"的思维过程，用文字的方式呈现出来。

从提高说服力的角度出发，无论是公知常识的论证，还是其他类型的说理，充分说理都应该达到合法、合理的要求。在大多数情况下，申请人难以有能力在发明创造作出之前或申请之前全面获知所属领域的现有技术状况，其往往仅仅是发现了现有技术中存在的某些问题，而对现有技术进行了改进，进而形成了其发明创造。而作为认定公知常识的审查员一方，如果判定区别特征为所属领域的公知常识，且不需要采用证据进行说明的情况下，应当尽量充分地给出理由，而不能仅武断地给出结论，应尽量消除申请人的质疑，使公知常识的认定具有合理性和合法性，减少申请人与审查部门之间的矛盾，提高审查部门意见的公信力。

3.4.3.2　充分说理的步骤

通过充分说理来论证公知常识，本质上就是在确定现有技术给出了技术启示，以这些技术启示为依据，所属领域技术人员有动机对最接近的现有技术进行改进，从而提出本申请所请求保护的技术方案。那么，技术启示的内容就是说理的重点。通常公知常识范畴内的技术启示体现在，面对某个特定技术问题时，所属领域技术人员能不能根据其所具有的公知技术和常规能力，确定出解决这个技术问题的技术手段，而该技术手段恰好与区别特征对应的技术手段一致，即认为现有技术中存在技术启示，该技术手段是所属领域的惯用手段。

也就是说，从技术方案的整体角度确定出区别特征实际所解决的技术问题，并将技术问题提炼准确是充分说理的前提。面对由区别特征确定的该申请所实际解决的技术问题，所属领域技术人员根据其所具有的常规知识和能力轻而易举地获知了解决该技术问题的技术手段，进而通过上述技术手段改进与之最接近的现有技术。上述区别特征对应的技术手段就是所属领域的惯用手段。

对于公知常识的说理论证，首先就需要认定什么是需要进行说理的公知常识。首先，并不是所有的公知常识都需要举证或者说理，例如，《最高人民法院关于行政诉讼证据若干问题的规定》第68条规定："下列事实法庭可以直接认定：（一）众所周知的事实；（二）自然规律及定理；（三）按照法律规定推定的事实；（四）已经依法证明的事实；（五）根据日常生活经验法则推定的事实。前款（一）、（三）、（四）、（五）项，当事人有相反证据足以推翻的除外。"那么对于专利审查而言，虽然判断主体是"本领域技术人员"，但如果某些技术特征是一般人都能认知的事实，即属于众所周知的事实，就无须举证；此外，自然规律和定理，也属于免证的事实，这种例子在专利审查中也会出现。如果审查员能够通过检索认定，某一技术特征属于自然规律，或者定理，则可以直接认定其属于公知常识，而无须举证。但需要注意的是，自然规律和定理虽然属于免证的内容，但要注意区分自然规律本身和利用了自然规律的手段。利用了自然规律的手段并不能直接等同于自然规律，人类在改进技术，提高整个社会创新程度的历史过程中，在了解了自然规律，并由此概括成一般的科学原理后，一直都是通过利用这些自然规律来帮助技术进步。如果简单地认定利用了自然规律的手段等同于自然规律本身，无疑会大大提高创造性判断的高度，将绝大多数专利申请拦在门外。

另外，对于没有记录在教科书、工具书里的技术手段，如果存在多份现有技术，是否可以直接采用上述现有技术证据作为公知常识的证据进行说理。实际上，按照《专利审查指南2010》中的规定❶，科技期刊、专利文献这类现有技术并非属于《专利审查指南2010》中明确规定的"公知常识性证据"，采用这样的证据作为公知常识的载体不符合《专利审查指南2010》中对于公知常识性证据载体的要求，在后续程序中容易产生不利的后果，还很容易引发申请人的不满。因此，在实质审查阶段，如果存在这样的证据，可以直接作为对比文件使用，减少争议。

在实质审查过程中，可以通过充分说理来举证公知常识就应当是这样的情形，即技术方案中解决技术问题，能够产生技术效果的某个技术手段，无法通过列举公知常识性载体进行举证，同时，引入现有技术类证据又显得过于冗杂，同时审查员在浏览现有技术的过程中，已经获知了相当的与在审案件密切相关的现有技术，掌握了该领域内的一般基础知识，再通过合理的逻辑分析、推理，认为该手段是本领域技术人员可以显而易见地获得，就可以通过充分说理的方式进行论证。如何才能达到说理的充

---

❶ 国家知识产权局. 专利审查指南 2010（2019 年修订）［M］. 北京：知识产权出版社，2020：175.

分？虽然专利审查是一种行政行为，但结果会导致权利的确认，也具有一种准司法的性质，而司法文书中对于说理的要求是"充分性与逻辑性"❶，审查意见同样可以参考这个要求，在论证时满足"充分性与逻辑性"的要求。在具体的说理中，该如何实现"充分性"和"逻辑性"呢？

通过审查实践中对于实质审查、复审、无效宣告程序中优秀说理的总结，本书给出一种能够满足"充分性与逻辑性"要求的说理方式——四步法。

第一步要明确充分说理的主体——本领域技术人员，并按照专利审查指南中对于本领域技术人员的规定赋予其相应的能力。这就是充分说理的第一步，明确谁来判断某一技术手段是否显而易见。在审查过程中，这个主体是由审查员来代位的，那么，使得判断始终是从本领域技术人员的能力出发，就需要审查员充分了解本申请，知晓其发展的大致技术脉络、聚焦的技术问题、采用的关键技术手段、取得何种技术效果，同时，还要了解现有技术的发展状况，对于本申请所关注的技术问题，现有技术是否有所关注，如果关注，采用何种手段进行解决。只有能够回答这些问题，才能保证作出判断时能够尽可能还原本领域技术人员的能力。简单概括来说，第一步就是：谁去想。

第二步要解决在何种基础上去想。创造性的判断不是空中楼阁，显而易见的结论也是在相对于现有技术的基础上得出的，这个基础就是最接近的现有技术。但这步并不是"三步法"中的"确定最接近的现有技术"。在"四步法"的第二步中，需要将最接近的现有技术中给出的技术信息完整地呈现出来。审查员要详细分析最接近的现有技术中聚焦了何种技术问题，是否与本申请相关或相近，其解决技术问题采用了何种技术手段，是否与本申请相似或相近；如果存在不同，则这种不同带来的差异体现在什么地方。只有将最接近的现有技术给出的技术信息完整地剖析，才能让整个判断的依据充分、切实。简单概括来说，第二步是：在什么基础上去想。

第三步需要还原本领域技术人员获得相关申请技术方案时的思考路径。当某个领域的普通技术人员，在最接近的现有技术的基础上，面对要解决的某个技术问题时，如何根据其已经获得技术信息，在不使用创造力的前提下来获得该技术方案，则他在获得该方案的过程中，应当首先在脑海中提出一个技术问题，这是之后改进的方向，直接决定着向哪个方向或目标去改进以获得请求保护的方案。第三步就是要还原这个思维过程。在这一步中，审查员要回答这样一个问题，即本领域技术人员为什么要对对比文件的技术方案进行改进，也就是为什么要解决与区别特征相对应的本申请实际所要解决的技术问题。该步骤是得到"容易想到"的结论中关键的一环，是本领域技术人员寻求技术手段的前提。只有要解决的技术问题是显而易见、容易提出的，本领域技术人员才有动机在容易想到的技术手段中寻找能够解决该问题的手段。否则，"容易想到"在这里走向终结，不论手段有多公知，都不能应用于对比文件中形成权利要求的技术方案。概括而言，第三步可以称为：为什么去想。

---

❶ 朱新林. 裁判文书说理的几个着力点［N］. 人民法院报，2017 – 05 – 26（6）.

第四步就是在上面所有的判断之后，得出如何获得解决技术问题的技术手段的结论。在上述三个环节正确考察的基础上，该环节便只要立足本领域技术人员，客观考察技术手段是否是本领域常用的技术手段即可。若是，权利要求的技术方案就很容易地呈现在本领域技术人员的眼前；若非，"容易想到"则是不成立的。概括而言，第四步可以称为：如何去想。

这种说理方式的前两步通过确立说理的主体以及说理的基础，实现了说理过程中的充分性，后两步则通过对获得技术手段中的显而易见性进行分析和说理，实现了逻辑性，能够达到充分说理中"充分性"和"逻辑性"的要求。而且由于该说理方法实际上是将本领域技术人员在最接近的现有技术的基础上，根据其掌握的普通技术知识，显而易见地获得技术方案的整个思维过程通过书面的方式呈现出来，可以保证整个推理过程中的严谨和客观，在很大程度上减少申请人与审查员关于通过说理来论证公知常识时带来的争议。

3.4.3.3 充分说理的实践

下面通过一个案例来介绍何为具有"充分性和逻辑性"的说理。

该案涉及一种碳酸酐酶抑制剂在治疗黄斑水肿疾病中的应用。黄斑水肿是不同眼内病变所引起的一种病理变化过程，是机体对血－视网膜屏障破坏的一种非特异性病理反应，一般发生在黄斑区，会影响到视力。现有技术中已经有过采用口服乙酰唑胺（一种碳酸酐酶抑制剂）来使黄斑水肿消退的记录，但在该案申请日前尚没有外用碳酸酐酶抑制剂来治疗黄斑水肿的记录。该案中将碳酸酐酶抑制剂制成滴眼液，通过对眼部局部用药来治疗黄斑水肿，经过实验验证，有明显的效果。权利要求请求保护的技术方案可以概述为："碳酸酐酶抑制剂在制备用于治疗或预防黄斑水肿或与年龄相关的黄斑变性的眼药中的应用。"

该案在实质审查过程中，原审查部门引用了一份现有技术否定了该申请的创造性，并最终驳回了该申请。该现有技术同样使用碳酸酐酶抑制剂制成滴眼液来治疗眼病，但其治疗的眼疾是青光眼。青光眼是一种以视盘凹陷扩大、盘沿组织缺失变窄伴有相应视野缺损为共同特征的疾病。病理性高眼压是青光眼发生的主要危险因素。与该申请中涉及的黄斑水肿相比，青光眼的患处在眼睛的前部，而黄斑水肿在视网膜中区，位于眼睛后段。

不难看出，该申请与现有技术之间的区别就在于治疗的疾病不同。针对这一区别，驳回决定中没有举证，而是采用说理的方式来论证，说理内容可以概括为："碳酸酐酶抑制剂本身可用于黄斑水肿，虽然采用的是口服或全身给药的方式，但是这种用途本身是已知的，碳酸酐酶抑制剂作为眼用制剂也是已知技术，不管其病理作用如何，碳酸酐酶抑制剂作为眼用制剂对于本申请所述的剂型本身就是一种启示，因此，作为本领域普通技术人员很容易将这种方便、安全的剂型转用于黄斑水肿等眼部疾病的治疗或预防。"

驳回决定中论证的逻辑为，现有技术中已知碳酸酐酶可以治疗黄斑水肿，同时已知碳酸酐酶可以制成眼部用药用于治疗青光眼，由于这种眼部制剂的存在，治疗黄斑水肿的本领域技术人员，容易想到将已知的碳酸酐酶由口服制成滴眼液。

申请人对驳回决定不服而提出了复审请求，在复审请求的意见陈述中，申请人并不认可原审查部门在驳回决定中给出的说理逻辑。申请人认为，该发明的创造性在于克服了现有技术的技术偏见，在该发明之前，现有技术中虽然已经有用碳酸酐酶抑制剂治疗青光眼的方式，但青光眼与黄斑水肿发病的部位不同，由于眼药通常难以有效透过眼睛的各组织层和眼睛自身的清除机理，在眼睛前部滴注的药物一般无法以有效量到达眼睛的后部。因此，在该发明之前，本领域的技术人员并不知道往眼睛局部施用碳酸酐酶抑制剂也可以将有效量的碳酸酐酶抑制剂输送至视网膜中区并缓解眼睛背部的水肿，而认为全身给药或外科手术是治疗黄斑水肿的唯一有效的手段。这就是为什么虽然早就知道碳酸酐酶抑制剂可用于预防或治疗黄斑水肿，而且，在该发明之前，也已经有了碳酸酐酶抑制剂的眼用制剂，但在该发明之前的很长一段时间里，本领域并没有将碳酸酐酶抑制剂眼用制剂转用于治疗黄斑水肿。在复审请求中，复审请求人还提交了多份证据佐证其观点。

至此，该案的核心争议焦点已经浮出水面，即如何在现有技术的基础上，显而易见地获得将以往用于治疗青光眼的滴眼液用于治疗黄斑水肿。对于该关键问题，合议组在维持驳回的决定中，用详尽又合乎逻辑的说理，论证了本领域技术人员如何在现有技术的基础上可以显而易见地获得该技术方案的过程，整个说理符合本书中给出的"四步法"。下面就详细解释合议组如何展开的说理。

关于权利要求 1 的创造性的评述中，合议组首先给出了驳回决定中引用的技术信息："对比文件 1 涉及用于降低或者控制眼内压（IOP）的噻吩磺酰胺化合物碳酸酐酶抑制剂，对比文件 1 说明了原发性开角型青光眼（POAG）是与持续不断增高的 IOP 有关的眼部疾病，全身用药碳酸酐酶抑制剂治疗 POAG 会产生不需要的副作用，例如恶心、消化不良、疲劳和代谢性酸中毒，该对比文件还公开了一系列具有通式（Ⅰ）所示结构的碳酸酐酶抑制剂［与本申请的通式（Ⅱ）化合物相同］，并在实施例中公开了一些具体化合物及其与药用载体形成溶液、悬浮液、膏剂等眼用制剂，并以每日 1—4 次的频率局部施用于眼部，可降低和控制眼内压而不产生显著的副作用（参见对比文件 1 说明书第 1—3 栏，实施例 2、6、10—15 及表 1），化合物在药学上可接受的载体溶液中的治疗有效量为 0.1wt%—10wt%，实施例具体给出了化合物含量为 3.0wt%、2.0wt%、1.0wt%、2.27wt% 的数据（参见对比文件 1 权利要求 4 和 5，实施例 12—15）。"在给出对比文件公开的技术事实之后，除了明确该申请与对比文件的区别特征之外，合议组还进一步确认了本领域技术人员可以从上述技术事实中得到的技术信息，并在此基础上得到本申请实际要解决的技术问题。"本申请与对比文件 1 均是涉及碳酸酐酶抑制剂（CAI）及其在眼部疾病上的应用，将权利要求 1 所述的技术方案与对比文件 1 所公开的技术方案相比较可知，对比文件 1 公开了一系列具有通式（Ⅰ）所示结构的碳酸酐酶抑制剂，其与本申请的通式（Ⅱ）化合物相同，可见权利要求 1 中所述的 CAI 在现有技术中是已知的；对比文件 1 还公开了将 CAI 与药用载体制成眼用制剂局部施用于眼部，可用于治疗青光眼等与眼内压升高有关的眼部疾病，并且不会产生 CAI 全身用药所产生的副作用这些技术信息，由此可见，将 CAI 制成眼用制剂局部施用于眼部以治疗眼部疾病是现有技术中已知的。二者的区别特征仅在于所述的眼部疾病不相同，即本申请的 CAI 眼用制剂是用于治疗或预防黄斑水肿或与年龄相关的黄斑变性，而对比文件 1 的 CAI 眼用制剂是用于治疗青光眼等与眼内压升高有关的眼部疾病的。根据上述分析，本申请权利要求 1 相对于对比文件 1 实际解决的技术问题是：将已知的 CAI 眼用制剂应用到治疗或预防黄斑水肿或与年龄相关的黄斑变性上。"这一部分，不仅明确了对比文件 1 中涉及该申请中技术内容的技术信息，而且给出了本领域技术人员能够得到的技术信息，而这些信息都将构成本领域技术人员得到该申请技术方案的基础，也即"在什么基础上去想"中的技术内容。这些技术内容不是简单地对对比文件 1 的内容进行概括，而是进行了提取，整理了现有技术的发展状况，这部分信息是本领域技术人员选择作出技术改进方向时的技术背景，对于增强整个说理中技术选择的合理性很有作用。

在提取了本领域技术人员可以从对比文件 1 获得的技术信息后，合议组又给出了该申请背景技术中给出的技术信息。"对于 CAI 来说，除对比文件 1 公开的技术内容以外，在本申请的说明书中还描述了一些相关的现有技术：其中发明背景部分描述，在 1988 年 Cox 等人就报道说，口服用的乙酰唑胺（DIAMOX®）可使各种病因的慢性黄斑水肿消退；其他的一些研究也有利用碳酸酐酶抑制剂醋甲唑胺的报道。发明概述部分描述，碳酸酐酶抑制剂（CAI）类药物包括多尔唑胺（dorzolamide）、乙酰唑胺、醋甲唑胺等药物以及美国专利 No. 5153192、5300499、4797413、4386098、4416890 和 4426388 及审理中的美国专利申请 93/16701 中描述的其他化合物。在本发明的详细描述部分进一步说明了本申请所述的通式（Ⅰ）化合物记载在美国专利 No. 4797413 中，并具体公开了多尔唑胺（TRUSOPT®），本申请所述的通式（Ⅱ）化合物记载在美国专利 No. 5153192 中（即对比文件 1）。"说明书中给出了碳酸酐酶用于治疗黄斑水肿的背景技术，合议组在说理中通过对这部分技术内容的整理，非常清楚地说明了一个面对黄斑水肿治疗的本领域技术人员已经掌握的技术信息的广度和深度，这为最终结论得出的合理性作出了铺垫。

之后，合议组对碳酸酐酶治疗黄斑水肿中掌握的技术信息进行了整理和归纳，得出了该案创造性判断的关键。"通过本申请说明书所描述的这些现有技术，可以更进一步确定权利要求 1 中所述的 CAI 在现有技术中是已知的。另外，还可以明确地知道，CAI 用于治疗黄斑水肿、青光眼等眼部疾病的应用在本申请日前也是已知的，只是在现有技术中将 CAI 制成眼用制剂局部施用于眼部时是用以治疗青光眼的，而使用 CAI 治疗黄斑水肿的常规用药方式是口服等全身性给药，因此本案的关键在于：现有技术是否存在将 CAI 改以眼用制剂的形式用于治疗黄斑水肿或与年龄相关的黄斑变性上的技术启示。"可以说，这个结论的得出，是从合议组给出的信息中水到渠成得到的。

在之前的说理中，合议组一直在不断给出技术信息，这些技术信息，构成创造性判断中的技术基础。尽可能多地了解现有技术的状况，能让判断的主体接近本领域技术人员，使其判断在技术层面更加接近本领域技术人员人员的真实水平，从而提高说理的合理性。

之后，合议组开始进行说理。这个说理是在已经给出的技术信息的基础上，通过抽丝剥茧的方式展开的。

首先，合议组解释了为什么本领域技术人员会有寻找碳酸酐酶其他剂型的需要："合议组认为，根据现有技术反映的情况，本领域的技术人员已经注意到了 CAI 以全身性给药的方式在治疗眼部疾病时会产生一些显著的副作用，这些副作用的存在会妨碍眼部疾病的治疗进程和治疗效果，为使 CAI 尽量发挥其药用活性并克服其所引起的副作用，本领域的技术人员会去寻求或尝试更好的用药方式"。客观而言，在现有技术中已经存在采用碳酸酐酶全身给药治疗黄斑水肿的方式，这种方式使得对于治疗黄斑水肿的技术领域的技术人员而言，一定会关注相应的治疗效果，并关注到相关文献中报道的显著的副作用，对于药物研发的科研工作者，在已经获知某种药物有明确的疗效，但存在副作用时，自然会开始对不同给药方式的研究，这不仅是一种合乎逻辑的研发路径，也是现实中药物研发人员的通常做法。合议组在此处，通过合乎逻辑的分析，建立了创造性说理的出发点，也就是"为什么想"。

其次，合议组通过阐释对比文件 1 中给出的技术信息，解读出对比文件 1 中给出的技术启示，即对比文件 1 中通过将全身用药改进为局部用药，从而克服了碳酸酐酶治疗青光眼时产生的明显副作用。正如对比文件 1 所公开的一样，本领域技术人员将口服或其他全身给药的方式替换成局部用药，并将 CAI 原有的剂型改变成眼用制剂，用于治疗青光眼获得了良好的效果。可见对比文件 1 明确教导了可以通过改变 CAI 原有的用药方式和剂型来治疗青光眼从而克服全身用药的缺点，但这种教导是否会启示本领域技术人员在治疗黄斑水肿时也能改变 CAI 原有的用药方式呢？同一种药物，在治疗青光眼时遇到了和本申请类似的技术问题，采用全身给药虽然有疗效，但是出现了副作用，此时，对比文件 1 中通过将全身给药改进为局部给药，克服了该缺陷，获得良好的技术效果。则这种启示，对于采用碳酸酐酶治疗黄斑水肿，面临着类似技术问题，寻找其他给药途径的技术人员是否也存在某种启示？

虽然从之前的推理来看，这个答案已经非常明确了，但合议组还是用详尽的说理回答了这个问题。合议组认为："首先，眼用制剂对于治疗眼部疾病来说是一种常用的剂型，而且将眼用制剂施用于眼部这种局部给药的方式相对于全身用药而言不会产生显著的副作用，这是本领域技术人员所知晓的基本常识；其次，CAI 的医药用途是已知的，其不仅可以用于治疗青光眼，而且也可以用于治疗黄斑水肿；再次，黄斑水肿并不是一种独立的疾病，常由其他病变引起，青光眼与黄斑水肿也并不是毫无关联的眼部疾病，青光眼患者也存在伴有黄斑水肿症状的情形，本领域技术人员在对伴有黄斑水肿症状的青光眼患者施用 CAI 眼用制剂进行治疗时，不仅会观察到 CAI 眼用制剂对青光眼的疗效，而且也会观察到 CAI 眼用制剂对黄斑水肿的疗效。因此，当本领域的技术人员面对现有技术中全身性给药 CAI 治疗黄斑水肿会产生显著副作用的问题时，完全有动机将 CAI 眼药制剂用于早已知晓的适应症黄斑水肿上，并进而扩展到与年龄相关的黄斑变性上。"在这部分说理中，合议组采用了层层递进式的方式，从剂型本身的常见性、碳酸酐酶自身的功能以及黄斑水肿与青光眼之间的联系上，给出了本领域技术人员如何从对比文件 1 中得到启示，从而想到采用将碳酸酐酶制成眼药制剂治疗黄斑水肿，完成了"如何去想"的说理。

通过整个说理，将一个治疗黄斑水肿的本领域技术人员，如何在最接近的现有技术的基础上，显而易见地获得该申请技术方案的思维过程通过文字的方式呈现了出来，论证过程中给出的技术信息充分，保障了判断中技术事实的充分，同时在说理中充分考虑了各个因素，逻辑通畅，达到了"合理性和逻辑性"的要求，是采用说理方式论证公知常识的一个优秀范例。

3.4.4　公知常识运用中的典型问题

在审查实践中，除了对于公知常识证据的举证和说理之外，公知常识在运用时，还容易出现一些由于对其内涵把握出现偏差而导致的典型误区，这些问题大致可以归类为以下几种。

3.4.4.1　脱离技术问题认定公知常识

现有技术中存在的技术问题是改进技术方案的动力，某个技术手段是否为公知常识，必然是针对某一技术问题而言的，是相应技术领域中解决某个技术问题的公知常识的技术手段。只有在存在客观的技术问题的情况下，才具有针对该问题寻求解决的技术手段的可能，人们才会根据所属领域的知识来寻找解决的方法。这就涉及技术启示的认定。对于某一技术手段是否为公知常识，则需要对现有技术中解决该技术问题给出的启示以及如何将相应技术手段结合到最接近的现有技术的技术方案中的启示进行判断。

在"三步法"的判断中，对于现有技术整体上是否给出了某种技术启示，通常都是与第二步中发明实际要解决的技术问题相关联的。技术问题是技术方案改进的方向，作为没有创造力的本领域技术人员，在最接近的现有技术的基础上，只有沿着发明实际要解决的技术问题的指引去寻找技术手段的能力；如果超出了技术问题的指引，单纯寻找相同的技术手段，则有可能超过本领域技术人员的能力，使得创造性的判断出现偏差。

在审查实践中，脱离技术问题判断公知常识是公知常识运用中较为常见的一类问题。对于审查员来说，在通过检索确定了最接近的现有技术之后，就需要确定相关申请与最接近的现有技术之间存在的区别特征，并根据这些区别，在现有技术中寻找是否有文献公开了具有同样作用的技术手段。在这个过程中，为了能尽可能多地获得现有技术，检索时常常会出现不考虑技术效果，只以技术手段为要素进行检索的倾向。这样获得的文献，无论是现有技术或是公知常识，有相当的可能仅仅是公开了与待审申请相同的技术手段，而没有公开相同的技术效果。此时，容易出现偏差的是，审查员认为现有技术中已经公开了相应的手段，该手段必然也能获得本申请中的技术效果，并由此得出现有技术中给出了启示的结论。在这个判断过程，本领域技术人员的能力有被高估的可能，存在"事后诸葛亮"的风险。对本领域技术人员来说，其寻找的并不是某一个确定的技术手段，而是能够解决某一确定技术问题的技术手段；没有技术问题的指引，本领域技术人员是没有寻找技术手段的方向的。简单地认为现有技术中公开的手段必然具有相同的技术效果，绕开技术特征在本申请中实际能够起到的作用、达到的技术效果，并不是本领域技术人员应当具备的能力，由此得出的结论也不满足"三步法"中对于显而易见性逻辑推理的要求。

下面通过几个案例来进一步说明在审查中的典型失误，并分析为何产生以及如何避免。

【案例3-4-4】 一种多贮水槽水蓄能系统及其使用方法

【案情介绍】

该案涉及一种利用水储能节能的方法，其中特别涉及了使用多个贮水槽来移峰填谷，节约能源。通常情况下，空调系统的电力符合昼重夜轻，与电网的其他负荷争峰让谷，造成了电网峰谷负荷差值较大。为了保证电网安全、合理以及经济地运行，鼓励用户调整负荷，实现"移峰填谷"，国家实行峰谷分时电价。峰谷分时电价机制是根据电力系统运行的特性，将一天划分为高峰、平段、低谷各时段，部分时期还划分出尖峰时段，对各时段分别制定不同的电价水平，使分时段电价水平更加接近电力系统的供电成本，以充分发挥电价信号作用，引导电力用户削峰填谷，尽量在高峰时段少用电、低谷时段多用电，从而保障电力系统安全稳定运行，提升系统整体利用效率。

在这种政策背景下，蓄能技术应运而生。蓄能技术是应用于峰谷分时电价制度下的一种调荷技术。它通过将用户在夜间电价低谷时段所制的冷或热储存起来，在电价高峰时段释放出来，从而达到了电网"移峰填谷"、用户节约电费的双赢目的。储能技术的关键技术点包括选择合适的储能材料。在现有技术使用的多种储能材料中，成本最为低廉、使用最为广泛的是水。水蓄能技术就是使用水作为蓄能介质，利用水的比热容较大、温度变化中可以吸收和释放显热来进行热量的储存。

在水蓄能技术中，常见的是温度自然分层水蓄能技术。这种技术利用了水在不同温度的密度不同的规律，当温度较高时，水的密度较小，会处于上层，低温时水的密度较大，易于沉积于下层，由此实现了同一个贮罐内部不同温度的水的自然分隔，无须人工隔离设备，结构简单。但这种无需物理分隔手段的贮水技术也带来了一个需要解决的技术难题，也是水蓄能技术中的核心，即如何阻止或抑制储存在同一个贮罐中不同水温的水之间的混合和热交换。由于水的导热系数并不大，那么只要保证不同温度的水分层稳定，则其间发生的热交换就不大。而保证分层稳定的关键就在于冷、热端的布水装置能够使水流以密度流的形式均匀缓慢地流入贮水槽中。如果进出贮水槽的水流量较大，则布水强度（即单位布水面积的水流量）就会越大，由此会对贮水槽内的水体扰动越大，越容易发生冷热水之间的混合，降低蓄能效率。

为了能够尽可能多地蓄能，通常需要有足够多的蓄能材料，也会因此需要一个足够大的贮水槽。但实际应用中受到空间限制，无法建设一个容积足够大的贮水槽，只能通过使用多个贮水槽来代替。

概括而言，涉案申请面对的技术问题就是，采用水作为蓄能介质时，为了降低不同温度的水自身换热导致的蓄能效率下降，在贮水罐内要尽量避免已经分层的水之间发生扰动，因此需要获知不同层的水的温度情况；对于蓄能需求较大的场合，采用贮水罐分别充、放能，或者采用贮水罐串联的方式都会降低蓄能效率；而如果将贮水罐进行并联，就需要对控制系统和控制过程提出很高的要求。

面对该技术问题，该申请提出了一种并联的多贮水槽蓄能系统，其包括至少两个贮水槽、冷水机组或热水机组、换热器，贮水槽内设有上布水器和下布水器，各贮水槽的上布水器并联后分别与冷水机组或热水机组及换热器相连；各贮水槽的下布水器并联后分别与冷水机组或热水机组及换热器相连，各贮水槽的上布水器和下布水器的进出水管路上分别设有调节阀，冷（热）水机组与并联后的贮水槽之间的管路上设有充能泵，换热器与并联后的贮水槽之间的管路上设有释能泵，贮水槽内设有多个温度传感器，多个温度传感器在贮水槽内自上而下均匀间隔排列。该装置在运行时，在充能时，由充能泵将从冷（热）水机组出来的水通过进水布水器注入贮水槽，由出水布水器将水排出送往冷（热）水机组；在释能时，由释能泵将贮水槽中的水通过出水布水器吸出，送往换热器，由换热器返回后由进水布水器送回至贮水槽，贮水槽并联连接，实现贮水槽的同步充释能。

实现同步充、释能的方法通过调节水位来实现，当贮水槽的水位出现较大偏差时，则开大水位较低的贮水槽的进水布水管，同时关小水位较低的贮水槽的出水布水管，或者采用相反的操作，使得多个贮水槽的水位趋近一致。贮水槽内设置的温度传感器则可以测出贮水槽内各层的水温，根据测得的水温计算出贮水槽的实时蓄能量，该实时蓄能量与贮槽最大蓄能量的百分比（又称为"蓄能百分比"）就可以表示贮水槽充能或释能的进度（类似手机充电的进度条）。当多个并联的贮水槽同步使用时，各贮水槽的蓄能百分比如果出现偏差，就表示贮水槽的充、释能不同步，此时根据不同的场景（充、释能），开大进度落后的贮水槽的进水布水器和出水布水器的调节阀，或者关小进度超前的贮水槽的进水布水器和出水布水器的调节阀，都可以纠正系统的不同步程度。该系统的结构示意图参见图 3-4-1。

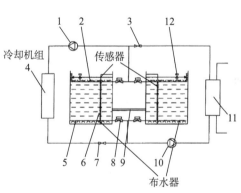

图 3-4-1 案例 3-4-4 涉案发明
蓄冷结构原理

根据说明书中记载，涉案发明可以实现如下有益效果：可以实现多个温度自然分层贮水槽并联蓄能，与各贮水槽分别工作或串联蓄能相比，在同样系统需求的情况下，各贮水槽并联的蓄能流量只是串联或独立工作方式的几分之一，其布水效果和蓄能效率显著提高；运行过程只需一次布水，分层发生紊乱的机会大大减小；各贮水槽的位置不受严格限制，灵活性强，通过调节阀来控制各贮水槽的进水量和出水量，从而调节各贮水槽之间的水位平衡和蓄能流量的平衡，达到同步充、释能。

【案例评析】

经过实质审查后，国家知识产权局作出了授权的决定。授权的权利要求中包括多贮水槽蓄能系统和其运行的方法。授权之后，该专利被提起了无效宣告请求。无效宣告请求人给出了一份现有技术证据。该证据同样涉及储能技术，具体是某大楼设计过程中的空调设计方案，目的也是实现移峰填谷，采用的技术手段也是通过多个贮水罐进行贮水。在该证据中，还给出了详细的设计图纸。

电锅炉中包括3个储热水箱、2台电热水锅炉、换热器，3个储热水箱并联后通过热水供水管和热水回水管与2台电热水锅炉和换热器相连，储热水箱的进出水管路上分别设有电磁阀，电热水锅炉与并联后的储热水箱之间的管路上设有储热水循环泵，换热器与并联后的储热水箱之间的管路上设有热水循环泵。

经过特征对比，涉案专利的权利要求1与该现有技术的区别特征在于：①贮水槽内设有上布水器和下布水器，所述各贮水槽的上布水器并联后分别与冷水机组或热水机组及换热器相连，所述各贮水槽的下布水器并联后分别与冷水机组或热水机组及换热器相连；②各贮水槽的上布水器和下布水器的进出水管路上分别设有调节阀，贮水槽内设有多个温度传感器，所述多个温度传感器在贮水槽内自上至下均匀间隔排列；③可通过冷水机组进行多贮水槽水蓄能。

在无效宣告请求审理阶段，对于上述三个区别特征，合议组分别给出了相应的说理。

对于区别特征①，合议组认为，贮水槽内设置进水布水器和出水布水器进行布水，以使贮水槽蓄能和释能的过程中水温分布更加均匀并减少温度分层的紊乱，是本领域的公知常识。

对于区别特征③，蓄冷和蓄热是本领域常用的两种蓄能方式，将证据6的电热水锅炉换为冷水机组，将蓄热系统应用于蓄冷，对本领域技术人员而言不需要付出创造性劳动。

这两个区别特征的认定都是准确和合理的。实际上在本案无效宣告请求审理过程中，专利权人和无效宣告请求人之间最大的争议就在区别特征②。无效宣告请求人认为使用其他现有技术中已经公开了一种蓄能装置，其中公开了根据蓄能进度来调节流量的装置，因此认为其他现有技术中给出了通过调节流量来控制蓄能精度的启示，并认为通过测量温度与给定温度比较确定蓄能进度是公知常识，因此本领域技术人员有动机在并联的贮水罐中设置多个温度传感器来计算蓄能百分比。专利权人则认为该专利中在贮水槽中自上至下均匀间隔布置多个温度传感器的目的是要获得不同水层的温度，从而将并联的贮水槽进行比较，来确定各贮水槽的充、释能是否同步，通过调节阀来调节流量，从而最终实现并联的贮水槽充、释能同步，并不是简单的测量温度。

对于其中的区别特征②，合议组接受了无效宣告请求人的意见。在决定中，合议组给出了如下论述：区别特征②实际解决的技术问题是"测量贮水槽温度，控制各贮水槽进出水流量"。由于其他现有技术中已经公开了一种蓄热装置，其中设置变流量调节装置以根据蓄热水箱的温度检测结果控制蓄热水箱的流体流量，从而调节水箱的充能和释能。因此，其他现有技术给出了通过测量温度调节水箱流量从而控制水箱充、释能的技术启示。对于温度传感器，合议组认为，在贮水槽内自上至下均匀间隔排列多个温度传感器测量温度是本领域公知的测量温度手段。

基于如上的判断，国家知识产权局最终作出了涉案专利权利要求全部无效的决定。专利权人对此决定不服，向北京知识产权法院提起了行政诉讼。行政诉讼阶段，合议庭对于该专利权利要求 1 的创造性，作出了与无效宣告请求审查决定相反的判断。判决与无效宣告请求审查决定最主要的分歧在于对区别特征②是否显而易见的判断。

北京知识产权法院的判决中接受了专利权人的主张，推翻了国家知识产权局作出的无效宣告请求审查决定。判决中认为，根据涉案专利权利要求 1 和说明书中的记载可知，区别特征②实际解决的技术问题是蓄能系统中并联的多贮水槽充释能不同步的问题，该区别特征②中"贮水槽内设有多个温度传感器，所述多个温度传感器在贮水槽内自上至下均匀间隔排列"，使得贮水槽内的多个温度传感器能够测出贮水槽内各层的水温，根据测得的水温计算出贮水槽的实时蓄能量，依据实时蓄能量与贮水槽最大蓄能量的百分比反映贮水槽充能或释能的进度，在进度出现偏差时，通过开大或关小布水器的进出水管路上的调节阀纠正不同步的程度，从而达到充释能同步的技术效果。无论是合议组引用的其他现有技术证据，或者是该领域的公知常识，均没有公开通过采用多个温度传感器，多个温度传感器在贮水槽内自上至下均匀间隔排列，可以实现充释能同步的技术效果，因此，现有技术中没有给出区别特征②的技术启示。因此，涉案专利相对于现有技术是非显而易见的，具备创造性。

国家知识产权局对于该判决不服，向最高人民法院提起了上诉。在上诉状中，国家知识产权局提出如下上诉理由。一是原审判决关于涉案专利权利要求 1 相对于证据 6 的区别特征②实际解决的技术问题认定不当。二是基于区别特征②客观解决的技术问题，该特征不能给涉案专利权利要求 1 的技术方案带来创造性贡献：首先，对于本领域技术人员而言，区别特征②是本领域的公知常识；其次，其他现有技术公开了区别特征②，该特征在该现有技术中解决了同样的技术问题；最后，即使该现有技术记载的技术问题不同，也不妨碍其和证据 6 的结合。

至此，该案争议的焦点在于无效宣告请求审查决定、一审判决关于区别特征②实际解决的技术问题认定孰对孰错。

经过审理，最高人民法院作出了国家知识产权局败诉的判决。在判决中，合议庭详细解释了为何现有技术中没有给出关于区别特征②的技术启示的理由。这部分内容不仅对于具体的个案有很强的针对性，对于创造性判断中公知常识的运用也有很强的指导作用。

最高人民法院认为，对于区别特征所实际解决的技术问题的认定，应当将该区别特征置于权利要求的技术方案下进行整体的考察。根据涉案专利说明书的记载，在贮水槽内从上到下均匀间隔排列多个温度传感器，是为了测量贮水槽内各层的水温，根据测得的水温计算出贮水槽的实时蓄能量，以便进行同步充能或释能。说明书也记载了设置多个温度传感器的技术效果。被诉决定将区别特征②实际解决的技术问题简单地概括为"测量贮水槽温度，控制各贮水槽进出水流量"，显然是错误的。首先，区别特征②的直接技术目的是测量贮水槽内各层的水温，而不是简单地测量贮水槽内的水温；其次，区别特征②的最终技术目的是根据测得的水温计算出贮水槽的实时蓄能量，以便进行同步充能或释能，而不是简单地控制各贮水槽进出水流量。综合来看，根据区别特征②在涉案专利权利要求1中所实现的技术效果，其实际要解决的技术问题是多贮水槽蓄能系统的同步充能或释能。

对于国家知识产权局在上诉状中认为的"设置多个温度传感器"是本领域的公知常识的观点，最高人民法院认为，某一技术手段是公知常识，并不表明将该技术手段运用于特定的技术方案中也是公知常识，即使采用多个温度传感器测量不同层次的水温是本领域的公知常识，但是，该案中没有证据证明，采用"在贮水槽内从上到下均匀间隔排列多个温度传感器"的技术手段，测量贮水槽内各层的水温，解决多贮水槽蓄能系统的同步充能或释能的技术问题，是本领域的公知常识。

从该案一波三折的审理过程不难看出，无效宣告请求审查决定关于涉案专利创造性的判断中，在如何理解某个技术手段实际解决的技术问题上，犯了将技术手段直接等同于技术问题的错误。无效宣告请求审查决定中将区别特征②实际解决的技术问题确定为"测量贮水槽温度"，但结合该申请说明书背景技术中所记载的技术问题，以及该申请所要达到的技术效果可知，温度传感器虽然可以获得温度参数，但该参数作为一个监控数据，是用于调整贮水槽的进出水量，从而实现同步充、释能。也就是说，"测量贮水槽温度"仅仅是一个技术手段，采用温度传感器来获得贮水槽的温度是该技术手段的一种具体实现方式，技术手段本身并不能直接确定为技术问题，而是要看该技术手段在技术方案的整体中实现了什么效果，否则就会脱离技术问题而对特征本身作出判断。合议组在将设置温度传感器要解决的技术问题确定为"测量贮水槽温度"时，就脱离了该申请中区别特征实际达到的技术效果，将特征所具有的性质确定成了实际达到的技术效果。由于采用温度传感器来测量温度确实属于本领域技术人员的公知常识，则就此得出了"贮水槽内设有多个温度传感器，所述多个温度传感器在贮水槽内自上至下均匀间隔排列"是公知常识的结论。这个判断脱离了发明实际要解决的技术问题来考虑技术特征，因此明显降低了该申请的创造性。这也是创造性判断中常见的一种"后见之明"的错误。

在上面这个案例中，将技术手段本身与其在技术方案中所能达到的技术效果进行混淆，从而导致创造性误判。这个问题产生的本质原因在于，没有将技术特征与技术方案中所能实现的技术效果相关联，从而脱离了技术问题去孤立地判断技术特征是否是公知常识。

审查实践中，除了这种情形之外，还有一种情形也比较常见：认为现有技术中解决不同技术问题的相同技术手段构成了相关案件的公知常识。下面也通过一个案例来进行说明。

【案例3-4-5】快速崩解包衣片剂

【案情介绍】

该案涉及一种快速崩解包衣片剂。根据说明书中的记载，其要解决的技术问题是现有技术中的包衣药片崩解、溶解速度较慢。

涉案申请权利要求1内容如下：

> 一种剂型，包含：
> a）芯，所述芯具有外表面以及第一端和第二端；
> b）在所述芯中的至少一个凹陷图案；
> 其中所述至少一个凹陷图案包含从中心毂径向延伸的三个或更多个延伸部分；
> 其中所述至少一个凹陷图案包含至少一个壁；
> 其中所述至少一个壁包含约25°或更小的垂直壁角；
> 和c）所述芯的外表面的多个部分上的包衣；
> 其中所述至少一个凹陷图案包含大于0.5mm的深度；
> 其中所述至少一个凹陷图案中的包衣的厚度比所述片剂的其余部分上的包衣的厚度小至少10%；
> 其中所述芯包含至少一种活性成分，并且其中所述剂型允许所述至少一种活性成分遵循速释特征溶解。

图3-4-2所示即为该案中片剂的示意图，其中两侧的星状图案即为"凹陷图案"。根据说明书中的记载，该剂型提供了改善的开始的溶解和崩解，而不影响剂型的可吞咽性。说明书中提供了一系列制造实施例和效果实施例，其中采用冲压和雕刻的方法在片芯上形成凹陷图案和雕刻切口，然后通过水性喷雾进行膜包衣，并采用电镜测定了凹陷图案处与其他外表面的包衣厚度差异，实验证明采用说明书中方法制备得到的片剂从凹陷处开始的崩解比从片剂的任何其他部分开始的崩解发生得更快。

图3-4-2 案例3-4-5涉案发明片剂顶面示意

【案例评析】

在实质审查阶段，审查部门引用了一份现有技术评价涉案发明的创造性，并最终以不具备创造性驳回了该申请。该现有技术为该案申请人的在先专利申请，优先权日及申请日均比该申请早10年。其公开了一种包含至少一种活性成分的剂型，包含片芯与围绕至少一部分片芯的壳，其中壳包含一个或多个开口（采用碾磨装置、热针或者冲压装置实现），壳容易溶解在胃肠液中，并且该剂型在与其液体介质的接触时即释至少一种活性成分；该剂型提供即释片芯中包含的至少一种活性成分；壳通过包衣施加到片芯，片芯有

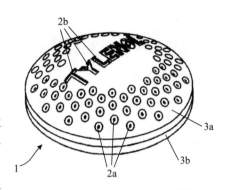

图3-4-3　案例3-4-5现有技术片剂顶面示意

外表面。图3-4-3所示为对比文件中的片剂的示意图，其中标记2a和2b对应的均为对比文件中的"开口"，2a为浅凹状，2b为字母。

通过对比可以看出，该申请与对比文件1的主要区别就在于该申请中的剂型，在芯上设有至少一个"凹陷图案"。对于这个区别，驳回决定中认为其要解决的技术问题是"提供另外一种调节药物释放的结构"，并认为其他现有技术中给出了技术启示。申请人对驳回决定不服，提出了复审请求。在提出复审请求的理由中，申请人认为，该申请中的凹陷图案可以获得更快的崩解速度，这是现有技术中没有教导的。

复审阶段，合议组确认该申请与对比文件的主要区别在于"凹陷图案"的形状不同，根据该区别特征，合议组将该申请实际解决的技术问题确定为：在现有剂型基础上提供一种替代的即释剂型。对于剂型表面凹陷图案的不同，合议组引用了公知常识性证据予以佐证，其中公知常识性证据1公开了"片剂的形状仅受片模的限制，有些制造商会发展一些不普通的形状，以显示其商品的不凡，并使仿制困难"的内容，并且提到"在片上可以印字或印上特殊符号"；公知常识性证据2公开"使用THP-1,2花篮式压片机可以压制各种圆形、环形、异形片剂以及双面刻商标、文字和图案的片剂"的相关内容。在此基础上合议组认为，在片剂上刻字或刻图案是本领域的常规技术手段。对于本领域技术人员而言，在对比文件公开的包含片芯和壳的剂型基础上，有动机根据实际需要选择是否在片上压制凹陷图案，并且现有技术中已存在可以压制各种凹陷图案的压片机，因此该技术手段也是容易实施的。至于图案的具体形状或参数，是本领域技术人员有能力根据实际需要通过合理分析和常规实验作出的常规选择。同时，根据该申请说明书的记载，也看不出上述区别特征带来了预料不到的技术效果。因此，权利要求1不具备创造性。

该申请与对比文件的主要区别在于片剂上"凹陷"的形状（包括深度和厚度），对于该区别特征所能达到技术效果，合议组的认为与驳回决定基本一致，都认为该申请实际要解决的技术问题是"提供一种替代的即释剂型"，所不同的是，合议组给出了公知常识证据证明在片剂上形成各种花样的凹陷图案是该领域的公知常识。但是，合

议组的上述判断是正确的吗？在对该案进行质量检查后，质量保障专家给出了不同的意见。

首先，正如之前的案件中最高人民法院在判决中指出的，对于区别特征所实际解决的技术问题的认定，应当将该区别特征置于权利要求的技术方案下进行整体的考察，因此，考察技术特征的技术效果，就需要核实该特征在说明书中记载的，在实施例中验证的技术效果，并在此基础上确认，哪些技术效果是区别特征可以得到确认的技术效果，哪些技术效果是本领域技术人员可以合理预期的。

该申请在说明书中验证了"凹陷图案"的技术效果，具体而言，在实施例 10 中以列表的方式具体记载了将制备实施例中获得的片剂加入 200ml 纯净水中，在 25℃ 不搅拌条件下从视觉上检查片剂凹陷处及其他多个地方的崩解情况，其中：片剂凹陷处在 1—3 秒钟内未观察到崩解、4 秒钟时观察到崩解、5—30 秒钟内观察到崩解且释放量逐渐增加；而片剂的其他多个地方在 1—8 秒钟内未观察到崩解、9—10 秒钟时观察到极少崩解、12—30 秒钟内观察到崩解且释放量逐渐增加。可见，依据该申请技术方案制备的片剂在凹陷处具有相对于其他部位而言，崩解开始得更快，且药物释放量增加得更迅速的特点；同时该片剂的崩解起始亦需要经历一个短暂的过程。另外，该申请在实施例 9 中以列表的方式具体记载了该发明方法制备获得的片剂在凹陷处与其他部位上包衣厚度的测定值，显示凹陷处的包衣厚度更小，由此所属领域技术人员基于常规知识亦能预期凹陷处相较其他部位而言更易于溶解崩解。因此，根据说明书中给出的定性的数据，结合其掌握的普通技术知识，本领域技术人员能够确认，该案申请求保护的技术方案中的凹陷图案可以使具有凹陷图案的部位获得更易于溶解崩解的技术效果。

其次，在确定了区别特征所能达到的技术效果之后，就需要根据该技术效果来确定相对于现有技术，发明实际要解决的技术问题。就该发明中实际解决的技术问题而言，对比文件中公开了壳上具有开口的片剂，可以实现在胃肠液中即释的效果，并不需要经历短暂的崩解起始时间，由此基于前述针对说明书实验数据所证明的技术效果的分析可知，该案权利要求 1 相对于最接近的现有技术的区别特征"所述芯中凹陷图案及其垂直壁角和深度参数限定、该图案中包衣的厚度限定"实际解决的技术问题在于提供了一种经历短暂崩解起始时间的快速崩解包衣片剂。

最后，就要判断现有技术中是够给出了教导。具体而言，就需要判断现有技术中是否不仅公开了相应的特征，且公开了该特征所能达到的技术效果，并在此基础上判断发明的创造性。如果公开，则认为现有技术给出了启示，发明是显而易见的，不具备创造性，如果没有公开，则认为发明是非显而易见的。该案中发明显而易见性的评判而言，公知常识性证据 1 和证据 2 均属于早期公开的文献，公知常识性证据 1 中明确教导在片剂上压制不普通的形状进行标记，以显示"商品的不凡"，并使"仿制困难"，该证据中虽然公开了在片剂上压制特殊的形状，但上述形状所能达到的技术效果主要用于展示商品，达到防伪的效果，完全不涉及药物崩解的技术问题，公知常识性证据 2 仅公开了压片机的信息，亦完全不涉及药物崩解的技术问题；同时，本领域公知上述公知常识性证据中这种"以标记为目的的压片"仅是在片剂表面上进行压制，如果该片剂外表面有包衣的话，则通常仅是在包衣上留下印痕，而不影响其中包含活性成分的片芯。因此，这两份公知常识性证据并没有给出在对比文件上设置"凹陷图案"，并通过调整其形状和深度来加快崩解的启示。

由此可见，复审请求审查决定中虽然给出了两份公知常识性证据，但上述证据中技术特征所能起到的作用与其作为区别特征在该发明解决技术问题的过程中所起到的作用完全不同，这时，就难以得出公知常识性证据给出了将区别特征应用到最接近的现有技术以解决其存在的技术问题的启示。

在该案的审查中，实质审查和复审合议组在公知常识上都发生了误判，最主要的原因都是对区别特征所能达到的技术效果分析不够细致。由于区别特征所能达到的技术效果直接会影响发明实际解决的技术问题的确定，因此，如果不能将区别特征所能达到的技术效果确定准确，就会导致在技术问题的确认上产生偏差，使创造性的判断出现失误。在该案的审查中，区别特征所能达到的技术效果虽然没有明确记载在说明书中，但是通过分析对比，可以合理推理出其能够达到的技术效果，并据此确认实际解决的技术问题。复审阶段中合议组虽然也提供了公知常识性证据，但上述证据中公开的内容与技术特征在发明中所能起到的作用完全不同，并不能用于证明该手段是该领域中用于解决实际解决的技术问题的常用手段。上述公知常识的引用，实际上绕开了该发明实际解决的技术问题，只是证明了某个手段本身在该领域中较为常见，存在一个普遍可知的技术目的，但该目的与发明中技术手段所能达到的目的并不相同。

从这两个案例的审查、审理过程中，我们可以得出这样的一个结论，对于公知常识的判断，必须结合其在发明中实际所能达到的技术效果。该技术效果，可以是说明书中明确记载的，也可以是本领域技术人员根据其掌握的普通技术知识可以确认的；同时，该特征如果和其他特征整体达到某个技术效果，则不应将其拆分，而是应当整体考虑，否则就容易产生脱离技术问题判断公知常识的现象。严格而言，孤立的技术特征都有可能成为公知常识性证据中记载过的内容，脱离技术问题判断公知常识就非常容易导致降低发明的创造性高度，从而导致创造性的判断出现失误。

3.4.4.2　在未举证的情况下直接将发明点认定为公知常识

目前，我国发明实质审查实践中普遍对于创造性的评判普遍采用"三步法"来进行，其步骤和判断思路与欧洲的"问题－解决方案法"基本类似。这种判断方法虽然容易掌握，但在实践中，也容易产生僵化教条，违背立法宗旨的现象出现。概括而言，采用"三步法"判断创造性时，存在的问题主要集中在：重技术特征比对，轻智慧贡献。虽然专利审查指南中对于创造性的判断多次提到整体，但是由于"三步法"的论证过程是先确定区别特征，再判断是否显而易见，其中不可避免地会有孤立考虑特征的倾向，容易将创造性的评判变成了区别特征的评判，判断时由于主要对区别特征进行考察，会导致审查重点不突出、主次不分明，在创造性判断时不能准确判断发明的智慧贡献。

实际上对于任何一个技术方案而言，虽然都是由技术特征构成，但每个特征对于技术方案的贡献并不相同，特别是技术进步日新月异的现代，绝大部分发明创造都是改进型发明，也就意味着呈现在审查员面前的技术方案几乎都是在一定现有基础上改进得到的。这其中，改进现有技术的手段往往是较为关键的技术手段，是申请人认为其作出技术贡献的内容，在说明书中或通过解释介绍其机理，或通过实验验证其效果。在审查中，对于该技术特征的论证，也往往是申请人和审查员之间关注的焦点，这样的技术特征，在审查中会被指代为"发明点"，它可以是一个特征，也可以是一组特征，通常是申请人认为的明显区别于现有技术，获得更好技术效果的改进。在目前"三步法"判断创造性的推理过程中，由于存在对整体不够关注的可能，往往容易引起对"发明点"的误判，引起申请人对审查意见的不满。

为了克服"三步法"在适用中可能产生的问题，让创造性的判断能够更加准确，更能反映立法本意，国家知识产权局在审查实践中引入了"发明构思"的概念，试图通过该概念，来使得通过创造性判断方法真正能够正确评价发明的技术贡献。也就是说，发明的技术贡献是通过发明构思来体现的，由此我们在运用评价方法判断创造性的时候，应当始终考虑发明构思的这一考量因素，从中体会和评价发明的智慧贡献高低。而"发明构思"，就可以认为是一种能够体现"发明点"的特征集合。

关于发明构思，虽然在《专利法》《专利审查指南 2010》中均没有明确的定义，但是根据国外专利审查机构中对于"构思"的解释，以及发明技术方案本身产生的路径分析，我们大致可以得出发明构思的内涵。

在发明的过程中，为了解决技术问题并达到预期的技术效果，其中必然要通过思维过程来寻找到解决所述技术问题的技术手段。这个过程中，发明人的技术思路至关重要，技术思路就是发明在解决技术问题过程的想法，即逻辑推理分析、抽象思维等而运用自然规律的思维过程，是技术问题与解决方案之间的桥梁，因而是发明的灵魂，是发明构思的本质所在。技术思路通常需要运用已知各种技术知识（尤其原理层面）来进行思索或研发，必要时进行实验来达成，或者基于所谓的灵感而形成。在某些领域，往往还会基于新的科学发现而成就其技术思路，例如发现已知物质的未知性质，甚至直接发现新的物质等。在现实中，发明创造形成的过程中，可能不是一步到位而要经过反复分析验证，其中也体现了发明人的技术思路。

技术思路至发明的完成，需要通过技术手段来实现，其中发明为解决技术问题并获得相应技术效果所采取的实质性和决定性作用的技术手段，被称为核心技术手段，其最终通过一个或多个具体的技术特征，或者技术特征的配合关系来体现。这些技术手段组成一个整体，能够解决发明人所面对的技术问题，实现发明人所追求的技术效果，则上述关键技术手段就构成了一个技术方案。而发明构思就是贯穿这个技术方案里的思路、灵感、推理等智力活动。从这个角度来说，技术方案是发明构思的一个具体体现，但并非构成技术方案的所有技术特征都是发明构思的组成部分。由于发明构思体现的是解决技术问题中的某种思路，只有那些能够为解决技术问题而提出的一个或多个关键技术手段才能构成发明构思。这些手段在一起构成的方案可能会等同于请求保护的技术方案，也有可能小于请求保护的技术方案，但这些手段在一起构成的方案已经能够解决技术问题；如果缺失其中某个技术手段，则技术问题就无法解决。这就是发明构思。

由于构成发明构思的特征是体现发明人在解决技术问题时所提出的技术思路的核心特征，是发明得以形成的逻辑思维过程的外在体现，因此，对于这些特征，在创造性判断中如果要确定其为公知常识，就要格外谨慎。实际上，为了避免对于构成发明构思的技术特征简单地认定为公知常识，国家知识产权局在专利审查指南的修改中，特别引入了规范公知常识运用的规定。《专利审查指南2010》在第二部分第八章中对于公知常识的举证特别进行相应的规定，强化了公知常识的举证要求，明确了举证优先的原则：当申请人对审查员引用的公知常识提出异议时，要求审查员应优先采用举证而非说理的方式进行回应。另外，考虑到外界对实质审查中评价创造性时机械比对特征、将申请人认为是"发明点"的区别特征直接认定为公知常识而不举证的反映非常强烈，在2019年修改《专利审查指南2010》第二部分第八章时，增加"在审查意见通知书中，审查员将权利要求中对技术问题的解决作出贡献的技术特征认定为公知常识时，通常应当提供证据予以证明"，也就是明确了审查员如果将申请人认为的"发明点"认定为公知常识时通常应当举证的原则。该处的"对技术问题的解决作出贡献的技术特征"，一般是指申请人所认为的"发明点"。这些技术特征，如果经过申请文件的技术事实的确认，确实能够构成了解决本申请技术问题的关键技术特征，就构成体现发明构思的技术特征。对于这种"发明点"型的技术特征，在审查中应当避免简单直接地将其认定为公知常识，导致创造性评判出现误差，并引发申请人对于专利审查专业性的质疑。下面通过一个具体的案例来详细说明。

【案例3-4-6】一种从烟草属种植物提取和分离一种或多种O-甲基化的类黄酮的方法

【案情介绍】

该申请涉及提取烟草中香气物质的方法。无论采取什么形式，烟草中基本都会含有一些添加剂，这些添加剂主要用来调整烟草材料的感官特性，特别是其中的气味。

根据说明书中记载，现有技术中已经从不同植物来源分离和鉴别出超过8000种不同的类黄酮，这其中就包括烟草属类的植物，但是现有技术中在烟草中提取到的类黄酮类物质浓度普遍较低，通常小于约0.01wt%。

涉案申请所要解决的技术问题就是现有技术在烟草类植物中提取O-甲基化的类黄酮浓度过低，因此需要采用能够提高其浓度的提取方法。为此，该申请中给出了一种可以从烟草植物中提取到较高浓度类黄酮类物质的方法，该方法中使用有机溶剂与烟草植物多次接触，通过溶剂溶解提纯烟草植物中的O-甲基化的类黄酮类物质。在说明书给出的实施例中，采用甲醇提取Galpao Commun烟草的绿叶，并采用质谱、HPLC和色谱的方式对提取得到的产物进行定性和定量的分析，分析结果显示，提取物中至少含有O-甲基化的类黄酮类物质，其浓度达到了大约1wt%或更高。在权利要求请求保护的技术方案中，限定了主题为一种从烟草属种植物提取和分离一种或多种 O - 甲基化的类黄酮的方法，并且进一步限定了所述方法包括采用溶剂溶解提纯烟草植物中的 O - 甲基化的类黄酮分离物的步骤，同时还分别限定了溶剂和分离物中包含 O - 甲基化的类黄酮的重量百分比含量等特征。

通过对该案背景技术的介绍可知，该申请所要解决的技术问题是如何提高现有技术中提取烟草类植物中 O - 甲基化的类黄酮物质的浓度，采用的技术手段是使用有机溶剂多次与烟草类植物接触，将 O - 甲基化的类黄酮物质溶解在有机溶剂中，之后通过提纯、分离，最终使得提取物中的 O - 甲基化的类黄酮物质浓度提高至 1wt%。按照发明构思的思路理解该申请的技术方案，"采用有机溶剂与烟草类物质接触，使 O - 甲基化的类黄酮物质的浓度达到 1wt% 以上"，就构成了该申请中解决技术问题的关键技术特征，也就是该案的发明构思。而且说明书中还验证了采用有机溶剂与烟草类植物进行接触，以达到使 O - 甲基化的类黄酮物质溶解在溶剂这一技术手段的技术效果。

在该申请的实质审查阶段，原审查部门引用了一份现有技术评价了该申请的创造性。该现有技术是该案在背景技术中引用的期刊文献，其发表在 1960 年，距该申请优先权日已经有 52 年。该文献涉及鉴定烟草植物的花中所含的物质种类，并具体公开了采用的方法：取烟草植物的花，粉碎烘干，依次用 500ml 的下列溶剂：n - 戊烷、苯、氯仿、无水乙酸乙酯和丙酮进行提取，将 500ml 的提取液真空浓缩至 5ml，通过纸色谱法进行研究，发现黄酮醚类化合物主要存在于氯仿提取液中。取 5ml 的氯仿浓缩液，用下行纸色谱法在 15% 的醋酸水溶液中展开 24 小时，在溶剂中展开距离较短的部位主要包含甲基化的黄酮醇类化合物。通过进一步的色谱步骤，能够分离得到槲皮素二甲醚化合物（即 O - 甲基化的类黄酮类物质），经结构鉴定为槲皮素 - 3,3′ - 二甲醚。上述通过纸色谱法得到的甲基化槲皮素部位应是包含五种以上槲皮素衍生物的混合物，经过色谱步骤，还能够分离得到如槲皮素 - 3 - 甲醚，槲皮素 - 3,7 - 二甲醚等槲皮素的甲基醚类化合物。但是在现有技术中也同时提及，如果要获得可供鉴定的槲皮素二甲醚化合物，必须要经过多次纯化萃取和色谱分离，而且由于色谱技术通常用于鉴定混合物中含量极低的物质，则可以预期的是上述提取方法中的获得的 O - 甲基化的类黄酮物质浓度并不足以达到可以直接添加进烟草中的程度。

则该申请与现有技术的最主要的区别特征就在于，该申请中提取分离后的有机溶剂中，O - 甲基化的类黄酮的浓度达到了至少 0.1%。针对该区别特征，驳回决定中认为本申请实际解决的技术问题是"确认 O - 甲基化的类黄酮的提取纯度"。进一步，驳回决定中认为，对比文件 1 已经公开了使所述植物材料与溶剂在一定条件下接触一定时间，所述条件和时间足以将一种 O - 甲基化的类黄酮从所述植物材料提取进所述溶剂中，那么本领域技术人员通过常规的实验就很容易确定出溶剂中一种或多种 O - 甲基化的类黄酮的重量比，如至少约 0.1wt%。也即，驳回决定中认为，该申请中采用有机溶剂与烟草类植物接触，进而获得更高浓度的 O - 甲基化的类黄酮属于本领域技术人员的公知常识的一部分。

申请人对于驳回决定不服，提出了复审请求。在复审请求的意见陈述中，申请人认为，驳回决定中引用的现有技术仅公开了从烟草中分离和识别一种或多种 O-甲基化的类黄酮，是一种物质鉴定的方法，并不涉及从烟草中提取有用物质，也没有提及或暗示 O-甲基化的类黄酮在溶剂中的量，更没有提及能够达到基于干重的至少约 0.1%，因而，本领域技术人员阅读了该现有技术后，不会有任何动机和想法认为可以以显著量从烟草材料中提取 O-甲基化的类黄酮；此外，根据该申请背景技术的记载，现有技术认为烟草中类黄酮的含量过低，没有提取的价值，也因此缺乏促使本领域技术人员由烟草类植物提取 O-甲基化的类黄酮，而且如何提取到该申请中的浓度也并不是本领域技术人员的公知常识。

复审程序中，合议组延续了驳回决定中对于该申请创造性的认定。复审决定中认定的区别特征与驳回决定中相同，对于实际解决的技术问题，则调整为"如何选择待提取的化合物的含量"。在显而易见性的说理中，合议组认为，对于本领域的技术人员而言，使用溶剂对植物材料提取后，溶剂中所包含的 O-甲基化的类黄酮的量通常应与植物材料的种类、植物材料的质量、溶剂的类型、溶剂提取的条件等因素有关。溶剂提取过程可以在已知的烟草植物种属、常规的提取溶剂类型、常用的用于促进提取的技术手段、较大范围的工艺参数等条件下进行，说明书中并没有记载将植物材料与溶剂接触后提取得到至少约 0.1%（基于干重）的 O-甲基化的类黄酮需要何种特定的上述提取条件；并且尽可能地从原料中得到高含量的目标提取物是植物提取的常规目的。因此，本领域的技术人员基于对比文件公开的提取过程，有动机通过对前述的影响提取化合物含量的常规因素进行选择调整，并获得如权利要求 1 所述的溶剂中所包含的 O-甲基化的类黄酮（基于干重）的含量范围。并据此作出了维持驳回的复审决定。

可见，除了对实际解决的技术问题进行了简单的调整之外，合议组基本延续了驳回决定中对于该案创造性的判断，即仍然认为该案的关键技术特征是本领域技术人员的公知常识。而这种判断是正确的吗？在复审和无效审理部的质量检查中，质检专家敏锐地发现了该案实质审查、复审过程中对公知常识判断的失误。

【案例评析】

就该案权利要求 1 的创造性评判而言，原审查部门和复审阶段的合议组都将该案中的关键技术手段认定为该领域的公知常识，但没有给出任何证据。尽管该案说明书中对于提取和分离方法的关键技术手段缺少具体记载，但是驳回决定和复审决定中技术启示的判断都存在问题，其引用了该案说明书背景技术部分记载的一篇距申请日 50 多年的期刊文献，在没有公知常识性证据的前提下，将区别特征认定为常规技术手段，直接否定了该案说明书记载的发明点带来的技术贡献。对比文件 1 公开的是通过提取以便识别烟草中存在槲皮素甲基醚的方法，并不涉及 O-甲基化的类黄酮的量，并且反复强调需要采用多次纯化萃取和色谱分离的方法才能识别槲皮素甲基醚，而该案说明书背景技术部分记载的一系列现有技术文献，明确记载了仅非常少量的 O-甲基化的类黄酮存在于烟草材料中（通常小于约 0.01wt%），对此本领域技术人员不容易想到从烟草中提取有效量的 O-甲基化的类黄酮，更难以想到采用一般的溶剂提取方式即可获得至少约 0.1% 的 O - 甲基化的类黄酮溶液，并最终获得至少约 50wt% 的 O - 甲基化的类黄酮，在缺乏公知常识证据和充分说理的情况下，将发明点相关的技术手段认定为公知常识，难免有强评强判之嫌。

从上面这个案例的审查中不难看出，一项发明的提出，通常是发明人在面对现有技术存在的某种缺陷时，通过智力活动寻找解决的途径或者手段，将其转化为具体的行动，进行验证，由此形成发明说明书中的主要技术内容。再在上述技术内容的基础上进行提炼、概括，形成请求保护的技术方案，该方案以说明书中的技术内容为基础，涵盖申请人认为能够解决技术问题的技术手段，而这些技术手段中，有一些是关键技术手段，缺少这些手段则发明的技术方案不能成立，也无法解决相应的技术问题。对于这种在说明书中明确解释过作用并且验证过技术效果的技术特征，在将其认定为公知常识时，必须要采取非常审慎的态度，应当有相当充分的理由或者证据，通常应当提出证据予以佐证。

在审查工作中，法律素养的关键体现在法律思维的运用上，建立公知常识认定的法律逻辑，规范认定过程，统一认定标准，达到一致性的认定结论。通过明确发明构思，可以将一项发明的技术问题、技术方案以及达到技术效果作为一个整体来考虑，有利于提升审查的逻辑性、整体性和层次性。

理解发明构思是把握发明对现有技术的改进点的基础，发明构思对于准确理解发明，确定发明点，确定关键技术特征和必要技术特征都具有至关重要的作用，也是准确评价其创造性的核心。如果发明构思理解不准确，就不可能准确地还原发明人在作出该发明时的思维和实践方式，则在审查过程中选择作为最接近的现有技术的对比文件就会出现偏颇。公知常识认定的法律逻辑需要以发明构思为基础，并紧扣发明构思，准确理解发明构思后，才能透彻地理解技术方案，从而分析技术方案中包含的具体技术手段，充分运用所属领域中的知识去确定某技术手段通常在所属领域是用来解决什么问题的，是否为所属领域技术人员所共同知晓的技术手段，以此准确定位评价公知常识，减少争议。因此，在认定区别特征是否为公知常识时，需要以所属领域技术人员的身份，把握整体发明构思，从发明构思中去考量和衡量技术手段的作用。在审查实践中，通常不能将体现发明构思的关键技术手段简单地认定为公知常识，避免公知常识使用不当而导致的审查结论错误。

在该案的审查中，原审查部门和复审合议组在判断创造性的过程中，没有将技术手段和技术领域，特别是该申请背景技术中提及的技术问题，以及技术方案达到的技术效果相关联，由此割裂了整个技术方案而将技术手段本身技术问题化，导致片面地认定区别特征所体现的技术手段本身就其所要解决的技术问题，将区别特征认定为该领域的公知常识，忽略了该技术特征在整个技术方案中所达到的技术效果，也没有关注到这个技术效果相对于其引用的背景技术在改进上的时间跨度以及进行技术尝试时的技术选择多样性带来的难度。因此，其导致对公知常识的认定武断、片面，偏离了整体发明构思，在最终的结论上出现了偏差。

3.4.4.3 公知常识的组合并不必然构成公知常识

《专利审查指南 2010》第二部分第四章第 4.2 节组合发明部分规定：

> 在进行组合发明创造性的判断时通常需要考虑：组合物的各种技术特征在功能上是否彼此相互支持、组合的难易程度、现有技术中是否存在组合的启示以及组合后的技术效果等。
>
> （1）显而易见的组合
>
> 如果要求保护的发明仅仅是将某些已知产品或方法组合或连接在一起，各自以其常规的方式工作，而且总的技术效果是各组合部分效果之总和，组合后的各技术特征之间的功能上无相互作用关系，仅仅是一种简单的叠加，则这种组合发明不具备创造性。
>
> …………
>
> （2）非显而易见的组合
>
> 如果组合的各技术特征在功能上彼此支持，并取得了新的技术效果；或者说组合后的技术效果比每个技术特征效果的总和更优越，则这种组合具有突出的实质性特点和显著的进步，发明具备创造性。其中组合发明的每个单独的技术特征本身是否完全或部分已知并不影响对该发明创造性的评价。

由于公知常识判断属于创造性判断范畴，因而多个公知常识的组合也适用于组合发明的判断标准，即需要考虑多个公知常识的组合是否产生了功能上的相互支持，从而产生了比每个公知常识效果总和更优越的技术效果。如果多个公知常识组合使用时仅产生了各自的已知效果，则这种组合是显而易见的。例如：

一种安全毛刷，其采用添加了阻燃剂三聚氰胺、黄色颜料的尼龙丝制成。由于使用尼龙丝作为毛刷、添加黄颜料使尼龙丝呈黄色均属于本领域的公知常识，且向尼龙中添加三聚氰胺作为阻燃剂也是本领域的普通技术知识。因而上述三个公知常识组合使用时，三个公知常识仅产生了其已知效果，这种情况下，公知常识的组合构成了公知常识。

如果公知常识在组合使用时产生了相对于每个公知常识的已知效果之外的额外附加效果，且现有技术中没有相关的结合启示，这种公知常识的组合是非显而易见的。例如：

一种高效保湿电热水器，包括外壳 1、内胆 2、发泡保温层 3 和真空绝热板 4，间隔条为 EPS 塑料材料制成，并粘贴在内胆上，发泡保温层为聚氨酯保温层（参见图 3-4-4）。

审查员经检索得到对比文件 1，其公开了一种电热水器，该电热水器同样也有外壳和内胆，在外壳、内胆之间也设置了真空保温板，

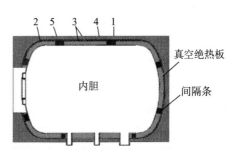

图 3-4-4 案例 3-4-14 涉案热水器

这个真空保温板也是包裹在发泡保温层中，而且为了进行定位在内侧设置间隔条。

权利要求 1 与对比文件 1 的区别特征为：间隔条和发泡保温层的具体材质。针对该区别特征，有观点认为，基于两份公知常识性证据可知，间隔条的材质、发泡保温层的材质均是本领域技术人员的公知常识。在对比文件 1 的基础上结合公知常识可以显而易见地得到涉案发明。然而经核实该申请说明书的记载可知，该申请限定间隔条的材质是 EPS 塑料，保温层材料为聚氨酯发泡材料。EPS 这种塑料的熔点较低，低于聚氨酯发泡材料成型时的温度。因此，当聚氨酯保温层进行发泡时，EPS 材质的间隔条能融合到保温层当中，从而为发泡材料留出更多的发泡空间。也就是说，该申请在同时使用 EPS 作为间隔条、聚氨酯作为发泡保温材料时，不仅达到了各自的绝热和保温效果，还通过二者的组合达到了一个新的技术效果，就是为发泡材料留出更多的发泡空间。由此，虽然单独看 EPS 和发泡聚氨酯均是常见的绝热和保温材料，但是该申请通过将两者配合使用，留出更多发泡空间，起到了"1 + 1 > 2"的效果。基于说明书的记载，权利要求 1 相对于对比文件 1 实际所要解决的技术问题是：如何扩大发泡材料的发泡空间。这两份公知常识证据均未给出通过综合使用"EPS 塑料材质的间隔条"和"聚氨酯发泡保温层"来扩大发泡空间的启示。因而，公知常识的结合不必然构成公知常识。

由上述两个例子可知，判断公知常识的组合是否构成公知常识需要考虑多个公知常识结合的过程是仅产生了这些公知常识的已知效果，还是带来了已知效果以外的额外功效，以及将公知常识结合的方式、方法对本领域技术人员而言是否显而易见。

3.4.4.4　原理公知不代表手段公知

原理代表普遍规律，同一个原理应用于不同场合时可以表现为多种不同的技术手段。这些不同的技术手段可能包括了不同的额外效果。当原理为公知常识时，具体的技术手段是否属于公知常识需要根据应用环境进行判断，判断标准可以借鉴《专利审查指南 2010》第二部分第四章第 4.4 节关于转用发明的规定："在进行转用发明的创造性判断时通常需要考虑：转用的技术领域的远近、是否存在相应的技术启示、转用的难易程度、是否需要克服技术上的困难、转用所带来的技术效果等。"如果对公知常识进行转用的过程产生了额外的效果，那么这种产生额外效果的技术手段不属于公知常识。例如：

一种光纤式二维风速/风向测量装置及方法。本领域中风向/风速测量装置普遍存在一个缺点，就是无法测量微弱的风速。涉案申请针对这个技术问题，提出了一种通过光纤来测量风速的装置，提高测量装置的抗干扰性和灵敏度。如图 3 - 4 - 5 所示，该装置的具体工作原理是点光源发射出光，光通过光纤传递，在竖直的光纤末端就会形成一个光斑，这个光斑投射在下方的摄像头上，就会形成一个影像。当有风吹动时，光纤就会发生运动，使光斑运动，下面的感光元件把这些光斑的运动轨迹记录下来，通过数学公式拟合，可以得到光斑运动轨迹与风速、风向的关系，拟合出风速和风向。

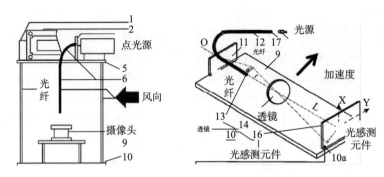

图 3 - 4 - 5　涉案装置的工作原理

审查员经检索认为利用点光源通过光纤投射到光电探测器上的偏移量进行检测，即光杠杆原理是本领域的公知常识，并引用对比文件 1 证明其具体使用。对比文件 1 公开了一种加速度测量装置，它的工作原理是，光源发出光，通过光纤传递，在末端发射出来后，通过透镜发射到光感测元件上。使用的时候，将这个装置放置在运动的物体上，当物体产生加速度运动时，由于惯性，光纤就也会随之发生相对运动，使得光斑在感测元件上发生位移。这样，通过测量光斑的偏移量和方向，就能测出物体的加速度和方向。审查员在驳回决定中认为，两个装置都是采用光杠杆原理来测量物理量，区别只是测量的物理量和采用的具体手段不同。本领域技术人员容易想到将对比文件 1 公开的技术方案用于测量风速，并根据需要调整垂直部分光纤的长度以适应 0—5m/s 不同的风速，设置包括微距透镜组和面阵光敏器件的摄像头是本领域的常规选择。

对于上述驳回决定，申请人提出复审请求，认为该申请与对比文件 1 虽然均利用了光杠杆原理，即利用点光源通过光纤投射到光电探测器上进行检测，但应用环境不同，该申请基于静力学原理直接测量二维风速/风向，对比文件 1 基于动力学原理测量运动物体的加速度。复审决定认为，该申请与对比文件 1 均是利用点光源通过光纤投射到光电探测器上的偏移量进行检测（即光杠杆原理），但两个技术方案对该光学原理的具体应用方式是不同的，进而导致两个测量装置的具体设置也存在根本差别。该申请测量的对象为风速或风向，需要将测量装置置于无风静止状态下对其初始状态进行采集和记录，然后再在有风吹动时，光纤垂直部分会随风偏移的情况下，对其偏移量进行采集，即装置整体结构要处于静止或相对静止的状态，只有其内部的用于感测风速/风向的垂直部分的光纤是可以随风运动的。而对比文件 1 传感装置是直接用于对运动物体的加速度进行检测，传感器是放置于被检测的运动物体上，当物体运动时，传感器会随之运动，其内部的光纤或透镜发生位移，使出射光线发生偏移。二者测量原理上有根本差别，进而导致装置的结构及测量结果存在具体差别。

结合上述两个案例可知，在原理公知的情况下，依据原理的应用环境对使用时机、使用的具体结构进行调整可能带来额外的附加效果，这些效果是依据原理本身无法得到的。因而，在公知常识的使用过程中，要将原理与原理的应用方式进行拆分，逐一判断二者所产生的作用，才能避免公知常识的滥用。

第4章　创造性与其他可专利性条件

现代专利制度是一套精密复杂的体系，在其逐渐演进并完善的过程中，出现了诸多用于判断申请是否符合授予专利权条件的法律条款，这些条款统称为"可专利性条件"。上述条件从不同角度来衡量作为一项技术载体的专利申请，是否足以授予专利权来对其提出者进行奖励。虽然在《专利法》中对于上述条款的重要性未进行区分，即授权时必须满足所有的可授权条件，按照《专利审查指南2010》中的规定"为节约程序，审查员通常应当在发出第一次审查意见通知书之前对专利申请进行全面审查，即审查申请是否符合专利法及其实施细则有关实质方面和形式方面的所有规定"，不难看出，第一次审查意见通知书中通常应当给出申请所有缺陷的审查意见，但在审查实践中，当事人收到的通知书，往往仅指出申请不符合《专利法》第22条中关于新颖性、创造性的具体理由，特别是其中的创造性，是审查意见中占比最高的条款。在全面审查的要求下更加侧重创造性的审查，这不仅是世界范围内的主要专利审查机构采用的审查策略，也是符合我国目前知识产权发展现状的合理要求。

4.1　专利审查所处的不同阶段和外部环境

回顾创造性标准产生及变化的历史，不难得出这样的结论，创造性成为可专利性条件中最重要、使用最频繁的法条是现代专利制度的内在需要。从专利制度自身的历史来看，创造性的出现是立法者为了使专利制度发挥出其激励技术创新时所必须作出的调整。固然从专利制度的演进历程中，为了适应社会经济和技术的发展，创造性的判断逐渐成形，并成为整个专利法体系中最能够体现专利制度中激励制度的条款。从创造性标准自身的历史变迁也不难看出，创造性的高低会直接影响整个专利制度的运行，进而影响专利制度本身的价值。因此，说创造性是整个专利法中最为重要的条款并不夸张。

虽然创造性成为专利法体系中最重要的条款有历史的必然性，但对于专利审查机构而言，创造性成为审批过程中最为重视、使用最频繁的条款，则并不简单地是为了实现立法精神，更是为了响应申请人的诉求，以及自身行政属性的体现。

1985年4月1日，新中国第一部专利法正式实施，由此揭开了中国专利制度向世界接轨的序幕。近40年来，中国专利审查事业从无到有、从小到大得到长足发展，特别是自2008年6月5日《国家知识产权战略纲要》发布和实施以来，中国专利审查工作在各个方面都取得了长足进展。在这个过程中，随着决策层以及整个社会对于知识产权重视程度的不断提高，我国的专利申请量不断攀升，由此使得专利审查队伍不断壮大，也对专利审查提出了更高的要求。

我国的专利审查大致可以划分为四个阶段。

第一阶段从 1985 年至 1993 年，可以称为初创阶段。以《专利法》的正式实施为开端，以《专利法》第一次修改生效、形成首部审查指南并向社会公布为结束标志。在这个阶段，整个专利制度都是从国外借鉴而来，专利审查则更是几乎完全模仿、借鉴自其他专利国家的专利审批机构。与当时世界其他主要国家和经济体相比，我国的专利制度由于刚刚开始运行，并不为公众所熟知，作为知识产权概念基础的产权概念在社会上还没有形成广泛的公识。因此，当时国内的专利申请呈现出的特点是虽然增长较快，但申请量仍然很低。我国的发明专利申请量在 1985—1993 年，虽然增长了近 5 倍，但在 1993 年时申请量也仅仅为 1.96 万件，❶ 而当年美国的发明专利申请量达到了 19 万件，几乎是我国发明专利申请量的 10 倍。过低的申请量使得专利制度只能影响很少的一部分创新主体，专利审查制度的建设也就显得并不迫切。

第二阶段自 1993 年至 2001 年，是调整融入阶段。以《专利法》及《专利法实施细则》第二次修改生效、审查指南首次修改生效为结束标志。在这个时期，我国在党的十四大中提出了确立社会主义市场经济体制的改革目标。同时，在 2001 年的多哈谈判中，我国正式加入 WTO。在这个阶段，国内的专利申请量从每年不到 2 万件增加到 2001 年的 6.3 万件，年增长幅度虽然不低，但发明专利申请的总量并不高，内部、外部环境的变化，都对专利审查提出了更高的要求。为了适应这些挑战，必须对专利审查规则进行较大调整和完善，并最终满足 TRIPS 的要求。随着参与世界分工程度的提高，越来越多的国外申请人准备向中国进行专利布局。他们带来了国外先进的专利运用技巧，对中国的专利审查机构提出了更高的要求，同时为国外申请人服务的涉外专利代理机构通过与国外申请人的交流，也逐渐更加了解国外专利审查制度的特点，在与专利审查机构交流的过程中，也会将这些内容反馈至专利审查的过程里。这些都对国内专利审查制度，特别是对创造性的运用提出了更高的要求。

第三阶段是 2001 年至 2012 年，可以称为快速发展阶段。这个阶段我国专利申请量实现了大幅提高，2011 年的发明专利申请量已经达到 52.6 万件，超过美国，成为世界第一。这标志着我国从一个国际知识产权制度的新手，进入国际知识产权制度的决策者的行列，负责专利审批的国家知识产权局也正式成为世界专利审查大局。这也对专利审查的质量和效率提出了更高的要求。这个阶段的重要事件包括，2005 年知识产权强局建设的提出，2008 年 6 月 5 日《国家知识产权战略纲要》的发布，2006 年和 2010 年审查指南的两次修订，多个专利审查协作中心的创立和发展。这个阶段审查规则的调整主要是为了适应国内发展，国际规则的对接。

---

❶ 邓海云，胡勇新. 最新知识产权（国际）保护与技术创新评价及知识产权诉讼法律全书 [M]. 北京：知识产权出版社，2006：200.

　　第四阶段从 2013 年开始，是一个积累成熟的阶段。虽然我国的发明专利申请量在2011 年成为世界第一，国家知识产权局也成为世界最大的专利审查机构，但是与其他主要专利审批机构相比，我国的专利审查工作当时并不能与其地位相匹配，还不能充分发挥出专利审查工作激励创新、促进经济发展质量提高的政策导向作用。同时，申请人也对专利审查提出了更高的要求，反映在满意度的调查上，对于专利审查的标准、专利审查的周期的反馈尤为明显。根据国家知识产权局公布的信息，2009 年的专利审查质量满意度仅为 79.4，其中涉及审查质量的检索质量是受访者的关注重点。在审查效率方面，有半数的受访者希望能进一步压缩"一通"和结案周期，显示出受访者对于实审结案周期存在着较高期望。审查质量和效率已经成为影响专利申请人获得感最为明显的因素，也因此成为专利审查机构必须面对和作出响应的因素。

　　为了完成实施国家知识产权战略与建设强局两大历史任务，提高国家的创新能力，促进国家科技的进步和经济社会的良性发展，也为了适应不断增长的申请量以及公众对于专利审查质量更高、更好的要求，2013 年，以出台《国家知识产权局关于进一步提升专利申请质量的若干意见》为标志，国家知识产权局开始了主动变革。这其中最为重要的一步，就是建立了适应时代的审查文化以及贯穿专利审查全流程的质量保障、标准执行一致体系。

　　这其中的审查文化主要作用在于提供精神动力。在不同的历史阶段，国家知识产权局曾经形成过不同的审查文化。初创阶段，全局的工作重点围绕在如何统一审查标准和尺度；在调整融入阶段，工作重点又逐渐转移为如何提高审查效率、消除积压；之后随着实施国家知识产权战略和建设知识产权强局的两大历史任务的提出，审查队伍不断壮大，审查手段不断更新，对外交流日益增加，此时，基于共同奋斗目标下的审查文化已经逐渐形成。

　　2012 年，根据专利审查自身的行政属性和法律属性，国家知识产权局的决策层首次确立并在全局范围内开始倡导审查文化。❶ 这种完善后的审查文化是以贯彻立法宗旨为根本，以优质高效完成审查任务为核心，包括与专利审查相关的价值理念、思维模式、行为习惯、业务追求以及审查员对所从事的专利审查事业的责任感、荣誉感和使命感。其属于法律文化范畴，更进一步说应该是行政审批工作中的一种文化，也是一种具有自身鲜明特点的文化。具体而言，专利审查文化核心精神包括：着力构建以"客观、公正、准确、及时"为目标的高标准专利审查工作体系；营造良好的文化氛围；树立"敬畏法律、注重责任、把握实质、执行一致"的专利审查理念；确立"四个一"的工作重点，即牢固树立一个意识——审查责任意识、推进形成一个体系——审查业务指导体系、重点确保一个质量——审查结案质量、自觉维护一个品牌——"中国专利"品牌。专利审查文化核心精神的进一步完善是在为了适应时代发展进步和完成国家知识产权局新的历史使命的背景下应运而生的，在过去的近十年中，它为中国专利事业的发展提供了强大的理论依据和精神动力。

---

❶　杨铁军. 准确理解立法宗旨，培育专利审查文化［N］. 中国知识产权报，2012 - 07 - 11（1）.

在整个专利文化体系中，最为重要的莫过于敬畏法律。专利审查工作的主要内容是，自国务院专利行政部门受理专利申请以后，依照《专利法》及《专利法实施细则》的规定，按照法定的程序对申请进行审查并作出申请是否符合相关法律规定的结论。从这一角度来看，专利审查文化是专利审查工作人员从事法律活动的行为模式和思维模式，属于一种法律文化。专利审查的性质决定了审查员必须遵从法律制度，履行法律所赋予的行政审查职能。根据其对应的专利审查工作，需要秉承《专利法》第21条"客观、公正、准确、及时"的原则和要求，依法处理有关专利的申请和请求，从而实现"保护专利权人的合法权益，鼓励发明创造，推动发明创造的应用，提高创新能力，促进科学技术进步和经济社会发展"的目标。显然，在法律的框架下，实现上述专利法立法目的的最优手段就是更好、更快、更准确地判断申请相对于现有技术作出贡献的高低，从而决定其是否值得授予专利权。这正是创造性的内涵。

为了将这种敬畏法律的审查文化落实为具体行动，国家知识产权局建立了一套完整的审查质量工作政策，概括而言就是"一条主线、两个体系、三项支撑"。"一条主线"指坚持以"新颖性、创造性、实用性"（以下简称"三性"）评判为主线的全面审查；"两个体系"指要持续完善并发挥审查质量保障体系和业务指导体系的作用；"三项支撑"指切实加强"道德支撑、法律支撑和技能支撑"的能力建设。该政策是对审查工作中存在的"重形式、轻实质"现象的校正，强调专利审查要把握实质，抓住重点，注重导向。即在专利审查时抓住"三性"评判这一审查实质，把审查重心引导到"三性"审查上，高度重视回应申请文件的"三性"问题。该政策通过"两个体系"和"三项支撑"建设，来减少判断主体因能力和认识水平等诸多因素导致的审查结果多样性问题。

党的十八大以来，以习近平同志为核心的党中央高度重视知识产权工作，在中共中央政治局第二十五次集体学习会议上作出了重要论述和指示："知识产权保护工作关系国家治理体系和治理能力现代化，关系高质量发展，关系人民生活幸福，关系国家对外开放大局，关系国家安全"（以下简称"五个关系"）。由此可见，知识产权保护被提到前所未有的高度，同时专利审查工作被赋予前所未有的重要性。我国正从知识产权引进大国向知识产权创造大国转变，知识产权工作正在从追求数量向提高质量转变（以下简称"两个转变"）。因此，新发展阶段下专利审查工作的任务就是要立足"五个关系"，实现"两个转变"。2021年9月，中共中央、国务院印发《知识产权强国建设纲要（2021—2035年）》，统筹推进知识产权强国建设，全面提升知识产权创造、运用、保护、管理和服务水平，充分发挥知识产权制度在社会主义现代化建设中的重要作用。其中明确提出"实施一流专利商标审查机构建设工程"和"提高审查质量和效率"的要求。2021年10月，国务院印发《"十四五"国家知识产权保护和运用规划》，明确要求提高知识产权审查质量和审查效率，包括优化审查资源配置，加强智能化技术运用，提升审查效能，缩短审查周期等。

立足"五个关系"，实现"两个转变"，其本质是希望通过专利审查支撑科技创新及高质量发展。换言之，做好高质量、高价值专利申请的审查工作，是专利审查工作最重要的支撑。同时，为了满足创新主体以及整个社会对于知识产权更高效服务的要求，专利审查工作还要不断提高效率，在质量和效率中找到平衡。因此，在专利审查工作中，就必须在全面审查的基础上有所侧重，通过高质量审查服务高质量发展，同时，提高以包括理解发明能力、检索能力和法律适用能力的审查能力，缩短判断结案方向需要的摸索周期，提高审查效率，满足党和政府对于专利审查工作质量和效率的要求。从当下知识产权重点工作对专利审查工作的要求不难看出，知识产权正在日益成为国家创新发展的重要制度支撑。作为知识产权体系中最为重要的专利制度，要满足高质量发展的要求，就必须保证授权专利的质量，而创造性的评判正是用于评价一项技术相对于现有技术贡献的高低，其天然具有衡量技术质量的作用。因此，对每一件专利申请都进行创造性判断，无论是否落于纸面，均是专利审查工作响应高质量发展的一种体现。同时，为了提升审查效能，更需要提升审查能力，创新审查模式，准确判断审查前景，通过合适的策略来提升审查效率，使得申请人能够尽快获得审批结果。

为了实现新时代下专利审查工作的更高要求，势必需要在审查工作中更好地理解创造性与其他法条的关系，特别是创造性审查与全面审查的关系，从而提高更好地判断申请质量的能力，满足高质量发展和提升审查效能的新时代要求。

4.2 创造性与充分公开

正是基于对技术实质的关联，创造性条款与其他相关条款，特别是同样涉及技术问题、技术效果的事实认定的法条（《专利法》第 26 条第 3 款、第 4 款）之间必然存在内在逻辑关联。同时，作为法律制度而存在的规则，也必须形成体系化的内在自洽和外在他洽。因此，在审查实践中，与创造性最容易出现竞合情形的法条就是《专利法》第 26 条第 3 款和第 4 款。

《专利法》第 26 条第 3 款的立法本意就是要规定申请人如何公开发明，对发明需要说明到什么程度才算公开，以为社会公众提供新的有用的技术信息。说明书是申请人公开其发明的文件，《专利法》第 26 条第 3 款规定说明书要将发明的技术方案清楚、完整地公开，以使所属领域的技术人员能够理解并重现该方案。

《专利法》第 26 条第 4 款的立法本意是要规定申请人如何合理、准确地界定请求保护的范围，使得获得保护的范围与其公开的技术贡献相匹配，且权利要求的范围边界清晰，使得公众能够明确其保护范围的边界。

从这两个条款的立法本意不难看出，《专利法》第 26 条第 3 款和第 4 款，既是对申请人提出的规范文本的要求，也是授权前需要审查的实质条款。申请人在申请时应当保证其文本符合上述条款的要求，而审查员则对申请是否符合上述条款进行审查，并使得授权的权利要求范围适当、清楚，说明书中给出的技术信息足以使得本领域技术人员能够理解和实施发明。

这两个条款与判断发明对现有技术贡献的创造性在法律地位上并不相同。从它们的立法本意可知，这两个条款首先是对申请文本的规定，要求申请人在请求获得权利时应当履行的义务；其次是授权前对授权文本的要求，是为了让授权文本合理、准确地界定范围，所保护的发明在说明书中有清楚、完整的技术信息说明，使得专利的技术方案能够被理解和实施。虽然《专利法实施细则》第53条中将《专利法》第26条第3款和第4款列为驳回条款，但这主要是为了保证专利信息的有效传播和利用。因此，在发明满足了授权的"三性"条件时，还需要满足《专利法》第26条第3款和第4款的规定。

《专利法》第26条第3款和第4款的立法本意、法律地位决定了其功能作用主要是对申请与权利相关的技术事实信息规定，限定公开发明的程度，划定保护范围，所以这两个条款本质上可以称为事实认定的条款。下文就将具体讨论两个条款与创造性竞合的一些情形。

4.2.1 "结合分子"案

1. 基本案情与争议焦点

"结合分子"案涉及申请号为201210057668.0、发明名称为"结合分子"的发明专利申请，申请人为伊拉兹马斯大学鹿特丹医学中心（以下简称"鹿特丹医学中心"）、罗杰·金登·克雷格（以下简称"克雷格"）。针对该专利申请，经实质审查，国家知识产权局于2015年10月8日驳回了该申请，理由为该申请相对于现有技术不具备《专利法》第22条第3款规定的创造性。

2016年1月22日，鹿特丹医学中心、克雷格对上述驳回决定不服，向国家知识产权局提出了复审请求。2017年9月5日，国家知识产权局作出维持驳回的决定，理由仍然是该申请相对于现有技术不具备创造性。

申请人对复审决定不服，遂向北京知识产权法院（以下简称"一审法院"）起诉。一审法院在（2018）京73行初2154号行政判决中撤销了复审决定。之后，国家知识产权局向最高人民法院提出上诉。最高人民法院于2019年12月6日在（2019）最高法知行终127号判决中驳回了国家知识产权局的上诉请求。

从技术实质的角度分析：涉案申请涉及生物医药领域的抗体制备。抗体（antibody）指机体的免疫系统在抗原刺激下，由B淋巴细胞分化成的浆细胞所产生的、可与相应抗原发生特异性结合反应的免疫球蛋白。抗体是具有4条多肽链的对称结构，其中2条较长、相对分子量较大的相同的重链（H链）；2条较短、相对分子量较小的相同的轻链（L链）。链间由二硫键和非共价键联结形成一个由4条多肽链构成的单体分子。整个抗体分子可分为恒定区和可变区两部分。在给定的物种中，不同抗体分子的恒定区都具有相同的或几乎相同的氨基酸序列。可变区位于"Y"的两臂末端。在可变区内有一小部分氨基酸残基变化特别强烈，这些氨基酸的残基组成和排列顺序更易发生变异区域称高变区。高变区位于分子表面，最多由17个氨基酸残基构成，少则只有2—3

个。高变区氨基酸序列决定了该抗体结合抗原的特异性。抗体的 L 链是由 C、V、J 三个基因簇编码的，H 链由 C、V、D、J 四个基因簇编码的。V 是编码可变区，有 300 个种类；D 编码高变区，有 15—20 个种类；J 编码连接 V、C 的结合区，有 4—5 个种类；C 编码恒定区，仅有一种。这些外显子通过多种多样的重排，所合成出的肽链，还要再进一步进行 L 和 H 链组合，这样最后生成的抗体种类就非常多了。这种完整抗体的主要缺点就是体积较大，无法完全渗透进某些组织中。相比于完整抗体，小型化的抗体具有组织穿透性好、易表达、易改造、体内半衰期短等优点。因此，在抗体的研究领域中，实现其小型化一直是研究中最为关注的方向。

1993 年，比利时布鲁塞尔自由大学（Free University of Brussels）的雷蒙德·哈默斯（Raymond Hamers）教授，在《自然》期刊报导了在骆驼类动物血液发现的一种较小抗体，比原有抗体小了约三分之一，但仍然有抗原结合的能力，部分抗体结合力甚至更强。1995 年，迈阿密大学的研究团队则于鲨鱼血液发现了类似抗体。骆驼和鲨鱼的抗体天然只有 2 条重链，其相对于一般具有 4 条链的抗体，更加小型化并具有更好的水溶性。但这种抗体由于来自其他生物，因此其安全性还有待改进，尚没有足够证据显示它在人体内完全不会造成不良反应。如果能够利用原物种（即人类）的基因生产小型抗体，则该抗体就能具有更低的免疫原性和更高的安全性。涉案申请的技术方案就可以简单理解为：利用了人的天然 V 基因片段，通过转基因技术在小鼠体内生产小型化抗体的方法，从而同时实现了抗体的小型化和安全化。

在实质审查以及后续的行政诉讼中，该案涉及的主要焦点问题在于，在没有实验证据证明技术方案的技术效果可以成立时，是否可以直接以不具备创造性为由驳回申请。该案中，权利要求中请求保护了一种人源的小型化抗体，这种抗体同时具有人源抗体的安全性，也具有来自骆驼抗体的小型化，可以说是同时具有了两种抗体的优点，但是在说明书的实验部分，涉案申请仅验证了转基因小鼠中表达仅重链抗体的技术效果，对于该申请中声称的主要技术贡献——V 基因是源自人的天然存在的 V 基因片段的技术方案，在说明书中并没有验证其技术效果。也即，根据该申请说明书给出的信息，本领域技术人员并不能确认该申请制备出了请求保护的抗体，其仅仅是给出了一种设想。

在实质审查过程中，审查部门使用的最接近的现有技术可以简单概括为现有技术中利用骆驼化的 V 基因片段生产抗体的方法。则该案中请求保护的技术方案与现有技术的区别就在于，涉案申请中是使用了人类的 V 基因片段。驳回决定中认为，对于区别特征所要达到的技术效果、所能解决的技术问题，该申请中并没有相应的实验证据予以验证，因此，无法认定上述区别特征所能达到的技术效果，则该申请实际要解决的技术问题并不能按照说明书中对于技术效果的描述而确定，而是应当确定为"提供一种表达包含其他异源基因片段的异源重链基因座的仅重链抗体的方法"，由于将异源的基因片段人源化是该技术领域中的普遍追求，因此，该技术方案相对于现有技术是显而易见的。

一审法院认为，本申请与对比文件的主要区别在于："所述 V 基因片段是源自人的天然存在的 V 基因片段，而对比文件 1 公开的是骆驼化的 VH 外显子/区"，对比文件 1 中的 V 基因片段是骆驼化的 VH 外显子/区，其实质上使用的仍然是骆驼的 V 基因片段，该申请权利要求 1 中 V 基因片段是源自人的天然存在的 V 基因片段，事实上是在对比文件 1 的研究基础上更进了一步，使用了人源的 V 基因片段制造 HCAb 抗体。本领域普通技术人员知晓，人源 HCAb 抗体免疫原性更低，成药性更好，这应当也是本领域普通技术人员努力研究探索的方向。但在以实验科学为基础的生物制药领域，即使在努力的方向已经明确的情况下，仍需要本领域普通技术人员付出相当大的智力劳动，才能克服种种难以预料的困难以取得技术上的进步。如果仅因为努力的方向对于本领域普通技术人员而言是明确的，就认为在此方向上取得的研究成果就是显而易见的，显然会极大地打击本领域普通技术人员在现有技术基础上深入研究，以期取得突破的积极性，也与专利法鼓励创新的根本价值取向背道而驰。因此，被诉决定认定有误，一审法院依法予以纠正。

从上述判决中不难看出，一审法院虽然强调了创造性判断中容易出现的误区"仅因为努力的方向对于本领域普通技术人员而言是明确的，就认为在此方向上取得的研究成果就是显而易见的"，但一审法院对于该申请中区别特征对应的技术效果是否成立这一点并未作出回应。事实上，创造性判断中，技术效果是判断是否显而易见中十分重要的一步，如果不对区别特征对应的技术效果是否成立作出判断，仅以区别特征是否显而易见判断创造性，就非常容易将没有作出实质贡献的技术内容纳入专利保护的范围，这显然并不符合专利法立法本意。

最高人民法院知识产权法庭在二审判决中认为，创造性判断所运用的"问题 – 解决方案法"思路中，一般遵循三个步骤：确定最接近的现有技术；确定发明的区别特征和发明实际解决的技术问题；判断要求保护的发明对本领域普通技术人员而言是否显而易见。在第二个步骤中，确定发明实际解决的问题时，通常是以最接近的现有技术为参照，在分析发明与最接近的现有技术相比所存在的区别特征的基础上，考虑区别特征整体上所能达到的技术效果来确定。在这一意义上，发明所解决的技术问题是客观的，区别特征的确定是理解发明实际解决的技术问题的基础。在此基础上，还应考虑本领域普通技术人员在阅读说明书所记载的内容后能够得出的技术效果。涉案申请权利要求 1 相对于对比文件 1 的区别特征是，所述 V 基因片段是源自人的天然存在的 V 基因片段，而对比文件 1 公开的是骆驼化的 VH 外显子/区。结合上述区别特征及说明书的记载，本领域普通技术人员可以理解，涉案申请优选实现的是一种人源可溶的仅有 VH 重链抗体的效果，该申请相对于对比文件 1 所实际解决的技术问题应该是提供一种产生表达包含天然人 V 基因片段的仅有 VH 重链的可溶抗体的方法。

面对所要解决的客观的技术问题，本领域普通技术人员从现有技术中可以获知的启示原则上应该是具体、明确的技术手段，而不是抽象的想法或者一般的研究方向。仅仅依据研究方向的一致性和本领域的抽象、普遍需求来认定现有技术给出的启示，隐含着后见之明的危险，容易低估发明的创造性。那些表面上看似显而易见的发明事实上也可能具有创造性。发明的技术方案一旦形成，其可能经常被发现可以从某些已知事物出发，经由一系列非常简单的步骤推导出来。为避免这种后见之明，必须全面、谨慎、现实地评估，面对本申请所要解决的问题，本领域普通技术人员基于其所认知的全部现有技术，是否能够容易地得出本申请的技术方案。该案中，在对比文件 1 的基础上研发仅包含天然人 V 基因片段仅有 VH 重链的抗体时，虽然对比文件 1 给出了使用骆驼化 V 基因片段形成单重链抗体的方法，且本领域确实存在降低抗体免疫原性、提高治疗效果的需求，但是基于人的天然的仅有 VH 重链的抗体会发生聚集或者黏着，而骆驼化 V 基因片段形成的仅有重链的抗体具有更好水溶性的认知，本领域普通技术人员难以有动机以 "源自人的天然存在的 V 基因片段" 替代 "骆驼化 V 基因片段"，制备 V、D、J 基因片段均是天然存在的源自人的仅有重链的抗体。被诉决定在评估对比文件 1 的启示时，脱离了申请日前本领域普通技术人员的认知，低估了涉案申请权利要求 1 的创造性。

对于国家知识产权局在上述理由中辩称的，涉案申请是否公开了制备人源可溶仅有重链的抗体以及是否有数据支持和验证等问题，判决中专门进行了说理。国家知识产权局质疑说明书是否公开了已经制备上述抗体，并以此为由脱离专利申请权利要求 1 相对于对比文件 1 的区别特征来确定发明所解决的技术问题是错误的。这种做法既否定了区别特征作为发明实际解决的技术问题的基础，又在客观上混淆了创造性判断与说明书充分公开、权利要求应该得到说明书支持等不同法律标准。创造性判断与说明书充分公开、权利要求应该得到说明书支持等法定要求在专利法上具有不同的功能，遵循不同的逻辑。将本质上属于说明书充分公开、权利要求应该得到说明书支持等法律要求所应审查的内容纳入创造性判断中予以考虑，既可能使创造性判断不堪重负，不利于创造性判断法律标准的稳定性和一致性，又可能在一定程度上制约申请人对说明书充分公开、权利要求应该得到说明书支持等问题进行实质论辩，还可能致使说明书充分公开、权利要求应该得到说明书支持、修改超范围等法律要求被搁置。因此，在专利实质审查程序中，既要重视对新颖性、创造性等实质授权条件的审查，又要重视说明书充分公开、权利要求应该得到说明书支持、修改超范围等授权条件的适用，使各种授权条件各司其职、各得其所。根据专利实质审查的一般规律，原则上可以先审查判断专利申请是否符合说明书充分公开、权利要求应该得到说明书支持、修改超范围等授权条件，在此基础上再进行新颖性、创造性的判断，否则可能导致新颖性、创造性审查建立在不稳固的基础上，在程序上是不经济的。该案中，国家知识产权局上诉主张关于涉案申请是否公开了制备人源可溶仅有重链的抗体以及是否有数据支持和验证等问题，更适合在说明书是否充分公开这一法律问题下予以审查，不宜一概纳入创造性判断中予以考虑。

2. 案件思考

《专利法》第 26 条第 3 款规定："说明书应当对发明或者实用新型作出清楚、完整的说明，以所属技术领域的技术人员能够实现为准；必要的时候，应当有附图。摘要应当简要说明发明或者实用新型的技术要点。" 通常，说明书公开的制度价值在于：①可以使社会公众及时地了解一项技术，从中获得技术启示，并在专利权期满后完全掌握并自由运用；②限制申请人过早提出专利申请，防止将带有预期与推测性质的方案提交申请；③限制申请人谋求过分宽泛的保护范围的可能性，如果其试图获得较大的保护范围，那么必须对其权利要求所涵盖的技术方案进行必要揭示。❶

为了专注于专利审查工作的重心，进而提高审查效率，国家知识产权局确立了"三性"评判为主线的全面审查的审查政策。事实上，专利法所规定的大部分可专利性要件之间并非完全割裂，对于一项专利有效性的评判，这些要件是有机地结合在一起的，而"三性"往往是这些要件的重点。例如，单一性的判定需要以创造性为前提，而是否缺少必要技术特征也需要根据"三性"的要求来评定。因此，在审查实践中，"三性"要件尤为受到重视，而技术贡献往往又是考虑的重中之重。

对于说明书公开而言，"三性"要件尤其是技术贡献，同样也是判断说明书公开时需要考虑的内容。说明书公开应当充分考虑申请文件的技术贡献。说明书公开的目的在于本领域技术人员在阅读说明书之后，不需要付出创造性劳动，就能理解并实施该发明或者实用新型，解决发明或者实用新型所要解决的技术问题，产生预期的有益效果。然而，通常发明或者实用新型所要解决的技术问题会有多个，并且并非为说明书所直接记载的技术问题。此时，只有在专利申请满足了"三性"要件、明确了其技术贡献的情形下，进一步判断说明书是否公开才有意义，例如，说明书是否公开了使得专利申请具有创造性的技术特征。

在该案的实质审查过程中，原审查部门以及复审部门正是遵循这一原则进行的创造性审查。在复审决定中，合议组指出，在利用基因技术制备抗体时，为了确保抗体应用于人体的安全性，对抗体结构进行改造使其结构接近于人的Ig，甚至完全和人的Ig相同是该领域的常规技术手段，因此，对于涉案申请与对比文件1的区别，本领域技术人员有动机对源自骆驼的抗体进行改进从而获得人源的抗体，也就是说，现有技术中对于该申请的改进已经给出了足够明确的方向；进一步地，由于该申请实施例中最终获得的仍然是源自骆驼的抗体，因此，无法确认该申请实际上获得了人源抗体，则该申请不具备创造性。由此可见，国家知识产权局对该案作出最终维持驳回决定的根本原因在于，该申请缺乏证明其相对于现有技术作出了声称的贡献的证据。

但该思路并未得到法院的认可。一审法院将创造性判断聚焦在技术启示上，认为在该案涉及的技术领域中，虽然技术改进的方向是明确的，但是这并不能否认本领域技术人员获得该技术方案的智力劳动，对于那些需要克服种种难以预料的困难以取得技术上进步的方案，不能仅仅以努力的方向是明确的就认为在该方向上取得的研究成果是显而易见的。应该说，这个结论对于注重实验结果、技术效果较难预期的化学领域是正确的。对于科研创新而言，对于更好、更高的技术效果的追求往往是普遍的，但这种追求并不足以构成一种技术启示，只能代表一个研究的动力。如果仅以这种方向来否定创造性的话，则有些目标在于攻克某个共同技术难题的大量申请就无法得到授权。但是，上述逻辑成立的前提是，接受创造性评判的技术方案必须经过确认是对

---

❶ 崔国斌. 专利法：原理与案例［M］. 北京：北京大学出版社，2012：307.

现有技术已经作出贡献的方案，即其不仅向着某个方向努力，而且获得了努力的成果。这才符合上述判断中"克服种种难以预料的困难以取得技术上的进步"。如果申请本身无法证明其取得了"技术上的进步"，那么这样的技术方案就不过是向着某一确定方向提出的设想。这就是判决中的矛盾之处，一方面，它强调要对有技术进步的方案予以肯定，以避免"打击本领域技术人员在现有技术基础上深入研究以期取得突破的积极性"；而另一方面，则对涉案申请中缺乏证明该技术进步的事实没有给出回应。

　　一审败诉后，国家知识产权局向最高人民法院提出上诉，在上诉中特别指出，确认涉案申请所要解决的技术问题时，要以该申请文件中已验证的技术效果为基础，而该申请并未证明使用包含源自人的天然存在的 V 基因片段的仅重链基因座能够产生功能性人源仅重链可溶抗体的技术效果。但这一主张并没有得到最高人民法院的支持。最高人民法院在判决中认为，上述主张实际上是在质疑该申请公开不充分，而创造性和公开不充分在专利法上具有不同的功能，遵循不同的逻辑，不应一并处理。因此，最高人民法院实际上并未支持国家知识产权局在该案中的审查策略，即对可能存在创造性和公开不充分竞合的案件，采用创造性进行审查。

4.2.2　创造性与充分公开的内在关联

　　《专利法》第 26 条规定了专利申请文件应符合的要求，其中第 3 款、第 4 款的要求为，说明书应当对发明或者实用新型作出清楚、完整的说明，以所属技术领域的技术人员能够实现为准；权利要求书应当以说明书为依据，清楚、简要地限定要求专利保护的范围。可见，《专利法》第 26 条包含公开是否充分、支持、清楚的可专利性要件。

　　专利权是一种排他权，是一种政府与发明人之间的契约。政府审查后授予专利权，并给予一种担保，专利权人则获得一定期限独占形式法律保护的交换条件，其义务就是必须充分公开其发明创造，进一步丰富现有技术，并对整个社会作出贡献。[1] 只有通过说明书对发明作出清楚、完整的说明，达到所属技术领域的普通技术人员能够实现的程度，才有可能获得专利保护。否则，专利申请就会由于不能满足《专利法》第 26 条第 3 款的要求而被驳回。这就是所谓"公开换保护"的原则。公开充分是获得专利权的必要条件之一，这也符合《专利法》第 1 条的立法宗旨——保护专利权人的合法权益，鼓励发明创造，推动发明创造的应用，提高创新能力，促进科学技术进步和经济社会发展。如果公开不充分，专利申请就不可能起到传播技术知识、促进科学技术进步的作用，就不能得到授权。

　　从专利审查制度的法律功能和属性来看，其兼具了行政确认和行政许可的属性。[2]

---

　　[1]　刘庆辉. 发明和实用新型专利授权确权的法律适用：规则与案例［M］. 北京：知识产权出版社，2017：215.

　　[2]　马昊，周胡斌，肖鹏，等. 专利法第 26 条第 3 款审查标准研究：法律定位与适用［J］. 审查业务通讯，2015，21（1）：27－32.

其中，对于《专利法》第 26 条第 3 款的审查，就是完成对"案件技术事实"的确认，属于行政确认部分。"案件技术事实"就是申请人基于其完成的发明这一文字上的"客观技术事实"，来选取其请求保护的内容。上述技术事实，一方面要作为发明在申请日前已经完成的证据，另一方面要作为新颖性、创造性判断中的重要证据，特别是其中的技术效果部分，更是用于和现有技术比较，证明发明比现有技术取得更好技术效果的重要内容。对于《专利法》第 22 条第 2 款、第 3 款的审查，则是以现有技术作为时间边界，确认发明技术贡献的权利拟制，是要针对申请人在权利要求中提出的主张，基于申请的技术事实对权利的拟制给出明确结论。《专利法》第 26 条第 3 款的判断结果可以构成权利要求审查的事实基础，一般不应作为权利审查的结论。否则，对于权利拟制是否成立的实质审查并未开始。

《专利法》第 26 条第 3 款是对申请人撰写说明书的法律要求。为获得专利权的保护，申请人必须完成举证责任，在说明书中载明其解决技术问题所采用的技术手段，对于可预期水平较低的技术领域，还要给出必要的确认数据，或者技术效果，来证明发明足以满足专利法鼓励的创新的要求。说明书中记载的技术事实，就成为申请人作为权利主张的事实基础，同时，也构成了审查过程中申请人对申请文件进行修改的事实依据。实际上，无论是《专利法》第 26 条第 3 款还是《专利法》第 33 条，实质上都是对申请人如何撰写申请文件提出的法律要求。具体如何撰写申请文件则是申请人的权利，其可以根据实际、策略等多种可能，对申请文件中的关键技术事实选择公开或者不公开；不公开的结果则是承担带来的不利后果，即在实质审查过程中，缺乏用于支持权利要求的技术事实。

也就是说，从公开充分法条的法律作用来看，其与《专利法》第 22 条第 3 款并不存在矛盾。一件申请可以由于技术事实缺乏证明技术贡献的证据而公开不充分，同时，也会由此没有给现有技术带来任何技术贡献而不具备创造性，这是对一件专利申请从不同角度给出的结论，两者并不是一种无法同时成立的状态。

专利审查机构对申请的拟制要求给出明确答复，也就是对申请是否具备新颖性、创造性给出明确的结论，不仅是对自身行政角色的回应，也更有利于对一件申请在技术发展的脉络中给出更为明确、清晰的结论，是对实质审查中核心问题的一种回应，是行政审批机构对于社会诉求的一种响应。因此，无论是基于《专利法》第 26 条第 3 款的法律定位，还是从审查机构"实质审查审实质"的行政原则出发，对于属于保护客体的发明专利，一般首先对其是否具备"三性"进行考虑，避免在未对申请的技术贡献作出评判或合理考虑的情况下作出审查决定，就是一种合乎逻辑，更容易让申请人信服的审查思路。

从该案的审查过程不难看出，其核心争议焦点在于：如果说明书中没有记载技术效果的实验数据，而这些数据对本领域技术人员来说也很难依据现有技术去预期，那么认为这样的申请不具备创造性是否合理？在实质审查过程中对其可能同时存在的公开不充分不发表意见是否合理？

对于第一个问题，即这样的申请是否具备创造性，笔者认为没有。下文试按照创造性判断标准的"三步法"给出判断的过程。

"三步法"中的第一步为确定最接近的现有技术。在涉案申请的审查过程中，最接近的现有技术为现有技术中已经较为广泛存在的骆驼源抗体，该现有技术从技术领域、技术效果、技术问题考虑均可认为是适格的最接近的现有技术。

第二步为确定发明的区别特征和发明实际解决的技术问题。该案的行政诉讼中，将涉案申请与对比文件 1 的区别特征归纳为三项，这得到了原被告双方的认可。这三项分别是：①所述可变区包含的 D、J 基因片段是天然存在的；②所述 V 基因片段是源自人的天然存在的 V 基因片段，而对比文件 1 中公开的是骆驼化的 VH 外显子/区；③该哺乳动物内源性的免疫球蛋白重链基因座缺失或被沉默。对于其中的区别特征①和③，已经被对比文件 1 所公开，则该申请实际要解决的技术问题就聚焦了区别特征②上。根据《专利审查指南 2010》的规定，实际解决的技术问题的确定，要根据该区别特征在要求保护的发明中所能达到的技术效果来确定。而这个技术效果，则是要本领域技术人员从该申请说明书中所记载的内容能够得知即可。在这个步骤中，最重要的就是需要确定区别特征所能达到的技术效果。技术效果的确认，直接关系到如何确定发明实际解决的技术问题；而技术问题的确定，又直接关系到第三步中显而易见性的判断，因此，可以说技术效果的确认是创造性判断中的重中之重。

通常而言，技术效果需要通过说明书中记载的内容来确认。但是，也不是所有的申请都必须要记载具有相应技术效果的内容。对于机械领域的申请，由于大多涉及部件的组合和排列，以及部件之间的运行关系，其中的部件多为现有技术中已知的内容，即使未明确记载其技术效果，本领域技术人员也能预期这些机械结构组合在一起所能起到的效果。相反，对于化学、生物等领域，其可预期性相对较低，本领域技术人员并无法预期某个技术手段是否能够产生如申请人所声称的技术效果，而发明专利申请的实质审查又是一种纸面审查，审查员没有能力去重现申请人的技术内容以检验其声称的技术效果。因此，在没有实验证据证明技术效果，且该技术效果也不是本领域技术人员可以预期时，则不能认可说明书中声称的技术效果并以此来确认本申请实际要解决的技术问题。

就该案而言，说明书中没有验证采用人源的抗体，也就是说，对于区别特征①所能达到的技术效果，涉案申请中没有任何证据予以证明。则此时，该如何确定该申请实际要解决的技术问题呢？如果仍然按照该申请说明书中声称的技术效果去确认，则显然忽略了该申请实际上没有验证这一技术效果的事实。在"三步法"判断的第二步中，实际上隐含着该实际要解决的技术问题应当是本申请中已经解决的。如果没有证据表明其能够得到解决，则不能以此确认实际解决的技术问题。在这一点上，国家知识产权局在向最高人民法院进行上诉时，在上诉理由中将本申请实际要解决的技术问题重新确定为"仅是提供一种表达包含其他异源基因片段的异源重链基因座的仅 VH 重链抗体的方法"不仅是正确的，而且也是符合本申请实际对现有技术作出的贡献的。

实际上，不仅是国家知识产权局，也包括其他世界主要专利审查机构，在创造性的判断中，对于无法验证技术效果的技术特征，都持一种较为严格的态度。如果将没有验证的技术效果纳入创造性的考虑中，显然是将申请人没有作出的贡献纳入了其保护范围，对于公众并不公平。在欧洲专利局上诉委员会判例法（In T 161/18）中，有多个不同的判例，从不同的角度论述过，对于没有验证技术效果的技术特征，在重新确定实际解决的技术问题时，不能认为该技术特征相对于现有技术作出了改进。

第三步，即判断现有技术是否给出了技术启示时，需要判断现有技术中整体上是否存在某种教导，该教导足以促使本领域技术人员可以显而易见地获得请求保护的技术方案。就该案而言，在抗体的研究中，使用其他基因来源改进骆驼源的抗体，是该领域中研究的方向。在本申请完全没有验证其获得了人源抗体的前题下，其实质上仅仅是提出了一种构想，而非实际存在的方法，则本领域技术人员也能够根据需要使用其他的来源形成抗体。因此，本领域技术人员有动机获得具体的"V 基因片段是源自人的天然存在的 V 基因片段"的抗体，并由此获得本案中的权利要求 1。因此，权利要求 1 相对于对比文件 1 是显而易见的。

一审法院在判决中认为，本领域技术人员知晓，人源 HCAb 抗体免疫原性更低，成药性更好，这也是本领域技术人员努力探索研究的方向，但在以实验科学为基础的生物制药领域，即使在努力的方向已经明确的情况下，仍需要本领域技术人员付出相当大的智力劳动，才能克服种种难以预料的困难以取得技术上的进步。如果仅因为努力的方向对于本领域技术人员而言是明确的，就认为在此基础上取得的研究成果是显而易见的，显然会极大地打击本领域技术人员在现有技术基础上，深入研究以期取得突破的积极性，也与专利法鼓励创新的根本价值取向背道而驰。应该说，判决中这段关于创造性判断现有技术中是否给出足够技术启示的说理是正确的，也是创造性判断中容易出现的错误。对于审查员而言，其在判断创造性时，往往距离真实的申请日已经过去很久，此时在某些更新较快的技术领域，发明中体现出技术进步的技术手段及其技术效果从具体审查的当日来看，由于有众多在后技术而可能显得并不突出，这种后见之明常常会导致审查员低估专利申请的创造性。因此，在创造性的判断中，需要考虑现有技术中给出的教导是否足够具体，而不是某个技术改进的方向，因为往往某个改进方向是该领域一直以来长期追求但却难以实现突破的。但是，判决里忽略了一点，即创造性判断中，需要确定发明相对于现有技术确实解决了技术追求中待克服的技术难题，或者实现了该领域中，长期以来没有实现的技术突破。正如判决所说，打击科研工作者积极性的行为是仅仅因为方向明确，就否定在该方向上取得技术成果的创造性。技术成果是创造性判断的一个前提，只有存在技术成果，才能谈到该成果是否满足创造性中的要求。如果认可并未验证的技术成果，并基于此给予专利权保护，才会打击到那些真正作出技术贡献的科研工作者的科研热情。

在最高人民法院关于该案的判决中，对于创造性的论述延续了一审法院中的认定，仍旧认为即使在本领域存在明确的努力的方向，也不足以否认在该方向上取得的技术进步的创造性。可以说，该认定对于避免创造性判断中的后见之明是非常正确的，也确实是创造性判断中容易出现的导致低估创造性的情形，但该判决和一审判决同样没有回应关于该案的核心争议焦点，即在发明没有取得其声称技术效果时，是否还应该据此认定其相对于现有技术的贡献。

　　此外，该判决还对于该案中没有对公开不充分发出审查意见，但在创造性的认定中却以没有实验效果来否定创造性的审查策略给出了意见。在判决中，最高人民法院认为，这种审查策略既否定了区别特征作为发明实际解决的技术问题的基础，与创造性判断的"问题 – 解决方案法"思路不符，又在客观上混淆了创造性判断与说明书充分公开、权利要求应该得到说明书支持等不同法律标准。实际上，如上文所论述的，在创造性的"三步法"判断中，找到区别特征仅仅是第二步中的一半，确定发明实际解决的技术问题，不仅需要确定区别特征，还需要确定该区别特征在发明中实际实现的技术效果。也就是说，按照创造性判断的"问题 – 解决方案法"，区别特征和其所能实现的技术效果一起才能构成发明实际解决的技术问题的基础。在该案中，正是由于区别特征没有被证明具有相应的技术效果，才会导致其实际解决的技术问题不能确定为具体的"提供一种产生表达包含天然人 V 基因片段的仅有 VH 重链的可溶抗体的方法"，而是应当确认为"提供一种表达包含其他异源基因片段的异源重链基因座的仅重链抗体的方法"，这样才符合涉案申请实际对现有技术作出的贡献，符合其说明书中向公众公开的内容。这种上位的概括并没有产生后见之明。实际上，如将区别特征没有验证的技术效果作为发明实际解决的技术问题，反而会将申请人没有作出的技术贡献纳入创造性判断的基础中，抬高了其技术贡献。这种根据区别特征所能达到的技术效果来确认其实际解决的技术问题的思路，不仅在我国审查实践中非常常见，也是包括欧洲专利局在内的其他世界主流审查机构在进行创造性判断时采用的思路。

　　对于创造性与公开不充分的法条竞合，如上文所述，两个法条有各自不同的法律属性，处理不同的内容，产生不同的法律效果。在审查实践中，虽然对于说明书中技术事实的确认通常先于请求保护的技术方案的创造性判断，但这个阶段主要是确认申请人在说明书中记载的构思是否能够成立，确认其技术效果是否能够成立，是一种确认性的审查。这种确认主要是来自专利法中基本的"公开换保护"原则：当申请人寻求专利权的保护时，必须向公众证明在申请日前，其已经完成了请求保护的技术方案，并验证了其技术效果。而涉及"三性"的审查，则是对权利范围进行合理划界，排除公有领域内的技术，评价技术贡献。不同于确认性的审查，这是一种带有许可性质的审查，一旦确认了技术贡献，则意味着权利的主张可以得到认可。因此，公开不充分、创造性虽然都涉及技术效果的评价，但在其审查过程中，审查员以没有验证技术效果来否定创造性时，实际上不仅是确认了说明书中缺失申请日前验证技术方案的证据，同时也是告知申请人其权利主张因为缺乏技术贡献的证据而无法得到支持，更容易让案件的相关方理解该案的真实价值。该案的审查过程中，实质审查部门和复审部门均聚焦了涉案申请对现有技术贡献较低的实质，采用了重证据的创造性评判策略，通过对比明确该申请主张保护的内容并未对现有技术作出贡献。但司法机关在该案的审理中并未认可这种策略。导致这种矛盾产生的最主要原因在于司法机关和行政机关之间的价值取向不同。法院作为司法机关，其价值取向是公平优先性，在案件的审理中，其更加关注行政机关作出行政裁量的构成有无偏差，例如有无追求不正当目的、相关考虑是否有问题、手段与目的之间是否失去了比例，导致当事人失去了合理的听证机会。从该案审理后法院给出的关于判决的思考中，参与审理的法官指出，法院不支持将公开不充分纳入创造性判断的一个理由就是，这种审查策略不利于当事人实质辩论。❶

而国家知识产权局作为执行国家政策的行政机关，其价值取向则是效率优先性兼顾公平。对于行政机关来说，更注重在审查过程中体现自己的政策工具属性，实现政策目标，从而实现核心制度价值。专利的制度价值就在于激励技术创新，提升国家经济发展质量，促进经济发展。审查所要解决的关键问题就是判断申请相对于现有技术是否作出了贡献，权利人所换取的权利与其作出的创新贡献是否匹配。从创造性的历史沿革不难看出，创造性条件是衡量专利技术贡献大小、是否值得保护的核心所在，它与专利制度设立的本意最为相关，因其具备甄别创新程度高低的功能而能够始终引导创新的方向，而且其审批、确权环节对于评判标准的准确把握能够成为传递专利申请质量的国家政策导向的风向标。当前整个知识产权行业所处的大环境是知识产权制度，特别是专利制度受到了最高决策层的高度关注，创新要成为整个国家经济发展的新的驱动力，创造性的评判可以更加客观地衡量创新的高度，从而引导创新主体的研发。同时，国务院"放管服"改革的要求促使专利审批环节更加注重审批质量和审批效率，而采用创造性评判，也能让申请人更快了解申请在现有技术中的水平，加快整个审批的流程。因此，从专利审查的制度价值、创造性的立法历史沿革，以及目前的知识产权大环境出发，专利审查机构在很长一段时间都应采用主要以创造性判断申请的技术贡献高低的审查策略。

4.3 创造性与支持

权利要求是专利权的文字形式，说明书是发明技术内容的文字载体。专利权要建立在发明的技术内容的基础上，即权利要求要得到说明书的支持，这是专利申请可以得到授权和专利权稳定的必要条件。权利要求是在说明书公开内容的基础上，表达所要求保护的技术内容。权利要求一旦授权即形成对社会公众的公示作用，划分了专利权人和社会公众之间的权利界限。因此，从授权审查的角度来讲，专利实质审查从根本上要保证权利要求所要求保护的技术内容具有智慧贡献，符合《专利法》第22条规定的授权条件。在审查发明智慧贡献高度的过程中，在确认发明的智慧贡献高度达到创造性的要求后，即申请可能符合授权条件，此时就需要让权利要求的保护范围边界清晰，范围合理。❷

边界清晰就是要满足权利要求的公示作用，使得公众以及利益相关方能够清楚地

---

❶ 高雪. 专利创造性与说明书充分公开的界限［J］. 人民司法，2020（16）：41-44.

❷ 崔哲勇，马秋娟，朱晓琳，等. 专利法第二十六条第四款的审查［J］. 审查业务通讯，22（12）：14-17.

知道实施何种行为会落入权利要求的保护范围之内。范围合理则是平衡专利权人和公众之间的利益，通过审查，使得权利要求保护的技术内容与其在说明书中公开的内容，以及基于上述内容为现有技术作出的技术贡献相匹配，权利要求保护的技术内容均在说明书中进行了清楚、完整的公开，能够解决发明的技术问题并达到相应的技术效果。

专利制度旨在鼓励发明创造，只要属于申请人对现有技术所作贡献的部分，申请人可以通过专利申请方式争取其合法权利。虽然说明书只能记载数量有限的实施方式，但由于本领域技术人员知晓本领域现有技术和普通技术知识，并具有常规实验能力，就有能力对其记载的技术方案进行变换，得出新的技术方案。这种变换并不需要创造性劳动，由此得出的技术方案中，有的虽然与原方案不同，但属于同一发明构思，与申请人对现有技术作出的贡献相当，应当纳入申请人的合法权利。因此，为了获得最大的保护范围，申请人自然地会选择尽可能宽泛的概括，以涵盖所有说明书实施方式中的变形以及可能出现的变形。因此，在实际审查过程中，就会出现某一个技术方案由于概括过宽而不符合《专利法》第 26 条第 4 款的规定，同时，也可能会由于保护范围过宽，涵盖相对于现有技术显而易见的内容，因此不符合《专利法》第 22 条第 3 款的规定。面对这种法条之间出现竞合的情形，可以基于不同的情况采取不同的方法。

（1）权利要求所保护的技术方案整体没有创造性，未达到非显而易见的水平。这种情况下，即使权利要求存在概括不合理，得不到说明书的支持的问题，也应当采用《专利法》第 22 条第 3 款对创造性进行审查。依据《专利法》第 26 条第 4 款的规定指出其存在得不到说明书支持的问题没有实际意义，因为即使申请人对该权利要求进行进一步的修改，也无法克服其不具备创造性的缺陷。

正确作出判断的基础是准确理解发明，确定发明的技术事实。概括较宽的权利要求会使用上位概念来撰写相关的技术特征，这些上位的技术特征是从说明书具体实施方式中的具体特征概括而来，在理解发明的阶段，就需要关注上位概念对应的下位概念，并在此基础上去理解现有技术，寻找最接近的现有技术作为判断发明是否具备创造性的起点。如果不能在说明书的基础上去理解发明，则有可能出现获得现有技术中的技术特征仅仅是偶然落入了权利要求概括的范围之内，并不具有说明书中其他下位概念所共有的性质，此时申请人只须规避该具体特征就能满足创造性的要求，导致仍需要重新判断权利要求是否能够得到说明书的支持。

（2）如果发明具有了一定的技术贡献，并且相对于现有技术已经达到非显而易见的水平，但其概括的范围明显不合理，可能涵盖了现有技术或者由现有技术可以显而易见地得知的技术内容，则这样的发明从法条适用的角度，既可以采用新颖性或创造性条款对其中不满足实质性条件的内容进行评价，也可以采用《专利法》第 26 条第 4 款对请求保护的技术方案中过于宽泛而得不到说明书支持的内容进行审查。对于这种法条竞合的情形，应当优选选择使用创造性条款来进行审查。

这种审查策略的选择不仅因为相对于权利要求能否得到说明书的支持，创造性评判能够更为明确地给出技术方案相对于现有技术的高度，也是其更符合一般审查过程中的顺序。根据《专利审查指南 2010》第二部分第七章第 1 节的规定，每一件发明专利申请在被授予专利权前都应当进行检索。检索的目的在于找出与申请主题密切相关或者相关的现有技术中的对比文件，或者找出抵触申请文件和防止重复授权的文件，以确定申请的主题是否具备《专利法》第22条第2款和第3款规定的新颖性和创造性，或者是否符合《专利法》第9条第1款的规定。也就是说，对于一件新申请，无论其中请求保护的技术方案是否能够得到说明书的支持，负责审查的审查员都必须进行检索，进而对其是否具备新颖性、创造性作出判断，这是专利审查指南对于专利审查过程的要求。因此，如果在检索的过程中获得了合适的现有技术，审查员势必要在充分理解发明的基础上判断请求保护的技术方案的创造性。也正是在这个过程中，审查员会通过对说明书的理解而发现，请求保护的技术方案由于采用了概括的方式，因此其中涵盖了相对于现有技术显而易见的内容，而说明书中更为具体、下位的某些技术方案，相对于现有技术却是非显而易见的。也就是说，上述法条竞合的情形，应当合乎逻辑地出现在创造性的判断过程中。因此，从审查的逻辑和次序上来说，上述得不到说明书支持的情形必然和创造性的判断同时出现。

由于通常而言，上述法条竞合的情形出现时，已经作出了创造性判断，则将判断的结果告知申请人就不仅是审查机构的一种义务，更是帮助创新主体了解自身技术在现有技术中的准确位置，进而提高创新水平的一种服务。权利要求是否得到说明书的支持是将权利要求概括的技术方案与说明书中具体的技术方案进行比较，而创造性的判断是相对于现有技术作出的，因此该判断实际上是给出一项技术在现有技术中的坐标。受限于获知现有技术的能力以及自身研发水平的界限，申请人通常并不能像审查机构一样具有全面获知某个领域内现有技术水平的能力，那么，通过审查员在审查意见通知书中给出最接近的现有技术和对显而易见性的分析，申请人不仅可以了解不具备创造性的技术方案的具体缺陷理由，还能通过上述文献分析具备创造性的技术方案所可能达到的高度，并据此调整之后研发的方向。

因此，对于这种法条竞合的情形，对创造性进行审查，不仅是落实以用高质量审查来实现筛选高质量申请，从而促进高质量发展，也是审查机构对于创新主体的一种具体的服务。

（3）如果发明本身已经具有了非显而易见性，但是权利要求请求保护的范围概括过宽，其中涵盖了无法解决发明声称的技术问题，或者申请人推测的技术内容时，就可以直接采用《专利法》第26条第4款判断使得申请请求保护的内容与其技术贡献相匹配，这样不仅可以实现《专利法》第26条第4款的立法本意，也符合目前专利审查中对于效率的要求。

有些观点认为，对于概括过宽，其中涵盖了无法解决本申请技术问题的方案的申请，可以以该概括过宽的技术方案相对于现有技术并未解决技术问题为由，采用创造性判断来使得保护范围与其贡献相匹配。这并不是一种经济或者有效的方式。按照一般的审查顺序，权利要求是否得到说明书的支持通常是在创造性判断之后，则当审查员对支持进行判断时，已经暗含该技术方案相对于现有技术是非显而易见的这一结论。该结论的得出或是因为最接近的现有技术中没有对发明所关注的技术问题进行教导或启示，或是现有技术中对于发明解决技术问题、产生技术效果的技术手段、技术特征没有公开或教导，即并不存在可以按照创造性判断方法来评价该发明的现有技术。采用这样的现有技术对创造性进行评价时，并不能使申请人认同，反而可以通过较为简单的陈述来克服创造性的缺陷。此时，审查员可能仍然需要指出权利要求得不到说明书支持的缺陷，从而延长了审查的程序，并不满足目前专利审查中对于效率的要求。

　　《专利法》第 26 条第 3 款、第 4 款的审查是实质审查中重要的条款，它们负责确认申请的技术事实，由其确认的技术事实会成为新颖性、创造性、实用性审查的事实基础，也是最终专利授权能够成立的基础。在实质审查中，为了实现专利制度的价值，适应为创新主体提供高质量服务的要求，审查机构应坚持以事实为基础，以证据为依据，向申请人明确其发明相对于现有技术水平的高低，并明确其技术事实中可能存在影响授权结果的问题和瑕疵，从而实现筛选高质量申请的目的。从这个角度而言，《专利法》第 26 条第 3 款和第 4 款，不仅服务于"三性"评判，其本身也构成了授权时需要审查的要件。只有正确地理解事实认定法条与"三性"法条，特别是创造性之间的关系，才能使授权的申请得到与其技术贡献相匹配的权利，实现《专利法》的立法宗旨。

第 5 章 创造性审查的系统思维

习近平总书记在党的二十大报告中指出："必须坚持系统观念。万事万物是相互联系、相互依存的。只有用普遍联系的、全面系统的、发展变化的观点观察事物，才能把握事物发展规律。……我们要善于通过历史看现实、透过现象看本质，把握好全局和局部、当前和长远、宏观和微观、主要矛盾和次要矛盾、特殊和一般的关系，不断提高战略思维、历史思维、辩证思维、系统思维、创新思维、法治思维、底线思维能力，为前瞻性思考、全局性谋划、整体性推进党和国家各项事业提供科学思想方法。"

系统思维是人类长期发展积淀总结得到的科学的应对复杂世界的有力工具。创造性审查作为发明专利行政审批的重要环节，具有其独特的复杂性和系统性，审查员树立良好的系统思维模式，有助于更加客观、准确地得出创造性评判结论。本章将重点探讨系统思维方式在创造性审查中的运用。

5.1 系统思维概述

在深入探讨创造性审查的系统思维方式之前，有必要先了解系统思维的基础概念以及基本特征。

5.1.1 系统的概念及特点

"系统"一词源于古希腊语，它反映了人们对事物的一种认识论，即系统是由两个或两个以上的元素相结合的有机整体，系统的整体不等于其局部的简单相加。亚里士多德曾说："整体大于部分之和"。

随着人们对自然系统认知的加深，形成了系统的原始概念，再由自然系统到人造系统和复合系统，逐渐深入，形成了系统的概念。系统这一概念揭示了客观世界的某种本质属性，有无限丰富的内涵和处延，其内容就是系统论或系统学。系统论作为一种普遍的方法论是人类所掌握的最高级思维模式。

系统❶必备的三个条件是：①至少要有两个或两个以上的要素组成；②要素之间相互联系、相互作用、相互依赖和相互制约，按照一定方式形成一个整体；③整体具有

---

❶ 周苏. 技术创新方法 [M]. 北京：中国铁道出版社，2018：91-92.

的功能是各个要素的功能中所没有的。

系统是一个相互联系的整体，系统联系性是系统的又一个基本特征。系统的内部联系形成系统结构，不同的结构形成系统的不同性质；系统的外部联系即与外界环境的联系形成系统的输出功能。系统结构是系统功能的决定条件。

系统是整体的、联系的，同时又是动态的。因为系统内各要素是变化发展的，系统结构也在变动，系统外部环境也是变化发展的，所以系统都是动态的。

5.1.2　系统思维的概念及内容

系统思维就是把认识对象作为系统，从系统观点出发，着重从整体与部分、部分与部分、结构与功能、优化与建构、信息与组织、控制与反馈、系统与环境之间的相互联系、相互作用中综合地研究和精确地考察对象，以求达到最佳认识客体和正确进行实践活动的思维方式。❶ 系统思维是系统哲学思维范式的思维形态，它不同于创造思维或形象思维等本能思维形态。系统思维方式的基本内容和特点，包括整体性思维、综合性思维、立体性思维、结构性思维、最佳性思维、信息性思维、控制性思维和协调性思维等。

（1）整体性思维。整体性思维是系统思维方式的基本特征，它存在于系统思维运动的始终，也体现在系统思维的成果之中。整体性思维，就是从整体出发，对系统、要素、结构、层次（部分）、功能、组织、信息、联系方式、外部环境等进行全面总体思维，从它们的关系中揭示和把握系统的整体特征和总体规律。对系统整体的理解和把握，是认识系统的着眼点和基本目的，是综合分析和把握系统各组成要素在系统整体中的地位和作用的基本前提。系统整体存在于系统各构成要素、层次（部分）、外部环境的相互联系、相互作用中。因此，只有从系统各构成要素、层次（部分）、外部环境的相关性中，即从它们的相互联系、相互作用中，才能理解和把握到系统的实体整体和各种属性整体。简言之，整体性思维要求把研究对象作为系统来认识，也就是要始终把研究对象放到系统中进行考察和把握。此处包括两个注意要点：一是必须明确任何一个研究对象都是由若干要素组成的系统，二是必须把每一个具体的系统放在更大的系统之中进行考察。例如，解决城市交通问题，不仅要考察系统内部的车辆、客流量、道路等要素，同时还要把交通问题这个系统纳入城市市政建设的大系统中去整体考察，这样才能找出解决问题的根本、有效的方法。整体性思维的特征还在于非加和性。它对系统整体及其属性的认识和理解，突破了传统分析方法的局限性，摆脱了局部决定整体及线性因果决定论的束缚，反对把系统的特征和活动方式简单归结为系统的要素、层次（部分）的孤立特征和活动的总和，摒弃把整体看成由部分机械相加、从部分求整体的固有思维方式。

（2）综合性思维。综合性思维是以综合为出发点和归宿，综合与分析同步进行来把握系统客体的思维原则。它的基本模式是：综合—分析—综合。在思维运行过程中，

---

❶　刘锋. 简论系统思维方式 [J]. 上海社会科学院学术季刊，2001（4）：144–150.

综合性思维主要表现为两种情形。第一，要把握复杂的系统综合体，思维必须始终以综合为出发点和前提，对系统的要素、结构、层次、功能、相互联系、相互作用、历史发展及其规律等方面进行综合分析考察；思维演进的过程，就是综合分析深入逻辑运演的过程；此种思维过程的终结，也就达到对系统整体的全面把握。第二，依据系统理论来物化对象系统，其思维程序是：从综合到分析再到综合。首先进行综合，形成可能的系统方案；然后进行系统分析，分析系统中的各要素及其相互关系；最后进一步综合分析的结果，形成观念形态的系统整体。这种观念形态的系统整体，就是物化意识。经确证可行，就可以通过实践将其物化为对象系统。

（3）立体性思维。任何系统都不仅存在着一维时间和三维空间，而且是由诸多要素构成的多维、多层次的整体，并与环境有着多方面联系。所以，系统总是处在特定时间、空间背景下的立体网络联系中。所谓立体性思维，就是主体对系统客体的多维、多层次、多变量的全方位和立体的考察和思维。要实现对系统客体的立体性思维，需从四方面着手。第一，主体对系统客体要进行全方位考察。全方位考察，就是主体对处于多相空间中的多向多质系统进行各个角度、各个侧面、各个层次及其与外部的联系进行全面考察。第二，主体对系统客体各个方面的立体考察和把握。其中，主要是对系统立体、结构立体、层次立体、相互作用总体及功能总体等方面的把握，反映系统客体在特定的时间内纵横交叉的内在联系及其各种属性，使系统客体诸方面之间错综复杂的潜网清晰地在思维中显示出来。第三，开拓思维空间，进行逆向思维。系统客体之间及其内部构成要素之间有着多种复杂的联系，许多联系常常是互为因果的，具有双向性和可逆性。因此，主体认识系统客体，应该开拓视野，从相反的视角出发，对系统客体进行逆向思维。事实上，正确的逆向思维有时对系统客体的认识会取得意想不到的认识效果。第四，主体在观察和处理系统问题时，要打开思路，进行由此及彼、由表及里、由近及远的多方面连贯思索；思维必须纵横驰骋，既提倡发散式思维，又提倡跃迁式思维，连贯跃迁系统和先后过程系列。

（4）结构性思维。任何系统都有结构。结构是指系统内在诸要素相互作用和相互联系所形成的结合方式。结构具有三个要素。一是纳入并构成结构的不同性质的要素，即结构不同性质的组分。这是建构结构的最基本材料，也是决定结构实体的基础。二是结构组分的数量。它在一定程度上决定结构的复杂程度。三是组分数量的结合方式和有序度。所谓结构性思维，就是主体对系统客体结构的构成要素、结构的本质和特征、结构内在的相互联系和相互作用、结构与功能之间关系的思维。

结构性思维是现代思维的重要标志。它是深入理解和掌握系统客体、正确指导人们变革事物所必须运用的。第一，把握系统结构整体是把握系统整体、系统立体的前提。因为系统结构整体是系统整体的内在根据，只有把握了系统的结构整体，才能把握系统整体。第二，结构的性质和状态是由系统构成要素内在的结合力和结构信息决定的。系统的有序度或序参量的大小是测量结构优劣的主要尺度。这说明，如果我们想通过改革来实现结构优化，就要自觉从加大系统要素的结合力、增大结构信息量和提高系统的有序度入手。第三，结构是从实体方面来决定、规定系统的本质。因此，人们既可以从把握事物的结构来把握事物的性质，又可以根据结构的变化或改变来正确判断系统的质变。这无疑丰富和深化了唯物辩证法的质量互变规律。第四，结构决定和制约着系统功能的质和量。要追求和实现系统的最佳功能，必须从追求和实现系统的最佳总体结构入手。第五，通过结构性思维，可以拓展出结构模型法、结构分析和设计法、结构功能模拟法，使人们在科学研究和工程设计中，能够认识无法直接进行变革的事物，形象地把握尚未出现的人造物，改造旧结构，创造具有新结构的事物，为人们的实践活动提供科学管理的理论和方法。

（5）最佳性思维。最佳性思维是主体依据系统整体与其构成部分在结构、功能等方面的非加和性，使部分的功能和目标服从于系统整体的功能和目标，以实现系统总体功能和目标达到最佳的思维。功能是指由系统性质所决定的系统整体效用和价值，也就是系统整体与环境相互联系、相互作用时所表现出来的作用和能力。

（6）信息性思维。信息是构成客观世界的三大要素之一，是系统的普遍属性。所谓信息，就是标志系统性质、状态、要素、结构、功能及系统之间和系统内部的相互作用、组织程度与机制的属性概念。它是系统观的基础。信息性思维是主体通过对信息意蕴的把握来理解系统的内容及其动态过程与机制的思维。

（7）控制性思维。系统论、信息论、控制论的出现，使人们对系统的考察由静态的研究转向动态的控制。这就产生了与近代科学思维不同的现代科学的控制性思维。控制性思维是主体通过信息反馈而实现对系统客体进行动态控制的思维。

确立控制性思维是必要的。因为客观世界中存在着大量控制系统，一个在最佳状态下运行着的动态控制系统，在变化不定的外在环境影响下，要使自身适应外在环境的变化，达到或保持系统与环境的相对统一，就必须强化系统内部的控制和调节作用。因此，要使系统始终保持理想的最佳运行状态，就要在动态中寻求优化，进行有效的控制。

系统本质上是开放的，开放系统趋向于加速发展。因此，加强对开放系统的控制性思维，特别是加强对生态系统、生物系统、社会系统、人类系统、思想文化系统、自动化系统有效控制性思维，对于人们正确认识和改造这些系统，不断促进社会进步和文明程度的提高，有着重要的实际意义。

（8）协调性思维。协调是系统整体与要素、层次与层次、结构与功能、要素与要素、系统与环境之间的和谐统一。协调性思维就是主体对系统客体协调的理解和对系统客体有效协调的思维原则和思维方法。

一切系统都包含着协调。协调的普遍性，是通过相对的特殊系统的协调表现出来。具体来说，宇宙系统的协调，不仅体现了自然、社会、思维三大领域中的协调，而且体现了各个领域及其所包含系统内在的协调；每个系统协调的程度，反映着要素与要素、层次与层次、结构与功能、要素与系统、系统与环境之间协调的状况。因此，人们应该用协调观点去考察和理解整个世界及其一切系统。

系统发展的过程，也就是协调的过程。因为协调与系统的有序度、系统的稳态和非稳态有着内在的一致性。它是系统保持相对稳定的内在机制，是系统从无序达到有序演进的内在机制。协调对系统的存在和发展极为重要。因此，应该自觉协调对人类生存和发展的相关系统。一方面，要适时打破对人类生存和发展失去意义的旧系统，建立为人类所需要的协调的新系统；另一方面，要积极改进、调整系统中失调的层次（部分）和要素，使其成为整体协调的、具有最佳功能的动态平衡系统。

5.1.3　创造性审查与系统思维

掌握了系统以及系统思维的基本概念之后，本节进一步带领大家探讨创造性的审查中为何需要运用系统思维。

5.1.3.1　创造性判断对象的系统性

创造性审查的对象是发明创造。我们知道，发明创造产生的过程一般需要技术人员基于具体技术实践进行逐步积累或者偶现智慧火花而获得，发明创造的整个产生过程中可能会涉及多种影响因素，比如行业发展情况、企业研发投入、竞争对手发展方向、技术人员知识水平等，这些因素并不是相互独立的，相互之间往往会产生制约、促进、协同等多重复杂影响。就发明的技术改进路径而言，一般认为，具体的发明创造通常是经由发现现有技术缺陷—寻找或开发改进手段—验证技术效果的途径而完成的，该改进途径也是相互关联的多个环节构成的系统。

发明专利申请则是表达发明创造的书面载体。申请人按照专利法律法规的要求，通过文字、图表等形式将其发明创造进行书面表达，进而交由专利行政审批部门进行审查。从文体构成来看，一份申请文件由多个部分有机结合组成，每个部分在形式及内容上均需满足一定的撰写格式要求。专利申请文件的具体构成如图 5 - 1 - 1 所示。从技术内容来看，发明专利申请包括技术领域、技术问题、技术方案以及技术效果。

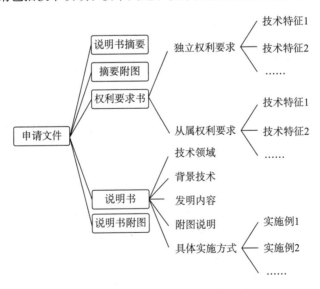

图 5 - 1 - 1　专利申请文件结构示意

虽然创造性审查所针对的主要是权利要求书中所要求保护的技术方案，但是申请文件的其他组成部分，尤其是说明书、说明书附图，以及技术内容中的技术领域、技术问题及技术效果对于审查员理解发明、检索现有技术文献并作出准确的创造性判断结论也都是至关重要的。

5.1.3.2 创造性判断过程的系统性

创造性判断是在发明创造完成之后对其进行审查、分析和判断，创造性的审查过程本身并不会对发明的创造性作出贡献，但判断方法的正确选择和正确适用将直接影响创造性判断的结果以及发明专利申请的最终审查结论。事实上，创造性的判断过程本身也具备系统性。[1] 首先，客体的系统性特点决定了对其评价与应对的评价体系必须具有与其相适应的性质，即客体的系统性决定了判断方法需要系统性、整体性，才能实现主客体统一与匹配，否则主体对客体的认知与行动会出现偏差。其次，对专利创造性评判本身可以看作一个评价系统。创造性判断的本质是法律问题，是对技术状况的法律判断，因此应当遵循法律判断的一般规则。如图 5 - 1 - 2[2] 所示，发明创造性判断整体过程可以认为是由系统输入、系统输出、转换过程构成的一个评价系统。所有的信息输入以专利申请日前的现有技术状态为基础。系统输出即为创造性判断结果，其中系统输入为待判断的发明，按照审查实践中现行的一般审查流程，待判内容为已经经过新颖性和实用性前期判断的专利申请文件及相关信息。输出则为已经经过专利创造性判断的结果，如授权或者驳回倾向等。其中转换过程遵循法律判断的一般规则，表现为法律推理，遵循三段论原理：大前提是法律规范，小前提是案件事实，所推理出来的结论即法律判断的结果，即法律规范适用到法律事实的后果。从过程角度来看，创造性判断过程包括发明法律事实发现和创造性法律规范适用。发明法律事实发现包括确定最接近的现有技术、技术问题、技术效果以及本领域技术人员的能力等。这些客观事实的发现和确定过程是构建创造性法律判断的小前提（即发明案件事实）的过程，而确定该发明创造所适用的创造性法律规范是确定创造性判断的大前提的过程。

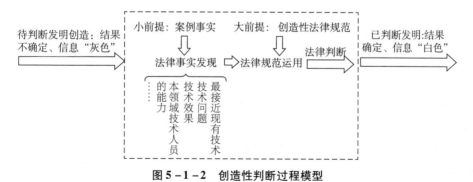

图 5 - 1 - 2　创造性判断过程模型

[1][2]　黄国群. 专利创造性判断的系统分析与影响因素实证研究［J］. 情报杂志，2015，34（7）：48 - 49.

5.1.3.3　创造性判断需要树立系统思维

如前文分析，既然创造性的判断对象以及判断过程都具有系统的特征，那么，判断创造性的主体相应地应当运用系统观念、树立系统思维，才有可能科学、客观地解决创造性判断的问题。而且，在实际审查工作中，专利申请的创造性审查一般是独任的、申请日后的审查，审查员作为判断主体很容易陷入局限的、片面的思维僵局中。因此，结合提高审查质量的现实意义来看，有意识地培养创造性的系统思维就显得更为重要。

结合审查实践，创造性判断中树立的系统思维模式应着重关注两个方面，一个是关注整体的整体性思维及综合性思维（下文中称作"整体思维"），另一个是关注分析的结构性思维（下文中称作"分析性思维"）。

5.2　系统思维中的整体思维

如前文所述，整体思维是系统思维方式的基本特征。在创造性的审查过程中，如果能够合理地运用整体思维模式，对于准确得出判断结论、合理预期结案方向、提高审查效能均是至关重要的。

5.2.1　整体思维的基本特征

要想在实践中合理运用整体思维解决复杂问题，重点需要掌握如下思维方式。❶

1. 把对象看作一个"不可分割的整体"

基于量子力学的进展，世界越来越被看作"一个不可分割的整体"，即世界作为一个整体并不等于其部分之和，由各部分构成的世界整体具有不同于其部分功能简单相加的独特性。在科学认识中，把对象看作一个"不可分割的整体"，就是要人们树立自觉的整体观念，从整体入手去认识对象。

2. 从开放性、动态性和多样性的视角出发

自组织理论证明开放性、动态性和多样的非线性相关是有序结构形成的必要条件，任何系统都处在一个开放的动态过程中，并伴随着多样性的存在与演化形态。开放性、动态性和多样性是整体思维的基本研究视角，在科学认识中，割裂其中任何一项都难以整体地把握对象。从开放性视角出发就是要人们不断开拓思维空间和探索视野，既关注认识对象与其环境间的相互关系，又注重自身思维的发散，跨学科地研究问题；从动态性视角出发就是要人们懂得静止、平衡、稳定只是将事物状态割裂开来的片断化、粗糙化的认识，因此应该将认识对象看作一个动态过程，及时把握其在时间序列

---

❶ 王健. 论整体思维的当代建构及其功能扩展 [J]. 系统科学学报，2014，22（4）：38 – 40.

上的形态，并尽可能合理预见其发展；从多样性视角出发就是要人们克服传统的简单认识定势，诸如线性因果观、连续性发展观、时空的绝对观等，以积极和宽容的态度看待新奇之事，并赋予合理的理论地位与实践意义。

3. 力图"全过程"地把握对象

在一个多世纪以前，恩格斯就提出了"世界不是既成事物的集合体，而是过程的集合体"的观点，并认为这是唯物辩证法的"一个伟大的基本思想"。"时间"概念在系统科学和复杂性理论研究中，也成为一个不可或缺的基本参数，相对论则更是证明了时间与空间的不可分割性。由此，人们在科学认识中，既要从动态视角出发，看到认识对象的变动性，更要将研究的时间维度加到空间维度上，用"进化着的事物过程，或者更确切地说，把事物的进化组织过程推到了最引人注目的地位"。整体思维强调把对象看作一个"不可分割的整体"，表现在对事物进行时间序列的研究上，就是要把对象看作一个"不可分割的过程"。把握过程整体，就用得着"全过程"概念，即通过对过程进行分析找出构成一个完整过程所必经的各个阶段，把握其中的有机衔接、过渡和转换，进而从总体上把握各阶段及其相互联系。

5.2.2 创造性审查与整体思维

事实上，每一次创造性的客观评价过程均是系统性思维在审查中运用的良好体现，整体思维更是较为直接地指导着创造性审查全过程的科学思维方法。本书仅是试图从思维模式的角度对其进行较为系统的概括总结。

5.2.2.1 专利审查指南中的相关规定

整体性思维是创造性审查实践中需要建立的重要思维模式，审查实践中经常提及的"整体考量"原则即对整体性思维的重要体现。《专利审查指南 2010》中多处强调了创造性审查中的整体性或者综合性思维。

《专利审查指南 2010》第二部分第四章第 3.1 节中规定："在评价发明是否具备创造性时，审查员不仅要考虑发明的技术方案本身，而且还要考虑发明所属技术领域、所解决的技术问题和所产生的技术效果，将发明作为一个整体看待。"

《专利审查指南》第二部分第四章第 3.2.1.1 节规定："对于功能上彼此相互支持、存在相互作用关系的技术特征，应整体上考虑所述技术特征和它们之间的关系在要求保护的发明中所达到的技术效果。……要从最接近的现有技术和发明实际解决的技术问题出发，判断要求保护的发明对本领域的技术人员来说是否显而易见。判断过程中，要确定的是现有技术整体上是否存在某种技术启示，即现有技术中是否给出将上述区别特征应用到该最接近的现有技术以解决其存在的技术问题（即发明实际解决的技术问题）的启示，这种启示会使本领域的技术人员在面对所述技术问题时，有动机改进该最接近的现有技术并获得要求保护的发明。"

基于上述规定，我们能够发现，专利审查指南虽然没有直接明了地提出"整体考量"原则，但字里行间强调了整体思维在创造性评判过程中的重要性。实际上，整体性思维应当贯穿创造性审查的全过程。具体地，在理解发明阶段，需要综合考虑技术领域、技术问题、技术方案以及技术效果，整体上理解本申请的技术方案，并提炼发明的技术构思；在筛选对比文件阶段，同样需要从技术领域、技术问题、技术方案以及技术效果整体上理解及考察现有技术的技术方案，在运用"三步法"判断创造性的阶段，则需要整体上考虑技术特征之间的关联性，进而合理确定发明实际解决的技术问题；在判断是否存在技术启示时，要注意从现有技术整体上判断能否给出相应的技术教导。

5.2.2.2 创造性审查中如何树立整体思维

虽然专利审查指南中已经作出较为明确的规定，然而，在实践操作中，审查员常常会由于缺乏整体思维习惯而走入各种创造性评判误区，例如，将区别特征从发明中割裂出来，并简单地认定其被现有技术公开或者属于公知常识，或者将技术特征从某篇现有技术中单独地、孤立地分离出来，并与其他现有技术结合进行创造性评等。过于陷入特征比对的细部考量，导致对专利申请的智慧贡献作出不恰当的评价结论。因此，非常有必要进一步强化创造性审查中的整体性思维习惯。创造性审查中树立整体思维包括以下几方面。

首先，要求代表本领域技术人员的审查员在具体分析案情之后，跳出分析对比技术细节的"树木观察"，从而能够看到技术方案的总和，站在相对宏观的角度上审视发明技术方案在整个现有技术长河中所处的相对地位和作用。也就是说，在观察"树木""树枝"的同时还能够看到该技术的"树木"所属的"森林"。

其次，从整体上理解技术方案，要求我们在理解发明时紧扣发明构思，基于发明构思综合考量要求保护的技术方案中所限定的各个技术特征，而不应脱离发明构思，将技术特征割裂或者脱离技术方案而孤立地理解。

再次，从整体上确定实际解决的技术问题，要着重关注区别特征之间的相互关联性，并且需要考虑区别特征在整个技术方案中的共同作用。

最后，从现有技术整体上判断是否存在技术启示，则要求我们对现有技术公开的内容进行整体理解，不能将区别特征从对比文件的整体技术方案中割裂出来，断章取义，片面理解，将创造性的评判变成了区别特征的评判，并且需要考虑最接近现有技术的整体方案中是否能够接纳该区别特征进而使得重构发明的说理逻辑顺畅。

以下将结合实际案例具体说明整体思维的关注要点。

5.2.3 创造性审查中运用整体思维的注意事项

本节主要结合审查实践中的一些典型案例，阐述整体思维在创造性审查中的重要作用，以及运用整体思维的一些注意要点。

5.2.3.1 关注整体技术发展脉络

创造性的审查虽然是针对个案的审查，但是对于当今社会的技术发展，可以说任何发明创造都不是孤立的、凭空而来的，发明创造一定有其所属的具体技术领域和行业，而且各领域、行业都有其独特的技术变迁规律以及发展趋势。因此，在审查过程中，不能仅关注个案，而是要将待审的发明创造放到宏观的技术发展整体动向中，这样才能客观地对创造性进行评价，进而充分地保证实现专利制度促进技术创新的立法本意。

【案例5-2-1】❶ 餐馆服务系统

【案情介绍】

针对现有的餐馆服务系统中，由服务员为顾客提供服务，为顾客上菜和酒水的服务系统存在的耗费人力和时间的技术问题，或者在自助式餐厅中由顾客自行取用饭菜和饮料而对顾客造成不便、缺乏吸引力的技术问题，涉案专利提供一种服务优良、费用低廉且具备吸引力的餐馆服务系统。

具体实施方式：如图5-2-1所示，餐馆传送系统2的中间部分是用来烧菜和准备饭菜、饮料的后厨工作区3。这个区域包括一个近似环形的工作台10和一个中间吧台14。在后厨工作区3放置所有为烧菜和准备饭菜、饮料所必需的设备，比如烧菜设备设在工作台10，冰箱设在中间吧台14。在后厨工作区3中的工作人员用数字11来表示。

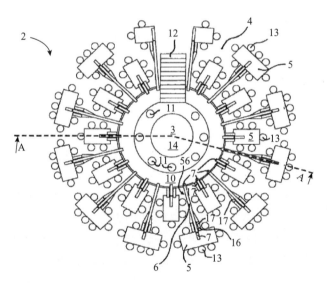

图5-2-1　案例5-2-1涉案专利说明书附图

后厨工作区3的四周是环形的顾客就餐区4，后厨工作区3被工作台10和顾客就餐区4隔开。后厨工作区3要比顾客就餐区4修建得高一些。在餐馆服务系统2中，进入后厨工作区3的入口是顾客就餐区通向后厨工作区的楼梯12。在顾客就餐区4放置

---

❶　国家知识产权局第41958号无效宣告请求审查决定。

了很多餐桌 5，这些餐桌同样是摆成环形的，并摆成两个同心圆（通过半径长度不同得以实现）。餐桌 5 四周可供顾客使用的座位用数字 13 来表示。

后厨工作区 3 和顾客就餐区 4 通过用于运送饭菜和饮料的轨道系统 6 相连接。轨道系统 6 的目的是要把饭菜和饮料从后厨工作区 3 运送到顾客就餐区 4。这个轨道系统是由单个的通向餐桌的轨道线路 56 组成，而这些轨道线路是由单个的滑轨 7 构成的，这些滑轨是由比如金属、木材或者塑料制成的。把后厨工作区 3 和顾客就餐区 4 连接起来的轨道是从工作台 10 出发，延伸到餐桌 5 旁，这些餐桌可以位于不同的平面上。

通常情况下，把饭菜装在一个合适的容器内运送，运送过程不是通过电能，而是通过后厨工作区 3 和顾客就餐区 4 的高度差所产生的重力能。重力能作用于容器，使容器能够沿着滑道运动。轨道系统也可以叫作滑行系统，因为轨道 7 涉及的是用于盛装饭菜和饮料的容器的滑行。盛有饭菜和饮料的容器从后厨工作区的工作台 10 滑向顾客就餐区 4 的餐桌旁。

涉案权利要求如下：

> 餐馆服务系统（2），需包括：
> a）至少一个用以烹饪和/或准备饭菜和/或饮料的后厨工作区（3）；
> b）至少一个顾客就餐区（4），该区需特别为顾客配置一张或者多张餐桌（5）；
> c）后厨工作区（3）和顾客就餐区（4）通过饭菜和/或饮料的传送系统（6）相连接；
> d）传送系统（6）将饭菜和/或饮料由后厨工作区（3）运送至顾客就餐区（4）；
> e）传送系统（6）包括或是带一条或多条轨道线路（56）的轨道系统；
> f）轨道系统包括滑行轨道（7）；和
> g）通过传送系统（6）将饭菜和/或饮料由后厨工作区（3）运送至顾客就餐区（4）的运送过程依靠重力作用实现。

对比文件 1：一种食物供应装置，特别是涉及一种可在相对较小的服务区域内使用的设备。如图 5-2-2 所示，该装置包括：服务层区域 1，其被服务柜台 2 包围，服务柜台 2 的外部放置有普通的凳子或柜台座位 3；抬升平台 6，用于准备食物；抬升平台 6 被圆柱形结构 5 支撑，轨道 7 围绕该圆柱形结构 5；当抬升平台 6 上的操作员完成订单时，这些订单中的食物通常是三明治，被放置在一个纸盘 10 中，纸盘 10 被放置在图 5-2-3 所示的运输盘 11 内，运输盘 11 在其下部设置有脚轮，数量优选为三个，并且具有卷边 13；运输盘及其内容物被放入滑槽或滑道 20 中准备传送，滑槽具有相对水平的初始部分和圆形部分 22，圆形部分 22 围绕平台，具有连续向下的梯度，使得运输盘借助重力在滑槽内行进；在服务高度处提供从服务层区域升高的服务台 25，到达服务台的滑槽以一系列相对紧密的螺旋 26 下降到服务台，运输盘全程借助重力从抬升平台直接传送到服务台；然后，服务员将纸盘从运输盘中取出，将食物交给坐在柜台 2 周围的顾客。该食物传送装置有效地利用了有限的地面空间。

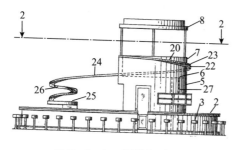

图 5-2-2 案例 5-2-1
对比文件 1 的附图 1

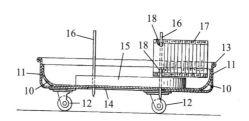

图 5-2-3 案例 5-2-1
对比文件 1 的附图 2

【案例评析】

粗略一看，对比文件 1 与涉案发明极为相似，二者都在餐馆中采用了借助重力作用的轨道系统，从事后审查的角度来看，技术上的差距并不大，那么是否可以轻易地得出涉案发明不具备创造性的结论呢？实际情况是，该案经由国家知识产权局作出无效宣告请求审查决定，维持该专利权有效，该案还被评为 2019 年度专利复审无效十大案件之一。我们具体来看一下合议组在决定中关于创造性的判断思路。

涉案发明与对比文件 1 之间的区别特征之一在于，二者虽然都利用了借助重力作用的轨道系统，但是涉案发明的技术方案限定了轨道系统延伸连接至顾客的餐桌，可以通过轨道借助重力作用直接将餐饮食物运送到顾客的餐桌上，而对比文件 1 仍然将食物传送到服务台，再由服务员将食物取出运送到餐桌上。该区别特征能否使得涉案发明具备创造性呢？

首先，合议组将涉案发明放置到餐饮行业的技术发展中去进行分析，无效宣告请求审查决定中进行了如下论述：

"在餐厅服务系统中，饭菜和/或饮料的准备和提供通常包括以下几个阶段：第一阶段是厨师将食材加工成饭菜的阶段，称为'备菜阶段'；第二阶段是饭菜由后厨送到服务员或服务生的阶段，称为'传菜阶段'；第三阶段是饭菜由服务员或服务生到顾客餐桌的阶段，称为'上菜阶段'。为了适应这几个阶段，餐厅通常会有厨师（负责备菜）、传菜员（负责传菜）和前厅服务员或服务生（负责上菜）等分工和工种，并且，一般情况下，为了保证菜品的卫生，厨师和传菜员主要在后厨区域工作，在某些分工和管理更为精细的餐厅，传菜员仅在后厨区域和前厅（顾客就餐区）之间工作，不可进入后厨区域，服务员或服务生则仅在顾客就餐区提供服务。纵观人类几千年的饮食历史，从餐饮行业诞生至今，基本上沿用了这种服务系统和模式，这与该行业的服务性质是密不可分的。通常情况下，人们选择到餐厅用餐，一方面是为了享用可口、多样的饭菜，另一方面也是为了享受由他人提供服务的便利和惬意。随着餐饮行业的发展，由西餐的冷餐会发展而来的自助餐则是将饭菜放在服务台上，由顾客自行取用，顾客由此可以体会不受约束、按需取用的就餐体验，这种方式虽然减少了前台服务员或服务生的使用，但饭菜和/或饮料通常都是由传菜员从后厨传送并布置到服务台的，同时也会因顾客自行取用而为顾客带来不便，并且，由于饭菜和/或饮料全部被放置在服务台上，会存在菜品久置不够新鲜和浪费的问题；由回转寿司店发展而来的回转餐厅，将饭菜和/或饮料放在由机械或电力等动力源驱动的传送带上，顾客餐桌围绕传送带布置，由此将饭菜和/或饮料提供给坐在传送带旁的顾客，这种方式虽在一定程度上节省了传菜员和服务员，但这种模式类似自助餐的性质，饭菜和/或饮料不是按照顾客的点单准备和放置，而是全部放在传送带上循环传送以供顾客取用，某种程度上也会有菜品不新鲜和浪费的问题。

"发展到近代，有些餐厅采用了诸如机械或电力等传送系统将饭菜从后厨传送到传菜口，再由服务员从传菜口取走饭菜和/或饮料，并将其送到顾客的餐桌上。对比文件1则类似这种传送方式。这种传送方式实质上是以机械传送代替传菜员完成了传菜阶段的工作，解决了传菜阶段的人力成本问题，同时可以在空间较小的区域中提供餐饮服务，虽然对比文件1中通过轨道利用重力作用进行食物传送，但食物最终仍被传送到服务员所在的服务台上，仍需要服务员的人力服务将食物送到顾客的餐桌上，仍无法解决不依赖人力服务而完成上菜等服务的问题。"

该申请将饭菜和/或饮料从后厨区域直接送到了顾客的餐桌上或餐桌旁，由此无需传菜员和服务员或服务生，既解决了现有服务系统依赖人力提供服务导致人力和时间成本高的技术问题，同时解决了取消人力服务（如自助餐厅）而带来的用餐不便、体验不佳的技术问题。如前所述，这一技术问题的提出受限于餐饮行业的传统和特点而存在一定的障碍和难度。对比文件1虽然公开了利用轨道系统传送食物的方案，但其所要解决的是在展会、交易会等空间有限甚至短缺的场所中，如何在有限的空间中提供餐饮服务的问题。因此，对比文件1中只能在准备食物的后厨区和服务柜台之间通过一条固定轨道来解决空间利用率的问题，却无法给出相关的技术启示和教导，以在占地更大、位置相对不确定的后厨区和餐桌之间架设复杂的轨道系统，也即无法给出将轨道延伸到餐桌的启示或教导，进而本领域技术人员无法在对比文件1的基础上想到采取该申请采用的技术手段以解决其技术问题。

该案主审员在案件评析❶中发出令人深思的拷问："乍看之下，本案与证据1之间的区别像极了公共交通中的'最后一公里'问题，现有技术与涉案专利何其接近，二者都采用了借助重力作用的轨道系统，区别仅在于是否直接送到了餐桌上，然而二者又何其遥远，成为类似于直到各种共享交通工具诞生才得以解决的'最后一公里'问题，这之间的差距究竟是一步之遥的常规手段改进，还是如同共享单车一样，开创了一种全新的餐饮模式？"回答好了这个问题，是否具备创造性，无疑也就在心中有了答案。

合议组在该案的创造性审查过程中恰当地运用了系统思维，结合整个餐饮行业的技术发展进程，秉持开放性、动态性、全过程的宏观视角，客观地对发明创造的创造性进行衡量。通过该案，我们可以直观地感受到创造性的审查并不仅仅是审查员或合议组对于个案的审查，而是本领域技术人员对于整个行业发展进程中的某一技术节点的创新价值所进行的客观判断。我们需要时刻提醒自己，跳脱出个案的局限思维，将

---

❶ 刘丽伟. 把握发明构思，客观判断创造性［N］. 中国知识产权报，2020 – 06 – 03（11）.

自己准确定位到本领域技术人员，并沉浸于更为宏观的相关行业技术发展的历史浪潮中，再对所审查案件的创造性进行衡量，必然能够规避许多"事后诸葛亮"的情形，也才能使得创造性审查为技术的发展进步作出其真正意义上的贡献。

5.2.3.2　从整体上进行技术事实的认定

事实认定在创新性判断中占据前提性的重要地位，准确客观的事实认定是后期作出正确推理和结论的前提。事实认定包括对于申请文件的事实认定和对于拟引证现有技术的事实认定。在事实认定过程中，同样需要建立并运用整体性思维，推荐的做法是，先从整体上理解和把握权利要求的技术方案，再从整体上理解和把握对比文件公开的技术信息，也就是说，先跳脱出具体的技术特征，从较为宏观的角度对本申请与对比文件进行技术理解，然后再基于权利要求的技术特征进行事实认定和比对分析。需要注意的是，事实认定的过程中，无论本申请还是现有技术，均需要将权利要求书、说明书（包括说明书附图）关联起来进行整体考虑，不可孤立地仅考察权利要求书或者说明书。

【案例5-2-2】[1]　一种运动装置

【案情介绍】

涉案申请提出一种新型的可在流体中快速运动的运动装置，可减少流体阻力，从而具有更大的升力来源和更高的推进效率。

具体实施方式：涉案申请的运动装置具体涉及飞机、飞碟、汽车、火车、潜艇、船艇，尤其是涉及大气飞行器。一种飞行车，如图5-2-4所示，其本体1包括内壳3和外壳2，外壳2和内壳3之间为内部流体通道4。排气通道8设在飞行车中部，其上、下端与内部流体通道4相通，中间固定有涡扇发动机801。涡扇发动机801的吸气方向与飞行车上面内部流体通道4相通，吹气方向与下端第一流体喷出口803相通，与内部流体通道4隔断并同时通过圆筒导管808与前后左右四个第二流体喷出口804、流体喷出口805、流体喷出口806、流体喷出口807相通，每个流体喷出口通过控制后都可以开启或封闭。在内部流体通道4内装有由高速流体带动的风力器9，可为飞行车提供辅助电源。在车底部设有至少一个条形窗702与内部流体通道4相通。

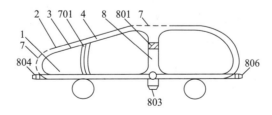

图5-2-4　案例5-2-2涉案申请说明书附图

---

[1]　白光清. 机械领域创造性判断及典型案例评析［M］. 北京：知识产权出版社，2017：62-65.

当涡扇发动机801工作时，产生非常强大的吸力通过内部流体通道4和外层2上的正向吸入口7、侧向吸入口701将外界大量流体吸入内部流体通道4内快速流动。外壳2上和内部流体通道4内的两层流体围绕飞行车1快速运动，瞬间整个车体上部形成负压区，远比普通飞机机翼上产生更大的环流量、更长的路径、更快的流速，此时飞行车上部和下部形成极大的气压力差，自然产生很大的升力。流体喷出口803把强大的流体喷出，在反作用力推动下飞行车垂直上升，且升力很大。在空中可关闭流体喷出口803及其他方向的流体喷出口，开启流体喷出口806，飞行车1向前飞行，同样道理，通过控制不同的流体喷出口，飞行车可前、后、左、右四个方向飞行。当然左、右飞行时，车体左、右侧壳体形状要适合飞行。

当飞行车在地面行驶时，涡扇发动机801转速通过控制可变慢，再开启底部条形窗702，通过吸力把车底部流体吸入内部流体通道4内，飞行车上、下部流体流速相等，不会产生升力，车轮的附地能力提高，飞行车可平稳行驶。

如果只开设一个流体喷出口803，安装在飞行车尾部中间，飞行车在尾部涡扇发动机801或喷气发动机的推动下，通过跑道后就会起飞。

涉案权利要求内容如下：

> 一种运动装置，包括壳体，其特征在于：还包括内部流体通道和负压发生器，在所述壳体的第一侧面上开设有至少一个流体吸入口，在所述壳体的第二侧面上开设有至少一个流体喷出口，壳体内设置所述内部流体通道，所述内部流体通道与所述流体吸入口和流体喷出口相通，所述内部流体通道内设置所述负压发生器，使得当负压发生器工作时，从流体吸入口吸入外界流体并经内部流体通道然后从流体喷出口喷出流体。

对比文件1：一种电动车辆10（如图5-2-5所示），包括壳体，风力涡轮机12安装在车辆尾部，涡轮机12绕轴14旋转，车辆具有顶端的进气口28、32、底端的进

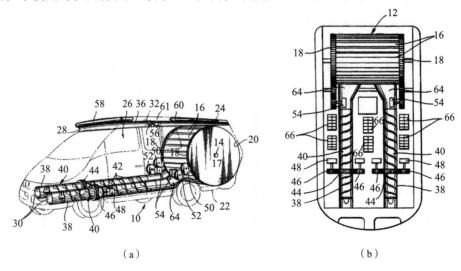

（a）　　　　　　　　　　　　　　　　　（b）

图5-2-5　案例2-5-2对比文件1的附图

气口 30、涡轮机 2 后部的出气口以及进气口和出气口之间的通道，涡轮机 12 安装在通 63 道中，车辆行驶时，流体从进气口进入，通过涡轮机 12 后从出气口流出，流体推动涡轮机 12 的叶片 16，带动发电机 48 以对电池进行充电，在顶端的进气口 32 内还设有小涡轮风扇 56，小涡轮风扇 56 在车辆处于静止时引导流体进入大涡轮机 12。

【案例评析】

在该案的事实认定过程中，关于对比文件 1 是否公开了权利要求中限定的负压发生器，存在不同观点。

观点一认为，对比文件 1 公开了一种车辆，包括壳体，内部流体通道 36、38 和负压发生器 56、48，在所述壳体的第一侧面上开设有至少一个流体吸入口 28、30，在所述壳体的第二侧面上开设有至少一个流体喷出口 72，壳体内设置所述内部流体通道，所述内部流体通道与所述流体吸入口和流体喷出口相通，所述内部流体通道内设置所述负压发生器，使得当负压发生器工作时，从流体吸入口吸入外界流体并经内部流体通道然后从流体喷出口喷出流体。对比文件 1 中的装置 56、48 能够通过转动叶片将气体从输入端吸入、从输出端排出，从而在车辆的前端产生负压力在车辆的后端产生推力，减少前方的阻力，虽然装置 56、48 带动电机转子转动，从而转换为电能储蓄在蓄电池内，但是其仍然同时起到了负压发生器的作用，因此装置 56、48 可相当于负压发生器。

观点二认为，与对比文件 1 公开的内容相比，权利要求中的负压发生器在流体吸入口处产生低于大气压的负压状态，同时在流体喷出口处喷出流体，利用前后压差实现了运动装置的运动；而对比文件 1 中的小涡轮风扇 56 在车辆静止时将流体从进气口引入该涡轮机，发电机 48 受大涡轮机驱动进行发电，无论是小涡轮风扇 56 还是发电机 48，均没有利用在进气口产生负压、在出气口喷出流体的压差方式来驱动车辆前行。因此，权利要求 1 中的负压发生器不同于对比文件 1 中的小涡轮风扇 56 和发电机 48，所以二者的技术方案并不相同，而且二者所要解决的技术问题和预期的技术效果也不相同。

引发上述争议的原因主要是对比文件 1 中公开的小涡轮风扇 56 和发电机 48 与涉案申请中代表负压发生器的涡扇发动机从部件名称到部件结构均十分接近。也就是说，事实认定过程中存在某些诱导性因素，如果缺乏整体思维所引导的判断能力，此种情况经常会令人想当然地认为某技术特征已被现有技术公开。事实上，涉案申请的负压发生器，即涡扇发动机 801 是一体式地设置于流体通道中，且其在整个技术方案中所起的作用是通过产生负压而为车辆行驶提供动力；而由图 5 - 2 - 5 可知，对比文件 1 中的发电机 48 并未设置在内部流体通道内部，而是设在内部流体通道外部，并且基于说明书公开的内容可知，小涡轮风扇 56 所起的作用在于将空气吸入涡轮机进而为发电机 48 发电，对比文件 1 的权利要求书以及说明书中均没有公开利用在进气口产生负压、在出气口喷出流体的压差的方式来驱动车辆前行的相关技术内容，而且，从对比文件 1 中并不能直接地、毫无疑义地推导得出其能够与涉案申请相同地在车辆前端产生负压力、在车辆后端产生推力，并能够减少前方的阻力。通过将需要比对的技术特征放在各自所属的申请文件整体方案中去进行考察分析，能够帮助我们客观地得出事实认定的结论，即对比文件1中发电机48以及小涡轮风扇56并不能相当于涉案权利要求中的负压发生器，负压发生器构成了区别特征。

在准确完成该事实认定之后，由于负压发生器属于解决涉案申请技术问题的关键技术特征，那么在创造性评述过程中，至少需要寻找到能够给出相关技术启示的对比文件2或者公知常识性证据才能够否定涉案发明的创造性。如果没有相关证据，则将认可涉案发明的创造性。但是如果按照观点一的方式进行事实认定，认为作为关键技术特征的负压发生器已经被对比文件1公开，则大概率将轻易得出涉案发明不具备创造性的结论。

5.2.3.3　关注技术特征之间的内在关联性

系统思维方式强调从系统的整体结构及各结构要素之间的关系去认识系统的整体功能。创造性评判的对象是申请文件中各权利要求所要求保护的技术方案，该要求保护的技术方案又由若干技术特征组成。在运用"三步法"的过程中，为了明确本申请与最接近现有技术之间的区别特征，一般需要通过"特征对比"的方式将权利要求中的技术特征一一与最接近的现有技术进行比对，在此过程中，自然地需要将权利要求解构为一个一个的技术特征。因此，创造性的评判过程极容易养成将技术特征割裂或孤立对待的不良思维习惯，即忽视技术特征之间的内在关联性。如果"特征对比"是"分"的过程，那么，后续的创造性评判中，则需要有意识地运用整体性思维，再进行"总"的考量，厘清区别技术特征之间是否存在关联，在此基础上再进行技术启示的说理分析。以下通过两个实际案例进行具体说明。

【案例5－2－3】❶　一种产生按压声音的按键开关

【案情介绍】

涉案申请提供一种产生按压声音的键盘开关，充分利用内部空间，能够在键盘开关尽量小的前提下，使键盘开关在按压过程中具有良好的触感，并使得在按压过程中能够产生声音，解决长期以来超薄键盘开关中由于空间限制而无法像大键盘开关一样产生声音的问题，提升用户感受。

涉案申请提供一种产生按压声音的键盘开关，如图5－2－6所示，包括一基座1与一盖子2，该盖子2盖合于基座1上形成一容置腔体，该容置腔体中设置有一按压组件、一弹簧4与一导通组件5，该弹簧4位于按压组件底部与基座1之间，且该按压组件上端位于盖子2上端，所述按压组件上设置有一按压块31，所述基座1上分别设置有一导引斜面11与一弹性件6，该弹性件6的一端部位于按压块31的正下方，且位于导引斜面11的正上方，该按压块31位于导引斜面11侧边，用于按压弹性件6。

所述弹性件6为扭簧6′，该扭簧6′包括簧体61′、连接于簧体61′上端的第一端部

---

❶　国家知识产权局第40870号无效宣告请求审查决定。

62′及连接于簧体 61′下端的第二端部 63′，该扭簧 6′的第一端部 62′延伸至按压块 31 正下方，第二端部 63′固定连接于基座 1 上，且该扭簧 6′的第一端部 62′与按压块 31 下表面相抵接，当按压组件被向下按压时，带动按压块 31 下压，基座 1 上的导引斜面 11 导引扭簧 6′的第一端部 62′脱出按压块 31，回弹复位敲击基座 1 产生声音。

所述按压组件包括导芯 3，该按压块 31 设置于导芯 3 侧边，该按压块 31 整体呈三角形，且该按压块 31 端部具有一倾斜面 311，在按压块 31 下压时，倾斜面 311 的设置，对导引扭簧 6′的第一端部 62′脱离按压块 31 的动作起到进一步导引的作用。

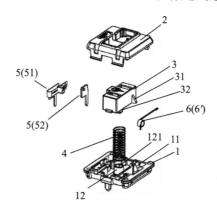

图 5 − 2 − 6　案例 5 − 2 − 3 涉案申请说明书附图

涉案权利要求内容如下：

一种产生按压声音的键盘开关，包括基座及盖子，该盖子盖合于基座上形成一容置腔体，容置腔体中设置有一按压组件、一弹簧与一导通组件，该弹簧位于按压组件底部与基座之间，且该按压组件上端位于盖子上端，其特征在于，所述按压组件上设置有一按压块，所述基座上分别设置有一导引斜面与一弹性件，该弹性件的一端部位于按压块正下方，且位于导引斜面的正上方，该按压块位于导引斜面侧边。

对比文件 1：一种机械轴开关，如图 5 − 2 − 7 所示，包括底座 1、键帽 2、按柄 3、上盖 4、弹簧 5 和弹片 6、固定端子 7、固定片 9 及用于增加按压手感的扭簧 8。组装时，按柄 3 底部的中心导柱 32 穿入套有弹簧 5 的安装柱 12，角柱 31 穿入底座上的导引孔 11。上盖 4 通过覆盖面下方的安装位热铆于底座 1 上并将开关端子和弹簧、按柄扣合于其中，按柄上端露出于上盖 4 供按压。扭簧 8 一端固定在底座 1 上，另一端则顶在突出斜面 34 的下方，当按柄 3 被按下时，突出斜面 34 带动扭簧 8 下行，在下压到一定程度时，扭簧 8 脱离按柄 3 并沿斜面向上回弹，扭簧 8 击打到上盖发出声音，增加开关的按压手感和声效体验。

对比文件 2：一种光电键盘开关及机械键盘，如图 5 − 2 − 8 所示，当按下按压轴 20时，透光孔 21 的轴线与反光部 13 反射的光线的传播路线重合，光接收元件 40 能接收到光发射元件 30 发出的光线，本开关实现信号输入。撞针 60 的下部侧壁还设置有凸块

63，框体 14 的侧壁开设有滑道 141，滑道 141 形成有导向斜面 142，凸块 63 插设于滑道 141 内；撞针 60 的上端设置有抵接部 61，按压轴 20 于安装槽 22 内间隔设置有两顶杆 23。当所述按压轴处于非按压状态时，所述抵接部的端部与所述顶杆的端部抵接，当所述按压轴处于按压状态时，所述凸块沿所述滑道的导向斜面滑动并驱使所述撞针转动，所述撞针的抵接部脱离两所述顶杆的端部而插入两所述顶杆之间的空位并撞击所述安装槽的顶壁。

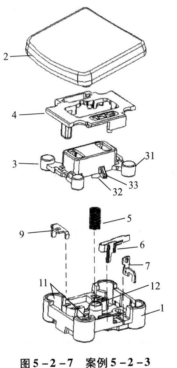

图 5 - 2 - 7 案例 5 - 2 - 3
对比文件 1 的附图

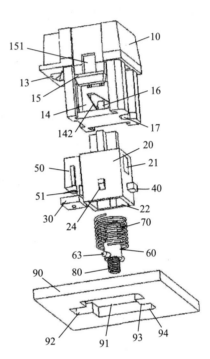

图 5 - 2 - 8 案例 5 - 2 - 3
对比文件 2 的附图

【案例评析】

该案是 2019 年度专利复审无效十大案件之一。涉案专利技术方案涉及由传统的备受游戏玩家青睐的机械键盘技术演变而来的薄型按键发声开关，技术原理是将独特的弹簧装置安装在键轴基座上，通过按压回弹敲击基座发声，既实现了开关做薄，又能保证发声清脆、音质统一。在无效宣告请求审理过程中，争议的主要焦点在于涉案发明相对于现有技术是否具备创造性。经审理，最终作出了维持该案专利权有效的审查决定。合议组表示❶："在该案的审理过程中，我们重点考虑了在机械键盘按键开关技术领域创新空间有限的背景下，对于技术创造性的判断应该把握怎样的尺度。我们认为在这种情况下应该从现有技术出发，梳理技术发展脉络、站位本领域技术人员，全面考察技术改进的创造性，这也是审理该案的主导思维。"那么首先可以发现，该案的

---

❶ 李扬芳. 键盘按键发声开关专利：小声音闹出大纠纷［N］. 中国知识产权报，2020 - 07 - 01（10）.

审理过程中，合议组也运用了与案例 5 - 2 - 1 相似的整体思维方式，从所属领域的技术发展路线角度客观地审视案件的创造性。同时，在该案的创造性评判过程中，也涉及区别特征能否分别用其他现有技术和公知常识进行评述的问题，也就是本节内容想要借此案重点讨论的问题。

以对比文件 1 作为最接近的现有技术，涉案权利要求与对比文件 1 相比，存在如下区别特征：基座上设有一导引斜面，弹性件的一端位于导引斜面的正上方，该按压块位于导引斜面的侧边。根据上述区别特征可以确定权利要求实际要解决的技术问题是：通过导引斜面与按压块配合共同使得键盘弹性件敲击发声。

针对上述区别特征，无效宣告请求人主张：对比文件 2 公开了凸块沿着导向斜面滑动的技术方案，而将斜面具体设置在基座上属于公知常识，因此，权利要求相对于对比文件 1、对比文件 2 和公知常识的结合不具备创造性。

对此，合议组经审理认为❶，如果将区别特征从技术方案中剥离出来单独审视，压块、弹簧、导引斜面、限位块等每一个技术特征都是本领域常见的通用部件。但将上述技术特征组合成敲击发声的技术手段时，它们已不再彼此孤立，而是协同配合以共同解决所要解决的技术问题。权利要求明确限定了导引斜面与按压块位于不同的部件，两者之间相互配合共同对弹性件的一端作用，进而引导弹簧敲击基座实现发声的功能，也就是说，区别特征整体上存在相互依存的技术性联系，应作为一个完整的特征被考虑。而且，对比文件 1 和对比文件 2 都是通过敲击上盖发声，对比文件 2 中导向斜面也是设置于上盖，并不是设置在基座上，不能相当于涉案发明中与按压块配合使用且安装在基座上的导引斜面。由此，对比文件 2 实质上不能给出将按压块与导引斜面共同配合作用于弹性件的技术启示。同时，在考虑区别特征是否属于公知常识时，同样不能将其拆解为零散的特征去进行碎片化的分析，而应从技术构思角度合理划分为一个完整的技术手段进行整体考量，再去得出该区别特征是否属于本领域公知常识的结论。

该案提示我们，创造性审查中要充分关注技术特征之间在技术效果的实现方面是否存在相互的协同作用。对于已确定的区别特征，要将其放在技术方案整体中进行理解和分析，将区别特征脱离技术方案或者将具有内在关联性的区别特征不合理地拆解为零散的元素进行理解都是不恰当的，缺乏整体思维意识，很可能导致不恰当的创造性判断结论。

【案例 5 - 2 - 4】　低电压下产生大间隙大气压均匀放电的装置

【案情介绍】

涉案申请提供一种低电压下产生大间隙大气压均匀放电的装置，以降低外加电压，避免不均匀放电。

具体实施方式：如图 5 - 2 - 9 所示，涉案申请利用两个水电极 3 之间的两个斜置的电介质片 2 和两个侧面的挡块 5 所合围成的一个放电空间，形成一种具有楔形气隙的

---

❶　张晔，周雷鸣，王可. 创造性评判中对不同技术路线的考量［N］. 中国知识产权报，2020 - 07 - 01（10）.

介质阻挡放电系统。对于这种具有楔形气隙的介质阻挡放电系统，当在水电极上施加上一定的电压并在楔形气隙的进气口中注入工作气体之后，就可在楔形气隙的下部小间隙处发生放电，由于放电丝会随着工作气体的气流向上移动，因此在小间隙处产生的放电会向着上部的大间隙处移动，从而在低电压下、在大间隙处产生放电。由于微放电的移动速度和工作气体的气流速度成正比，所以在大间隙处微放电的移动速度比小间隙处的慢，由此导致大间隙处比小间隙处有更高的微放电丝密度。足够多的微放电丝叠加，就可以在楔形气隙中的上部大间隙处形成均匀放电。

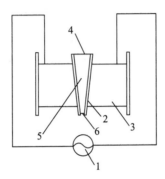

图 5 - 2 - 9　案例 5 - 2 - 4 涉案申请说明书附图

涉案权利要求内容如下：

一种低电压下产生大间隙大气压均匀放电的装置，包括有与交流电源（1）的两极分别电连接的两个水电极（3），其特征是，所述水电极（3）的壳体为横置的圆筒体，两个水电极的轴心线在同一直线上，在两个水电极的相对面上分别设置有竖向倾斜的电介质片（2），两个电介质片（2）之间形成上大下小的楔形气隙，在所述两个电介质片（2）的左右两端分别设置有封挡侧面缝隙的挡块（5）。

对比文件 1：水电极介质阻挡放电装置，如图 5 - 2 - 10 所示，平板透明电介质端面 1 与空心管状电介质柱面 2 利用硅胶密封在一起制成两个对称设置的电介质容器，通过注水小孔 3 将密封空间注满水或其他液体，两个容器之间设置放电间隙 6，腔内密封氩气、氖气、氩气与空气的混合物等气体，高压电源的高压端和接地端分别和容器内设置的两个水电极的电极引线 4 连接。放电间隙 6 长度可通过放电间隙边界 7 的厚度来调节。随着外加电压的升高，气隙间的气体被击穿形成放电，表现为许多明亮的放电丝。当电压频率处于 45kHz 到 80kHz，电压幅度在 3.6kV 到 4.4kV 时，放电将产生粗细不等的两种等离子体通道。

对比文件 2：一种可在较低电压条件下产生放电等离子体的装置，将能在较低电压条件下产生紫外线的气体（如氦、氖、氩、氙等气体或按一定比例混合的混合气体）封入一透明的密闭容器中，并将其置于放电电极附近，当放电电极加上电压后，首先使得密闭容器中的气体放电产生等离子体，并产生强烈的紫外辐射，这些紫外辐射使周边的工作气体产生少量的电离或激发态粒子，为放电空间的放电提供了一定浓度的种子电子，从而实现在较低电压下的放电或大体积的均匀放电。

对比文件 3：等离子体燃烧辅助装置，适用于燃烧煤油基燃料的涡轮发动机，如图 5 – 2 – 11 所示，燃油喷射器 118 将燃料喷射至两个电极 110 和 112 之间形成的等离子室中，由附图示出的信息可知，两个电极 110 和 112 之间的放电间隙是楔形的。

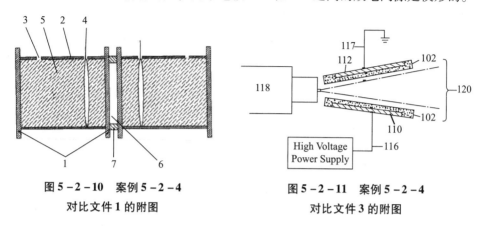

图 5 – 2 – 10　案例 5 – 2 – 4　　　　　　图 5 – 2 – 11　案例 5 – 2 – 4

对比文件 1 的附图　　　　　　　　　对比文件 3 的附图

【案例评析】

以对比文件 1 作为最接近的现有技术，权利要求与对比文件 1 相比，存在如下区别特征：所述放电装置是在低电压下工作；在两个水电极的相对面上分别设置有竖向倾斜的电介质片，两个电介质片之间形成上大下小的楔形气隙。对比文件 2 公开了可以在低电压下产生等离子体，对比文件 3 则公开了类似的楔形气隙。那么，是否能够据此得出权利要求不具备创造性的结论呢？

创造性的审查过程虽然带有一定的主观性，但如果充分地掌握并且合理地运用整体性思维，则将在一定程度上降低创造性判断的主观性，也将使得创造性判断结论更趋准确。整体性思维，首先需要摒弃简单拼凑式思维，该案中，当面对对比文件 1—3 时，不能想当然地认为"对比文件 1 + 对比文件 2 + 对比文件 3 = 涉案发明"，进而得出涉案发明不具备创造性的结论，而是应当客观地审视并提出疑问：技术特征的拆分是否合理？多篇对比文件之间的结合是否恰当？

建立良好的整体性思维将有助于准确地回答上述问题。首先，需要将区别特征放到整个技术方案中进行考量，通过准确理解发明可知，涉案发明是通过构造楔形气隙这一结构而实现了低放电电压，楔形结构是因，低电压是果，二者之间具有内在的因果逻辑关系。其次，应当对现有技术整体进行分析，对比文件 2 仅涉及低电压，对比文件 3 仅涉及楔形结构，显然，对比文件 2 和对比文件 3 的技术方案之间并无技术上的逻辑关联性，因此，当将其结合至对比文件 1 时，并不能显而易见地得出涉案发明的技术方案。对于该案这样的情况，如果在审查时将区别特征人为地进行不恰当拆分，用对比文件 2 评述低电压，用对比文件 3 评述楔形结构，则明显背离了特征之间的逻辑关系，也必将得出不准确的判断结论。

通过案例 5 – 2 – 2 以及案例 5 – 2 – 3 能够直观地感受到整体上分析技术特征之间的关联性对于创造性判断准确性所起到的重要作用。然而，创造性审查中，首先需要将请求保护的技术方案分隔为独立的技术特征，然后判断各个技术特征是否被最接近的现有技术公开，未公开的特征构成区别特征。也就是说，在"三步法"的第一步，需要执行"特征对比"，在第一步的引导下，很容易在"三步法"的第二步以及第三步产生重"分析"而轻"整体"的思维误区，将技术特征碎片化拆解并进行孤立的考量。因此，虽然反复强调，但整体性思维的建立在审查实践中仍存在一定的难度和障碍。整体性思维的培养应当从实际案例出发，及时调整思维模式，尤其在确定出区别特征后，应把每个区别特征融入发明整体构思中加以考虑，并且考察技术特征之间是否存在内在联系。对于存在关联性的特征，从整体上考虑其技术贡献；对于不存在相互关联的特征，则可以独立地分别进行考量。

5.2.3.4 从整体上确定技术问题

众所周知，"三步法"的第二步，是要确定本申请相对于最接近的现有技术的区别特征所实际解决的技术问题。技术问题的合理确定，具有承上启下的作用，是第三步判断技术启示的基础，也是创造性判断的重点和难点。发明实际解决技术问题的确定，也需要在整体思维的指引下，从发明构思出发，从申请文件整体出发，客观衡量区别特征之间的内在关联，进而才能较为准确地确定出技术问题。

【案例 5 - 2 - 5】❶❷ 用于吹奏乐器的支承装置

【案情介绍】

涉案申请提供一种吹奏乐器的支承装置，该支承装置方便佩戴或解除，且在任何情况下都不会妨碍演奏者，在演奏时允许最大可能的可移动性。

如图 5 - 2 - 12 所示，涉案申请吹奏乐器的支承装置1 由 Y 形构架组成，该 Y 形构架基本上由三个臂形成，其中的两个向上耸立的臂 2、2′在其自由端 9 弓形地设计，向下耸立的第三个臂形成支柱 4。两个臂 2、2′和支柱 4 在连接件 3 中汇聚到一起，在那里，两个臂和支柱相互固定连接。支承架 1 可以一体地或多件式地设计。如果支承装置由三个单件（两个臂 2、2′和支柱 4）组成，则这三个单件借助于连接件 3 相互连接，其中，连接件 3 有利地与支柱 4 固定连接或成形在支柱 4 的上端部上。臂 2、2′在相应的凹口中可拆卸地插入且卡入连接件 3，从而使得臂 2、2′在卡入的状态下不能摆动。臂 2、2′可以针对支承装置的运输从连接件 3 中被拔出。这

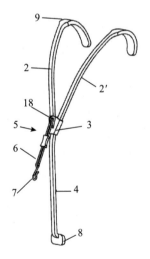

图 5 - 2 - 12 案例 5 - 2 - 5
涉案申请说明书附图

---

❶ 国家知识产权局第 210350 号复审请求审查决定。
❷ 最高人民法院（2019）最高法知行终第 157 号判决。

样，支承装置的三个单件 2、2′、4 能够比插在一起的状态更方便运输。臂 2、2′的弓形设计的自由端 9 设置用于放置在演奏者的肩上。在连接件 3 上设置固定件 18，比如设置扣眼，在该扣眼上可以挂入或固定具有保持机构 5 的吹奏乐器。长度可调的带子 6 在自由端上具有用于挂入吹奏乐器的钩子 7。在支柱 4 的下自由端上，支柱 4 具有成型的托架 8，该托架 8 还可以在下端部区域中通过支柱 4 的简单的扩展形成。如果演奏者通过其肩部利用臂 2、2′的弓形的端部 9 悬挂支承装置 1，则该托架 8 位于腹部上大致脐部稍上方的位置。通过保持机构 5 挂入固定件 18 的吹奏乐器由于其重量向下拉。这种拉力一方面由肩部接收，在肩部上放置有臂 2、2′，另一方面，托架 8 贴靠在腹部上。演奏者在演奏中呼吸时在腹部区域中感觉到轻微的反作用力。特别是对于初学者是有利的，因为初学者可以由此简单地监测其呼吸且改进其呼吸技术。

涉案权利要求内容如下：

> 一种支承装置，用于支承吹奏乐器，由两个向上耸立的细长的上臂（2、2′）和第三个向下耸立的、形成支柱的细长的下臂（4）以及设置在所述支承装置上的用于所述吹奏乐器（17）的固定机构（18）组成，所述细长的上臂（2、2′）在其自由端（9）上弓形地设计，所述细长的下臂（4）借助于连接件（3）与细长的上臂（2、2′）连接，其特征在于，所述细长的上臂（2、2′）和所述细长的下臂（4）形成 Y 形构架，方式为，所述细长的上臂（2、2′）和所述细长的下臂（4）在连接件（3）中汇聚，在所述连接件（3）上安装所述固定机构（18），所述固定机构（18）设置用于挂入或可松开地固定用于所述吹奏乐器（17）的保持机构（5），其中，在所述细长的下臂（4）上成形有托架（8），所述托架（8）被用于将支承装置支撑在演奏者的腹部上。

对比文件 1：一种用于支承打击乐器的支承装置 10，打击乐器是指各种类型的鼓、木琴等。如图 5 - 2 - 13 所示，其由两个向上耸立的、在端部上设置弓形肩带 50、55 的细长的棒或管 42、44 和向下耸立的、形成支柱的细长的棒或管 32、34 以及设置在支承装置上的用于乐器 120 的唯一一个固定机构 110 组成；细长的棒 32、34 借助于连接件 300 与细长的棒或管 42、44 连接，肩带 50、55 之间设置背板 70，背板 70 可被省略，即细长的棒或管 42、44 具有由弓形肩带 50、55 形成的自由端；细长的棒或管 42、44 和细长的棒 32、34 在连接件 300 中汇聚，细长的棒 32、34 上布置有腹部板 30，腹部板 30 用于将支承装置支撑在演奏者的腹部上。

对比文件 2：一种萨克斯风的吊挂装置，如图 5 - 2 - 14 所示，其包括用于挂入或可松开地固定吹奏乐器的保持机构，保持机构包括可调的带子或可调的绳子 60 且包括钩件 50，保持机构设置在由调整块 40 上的穿孔（扣眼）形成的固定机构上，可以通过调整该挂绳 60 在该钩件 50 的活动环 52 与该调整块 40 之间的长度，也就是调整该第一挂绳 60 的吊挂长度，以调整该萨克斯风相对于该演奏者的倾斜角度。

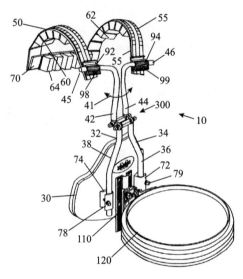

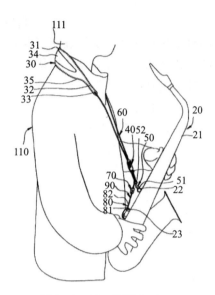

图 5 - 2 - 13　案例 5 - 2 - 5
对比文件 1 的附图

图 5 - 2 - 14　案例 5 - 2 - 5
对比文件 2 的附图

【案例评析】

一种观点认为，对比文件 1 中的腹部板相当于涉案权利要求中的托架，涉案权利要求限定的技术方案与对比文件 1 的区别特征为：①支承装置设计用于吹奏乐器，在固定机构上设置有用于挂入或可松开地固定吹奏乐器的保持机构；②细长的上臂和细长的下臂形成 Y 形构架，固定机构安装在连接件上，托架用于将支承装置支撑在演奏者的腹部上。区别特征①可由对比文件 2 获得相应技术启示，区别特征②只是在对比文件 1 的基础上对支承装置进行结构的简化或变形，属于本领域常规技术手段。由此得出，涉案权利要求相对于对比文件 1、对比文件 2 以及本领域公知常识的结合不具备创造性。

该案的争议在于腹部板能否相当于托架的事实认定以及涉案发明实际解决的技术问题的确定。关于事实认定中的整体性思维，已在本章第 5.2.3.2 节进行介绍。实际上，无论是客观事实认定，还是准确确定技术问题，都需要遵循整体原则，从思维模式来看，二者是一脉相承，可以一并考量的。就该案而言，对比文件 1 与涉案申请技术方案初看非常相似，我们将其选定为最接近的现有技术。但是，二者具体存在哪些区别，区别特征究竟解决了什么问题，需要从整体上进行对比分析。首先，从应用对象角度，涉案申请与对比文件 1 虽然都涉及乐器的支撑和携带，但是涉案申请用于萨克斯等吹奏型乐器，演奏时需要控制呼吸，而对比文件 1 用于鼓等打击型乐器，演奏时通常不需要控制呼吸。其次，从具体结构来看，涉案申请采用了一根细长的下臂和面积较小的托架，而对比文件 1 采用了两根支撑臂，其上固定安装有一块面积较大的腹部板，整体架构虽然相似，结构细节还是存在差异。另外，从具体受力来看，涉案申请中萨克斯的重力主要由演奏者的手臂承受，小面积的托架实际上仅起到辅助支撑作用；而对比文件 1 中的打击乐器需要手握鼓槌等打击件，鼓的重力完全是由支承装置来承受，所以需要采用结构稳定的支撑臂和面积较大的腹部板。同时，阅读涉案申请说明书可以发现，说明书中明确记载了托架与上臂形成的整体结构不仅能起到支撑作用，而且托架贴在腹壁，可以通过其起伏震动监测呼吸，帮助吹奏人改进呼吸技术。完成以上多维度的对比考察之后，可以发现，将对比文件 1 中腹部板直接相当于涉案申请的托架，是不客观的，将涉案申请相对于对比文件 1 实际解决的技术问题简单地归结为支承装置结构的简化或变形，也是不准确、难以令人信服的。

通过上述分析可知，区别特征②所实际解决的技术问题是如何在支撑的同时监测演奏者的呼吸，而对比文件 1 是用于打击乐器的支撑，并没有监测呼吸的技术需求，本领域技术人员没有动机在其基础上进一步改进而得到涉案申请的技术方案。因此，仅依据目前的对比文件 1 和对比文件 2 并不能影响涉案申请的创造性。

该案提示我们，确定区别特征以及实际解决的技术问题时，均要避免将技术特征从技术方案中孤立出来，把特征自身的属性和作用简单等同于其在技术方案中起到的作用，而是要运用整体性思维进行综合的考察研究，进而才能准确得出创造性评判结论。

5.3　系统思维中的分析思维

笛卡尔在其《方法论》第 2 条规划中指出："把我所考察的每一个难题，都尽可能地分成细小的部分，直到可以而且适于加以圆满解决的程度为止。"分析性思维，也是我们客观认识世界的重要系统思维方式之一。

5.3.1　分析思维的基本特征

5.3.1.1　整体思维与分析思维

在系统思维中，系统是根本概念，整体和部分是阐述它的分概念，只考察整体、不考察部分的思维不是系统思维，同时用整体和部分两个概念识物想事、整理思想的思维方式才是系统思维。如本章第 5.1.2 节所讲到的，系统思维并不仅仅等同于整体思维，而是囊括了整体性思维、综合性思维、立体性思维、分析性思维等多种思维方式。其中的结构性思维实质上就对应于分析性思维。分析性思维，或者说结构性思维，简单来说就是把认识对象系统分解为各个部分及构成要素，然后分别加以考察，以找出各部分在系统整体中的地位和作用，及其所具有的本质特征。有学者曾形象地指出❶：假定对象系统为一片森林，你的任务是保护它，或开发利用它，或二者兼而有之。一定的森林依托一定的山水地形，不同的森林中树木的种类、分布和发育状况亦

---

❶ 苗东升. 论系统思维（三）：整体思维与分析思维相结合 [J]. 系统辩证学学报. 2005, 13（1）: 1-5, 11.

不同；森林是生态系统，林中的奇花异草、飞禽走兽、枯枝败叶等，都是它的组成部分。如果你不深入进去了解这一切，仅仅停留于直观的整体把握，即绕着它的周边从外部整体地观察，或者在飞机上整体地鸟瞰，凭借这样得到的知识去行动，那你既无法保护它，也无法正确地开发利用它。这表明，"只见树木，不见森林"固然不行，"只见森林，不见树木"同样不行，两者都是非系统思维。

本书主要想强调在创造性审查中运用两种分析性思维模式，一种是层次性分析思维，另一种是主次性分析思维。

5.3.1.2　层次性分析简述

所谓层次，是指系统内在组织结构有序的间断和连续，或是系统要素有机结合的等级秩序。任何一个系统结构都包含由众多的要素、层次、关系、过程等中介形式。层次性是客观世界的基本属性之一。层次性分析是指人们在认识、分析复杂问题或大系统时，将其层次化，形成一个逐阶层次的模型，研究每个层次的特性，再把它和在系统中起作用的条件整合起来达到认识、分析解决问题的目的。

层次性分析具有以下特点。❶

第一，简化和分化研究对象，使对复杂问题的追问有捷径。当代摆在科学研究者面前的问题往往是复杂的，找到一条探索复杂问题的合理路径是至关重要的。其中较好的方法是将问题进行层化，将复杂问题分层，以达到简化和分化的目的。

第二，级化和强化研究对象，使对研究对象的认识由部分到整体，由单一层面到多重层面。

第三，立体纵向动态分析研究对象，使对象的特性尽可能多地呈现出来。立体动态分析是层次思维方法的重要特征，即在层次这个"面"上，向纵深展开呈现立体景象。该思维方法就如同建筑工人建筑现代楼房，需要先把低一层楼面浇铸好后，才能浇铸更高一层楼面，这样一层一层地纵向展开，最后达到建成楼房的目标。

第四，目的性和对应性。只有目的明确，思维过程才有对应性。从起源的角度看，层次分析方法的展开总要与一定的目的相联系的，而且展开路径与要达的目的有明确的对应性。

第五，渐进性和清晰性。对研究对象的认识，一般总是从定性认识层次开始，进而渐进到定量认识层次，或遵循由外到内逐层次认识的过程；或遵循由低层次到高层次、由简单层次到复杂层次的认识过程。比如，我国晚清学者王国维关于做学问的"三境界"说，也即创造发明思维过程的三层次说："昨夜西风凋碧树，独上高楼，望尽天涯路"是"发现问题"的准备层次；"衣带渐宽终不悔，为伊消得人憔悴"是"酝酿"层次；"众里寻他千百度，蓦然回首，那人却在灯火阑珊处"是"顿悟"或"明朗"层次。经过这些层次，创造性思维就渐进地凸现出来，问题的解决也就清晰起来。

---

❶ 刘国建. 论层次及层次思维方法［J］. 学术交流，2005（8）：18－22.

5.3.1.3　主次性分析简述

结构性思维告诉我们，在考察要素和结构与功能的关系时，应当把思维指向的重点放在结构上，在以追求结构优化为目的时，必须全力挖掘出对整个系统起到控制作用的核心要素，并将其作为结构的支撑点。在此基础上，再去考察核心要素与其他要素的联系，进而形成系统的优化结构。考察核心要素的过程即是分析主次的过程。

主次是指多种要素相互之间的关系，是对事物局部与局部、局部与整体之间组合关系的要求。唯物辩证法认为，在复杂的事物发展过程中，往往有多种矛盾同时存在，各种矛盾的地位和作用是不平衡的，其中居于支配地位、起着领导作用的矛盾为主要矛盾，其他的处于从属的、被支配地位的矛盾为次要矛盾。主要矛盾的存在和发展规定和影响其他矛盾的存在和发展，决定着事物发展的进程。找准主要矛盾，善于抓住"牛鼻子"，明确主攻方向，是解决复杂问题的核心关键。如果不分主要次要，平均分配力量，必然会陷于忙乱无绪，不能使问题很好地得到解决。

5.3.2　创造性审查与分析思维

众所周知，作为我国创造性主流评判方式的"三步法"借鉴了欧洲的"问题－解决方案法"，"三步法"的评判方式本身实质上即是分析性思维的良好体现。首先，其将抽象的创造性评判逻辑具体化为行之有效的分步骤的判断方法，站在本领域技术人员的角度，将其思维退回到发明作出之前，以最接近现有技术为起点，按照"技术问题－解决方案"的实际发明产生方式，重构发明，即还原分析发明的技术改进路线，并据此作出评判结论；其次，"三步法"的第一步将现有技术整体区分为两部分，一部分是"最接近的现有技术"，另一部分是用于与"最接近的现有技术"结合来评价创造性的其他现有技术；再次，"三步法"的具体执行过程中需要将权利要求所要求保护的技术方案拆解为技术特征，然后与最接近的现有技术的技术内容进行一一特征比对，即将权利要求的技术方案以技术特征为单位进行拆分，并归纳为已被现有技术公开的技术特征以及未被现有技术公开的技术特征，也即确定出区别特征。多数情况下，存在多个区别特征，此时又需要从技术的角度，对多个区别特征进行整理归类；最后，确定显而易见性时，也需要将区别特征与其他现有技术进行比对分析，并且要从技术领域、技术问题、技术方案、技术效果等多个维度对现有技术进行考察分析。

从整个审查流程而言，分析思维实质上也贯穿全程。首先，在理解发明阶段，我们需要结合技术领域、背景技术确定现有技术存在的技术问题以及本申请给出的改进手段，在此基础上，我们开始分析发明核心，也就是要找准本申请所要解决的技术问题，解决该技术问题采用了哪些关键技术手段，达到了什么技术效果；其次，在准确理解发明的基础上，需要对技术特征进行分析，可以根据结构/功能等性质进行分类，也可以按照与发明构思的关系进行排序，完成技术特征的层次化分析。在做完这一工作之后，我们才可以合理地制定审查策略，进行有针对性的检索，创造性的具体评述意见才能抓住要点，做到主次分明、详略得当。

由此可见，在树立整体性思维的同时，还需强调在创造性审查中树立科学的分析性思维。把整体性思维与分析性思维结合起来，在整体观照下分析，在整体观照下综合，在分析与综合的矛盾运动中实现从整体上认识和解决问题，对于创造性审查而言，则能够帮助我们尽可能客观准确地得出评判结论。

5.3.3 分析思维在创造性审查中的具体运用

本节主要结合实际案例，具体讨论层次性分析思维以及主次性分析思维在创造性审查中的运用方式和重要作用。

5.3.3.1 层次性分析在创造性审查中的运用

发明创造活动作为一种系统活动实质上具有层次性。发明构思是在发明创造过程中，发明人为解决技术问题所提出的技术改进思想，其能够指导申请人产生发明，并据此完成发明。发明构思是贯穿发明创造的整个形成过程、为解决现有技术中存在的问题而产生的有层次性的思维活动。一方面，发明创造过程中的思维活动可划分为与各阶段相对应的多个层次，诸如：①实际生产实践中存在哪些需求；②该需求未能实现的具体原因是什么；③启动研发研究试图解决具体问题；④获得可实施的优化改进技术方案。另一方面，技术方案的复杂性也导致了发明构思的层次性。利用某一技术手段解决所提出的一个技术问题，并直接相应形成改进方案在创新实践中其实较为罕见，普遍的情况是在解决所提出的技术问题的过程中又衍生出新的技术问题，或是为了取得更好的技术效果，为了形成完整的、可实施的技术方案，发明人又进一步提出新的技术手段，从而形成层层嵌套的优化方案。

申请文件作为发明创造的文字载体，在撰写时也需注重层次性。权利要求书的层次性主要通过独立权利要求和从属权利要求的层次布局体现，如何合理布局并构造出全方位、多层次的保护体系，是权利要求撰写时需要思考的关键问题。说明书则应当立足于背景技术，将发明创造不同层次的技术效果使用"剥洋葱式"层层递进的方式分别进行阐述，必要时，还可通过翔实的数据、提供对比例等方式进行更有说服力的佐证。

与发明创造活动、发明构思、申请文件撰写的层次性相适应地，在创造性审查时，也要对待审案件进行层次性的分析，力求分层次地厘清其技术改进路线、发明构思、技术特征间的关联性，进而客观得出评判结论。也可以将这种层次性分析体现到创造性评述意见中去。创造性评述意见的层次性可以体现在多个方面，运用多个维度。例如，可以是何人去想—在何基础上想—为何去想—如何想的逻辑推理，也可以是从技术领域、技术问题、技术效果等方面的分层阐述，还可以体现为从技术阐释到法理分析的递推说理，又或者是从内部证据到外部证据的逐一论证等。在层次性分析思维指导下所给出的创造性评述意见，逻辑性更为严密，说服力更强。

【案例 5 - 3 - 1】　一种基于笔迹特征的无可信第三方手机用户认证方法

【案情介绍】

随着智能手机的大量普及，手机远程访问各类智能终端（个人电脑、IP 摄像机等）的情况越来越普遍。但是，当手机访问远程个人智能终端时，存在一个安全问题，即智能终端如何认证远程手机用户的合法性。

现有技术采用的手机用户认证方案主要有以下三种。

（1）用户采用密码验证其身份，该密码经 Hash 散列计算直接在网上传输。

（2）用户采用密码验证其身份，验证过程采用挑战 - 响应模式，即服务器向用户发送一串随机数，用户用密码对随机数加密，将加密后的密文返回服务器，服务器用存储的用户密码对随机数加密，加密后密文与用户返回的密文进行比较，验证密码的正确性。

（3）采用数字证书验证身份，此数字证书必须经过可信第三方的认证，否则不能保证其安全性。但由于用户一般是个人，申请数字证书不方便，因此在实际使用时，均采用服务器向可信第三方申请数字证书，用户验证服务器的可靠性，然后采用服务器数字证书中的公钥加密用户密码，传递到服务器，服务器用私钥解密，验证用户密码，验证身份。

对于上述第（1）、（2）种认证方式，其存在网络中传输的数据被窃听的风险，进而存在根据所窃听的数据破解用户密码的危险。

对于前述第（3）种认证方法，如果有可信第三方的加入，可以在一定程度上保证其安全性。但是，对于私有的远程智能终端而言，引入可信第三方的认证显得较为不便。

综上，现有技术中，各种手机访问远程个人智能终端认证方法存在着不安全或者不方便的问题。

涉案权利要求内容如下：

基于笔迹特征的无可信第三方于用户认证方法，其特征在于，按如下步骤进行用户认证：

第一步，手机用户训练特殊笔迹库：用户在书某写个汉字时特意添加与正常汉字结构不同的微小笔划，然后开始正常书写：用户选取若干汉字，书写特殊笔迹，选择并记住微小笔划，建立特殊笔迹库；

第二步，手机用户将密码、特殊笔迹存储在远程个人智能终端上；

第三步，手机用户向远程个人智能终端发送认证请求，智能终端从特殊笔迹库中任选一汉字，向手机用户发送挑战；

第四步，手机用户接到挑战后，在手机触摸屏上用特殊笔迹书写该汉字，采用用户密码对书写的汉字加密，传回至个人智能终端；

第五步，个人智能终端采用用户密码解密，提取用户笔迹，验证用户笔迹，若一致，则通过认证，若不一致，则认证失败。

【案例评析】

关于该案的发明构思，实际审查中可能存在不同意见。某种观点认为：涉案申请要解决的是现有技术采用密码方式认证不安全、采用数字证书方式不方便的技术问题，发明构思在于笔迹签名的方式。另一观点认为：涉案申请要解决的是现有认证方式不安全、不方便的问题，发明构思在于采用特殊笔迹进行签名。还有观点认为：涉案申请要解决的是现有认证方式不安全、不方便的问题，发明构思在于采用特殊笔迹签名、挑战响应模式和用户密码加密传输。各种观点似乎都有一定道理，那么该案的发明构思到底应该如何分析呢？当然，还是应该从现有技术所存在的技术问题出发，背景技术中指出现有的认证方式存在安全性和方便性不足的问题，虽然相对于背景技术中提及的密码或数字证书方式，仅采用笔迹签名认证手段就能够提升安全性和便利性，但是，涉案申请还进一步采用了特殊笔迹签名、挑战响应模式，并且采用了用户密码加密的传输方式，这些都是围绕该申请所要解决的技术问题而给出的技术手段。我们可以尝试从技术改进角度进行逐层分析：第一，采用笔迹签名方式解决了密码和数字证书方式存在的不安全、不方便的问题；第二，进一步采用特殊笔迹解决了普遍笔迹签名安全性不足的问题；第三，采用挑战响应模式解决笔迹直接认证安全性不足的问题；第四，采用书写汉字加密传输的方式解决传输过程中安全性不足的问题；第五，采用用户密码作为加密密钥解决加密方式安全性不足的问题。也就是说，涉案申请的技术贡献并不仅在于笔迹签名，而是围绕技术问题进行了多层次的技术优化和改进。❶

许多申请文件在撰写时都会注重技术方案的层次化布局，对于某些案件，发明构思并非仅体现在独立权利要求的技术特征。在理解发明阶段，不能教条地仅从独立权利要求中提取关键技术特征，也不能简单地认为笔墨较多的技术特征即为关键技术特征，而是需要从背景技术出发，以技术问题为导向，分层次地梳理技术方案的实际技术贡献，准确地把握发明构思，进而抓住检索关键以及创造性评述重点。

【案例 5-3-2】3D 存储器件及其制造方法

【案情介绍】

涉案申请提供一种改进的 3D 存储器件及其制造方法，其中，将两层叠层结构连接处的层叠结构部分断开，并用沟道层覆盖，可以避免连接处层叠结构受损形成泄漏源，也保证了沟道层的连续性，从而提高 3D 存储器件的良率和可靠性。

如图 5-3-1 所示，涉案申请中 3D 存储器件包括两层层叠的叠层结构 150，即包括衬底 101 和堆叠于衬底 101 上方的叠层结构 150′和叠层结构 150。叠层结构 150′和叠层结构 150 分别包括交替堆叠的多个栅极导体和多个层间绝缘层，以及贯穿叠层结构

---

❶ 彭锐. 浅谈从"层次性"角度把握发明构思及指导审查实践 [J]. 审查业务通讯，2015，21 (8)：33-34.

150′和叠层结构 150 的多个沟道柱，沟道柱包括沟道层 111，沟道柱中至少沟道层 111
连续延伸穿过叠层结构 150′和叠层结构 150 的边界。沟道柱包括紧贴沟道柱 110 和 110′
内壁的沟道侧壁结构 ONO 以及位于沟道侧壁结构 ONO 表面的牺牲层 116，ONO 包括堆
叠的隧穿介质层 112、电荷存储层 113 和栅介质层 114。上下两层叠层结构 150 和 150′
的相连通的柱体 10 和 10′在叠层结构 150 和叠层结构 150′的连接处相互错开一定的距
离，从而在连接处会形成沟道窗口 160；且由于上层柱体 10 和下层柱体 10′在形成时，
受到硅的特性的影响，沟道柱 110 和 110′均呈上粗下细的柱形，因此连接处的沟道窗
口 160 的口径较小。隧穿介质层 112、电荷存储层 113 和栅介质层 114 以及牺牲层 116
均为覆盖整个两层沟道柱 110 和 110′的连续的层结构。

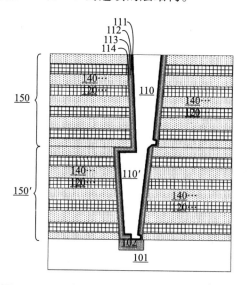

图 5 – 3 – 1　案例 5 – 3 – 2 涉案申请说明书附图

涉案权利要求内容如下：

　　一种 3D 存储器件，包括：

　　衬底；

　　堆叠于所述衬底上方的第一叠层结构和第二叠层结构，所述第一叠层结构和第
二叠层结构分别包括交替堆叠的多个栅极导体和多个层间绝缘层；以及

　　贯穿所述第一叠层结构和第二叠层结构的多个沟道柱，所述沟道柱包括沟道
层以及夹在多个栅极导体和所述沟道层之间的隧穿介质层、电荷存储层和栅介
质层，

　　其中，在所述隧穿介质层、电荷存储层和栅介质层中的至少一层断开的位置，
所述沟道柱中至少沟道层连续延伸；所述断开的位置包括通过沿所述沟道柱的顶
部向底部进行冲孔以形成贯穿所述沟道柱底部的通孔时，在第一叠层结构和第二
叠层结构的连接处造成破损的位置，破损处的所述隧穿介质层、电荷存储层和栅
介质层被部分刻蚀。

对比文件1：一种3D存储器，如图5-3-2所示，包括：衬底10；堆叠于衬底10上方的第一叠层结构和第二叠层结构，第一叠层结构包括交替堆叠的多个栅极导体层146和多个层间绝缘层132，第二叠层结构包括交替堆叠的多个栅极导体层246和多个层间绝缘层232；贯穿多个第一叠层结构和第二叠层结构的多个沟道柱，沟道柱包括沟道层60，沟道层60包括覆盖材料层601和沟道材料层602，沟道柱还包括夹在多个栅极导体和沟道层60之间的隧穿介质层56、电荷存储层54和栅介质层52，在隧穿介质层56、电荷存储层54和栅介质层52断开的位置，沟道柱中至少沟道层60/沟道材料层602连续延伸。

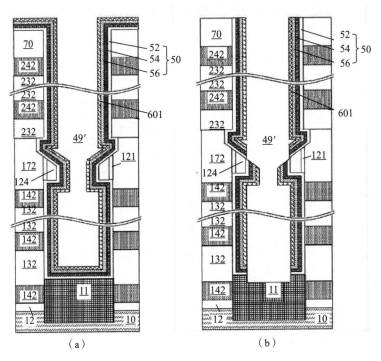

图5-3-2　案例5-3-2对比文件1的附图

【案例评析】

实质审查过程中，关于对比文件1是否公开了涉案申请的"冲孔"，是否公开了与该申请相同的制造工艺，存在争议。申请人在意见陈述中指出如下两点意见。①涉案申请是从沟道柱的顶部向底部冲孔，以使沟道柱底部形成通孔，即采用机械冲压法来形成通孔；而对比文件1是采用多次各向异性刻蚀。因此，二者处理沟道柱的方式不同。涉案申请的冲孔方式形成通孔，步骤简单，便于实现。②涉案申请由于冲孔损伤了沟道柱侧壁，因此才需要后续的刻蚀工作；对比文件1由于环形电介质隔离物的存在，没有形成损伤处，也就无须进行刻蚀。因此，二者的应用环境和方案均不相同。

针对申请人的上述不同意见，通知书中进行了详细的分析和回应。

对于第①点意见：首先，涉案申请的说明书仅记载了"冲孔"，并未记载"冲孔"

的具体工艺，因此申请人声称的利用机械冲压法进行冲孔不予接受；其次，由于说明书没有记载冲孔的具体工艺，因此"冲孔"的理解应当基于半导体领域的惯用解释。在半导体领域，"冲孔"是指"punch etch"，也即"冲孔蚀刻"，其实质是指通过蚀刻工艺去除膜层，并列出了一系列现有技术例证；再次，本领域技术人员知晓，3D NAND 器件的沟道孔的直径非常小，其尺寸在 100nm 左右，在此情况下，不可能采用机械冲压法对沟道孔底部的膜层进行机械冲压去除，在实际的制造层面不可能实现。因此，涉案申请的"冲孔"实质就是冲孔刻蚀，而且由于是要在纵向层面对沟道孔底部的膜层进行刻蚀去除，而不损坏横向的膜层，因此也只能选用各向异性刻蚀工艺，不能选择各向同性刻蚀工艺，因为如果采用各向同性刻蚀，就会在横向对膜层进行刻蚀从而破坏整个沟道结构，这是不期望的，由此本领域技术人员能够唯一地确定涉案申请的"冲孔"只能采用各向异性刻蚀工艺。

　　对于第②点意见：如图 5 - 3 - 2 所示，对比文件 1 公开了采用各向异性地刻蚀在存储腔 49′（对应于沟道）底部的覆盖材料层 601、隧穿介电层 56、电荷存储层 54 和阻挡介电层 52 的水平部分，在存储腔 49′（对应于沟道）底部形成开口，从而将 SEG11 暴露。并且通过各向异性刻蚀覆盖在环形介电间隔物 124 的存储膜 50（包括隧穿介电层 56、电荷存储层 54 和阻挡介电层 52）的锥形部分，从而形成图 5 - 3 - 2（b）的结构，也即通过刻蚀使得存储膜（包括隧穿介电层 56、电荷存储层 54 和阻挡介电层 52）在两个叠层结构的连接处破损断开。如在第①点中所分析的，该申请的"冲孔"实质也是各向异性刻蚀工艺，也就是说该申请的断开位置的刻蚀工艺实质与"冲孔"是同一个工艺步骤。可见，对比文件 1 的连接处断开位置的形成时机（与底部开口同时形成）和工艺（均为刻蚀工艺）与该申请均相同。

　　上述针对申请人意见陈述的回应，有理有据，层次分明，展现了良好的层次性分析思维，意见先由核心的争议焦点"冲孔工艺"入手，既考虑了作为内部证据的涉案申请说明书，又引用多篇外部证据进行佐证，同时站位于本领域技术人员从技术角度论证了机械冲压的不可能性，从多个角度、多个层次进行辨析说理，具有较强说服力。从审查意见的说理顺序上来看，先解决主要的事实争议，再上升到技术方案整体的对比分析，最终给出法律适用结论，说理逻辑层层递进，也容易使申请人信服。

5.3.3.2　主次性分析在创造性审查中的运用

　　创造性审查中的主次分析主要体现在理解发明、文献检索、证据选择以及意见撰写等过程中。主次分析中的"主"主要对应于"发明构思"，创造性审查中的主次性分析，要求我们紧扣发明构思，找准关键技术特征。

　　理解发明一般分为两个层次，一是技术上的理解和掌握，二是对于发明构思的理解和掌握。仅仅完成技术理解而未把握发明构思，并不能认为已经完成对发明创造的准确理解，也会直接影响后续的创造性审查。

　　检索过程中，要紧密围绕基本检索要素进行检索。《专利审查指南 2010》第二部分第七章第 5.4.2 节规定，基本检索要素是体现技术方案的基本构思的可检索的要素。

可见，作为创造性审查的前奏曲，检索时即应当体现主次性，对于基本检索要素，要充分扩展关键词和分类号，穷尽各种检索手段。检索过程中进行文献筛选时，即选定评述创造性的现有技术证据或者证据组合时，也需要将对发明构思的考量放在主要地位。

在具体选择和确定最接近的现有技术时，应从发明构思的角度考虑从现有技术向发明的方向发展的可能性和可行性，一般可以按照如下原则进行：①当现有技术客观上要解决的技术问题与发明相同或相近时，应当从发明构思的接近程度这一角度判断其是否适合作为"最接近的现有技术"，一般而言，应优先选择与发明构思一致或接近的现有技术，慎重选择构思不同的现有技术，放弃构思相悖和不兼容的现有技术；②当现有技术本身所要解决的技术问题与发明不同，但是本领域技术人员能够意识到该现有技术也客观面临和发明相同或相近的技术问题时，这样的现有技术类似于发明的背景技术，一般也可以作为"最接近的现有技术"进行发明的重构，在该种情况下，现有技术为发明创造形成过程中"发明构思"的起点。❶

在运用"三步法"进行创造性评述的过程中，需要确定发明的区别特征。实际审查过程中，区别特征可能有多个，但这些特征的重要程度往往不同，基于发明构思对区别特征的重要性进行分类处理，可以将区别特征划分为主要区别特征和次要区别特征。那些与发明构思相关并具有贡献度的区别特征构成了主要区别特征，在审查时需要重点关注、充分说理；而那些与发明构思无关并没有贡献度的区别特征构成了次要区别特征，在审查时则可以适当降低对其的关注度。在创造性审查时，对区别特征进行主次性分析，有利于将审查重点引导到和发明构思相关的关键特征上，避免在与发明构思无关的次要特征上耗费过多审查精力；在该主次性分析思维的指引下，也可以使得创造性审查意见重点突出、层次分明且具有说服力，有助于提升审查效能。

【案例5-3-3】一种英语学习设备

【案情介绍】

现有的英语学习工具包括复读机等，但是，对于复读机等英语学习工具，由于学习者仅仅能够根据原始的音频数据和自己朗读的英语的录制音频数据进行对比来进行判断，存在学习者自身无法通过自己的听力识别出自己发音问题的缺陷。而且，复读机等英语学习工具操作麻烦，需要不断地按不同的按钮来进行录音、播放等操作。

针对现有技术中存在上述缺陷，涉案申请提供一种用户可以很方便并且有效地进行英语口语和/或听力学习的英语学习设备，如图5-3-3所示。

---

❶ 摘自国家知识产权局学术委员会专项课题报告《"发明构思"在创造性评判中的作用研究》（ZX201609）。

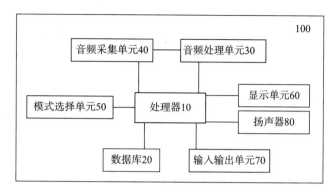

图 5 - 3 - 3 案例 5 - 3 - 3 涉案申请说明书附图

涉案权利要求内容如下：

一种英语学习设备，其特征在于，包括：处理器、数据库、显示单元，以及扬声器；其中，数据库中存储了一一对应的多个音频文件和多个英语文字文件，处理器处理数据库中存储的音频文件和英语文字文件，显示单元显示数据库中存储的英语文字文件，扬声器播放数据库中存储的音频文件；

还包括音频处理单元以及音频采集单元，

音频采集单元用于在从处理器接收到音频获取指令时开始采集音频数据，并且将采集到的音频数据传递给音频处理单元；

音频处理单元用于将从音频采集单元传递过来的音频数据进行语音识别，从而生成文本数据，并且将文本数据传递给处理器；

处理器在从处理器接收到文本数据时，将文本数据与当前处理的成对的音频文件和英语文字文件中的英语文字文件进行对比，并且根据对比结果控制显示单元的显示；

音频采集单元采集音频数据的时长大于处理器当前处理的成对的音频文件和英语文字文件中的音频文件的时长；

音频采集单元采集音频数据的时长是处理器当前处理的成对的音频文件和英语文字文件中的音频文件的时长的 1.5 倍至 2 倍；

还包括模式选择单元，用于选择口语学习模式或者口语及听力学习模式之一；

当模式选择单元选择口语学习模式时，处理器从数据库获取成对的音频文件和英语文字文件进行处理，并且在使得显示单元显示其中的英语文字文件的同时使扬声器播放其中的音频文件；在播放完音频文件后，处理器使得显示单元显示提示用户进行朗读的提示信息，并且向音频采集单元发送音频获取指令以启动音频采集单元来获取音频数据；其中，显示单元显示提示信息的时长等于音频采集单元此次获取音频数据的时长；音频采集单元在从处理器接收到音频获取指令时开始采集音频数据，并且将采集到的音频数据传递给音频处理单元；音频处理单元将从音频采集单元传递过来的音频数据进行语音识别，从而生成文本数据，并且将文本数据传递给处理器；处理器在从处理器接收到文本数据时，将文本数据与当前处理的成对的音频文件和英语文字文件中的英语文字文件进行对比，并且在显示单元上同时显示英语文字文件以及文本数据，并且将文本数据中与英语文字文件不同的部分突出显示；

当模式选择单元选择口语学习模式时，处理器从数据库获取成对的音频文件和英语文字文件进行处理，并且使得显示单元显示其中的英语文字文件以及显示提示用户进行朗读的提示信息，但是不使扬声器播放其中的音频文件；而且，当模式选择单元选择口语学习模式时，处理器向音频采集单元发送音频获取指令以启动音频采集单元来获取音频数据；其中，显示单元60显示提示信息的时长等于音频采集单元此次获取音频数据的时长；音频采集单元用于在从处理器接收到音频获取指令时开始采集音频数据，并且将采集到的音频数据传递给音频处理单元；音频处理单元将从音频采集单元传递过来的音频数据进行语音识别，从而生成文本数据，并且将文本数据传递给处理器；处理器在从处理器接收到文本数据时，将文本数据与当前处理的成对的音频文件和英语文字文件中的英语文字文件进行对比，并且在显示单元上同时显示英语文字文件以及文本数据，并且将文本数据中与英语文字文件不同的部分突出显示；

当模式选择单元选择口语及听力学习模式时，处理器从数据库获取成对的音频文件和英语文字文件进行处理，并且使扬声器播放其中的音频文件；在播放完音频文件后，处理器使得显示单元显示提示用户进行朗读的提示信息，并且向音频采集单元发送音频获取指令以启动音频采集单元来获取音频数据；其中，显示单元显示提示信息的时长等于音频采集单元此次获取音频数据的时长；音频采集单元在从处理器接收到音频获取指令时开始采集音频数据，并且将采集到的音频数据传递给音频处理单元；音频处理单元将从音频采集单元传递过来的音频数据进行语音识别，从而生成文本数据，并且将文本数据传递给处理器；处理器在从处理器接收到文本数据时，将文本数据与当前处理的成对的音频文件和英语文字文件中的英语文字文件进行对比，并且在显示单元上同时显示英语文字文件以及文本数据，并且将文本数据中与英语文字文件不同的部分突出显示；

当处理器通过将文本数据与当前处理的成对的音频文件和英语文字文件中的英语文字文件进行对比发现两者不一致时，处理器将当前处理的成对的音频文件和英语文字文件存储在数据库的特定区域中，并且在下一次启动英语学习设备时使处理器首先处理所述特定区域中的成对的音频文件和英语文字文件；

还包括输入输出单元，用于用于更新和/或修改数据库中的数据。

对比文件1：一种可以进行语音纠错的英语学习机，如图5-3-4所示，包括微处理器1、存储器2、显示屏3、控制按键4、编解码器6、数据通信接口7、语音输入单元8和语音输出单元9，还包括纠音控制按键5和语音识别引擎10；存储器2存储有语音信息，语音输入单元8为内置于纠音学习机的麦克风，语音输出单元9为耳机或者内置于所述的纠音学习机中的喇叭；纠音控制按键4为位于外壳上的一个控制按键，语音识别引擎 10 为存储在存储器中的语音识别软件，其作用是接收语音输入单元 8 的输入信号，通过编解码器 6 将信号转化为语音数字信号，然后按动纠音控制按键 4，启动语音识别引擎 10，对其进行识别和判断纠正，微处理器 1 根据识别结果控制整个学习机的运行，并将纠音结果通过语音输出单元 9 输出和显示屏 3 输出；显示屏 3 与微处理器 1 相连接，用来显示纠音提示；学习机相关纠音课件通过数据通信接口 7 可以从电脑、PDA 或者其他网络数据通信终端拷贝；通过数据通信接口 7，从一台电脑中下载纯正发音课件到存储器 2，然后通过控制按键 4，系统进入纯正发音学习模块，开始播放课件，这时，按动纠音控制按键 5，系统进入语音识别功能状态。

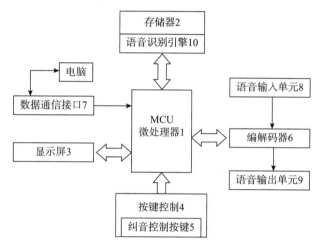

图 5 - 3 - 4　案例 5 - 3 - 3 对比文件 1 的附图

首先系统播放课件当前句的原音一遍，通过语音输出单元 9 输出；同时，通过显示屏 3 显示该句内容；然后提示用户通过语音输入单元 8 进行语音采集；此时，语音输入单元 8 开始工作，进入输入有效状态；当语音输入单元 8 的语音输入信号出现时，编解码器 6 将该信号转换为语音数字信号，传输到微控制器 1；微控制器 1 开始以一定的取样频率对该语音数字信号进行采样，并同时启动语音识别引擎 10，对采集的语音数字信号与微控制器 1 从存储器 2 读取的内存语音信号进行比较，然后得出比较结果，并将结果存储到存储器 2 中；同时，将比较结果通过显示屏 3 和语音输出单元 9 输出；如果比较结果达到要求，则说明用户发音正确，可以进行下一句的语音纠音；如果比较结果达不到要求，则系统要求用户重新对这一句进行练习，如微控制器 1 通过语音输出单元 9 发出"请再来一次"的语音信息，并通过显示屏 3 显示"请再来一次"的文本信息；如此反复，达到纠正用户发音的目的。

对比文件 2：一种用于口语练习的学生朗读作业的评判方法，能够对采集的语音文件进行准确而高效的识别及评判，包括步骤：利用语言模型建立指定文本对应的第一课文模型 L1，并根据指定文本对应的混淆词表和混淆发音表将第一课文模型 L1 制作成带有竞争能力的第二课文模型 L2；通过语音采集器采集用户朗读的语音文件，对声道进行重估后得到重估语音文件；通过第二课文模型 L2 引导语音识别器对重估语音文件进行识别，获得识别文本；将识别文本与指定文本进行带有置信度加权的加权对比和评判，得到对比及评判结果；该发明的方法可以通过各种不同的方式进行运行而组成一个系统，如仅仅通过电子装置（如平板电脑、智能手机）进行独立运行，即将建立的指定文本对应的第二课文模型 L2 存储在该电子装置上，将指定文本显示在电子装置的显示屏上，作为朗读作业，并通过该电子装置上的语音采集器采集用户朗读的语音文件，并通过语音识别器进行对比及评判，在语音识别器对比及评判后，对不同错误（严重错误、轻度错误、发音缺陷或完全正确等）的词在显示的指定文本上标注不同的颜色，直观的表现用户朗读的成绩。

【案例评析】

冗长权利要求类案件的创造性审查是长期困扰审查员的一个难题。某些申请文件在原始撰写时，没有很好地厘清技术方案的层次，不注重权利要求的保护范围是否恰当，可能将权利要求撰写得较为冗长；或者，在案件审查过程中，申请人可能为了克服通知书中对于创造性的质疑，将多项权利要求合并甚至将说明书中的实施例提升为权利要求。这两种情形都导致权利要求内容庞杂冗长，技术特征琐碎繁多，造成审查员在创造性评判时被大量技术特征包围，无法分辨技术方案的实质；并且区别特征过多，造成撰写审查意见时论述创造性时的困难。在此类案件的审查中，主次性分析的合理运用显得尤为重要。

首先应当明确，创造性与权利要求的长短、技术特征的多少没有必然联系，应当关注体现技术方案核心的发明构思，来客观衡量其对现有技术作出的贡献。涉案申请的主要发明构思在于能通过机器智能比对发音，进而精准发现问题，有效纠正口语和听力。在把握了发明构思之后，进一步从权利要求限定的大量技术特征中发掘提取该发明为解决技术问题所作出的实质性技术贡献，进而确定出需要重点关注和考量的关键技术特征。具体到该案，依据说明书的记载，我们容易确定其主要技术贡献在于，用智能对比替代了现有的人工对比，相应地，采用的关键技术特征主要是：先对音频数据进行语音识别，然后转换生成文本数据，再将文本数据与英文原文进行比对，最后显示比对结果。

抓住关键技术特征之后，我们就可以按照之前的技术理解，对所有技术特征进行合理的分类归纳。具体到涉案申请，从大的模块来讲，可以将技术特征归纳为四类，首先是前期采集步骤，然后是音频处理步骤，接着是后续存储，最后是一些零碎的其他特征。这其中，音频处理步骤即为前述分析中得出的关键技术特征。因此，无论在检索还是在创造性评述中，都应当重点考虑，详细说理。

该案的具体创造性评述过程中，引入对比文件 1 作为最接近的现有技术，涉案权利要求相对于对比文件 1 存在大量区别特征，此时，需要考虑这些特征是否存在关联性或协同作用，并在此基础上进行合理归类。该案的区别特征可以按照如下方式归类：

区别特征（1）涉及音频比对方式以及比对结果不一致时的处理，涉案申请通过语音识别将采集到的音频数据转换成文本数据后再进行比对和结果显示，而对比文件 1 则是将语音输入信号转换为语音数字信号后进行比对和显示；

区别特征（2）涉及音频采集时长，涉案申请对该时长作了限定；

区别特征（3）涉及不同学习模式选择的功能；

区别特征（4）涉及用于更新和/或修改数据库的输入输出单元。

区别特征（1）—（4）从不同角度实现了更佳的英语学习效果，上述技术手段彼此之间并无直接和必然的联系或者相互作用关系。因此，在考虑现有技术是否给出采用上述区别特征对对比文件 1 进行改造的技术启示时，可以分别单独考虑。当然，在考虑时，应当抓住重点，对于体现发明构思的关键技术特征，需要提供现有技术证据并进行充分的说理分析；对于其他技术特征，则不必然提供现有技术证据，且可以适当简化说理。

基于前述分析，该案中显然区别特征（1）属于关键技术特征。因此，评述时进一步提供了对比文件 2，其公开了通过语音识别将语音文件转换成文本数据之后再进行比对和显示；还公开了在用户朗读时指定文本也可以不显示在显示屏上，用于考察用户的听写能力。可见，对比文件 2 公开了上述区别特征（1）且其作用与涉案申请相同，能够给出在对比文件 1 的基础上进行改进的技术启示。对于区别特征（2）—（4），则可以通过说理的方式简要论述其为本领域常规技术手段。

对于冗长权利要求的专利申请的审查，应当首要地运用主次性分析思维，紧扣发明构思，分析技术特征与发明要解决的技术问题的关系，以此来把握技术方案的实质。这种冗长的权利要求中，往往存在大量冗余的技术特征，应当仔细分析哪些技术特征是对解决技术问题有贡献的技术特征，哪些是与发明要解决的技术问题无关的技术特征，重点关注对解决技术问题有贡献的特征。另外，由于这种冗长的权利要求技术特征多，其与最接近的现有技术相比，区别特征也多，因此还应当分析多个区别特征之间有无直接和必然的联系和相互作用的关系，避免孤立地分析各个技术特征，并依据该关联性分析，由主到次地对区别特征进行归类总结。当然，如果没有证据表明这些特征之间对于技术问题的解决具有关联性或协同作用，而这些特征单独看又都是常规手段或通过逻辑推理、计算就可以得到的，则不能仅因为区别特征多、评述较为困难即认可其创造性。

第6章 创造性审查的领域思维

创造性的审查需要运用多种科学思维模式，本书第 4 章中已介绍了创造性审查中需要建立的系统思维，本章重点阐述创造性审查中需要树立的另一思维模式——领域思维。

6.1 创造性审查与领域思维

领域，在创造性审查中一般是指申请文件所涉及技术方案的所属技术领域。领域思维，则是适配于技术方案所属技术领域进行的技术理解、检索、文献筛选以及创造性评判中的思维模式。领域思维也是贯穿创造性审查过程的且能够直接影响创造性审查结论的必要思维模式。

6.1.1 专利申请的领域属性

《专利法实施细则》第 17 条规定："说明书应当包括下列内容：（一）技术领域：写明要求保护的技术方案所属的技术领域；……"可见，按照《专利法实施细则》的规定，在说明书第一部分即应明确体现技术领域，如此要求，是便于从申请文件撰写者的角度界定出技术方案的领域范畴，也界定出技术人员的领域范畴。例如，某申请的说明书技术领域部分可以撰写为：本发明涉及煤粉制备系统及方法，即将碎煤磨粉、干燥制成满足水分及粒径要求的煤粉的系统及方法，属于煤化工领域。

专利申请在进入审查流程之前，需要先由分类员根据其技术主题采用国际专利分类（International Patent Classification，IPC）对其进行标识。IPC 分类表代表了适合于发明专利领域的分类体系，共分为八个部，每一个部依次由 A 至 H 中的一个大写字母标明，八个部的类名如表 6 - 1 - 1 所示。部的类名被认为是该部内容非常宽泛的指示。每个部的纵向分类等级采取层级结构，上一级类目对下一级类目有包含关系，而下一级类目对上一级类目有隶属关系。它将技术主题的类目根据包含和隶属关系按递降次序分为部、大类、小类、大组和小组五级。各小组下的细分等级，用小组类名前的圆点表示，圆点的数量表示小组细分的级别；圆点越多，则细分等级越低。通过此种分类方式，将数量庞杂的专利文献进行技术主题标定，构成不依赖文种、同义词以及专业术语的一种独立语言。

表 6 - 1 - 1　IPC 的类号及类名

类　　号	类　　名
A	人类生活必需
B	作业；运输
C	化学；冶金
D	纺织；造纸
E	固定建筑物
F	机械工程；照明；加热；武器；爆破
G	物理
H	电学

分类号是体现专利申请文件技术领域的重要标识，采用分类号能够较为便捷地进行专利文献检索以及分析，对于专利审批工作的有序开展也有很大帮助。专利审查机构中一般都根据技术领域设置不同的审查部门，每个审查部门负责审批若干审查单元的专利申请，人员分配过程中，根据审查员的技术背景和专业知识，为其匹配相对一致的审查部门以及审查单元。审查部门以及审查单元一般也是按照 IPC 分类表所对应的技术主题进行区分。不同技术领域的申请量/申请人分布、技术发展脉络、申请文件撰写方式以及审查思维习惯等均存在较大差异。

6.1.2　技术领域对创造性审查的影响

《专利审查指南 2010》第二部分第四章第 2.4.2.4 节规定："发明是否具备创造性，应当基于所属技术领域的技术人员的知识和能力进行评价。所属技术领域的技术人员，也可称为本领域的技术人员，……设定这一概念的目的，在于统一审查标准，尽量避免审查员主观因素的影响。"

可见，创造性的评判主体应当是所属技术领域的技术人员，也就是本领域技术人员。本领域技术人员的能力水平，将直接影响创造性的评判标准。关于各专利局对于本领域技术人员能力的规定，已有较为广泛的比较研究。其中，国家知识产权局认为，本领域技术人员的能力一般限定在发明所属技术领域，但也具备一定的从其他技术领域寻找技术手段的能力，国家知识产权局并未就不同技术领域的本领域技术人员能力进行区分。欧洲专利局认为，本领域技术人员并不机械地被局限在某个技术领域，如果涉及相邻技术领域的相同或者类似问题，本领域技术人员能够去相邻技术领域去寻找技术启示。其判例法中对于技术领域的特殊性也有所考虑。例如，在生物技术领域，本领域技术人员被界定得较为细致，本领域技术人员被认为是相对保守的，既不会对现存的技术偏见提出挑战，也不会尝试不可预见的领域或者冒难以估量的技术风险，只有技术的转用是常规实验工作的组成部分，才会将相邻技术领域的技术手段转用至其从事的技术领域。

也有学者指出："事实上，本领域技术人员在具体案件中的认定是一个非常具体的事情。除了考虑普遍应当考虑的限定因素之外，不同的技术领域也应当具有不同的考量因素。只有将不同技术领域的专利创造性判断规则，包括本领域技术人员的认定规则，都汇编起来让判断者共同遵守，才容易使不同判断者统一在相同规则之下，最终促进专利创造性判断的客观化。"❶

综上所述，笔者认同将本领域技术人员的能力水平根据所属技术领域不同而有所区分的观点：对于依赖实验结果、可预见性较低的技术领域，本领域技术人员的创新能力相对较低，技术改进比较保守，更多的需要来自现有技术的明确教导；对于具有技术传承性、可预见性较高的技术领域，本领域技术人员的创新能力相对较强，技术改进更加积极活跃。

6.1.3 专利申请技术领域的交叉与融合

近年来，随着工程技术的进步，各技术领域之间的交叉、融合、渗透和整合不断加强，形成了大量的交叉学科。专利作为一种重要的技术成果形式，也必然会体现出各技术领域之间的交叉与融合。某些专利申请经常涉及类名甚至部名各不相同的多个IPC分类号，也就表示其要求保护的技术内容横跨多个技术领域，同时属于多个不同的技术类别。交叉领域专利申请数量呈现出高速增长的态势。笔者对 2011—2020 年逐年的 IPC 分类号同时涉及 F 部（一般属于机械领域）以及 G 部（一般属于电学领域）的中国发明专利申请数量进行了统计，如图 6-1-1 所示。可以发现，从 2017 年起，交叉领域案件开始显著增长，到 2020 年已由最初的 2000 多件上涨至 17000 件左右。

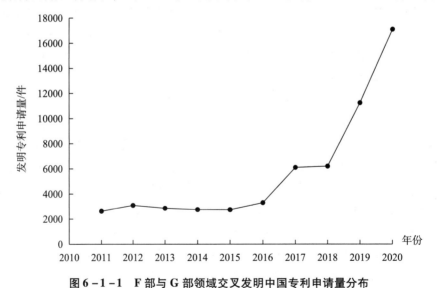

图 6-1-1　F 部与 G 部领域交叉发明中国专利申请量分布

---

❶ 石必胜. 本领域技术人员的比较研究［J］. 电子知识产权，2012（3）：70-75.

我们可以通过表 6-1-2 直观地感受一下交叉领域案件的权利要求内容。以表中第一个案件为例,权利要求要求保护的是一种余热锅炉换热管,仅由主题名称来看,其分类号为 F28F(分类定义为:通用热交换或传热设备的零部件),但从技术方案整体来看,其主要保护的是换热管表面防腐涂层的化学组分,于是其分类号同时还涉及 B05D(分类定义为:对表面涂布流体的一般工艺)和 C23F(分类定义为:非机械方法去除表面上的金属材料;金属材料的缓蚀;一般防积垢;……)。相应地,该案件的审查需同时涉及多个技术领域的技术知识。对于交叉领域的案件审查,本领域技术人员的能力水平应当如何界定,也是需要在现行规定的基础上进一步探讨的问题。

表 6-1-2　交叉领域专利申请的权利要求示例

领域交叉类型	权利要求示例
机械领域 + 化学领域	一种余热锅炉换热管,包括管体,其特征在于,所述管体的外表面喷涂有一层防腐涂层,所述防腐涂层的成分为 Al_2O_3、$CaAl_2O_4$ 和 $Ca_3(PO_4)_2$。
机械领域 + 电学领域	一种加湿器,包括:加湿装置;所述加湿装置包括用于提供电源电压信号的电源模块和用于产生振荡以驱动雾化片的雾化振荡模块;其特征在于,所述加湿装置还包括干烧保护电路,所述干烧保护电路包括:信号检测模块、电压比较模块、自锁模块和驱动控制模块; 其中:所述信号检测模块的第一端与所述雾化振荡模块的第一端连接,第二端与所述电压比较模块的第一端连接……; 所述电压比较模块的第二端用于接收参考电压信号,第三端与所述驱动控制模块的第一端连接,第四端与所述自锁模块的第一端连接……; 所述驱动控制模块的第二端与所述雾化振荡模块的第二端连接……; 所述自锁模块的第二端与所述电压比较模块的第一端连接,第三端与所述电源比较模块的第一端连接,用于在所述第二电位信号的控制下,将所述电源电压信号输出给所述电压比较模块的第一端,所述电源电压信号的电位高于所述参考电压信号的电位。
化学领域 + 电学领域	一种化学除磷过程的模拟方法,用于定量描述污水中磷的去除过程,其特征在于,包括: S1,建立化学除磷的数学模型; S2,将所述数学模型嵌入污水处理工艺的仿真平台; S3,向所述仿真平台中输入相关参数,根据相关参数模拟获得相应的预测结果。

6.1.4　技术领域的差异化

就传统的机械、电学、化学三大领域的划分来说,不同技术领域存在显著差异。

首先,技术发展趋势不同。机械领域由于发展较早,近期的技术更新速度可能相对缓慢，技术上很难有突破性的改进，一般是在现有技术基础上进行细微改进；而电学领域和化学领域则可能会涉及许多新兴产业和技术，技术更新速度相对较快。

其次，申请文件撰写特点不同。机械领域的发明主要基于产品机械结构的改变而作出；电学领域的发明则脱离不开产生、处理电信号的方法或装置；化学领域的发明往往涉及具有特定性质或技术效果的化合物或混合物的获得或应用。

最后，审查思维习惯存在差异。虽然审查员一般都具有理工科专业背景，但由于长期深耕于特定技术领域的审查，逐渐形成与该技术领域相适配的审查经验或者思维习惯。例如，机械领域审查员善于抓取附图信息，电学领域审查员经常考虑客体问题，化学领域审查员则更关注于实验数据的真实性和可靠性。这些差异使得审查员在面对涉及其他领域技术内容的专利申请时，从技术理解到文献检索和法律适用都存在困难。

技术领域之间客观存在的差异性在创造性审查中也表现得非常突出。例如，《专利审查指南2010》第二部分第九章和第十章分别专门规定了涉及计算机程序的专利申请的创造性判断规则和化学领域专利申请的创造性判断规则。也有学者提出了"创造性判断的领域化"的观点："对于常见技术领域的发明的创造性判断，稳定地统一地适用相同的创造性判断规则，也有利于创造性判断的客观化。但这些统一适用的规则必须是根据技术领域的共同属性确定，而且在具体适用过程中应当遵循具体问题具体分析的原则，避免机械地适用统一的规则。"❶

6.1.5 领域思维的建立

在创造性审查中，为了尽量保证评价的客观性，评判者应当努力使自己不断趋近于所属技术领域的技术人员。而且随着当下交叉领域专利申请数量的激增，传统的审查模式以及思维习惯面临新的困难与挑战。因此，需要有意识地培养并树立领域思维模式。需要指出的是，本书中提到的领域思维，不是仅局限于与审查领域相适配的狭义的技术领域，而是强调一种适应于专利申请最新发展形势的、更为多元的领域思维模式。正如欧洲专利局针对多领域交叉情况提出的专家团队的概念，其本质也是延展本领域技术人员的领域范畴，以适应现代科技创新交叉融合的发展趋势。

关于如何培养并树立领域思维，笔者提出如下建议。

首先，需要熟知并掌握所属审查单元对应技术领域的技术发展脉络以及基础技术知识，在日常工作中主动更新自身知识储备，紧跟相关行业的前沿技术，无疑是较为高效的手段之一。

其次，需要了解并掌握相应技术领域的审查思维特点，结合本领域典型的创造性审查案例或者司法审判案例，不断纠正和培养自己的审查思维习惯。

最后，涉及交叉领域的案件审查时，应当主动检索并学习相关领域的技术知识，尝试摸清其技术发展现状，了解相关领域的审查思维特点，并相应调整创造性的审查

---

❶ 石必胜. 专利创造性判断比较研究［D］. 北京：中国政法大学，2011.

重点和标准。必要时，可以寻求相关领域专家进行跨领域的帮助指导或者联合审查。

本章以下的内容将分别对专利申请的三大技术领域——机械领域、电学领域、化学领域创造性审查中的主要思维特点进行总结和梳理，以供读者借鉴学习。

6.2 机械领域的创造性审查

本节重点介绍机械领域的创造性审查的思维特点，以对涉及机械领域的案件审查提供参考和帮助。

6.2.1 机械领域技术发展特点

机械领域作为传统的技术领域，其技术涵盖面非常广，既包括机械零部件、手动工具等在内的传统机械，也包括数控机床、机器人、飞行器等在内的现代高精尖机械。从技术类型来看，它主要涉及机械零件、机械设备、机械制造、机械控制、机械自动化等；从产品类型来看，它主要涉及通用零部件（如齿轮、轴、轴承、铰链）、通用机械（如泵、风机、压缩机、变速机、阀门）、工程机械（如挖掘机、起重机、搅拌机、掘进机、推土机）、能源设备（如光热系统、风力发电设备、水力发电设备、热力循环系统）、家用电器（如空调、冰箱、洗衣机、热水器、燃气灶）、交通工具（如自行车、摩托车、汽车、火车、轮船、飞机）、机床（如车床、钻床、镗床、铣床、刨床、磨床）等。

机械领域的技术发展主要呈现以下几个特点。❶

（1）技术跨度大、交叉学科多。机械领域是发展历史最为悠久的技术领域之一，经过了长期的变迁与进步，时至今日已经形成了一个子领域众多、覆盖范围广泛的技术领域，从齿轮、连杆等传统机械到机器人、飞行器等现代智能机械，整体上呈现技术跨度大、交叉学科多的特点。机械的发展与各种学科之间均有关联，特别是一些技术含量高的精密机械，其涉及的不仅是机械本身的专业，还集结了现代物理学、现代应用数学以及应用化学等基础科学的重要理论，同时吸收了机械电子学、控制理论与技术、检测技术和自动化领域的研究成果，尤其是计算机设备的广泛应用与现代信息技术的发展，为现代机械设计提供了全新的条件支持，使机械领域的技术发展达到了全新的层次。

（2）技术更新慢。传统的机械设计因为受到生产力水平以及社会发展条件等多方面限制，多依赖于设计经验的积累，加工过程十分烦琐，传统理念以及经验束缚了机械设计的创新脚步，发展速度十分迟缓。随着机械设计相关理论的发展，现代机械设计的工程效率有了极大的提高，但基础工艺、基础材料等方面，仍是其发展速度的瓶

---

❶ 马天旗. 专利挖掘［M］. 北京：知识产权出版社，2016：156 – 157.

颈。相比发展速度极快的计算机、通信等领域，机械领域的技术更新整体上呈现研发周期长、投入资金大、技术更新慢的特点。

（3）技术改进目标相对明确。机械领域的技术改进目标通常比较明确，一般都会涉及提高效率、提高精度、提高可靠性、提高安全性、延长寿命、缩小体积、维护方便、降低成本、降低能耗、降低排放其中的一项或几项，技术创新往往是围绕这些目标展开。随着技术日新月异的发展，为达到相同的技术目标，可采用的技术路线不断增多，创新手段和创新模式也呈现出多样化发展。但在明确改进目标的前提下，技术人员的创新仍会遵循一定的设计路线，使得机械领域难以出现革命性的核心创新，多是在现有基础上的添补式或更替式改进，而一旦出现基础性的核心创新，将对其产品的市场主导地位产生深远的影响。

6.2.2　机械领域申请文件特点

1. 权利要求书和说明书

机械领域专利申请的权利要求书以产品权利要求最为典型。表达机械领域产品权利要求的技术特征一般可有以下几个方面：一是构成产品所必需的零部件，二是这些零部件之间相互配置的关系，三是这些零部件之间的联系形式。权利要求同样可采用功能性限定或者上位化概括的方式来获得更大的保护范围，而且由于机械领域的技术可预见性较强，因此可以允许较高的概括程度。例如，说明书的具体实施方式中仅记载了利用齿轮实现传动，而权利要求书中将其概括为"传动件"，虽然说明书中并未记载除齿轮以外的其他传动部件，但由于本领域技术人员能够预期只要已知的传动部件能够适配于申请文件的整体结构并能完成传动的功能，则均能够解决所要解决的技术问题，因此，这种概括一般认为是允许的。

机械领域专利申请的说明书一般是对照附图对于产品或装置的具体结构进行详细的说明，具体实施方式部分所给出的实施例数量相对较少，对于技术效果的描述一般只是结合具体结构特征进行文字性说明，较少给出具体的实验数据。

2. 说明书附图

说明书附图的作用在于用图形补充说明书文字部分的描述，使人能够直观、形象化地理解发明或者实用新型的每个技术特征和整体技术方案。相比于其他领域，说明书附图对于机械领域专利申请而言显得更为重要。附图所能表达的技术信息量常常很大，有时超出了语言文字的表达能力，因此，它是帮助人们快速理解技术方案的捷径。说明书附图在机械领域专利申请的技术理解、文献检索以及事实认定等审查过程中都具有极为重要的作用。可以说，要想良好地完成涉及机械领域的专利申请审查，读图的能力是必不可少的。因此，以下简单介绍机械领域较为典型的说明书附图形式。

在机械领域的申请文件中，表达装置的结构经常使用的附图形式主要包括机械制图和流程图。当然，专利申请文件中的说明书附图要求并不完全等同于常规的工程制图，比如，应当标明与说明书文字部分对应的附图标记、不得着色、不应含有其他注释等。

　　流程图通常用于表示一个系统各个部分和各个环节之间的关系，能够以图示的方式清晰地表达比较复杂的系统各部分之间的关系，通过流程线体现各个部分或环节之间的技术逻辑关系。例如，图 6 - 2 - 1 中用线条和简单的符号清楚地表示出了一种用于车辆的热泵系统。

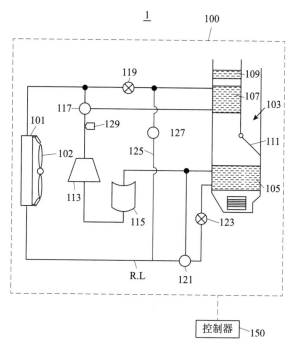

图 6 - 2 - 1　机械领域专利申请中的流程图示例

　　机械制图是最为常见的机械领域说明书附图形式，其是用图样确切表示机械的结构形状、尺寸大小、工作原理和技术要求，图样由图形、符号、文字和数字等组成，常被称为工程师的语言。机械制图以投影法的基本画法规则分出轴测图、正视图、俯视图、剖视图和断面图。

　　投影法是机械制图中图样的基本表达，根据所绘制零件在投影法中真实的投影关系来获取图样，反映零件的具体结构。投影法分为中心投影和平行投影，在机械制图中通常不会选择中心投影，而是使用平行投影。

　　轴测图，是利用斜投影获得的具有立体感的图形。其直观性强，是常用的一种辅助用图样，一般用于表达物体外形，也可用来表达物体的内部结构，当表现零件的内部结构时，可与剖视图结合使用。

　　剖视图，是假想利用剖切平面剖开零件，将处于观察者与剖切平面之间的部分移去，剩下的部分正投影获得的图形，主要用于表现常规不可见的零件内部结构形状。根据剖切范围来分，剖视图可分为全剖视图、半剖视图和局部剖视图。

　　例如，图 6 - 2 - 2 直观地示出了一种静压型径向气体轴承的整体外观结构，图

6－2－3 则用剖视图的方式表达了该轴承的内部结构，结合两幅图即可较为直观地理解所要求保护的轴承结构。

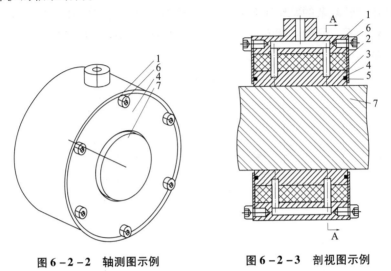

图6－2－2　轴测图示例　　　　　　图6－2－3　剖视图示例

视图是采用正投影获得的平面图形，其包括基本视图、向视图、局部视图和斜视图，主要用于表达零件的外部结构形状。例如，图6－2－4 中用立体图配合正视图、后视图、左视图、俯视图全方位地表达了一种在汽车技术中使用的用于空气吸入和空气过滤的吸气壳的外部结构。

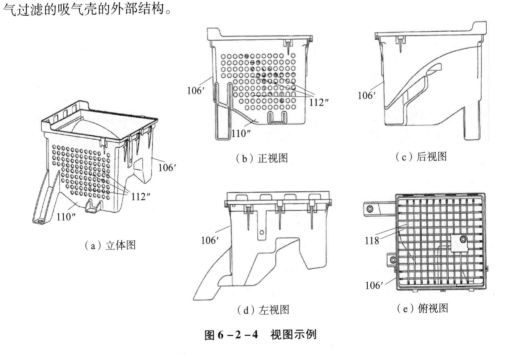

（a）立体图　　　（b）正视图　　　（c）后视图　　　（d）左视图　　　（e）俯视图

图6－2－4　视图示例

断面图是假想用剖切平面将零件的某处切断，仅画出该剖切面与零件接触部分的图形。与剖视图相比，断面图仅画出零件被剖切断面的图形，而剖视图则要求画出剖切平面后方所有部分的投影，二者的比较如图 6-2-5 所示。因此，断面图内容比剖面图更简洁，忽略了与剖切面不相关的背景部分，主要用于表达零件某部分的断面形状，如机件上的肋板、轮辐、键槽、杆件及型材断面等。

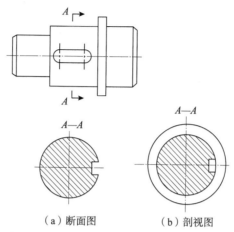

（a）断面图　　　　　（b）剖视图

图 6-2-5　断面图及剖视图的对比示例❶

6.2.3　机械领域创造性审查难点和要点

机械领域的专利申请以限定具体结构的产品权利要求居多，而且往往是利用现有的技术原理以及现有的机械零部件，组合在一起形成新的装置，实现某个新的功能或解决某个新的技术问题。机械领域专利申请的创造性评判，在执行"三步法"的过程中，要着重围绕结构上的改进是否显而易见进行分析和考虑。机械领域创造性审查的难点或关注点主要涉及以下两个方面。

第一，要关注现有技术在结构上是否存在改进的难度或障碍。选取最接近的现有技术时，需要考量最接近的现有技术的结构本身是否使得改进存在障碍，对于技术构思或者原理相似的情形，仍需要考虑结构上的简化、调整或改进对于本领域技术人员而言是否存在技术难度。

第二，应当注意，相比于其他领域，机械领域的技术效果的可预期性是比较高的。这是因为，如 6.2.1 节所提到的，机械领域所涉及的专利申请大多属于传统行业，技术起步较早，技术更新较慢，技术发展的继承性比较强，通常情况下，并不需要具体的实验数据来验证技术效果。这跟其他领域尤其是化学领域存在显著不同，相应地，在创造性评判尺度方面也会有所差异。

6.2.3.1　最接近的现有技术的整体结构对创造性的影响

本书第 3 章中已经系统地介绍过创造性审查中最接近的现有技术的选取。最接近

---

❶　江方记. 机械制图与计算机辅助三维设计［M］. 重庆：重庆大学出版社，2021：164.

的现有技术是判断现有技术是否存在技术启示的出发点，是利用"三步法"评述创造性的技术起点和逻辑起点。机械领域中最接近的现有技术的选取方式与其他技术领域基本相同，但需注意最接近的现有技术的自身结构存在改进技术障碍的情形。如果选取的最接近的现有技术的结构本身限制了本领域技术人员对其进行技术改进，则说明在其基础上还原发明创造的技术可行性较低或者根本无可行性，进而无法完成"三步法"的说理逻辑，也就无法准确地完成创造性判断。

【案例6-2-1】❶ 板材上下料装置及手机玻璃加工中心

【案情介绍】

手机玻璃加工中心用到的现有的上下料装置中，需要机床中止加工来进行取换料，需要较长的取换料辅助时间，并且，一般料架都固定在移动加工台上，占用机床内部较大的工作空间，更换料架比较麻烦，整体加工效率较低。为解决该技术问题，涉案申请提供一种多工位自动化高效能手机玻璃板材上下料装置。

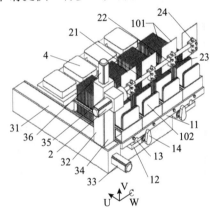

图6-2-6　涉案申请说明书附图

该案提供一种板材上下料装置，如图6-2-6所示，包括：用于将板材竖立排列放置且待加工板材101与已加工板材102共用的料槽1，具有转动杆21的转动机构2，用于承载转动机构2在板材排列方向和上下方向运动的第一驱动机构，及安装在所述转动杆21上的多个转动块22，转动块22的前后两侧均安装有用于取放板材的取放部23，转动机构2安装在第一驱动机构上且转动块22位于料槽1上方，位于板材排列方向上设有用于对板材做进一步处理的加工台3。取放部23采用吸盘组件。

板材排列方向为纵向，转动杆的延伸方向为横向，板材竖立的方向为竖向，竖向与横向和纵向构成的平面垂直。料槽远离加工台的一侧为前侧，料槽靠近加工台的一侧为后侧。第一驱动机构、转动机构及转动机构上的转动杆、转动块和取放部共同构成了一个用于取放板材的机器人手臂，图中U轴与纵向对应，V轴与竖向对应，而旋转机构的转动杆转动方向与W旋转轴相对应。

第一驱动机构包括位于料槽1右侧且沿板材排列方向设置的第一导轨31，第一导轨31上设有第一滑台32和第一驱动电机33，第一驱动电机33驱动第一滑台32在第一导轨31上滑动，第一滑台32上固定有沿上下方向设置的第二导轨34，第二导轨34上设有第二滑台35和第二驱动电机36，第二驱动电机36驱动第二滑台35在第二导轨34上滑动，第二滑台35上安装该转动机构2，转动机构2的转动杆21向料槽1的另一侧（即左侧）延伸。转动机构2的驱动源采用伺服电机。通过第一驱动机构，转动块

---

❶ 国家知识产权局第35297号无效宣告请求审查决定。

22 上的取放部 23 可以轻松地实现纵向移动和上下移动，能够轻松实现上下取料后向加工台移动。第一驱动机构与加工机头加工台之间均能够相互独立工作，以提升加工效率。由于第一导轨设置在料槽的两侧之一（即左侧或右侧），便于整个上下料装置与加工机床的加工部相结合，在空间利用上，能够减小加工部的空间占用，同时，转动杆 21 由料槽的一侧延伸向另一侧，形成了龙门吊式的运作结构，只要转动杆的长度和转动机构的功率满足要求，转动杆上可以最大限度地扩充转动块，转动块的数量与加工台的数量对应一致，大幅地提升了工作效率，突破了现有技术中的加工机床在空间结构的限制下一般只能扩展两个加工台的弊端。

涉案权利要求内容如下：

> 板材上下料装置，其特征在于，包括：用于将板材竖立排列放置且待加工板材与已加工板材共用的料槽，具有转动杆的转动机构，用于承载转动机构在板材排列方向和上下方向运动的第一驱动机构，及安装在所述转动杆上的转动块，转动块的前后两侧均安装有用于取放板材的取放部，转动机构安装在第一驱动机构上且转动块位于料槽上方，位于板材排列方向上设有用于对板材作进一步处理的加工台。

对比文件 1 公开了一种行走吸盘上下片台。如图 6 - 2 - 7 所示，其由支架101、支架底座 102、支架行走滚轮 103、支架支撑杆 104、横杆 105、横杆左右行走齿轮轨 106、纵向位移杆 107、纵向行走控制器 108、横向行走控制器 109、翻转臂 110、翻转臂支架 111、玻璃吸盘112、翻转控制器 113、纵向行走控制器114 所组成。其分别通过以下方式实现玻璃上片功能和玻璃上下功能。

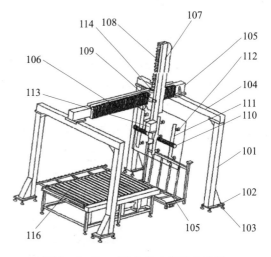

图 6 - 2 - 7 对比文件 1 说明书附图

玻璃上片功能：将存放玻璃的玻璃存放架 116 放置到工位，将该上下片台调整到玻璃存放架 116 和玻璃操作流水线 115 间，通过控制装置控制，在需要上玻璃片的时候，横向行走控制器 109 控制移动到对应位置，纵向行走控制器 108 上下调整合适位置，翻转控制器 113 控制翻转臂 110逆时针旋转 90°，带动与其连接的翻转臂支架 111 翻转，位于翻转臂支架 111 上的玻璃吸盘 112 吸住位于玻璃存放架 116 上的玻璃，然后纵向行走控制器 108 控制纵向位移杆107 升高，横向行走控制器 109 控制沿着横杆左右行走齿轮轨 106 向玻璃操作流水线115 一侧运动并运动到指定位置，然后翻转纵向行走控制器 108 控制翻转臂 110 顺时针90°翻转，其带动翻转臂支架 111 同步翻转，被翻转臂支架 111 上的玻璃吸盘 112 吸附的玻璃随之翻转，然后纵向行走控制器 108 控制纵向位移杆 107 降低到玻璃操作流水线

115 平台，吸盘控制装置通气放开玻璃到玻璃操作流水线 115 平台。这样玻璃从玻璃存放架 116 上自动移动到玻璃操作流水线 115 平台上，可以对玻璃进行下一步的加工。

玻璃下片功能：玻璃加工完毕后需要将其存放到玻璃存放架 116 上，通过翻转控制器 113 控制翻转臂 110 顺时针翻转 90°，其带动翻转臂支架 111 同步翻转，翻转臂支架 111 上的玻璃吸盘 112 也同步翻转，横向行走控制器 109 位移到工作位置，纵向行走控制器 108 控制纵向位移杆 107 下降到指定位置，使位于翻转臂支架 111 上玻璃吸盘 112 吸附玻璃，纵向行走控制器 108 控制纵向位移杆 107 升高，翻转控制器 113 控制翻转臂 110 逆时针 90°翻转，其带动翻转臂支架 111 同步翻转，被翻转臂支架 111 上的玻璃吸盘 112 吸附的玻璃随之翻转，横向行走控制器 109 控制纵向位移杆 107 横向移动到玻璃存放架 116 位置，纵向行走控制器 108 控制纵向位移杆 107 向下移动到玻璃存放架 116 位置，吸盘控制装置通气放开玻璃。由此实现自动将位于玻璃操作流水线上的玻璃放置到玻璃存放架 116 上。

对比文件 2 公开了磨削装置。如图 6-2-8 所示，该磨削装置 M 具备对便携式电话用的薄板玻璃即工件 W 进行磨削的多个磨削单元 100；向该磨削单元 100 搬送工件 W 并从该磨削单元 100 搬出工件 W 的搬送搬出单元 10；向该搬送搬出单元 10 供给工件 W 的供给单元 60；从搬送搬出单元 10 排出工件 W 的排出单元 70。搬送搬出单元 10 具备直线配设的第一轨道 11 和沿着该第一轨道 11 移动的移动体 13。搬送搬出单元 10 还具备能够旋转且能够上下移动地搭载在移动体 13 上的旋转体 25、设置在该旋转体 25 上的两个部位的被加工物保持部 27。各被加工物保持部 27 沿着第一轨道 11 的配设方向具有多个被加工物保持构件 29，能够同时保持多个工件 W。旋转体 25 设置成能够上下移动，在交接位置处接近或离开加工台 103，在如上述那样被加工物保持部 27 朝向下方的状态下使旋转体 25 向下方移动，由此在被加工物保持部 27 与加工台 103 之间交接工件 W。

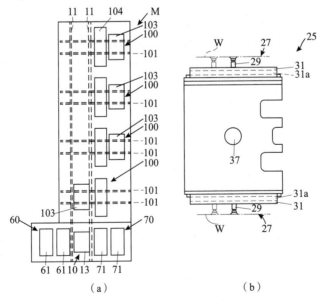

图 6-2-8　对比文件 2 说明书附图

【案例评析】

对比文件 1 公开的"玻璃""玻璃存放架""玻璃吸盘""玻璃流水线平台"分别对应于涉案权利要求的"板材""料槽""取放部""加工台";对比文件 1 公开的"翻转控制器""翻转臂""翻转臂支架""玻璃吸盘"组成的机构对应于涉案权利要求的"转动机构",对比文件 1 公开的"翻转臂"对应于涉案权利要求的"转动杆";对比文件 1 公开了纵向行走控制器控制纵向位移杆升高或降低,横向行走控制器控制纵向位移杆沿着横杆横向移动,以控制翻转臂支架上的玻璃吸盘吸取玻璃存放架上的未加工玻璃运送至玻璃操作流水线平台进行加工;反之,玻璃加工完毕后,翻转臂支架上的玻璃吸盘吸取玻璃操作流水线平台上已加工完成的玻璃并受控制运送至玻璃存放架上进行收纳,即公开了"待加工板材与已加工板材共用料槽""用于承载转动机构在上下方向运动的第一驱动机构"。

涉案权利要求与对比文件 1 的主要区别在于:涉案权利要求限定了安装在转动杆上的转动块,转动块前后两侧均安装有用于取放板材的取放部,转动块位于料槽上方。

对比文件 2 与涉案权利要求以及对比文件 1 的技术领域是相同的,其公开了旋转体 25 以轴 37 为中心而旋转,旋转体 25 两个对向侧设置有被加工物保持构件 29,存放未加工工件的工件盒沿着上下和水平方向向旋转体 25 移动,由一侧被加工物保持构件 29 吸取未加工工件,并运送至加工台,旋转体 25 旋转使得另一侧被加工物保持构件 29 吸取已加工工件,旋转 180°,再将未加工工件释放在工作台上进行加工。对比文件 2 公开的"轴 37""旋转体 25""被加工物保持构件 29"分别对应于涉案权利要求的"转动杆""转动块""取放部"。即对比文件 2 公开了在转动杆上设置前后两侧均安装有用于取放板材的取放部,可以通过转动块的旋转提高换料的效率。

那么,对比文件 1 和对比文件 2 相结合是否能够评述涉案权利要求的创造性呢?

我们知道,最接近的现有技术是判断发明是否具有突出的实质性特点的基础。为了客观得出上述问题的答案,我们需要再回过头来考察一下对比文件 1 的整体结构。根据其公开内容可知,对比文件 1 的翻转臂设置在纵向位移杆下端,该翻转臂为顺时针或逆时针旋转 90°以使得吸盘朝向玻璃进行吸取和释放,如果在现有的翻转臂支架上、所述吸盘的相反侧也设置吸盘,或者将所述翻转臂支架形成为前后两侧均设置所述取放部的转动块状结构而设置于翻转臂上,则由于对比文件 1 中装置本身结构的原因,其翻转臂支架或转动块上朝向纵向位移杆一侧的取放部将由于其翻转臂与所述纵向位移杆的连接干涉作用而无法顺利实现该侧的正常取放玻璃作业。也就是说,如果在图 6-2-7 所示吸盘的相对侧也设置吸盘结构的话,由于纵向位移杆的客观存在,将会阻挡其正常作业,因而本领域技术人员基于对比文件 1 的结构没有动机在现有的翻转臂支架上、所述吸盘的相反侧也设置吸盘,或者将设置在翻转臂上的翻转臂支架的结构改变为前后两侧均设置取放部的转动块的结构,使翻转臂带动转动块转动而实现其前后两侧的取放部均可以实施玻璃吸取和释放的作业。

通过以上分析可知,虽然区别特征已经被对比文件 2 公开而且能够给出一定的技术启示,但是,本领域技术人员在对比文件 1 现有结构的基础上改进得到涉案权利要求限定的技术方案明显存在障碍。如果要在对比文件1基础上改进得到该技术方案，需要对机械手臂的整体结构布局进行较大幅度的颠覆性调整，而这种调整并非是显而易见的。

6.2.3.2 结构改进的难易程度对创造性的影响

机械领域的创造性审查，经常面临的一类专利申请是对现有装置的结构进行简化或者调整。此类申请由于从装置整体结构来看与现有技术非常相似，从基本原理来看与现有技术基本相同，很容易片面地进行技术事实认定，并且得出不具备创造性的结论。事实上，针对此类申请，需要在准确理解待审申请和现有技术的基础上，进行特征比对时，不仅要关注现有技术中是否公开了相同结构的部件，还应当综合考虑该部件在整体结构中的位置、功能和作用是否与待审申请相同，判断技术启示时，需客观审视该结构调整所需要克服的技术难度，还需要注意考虑对比文件的技术方案中的其他非对应的技术特征是否给出了相反的教导。

【案例6-2-2】❶❷ 一种ATM机下箱进出钞的方法和下箱结构

【案情介绍】

涉案申请提供一种便于扩大钞票容纳量的ATM机下箱结构以及进出钞方法。该案ATM机下箱结构，包括机架、传送皮带3、钞票的传输通道2、5个钞箱1和5个导向叶片5。每个钞箱1包括一个进出钞口，每个进出钞口对应一个导向叶片5。5个钞箱1竖直放置、横向并列地布置在机架的槽位中。钞箱1的进出钞口位于钞箱1顶部，开口朝上。导向叶片5布置在钞箱1进出钞口的上方。传送皮带3沿钞箱1排列的方向布置在导向叶片5的上方，由传送轮4驱动，传送皮带3与钞票摩擦带动钞票传送，钞票的传输通道2位于传送皮带与导向叶片之间。导向叶片5与继电器连接，继电器控制导向叶片5打往不同的方向，从而控制钞票在传输通道里面的传送方向，继电器由钞箱的控制电路控制。

图6-2-9中，L为机架长度：钞箱1横向并列地放置在机架的槽位中，机架越长，可放置的钞箱越多。B为钞箱1的宽度：由于钞票宽度固定，钞箱1的宽度也是固定的。钞票从图示①号位置，经传输通道2传送下来。通过导向叶片5打往不同的方向，控制钞票进入钞箱1或继续沿传输通道2传送。当导向叶片5打到进入某个钞箱的方向时，存款存入的钞票可经过传输通道2进入该钞箱。同理，导向叶片5处在该方向，取款时该钞箱的钞票也可通过该通道传送出去。当导向叶片5打到继续传送方向，钞票则不会进入该钞箱，继续沿传输通道2传送，直到有一个导向叶片5打往进入钞箱的方向，钞票就会进入相应的钞箱。当需要某个钞箱出钞时，该钞箱对应的导向叶

---

❶ 郑明，祁铁军，胡建英. 透过结构看实质，准确理解发明技术方案［N］. 中国知识产权报，2021-10-13（9）.

❷ 国家知识产权局第30486号无效宣告请求审查决定.

片 5 便会打到进钞箱的方向，钞票从钞箱出来，借助导向叶片 5，进入传输通道 2。

图 6-2-10 为竖立放置单个钞箱的结构示意图。钞箱 1 主要由以下零部件组成：一对分离轮 101：两个分离轮 101 之间的空隙刚好够一张钞票通过，可传送带动一张钞票通过。挖钞轮 102：取款出钞时通过转动挖钞轮 102 将钞票带动到分离轮 101 处。挖钞橡胶 103：附着在挖钞轮上，增大挖钞轮 102 与钞票之间的摩擦力。竖直布置的托板驱动皮带 104：托板 105 在托板驱动皮带 104 带动下沿竖直布置的托板导轨上下运动。托板 105：钞票都存放在托板 105 上，托板 105 上下移动可带动钞票移动。钞箱槽位马达 106：槽位马达 106 布置在机架的下部，钞箱 1 放入机架的槽位中后，钞箱槽位马达齿轮与钞箱 1 内部的驱动齿轮啮合。驱动齿轮布置在钞箱的下部，托板驱动皮带 104 由驱动齿轮带动；槽位马达 106 的控制端与钞箱控制板连接。金手指 107：机架下部的通信插座接钞箱控制板，金手指 107 插在通信插座中。钞箱 1 内部的控制电路和钞箱控制板通过金手指 107 通信，钞箱控制板通过金手指 107 向钞箱控制电路发送指令，控制钞箱内部机件的一系列动作。叶片轮 108：当钞票进钞箱 1 时，叶片轮 108 顺时针转动，给钞票一个向右下方的力，保证钞票能顺利飘落到托板 105 上。当钞票要进入钞箱时，钞箱控制板控制钞箱槽位马达转动，让托板 105 下移，留出进钞空间。同时控制分离轮 101 和叶片轮 108 转动，钞票经分离轮 101 带动进入钞箱，叶片轮 108 顺时针方向转动时叶片会给钞票一个向右下方的力，保障钞票能够平整进入钞箱。

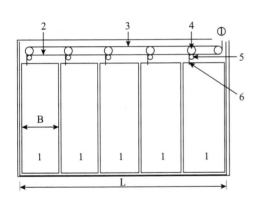

图 6-2-9 案例 6-2-1 涉案申请
说明书附图 1

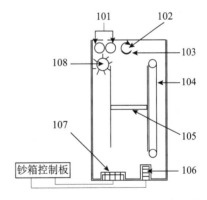

图 6-2-10 案例 6-2-1 涉案申请
说明书附图 2

通过采用竖立方式放置钞箱，可充分利用重力作用来保证钞票在钞箱里存放整齐，不用多加组件就可以避免横向放置钞箱时钞票可能倾斜的弊端，简化了钞箱结构。还可以有效避免横向放置钞箱限制设备增加钞箱数量，充分利用存取款一体机内部空间，从而增大设备钞票容纳量，降低清机加钞频率，提高设备使用效率。

涉案权利要求内容如下：

一种 ATM 机下箱结构，包括机架、传送皮带、钞票的传输通道、复数个钞箱、复数个导向叶片和与钞箱数量相同的槽位马达，每个钞箱包括一个进出钞口，每个进出钞口对应一个导向叶片，其特征在于，复数个钞箱竖直放置、横向并列地布置在机架上，钞箱的进出钞口位于钞箱顶部，开口朝上，导向叶片布置在钞箱进出钞口的上方；传送皮带沿钞箱排列的方向布置在导向叶片的上方，钞票的传输通道位于传送皮带与导向叶片之间；钞票沿横向布置在复数个钞箱上方的传输通道和钞箱顶部的进出钞口进出竖直放置的钞箱，竖直放置钞箱内的钞票上下层叠摆放；所述的钞箱包括托板、托板驱动机构、挖钞轮、叶片轮和一对分离轮，所述的一对分离轮布置在进出钞口的下方；所述的托板水平布置，在托板驱动机构的带动下上下运动；所述的叶片轮布置在分离轮的下方，位于托板的侧面；所述的挖钞轮布置在托板的上方，位于分离轮的一侧；所述的托板驱动机构包括竖直布置的托板导轨和竖直布置的托板驱动皮带，所述的托板在托板驱动皮带带动下沿托板导轨上下运动；所述的托板驱动机构包括驱动齿轮，所述的驱动齿轮布置在钞箱的下部，托板驱动皮带由驱动齿轮带动；槽位马达布置在机架的下部，位于钞箱的底部，槽位马达齿轮与所述的驱动齿轮啮合。

对比文件1公开了一种自动交易装置以及自动交易装置的控制方法。如图6-2-11所示，待客口22设置在可由顾客操作的位置，通过闸门25开闭收集取款纸币使顾客能够取出，接收顾客所放入的存款纸币。待客口22在内部具备待客口分离收集机构16，由待客口分离收集机构16将顾客放入的存款纸币一张一张地导出到后述的输送路6，从输送路6一张一张地接收取出纸币并将其收集到待客口22。鉴别部2设置在输送路6上，在存取款时进行输送路6所输送纸币的真伪、面值、完损的鉴别，并且进行重叠输送、连续、斜行等输送异常的检测，以及确定过面值的纸币的计数。

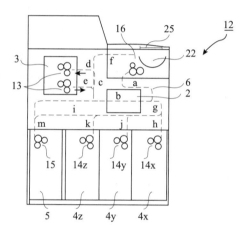

图6-2-11 案例6-2-2对比文件1的说明书附图1

暂时保留部3相对于鉴别部2设置在存款时的纸币输送方向的下游侧，暂时保留由鉴别部2判断为可存款的纸币，直至顾客进行确认交易金额的输入操作为止。暂时保留部3具有暂时保留部分离收集机构13，其由用于取入纸币的门辊和用于将纸币一张一张地分离导出的搓纸辊构成。各面值收纳箱4x、4y、4z按面值设置多个箱，各面值收纳箱4x、4y、4z分别将在由后述的收纳箱分离收集机构14x、14y、14z取款时收纳的纸币一张一张地导出到输送路6，并且在存款时从输送路6收集纸币。拒收箱5设置在输送路6的末端，在取款时将由鉴别部2鉴别为不可取款或者面值不明的纸币作为拒收纸币收纳。拒收箱5通过拒收箱收集机构15收集来自输送路6的拒收纸币。进而，输送路6设置为连接上述各部，具有在上述各部之间输送纸币的功能。上述输送路6的输送装置是未图示的输送辊或者输送带，它们的驱动通过后述的输送辊电机6-1进行。并且，在输送路6的分支部和合流部设有未图示的板，来切换纸币的输送方向。

在存款时，顾客选择可存款交易后，将纸币放入待客口 22 后，闸门 25 关闭，所放入的纸币从待客口 22 在输送路 6 上输送并向鉴别部 2 输送。在此如果判断为可在取款时使用，则纸币暂时被输送到上述暂时保留部 3。即存款时纸币的路径，从待客口 22 的待客口分离收集机构 16 经输送路 6a 和 6b 通过鉴别部 2，根据鉴别结果，正常券经由输送路 6c 和 6d 被收集到上述暂时保留部 3，相反，异常券经输送路 6c 和 6f 被返还到待客口 22。

在取款时，当顾客输入了取款金额后，与其金额相当的纸币从各面值收纳箱 4x、4y、4z 被导出，并向鉴别部 2 运送。当由鉴别部 2 判断为取款没问题时，输送到输送路 6 并向待客口 22 运送。当与取款金额相当的纸币集中到待客口 22 后，打开上述闸门 25，顾客可以取出纸币。

载置了纸币 P 的载台 9，在收集时，为了确保纸币 P 的收集空间，从图 6 - 2 - 12 中所示待机状态下降到同图所示的位置。该位置称为收集位置。图 6 - 2 - 13 示出了收纳前的准备动作即向收集位置移动了的状态。收纳箱分离收集机构 14 中的收集机构包括：收集从输送路 6 输送的纸币 P 的舌片辊 28、一对门辊 29 - 1、29 - 2。舌片辊 28 在周围设有多个可挠性的舌片 8，通过沿图中逆时针方向旋转，在收纳时将一张张被送入的纸币 P 边整理边沿箭头 F 方向收纳。门辊 29 - 1 以及 29 - 2 与导出辊 17 以及分离辊 18 同轴设置，并在收集时用于纸币 P 的收集。通过纸币处理控制部的控制，门辊电机被驱动，由此舌片辊 28 以及一对门辊 29 - 1、29 - 2 旋转。另外，舌片辊 28 由可移动的未图示的臂支承，上述待机状态时如图 6 - 2 - 12 所示那样退避，但是在收纳前的准备动作中变为可移动到图 6 - 2 - 13 所示的收集位置。

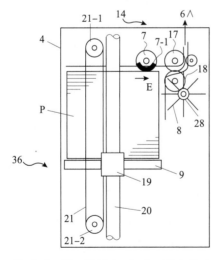

图 6 - 2 - 12 案例 6 - 2 - 2 对比文件 1
说明书附图 2

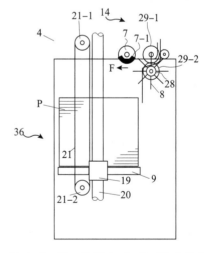

图 6 - 2 - 13 案例 6 - 2 - 2 对比文件 1
说明书附图 3

【案例评析】

与涉案申请相同，对比文件 1 的 ATM 机也是竖直放置的，其进出钞口的进出钞结构也有不同于横向放置钞箱的布置。对比文件1具有"舌片辊28"和其周围设置的多个"可挠性的舌片8",二者形成的结构在进钞状态下给钞票一个向下的力进而确保钞票落在载台(其与涉案申请中的托板作用相同)上。同时,对比文件1设有"导出辊17"和"分离辊18"用于将纸币带出钞箱。也就是说,从整体构思以及进出钞原理来看,涉案申请与对比文件1都是极为相似的。那么,是否能够依据现有证据得出涉案权利要求不具备创造性的结论呢?

如果只从单个机械部件的结构上与涉案申请进行比对,由于涉案申请的叶片轮也可用于进钞时给钞票一个向下方的力,确保钞票能顺利飘落在托板上,一对分离轮可通过转动将钞票传送出钞箱,因此,事实认定的过程中可能会认为对比文件1的"舌片辊28"和其周围设置的多个"可挠性的舌片8"构成的整体结构对应于涉案申请的"叶片轮",对比文件1的"导出辊17"和"分离辊18"对应于涉案申请的"一对分离轮"。顺着这样的思路进行创造性评述,一般会得出不具备创造性的判断。

然而,正如前文所述,在机械领域专利申请的创造性审查中,需要结合零部件具体能够实现的功能,充分考虑结构的差异性以及由此带来的还原发明过程中的结构调整或改进是否是容易的。实际上,涉案申请中,进出钞口处的整体结构包括一对分离轮、叶片轮和挖钞轮,其工作过程为:进钞时,托板下移留出进钞空间,分离轮将传送到钞票进出钞口的钞票传送进入钞箱;分离轮传送钞票的同时叶片轮转动,给钞票一个向右下方的力,借助重力作用,钞票完成进钞动作;出钞时,托板上移,顶部的钞票接触挖钞轮,挖钞轮转动,依靠其上的挖钞橡胶的摩擦力,带动钞票传送到分离轮,分离轮转动传送钞票出钞箱。而在对比文件1中,进出钞口出的整体结构包括导出辊17,分离辊18,搓纸辊7,舌片辊28,一对门辊29-1、29-2,并且还包括舌片辊28的可移动的支承臂。其工作过程为:进钞时,舌片辊通过支承臂的移动而移动至收集位置,在该收集位置,门辊29-1、29-2与导出辊17以及分离辊18同轴设置,舌片辊28利用其上的多个可挠性的舌片8的逆时针方向旋转和一对门辊29-1、29-2以及门辊水平设置的小辊的旋转收集来自输送路6输送的纸币;出钞时,舌片辊由支承臂带动移动到退避位置,在该退避位置,搓纸辊7逆时针旋转,带动与之连动的导出辊17和分离辊18旋转,由此纸币被分离导出。涉案申请的"一对分离轮"在进钞、出钞过程中,均起到夹持纸币的作用;但对比文件1中的纸币仅在出钞时由导出辊和分离辊夹持,在进钞时由门辊29-1和29-2夹持,即从功能上讲,对比文件1的"导出辊17""分离辊18"仅实现了涉案申请"一对分离轮"的部分功能。此外,涉案申请的叶片轮以固定位置的方式始终设置在一对分离轮的下方;而对比文件1的"舌片辊28"和其周围设置的多个"可挠性的舌片8"构成的整体结构仅在出钞状态下位于"导出辊17"和"分离辊18"的下方,也即处于退避的位置,不参与出钞的工作过程,其在进钞状态下,被可移动的支承臂移动到收集位置,在该收集位置时,"舌片辊28"和其周围设置的多个"可挠性的舌片8"构成的整体结构与门辊29-2以及分离辊同轴,并非处于涉案权利要求所述的"叶片轮布置在分离轮的下方"的位置,此时该整体结构参与进钞的工作过程,故对比文件1的"舌片辊28"和其周围设置的多个"可挠性的舌片 8" 构成的整体结构在位置以及功能上与涉案申请的 "叶片轮" 也不能完全等同。

可见，只有综合考虑对比文件 1 的方案，并且关注到对比文件 1 中其他的并不能与涉案权利要求对应的 "门辊" "可移动的支承臂" 等技术特征，才能够客观地厘清涉案申请与对比文件 1 技术方案的差异性。事实上，本领域技术人员在没有得到明确技术启示的情况下，难以想到使得 "舌片辊 28" 和其周围设置的多个 "可挠性的舌片 8" 构成的整体结构始终设置在 "导出辊 17" 和 "分离辊 18" 下方，这种改进虽然不存在明显的结构性障碍，但其也需要对对比文件 1 的整体结构进行较大的调整。也就是说，虽然二者的原理相似，但对比文件 1 整体上公开了结构更为复杂、工作原理和动作方式不同的进出钞结构，本领域技术人员将对比文件 1 公开的进出钞结构简化、改动为涉案权利要求所限定的进出钞结构，需要对多个主要部件的设置位置、连接配合关系作出诸多变更设计，且仍要确保能够实现进出钞的动作，在没有其他现有技术给出明确启示的情况下，断言其不需要付出创造性的劳动显然是不合适的。

结合上述案例可获知，对于机械领域而言，期望以更简单的结构实现相同或相应的功能是本领域技术人员追求的普遍目标，但从复杂结构变为简单结构，一些机械零部件的增减存在牵一发而动全身的可能，这将导致工作过程、动作方式等均发生较大的变化。在没有充分理由或相应证据存在的情况下，不宜直接以简化结构是本领域技术人员的普遍追求目标、是本领域的公知常识作为否定其创造性的理由和依据，而应当整体考量技术特征在涉案申请和对比文件中与其他部件的连接关系、工作原理、动作方式等，关注多个技术特征之间存在的有机关联，避免对某个技术特征作出机械或片面的理解。

6.2.3.3 技术效果的可预见性对创造性的影响

机械领域专利申请的创造性审查过程中，对于技术效果的判断实际上是相对比较弱化的。一般而言，对于专利申请中声称的技术效果，只要本领域技术人员能够合理预期，并不需要予以特别证明。进行技术事实认定以及判断技术启示时，对于相应技术特征在现有技术中的技术效果，也采用类似的标准。在多数情况下，只要结构相同或相似，则认为客观上能够达到相同或相近的技术效果。

【案例 6 - 2 - 3】❶❷ 整体式双股新水流套桶洗衣机

【案情介绍】

涉案申请提供一种套桶洗衣机。其结构更简单，体小而轻，能经久耐用，维修方便，并能在桶外产生一股大而无阻挡水流合并桶内，成为双股新水流，轮和桶无相对运动，磨损率低。

如图 6 - 2 - 14 所示，洗衣机的桶体 1 上布有许多小孔 2，上端有平衡环 3 和线屑过

---

❶ 国家知识产权局第 7325 号无效宣告请求审查决定。
❷ 北京市高级人民法院（2006）高行终字第 84 号行政判决书。

滤器4；桶壁上设有内凸筋5和外凸筋6；底上有波轮式凸筋9和底下凸筋10，中心设单轴11的旋转体，整体装在盛水桶12中。洗涤时桶体1旋转，桶壁内凸筋5和底上波轮式凸筋9在甩水时产生湍流，对织物搓揉搅拌，碰撞挤压和摩擦，其中心就产生负压，形成桶内循环水流7；同理，桶壁的外凸筋6和底部的底下凸筋10从中央小孔抽水，向四周甩水，水流沿着桶壁通过上部小孔流回桶中，形成一股无织物阻挡的外循环水流8。双股水流共同作用，水流快、水量大，加速织物上浮下降翻滚，再加上桶体内面积与织物作用，进一步提高了洗涤效果。

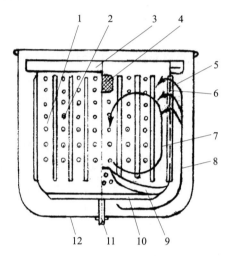

图6-2-14 案例6-2-3涉案申请说明书附图

该整体式双股新水流套桶洗衣机的优点是：①结构简单，简化了传动、离合、刹车机构，可直接采用双速电机带动，使得体积小而轻，容量大，能降低成本；②经久耐用故障少，维修方便；③由于整体旋转大面积地起作用，产生双股新水流，可提高洗净度和均匀度，降低缠绕率和磨损率，可既提高了效率，又取得良好洗涤效果并能节约用水。

涉案权利要求内容如下：

> 整体式双股新水流套桶洗衣机，其特征是，将新水流的大波轮和脱水桶合并为一体，成为桶体（1）布有许多小孔（2），桶壁上布有外凸筋（6），桶底部布有底下凸筋（10），中心设单轴（11）的旋转体，整体装在盛水桶（12）中。

对比文件1公开了一种具有漂洗作用的脱水机，要解决的技术问题是，在脱水桶内装满衣物的状态下，由于衣物吸水困难，花的时间长，使用水量不能有效利用；其具体公开了以下相关技术方案：如图6-2-15所示，布有复数个脱水孔的连接在脱水电机上的脱水桶8；脱水桶8下部的固定着的搅拌翼16转动起来，搅拌脱水槽4蓄积的水，形成水流，由此脱水槽4内水的水位升高；搅拌翼16是固定在脱水桶8的下部的，但是，即使固定在脱水桶8的中间侧壁或紧固在连接轴7上，只要能在脱水槽4内形成水流，升高水位，也能获得与其实施例相同的效果；脱水桶8通过连接轴7与脱水电机6连接，能够传达动力；该脱水机能够减少使用水量，而且能在短时间内让水浸润衣物的各个角落，故而能够提高漂洗效率。

　　对比文件 2 公开了一种转桶式全自动洗衣机，如图 6 - 2 - 16 所示，由箱体、立式转桶 4、双速电机 17 以及轴承座 14、转轴 9 组成。其特征在于：转桶 14 安装在垂直转轴 19 的上部，它的上口直径略大于桶底直径，桶壁呈圆锥形，桶底和桶壁上都无孔，转桶 4 内的桶底和桶壁上分别设有若干条凸筋 7、5；洗涤和甩干都在一个立式转桶内进行；只有一个旋转体，无离合器，无排水阀；整个洗涤桶转动，不但桶底放射状凸筋起着波轮的作用，而且桶壁的螺旋状凸筋和排水凹槽起作用，变平面转动为立体翻动。这种新的洗涤方式，衣物不易缠绕，洗涤均匀。

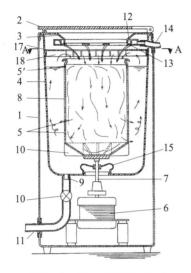

图 6 - 2 - 15　案例 6 - 2 - 3
对比文件 1 说明书附图

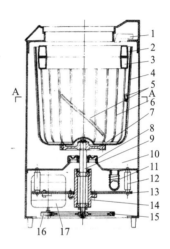

图 6 - 2 - 16　案例 6 - 2 - 3
对比文件 2 说明书附图

【案例评析】

　　该案无效宣告请求审查决定中认为，涉案专利权利要求的技术方案与对比文件 1 公开的技术方案相比，其区别在于对比文件 1 没有公开以下特征：①将新水流的大波轮和脱水桶合并为一体，成为桶体；②桶壁上布有外凸筋，桶底部布有底下凸筋。根据上述区别技术特征，权利要求实际解决的技术问题是，将大波轮和脱水桶合并为一体，达到洗衣和脱水的目的，使这种洗衣机的结构更简单，在桶外产生一股大而无阻挡水流合并桶内，成为双股新水流，轮和桶无相对运动，磨损率低。对比文件 2 指出桶底放射状凸筋相当于大波轮，洗涤和甩干都在一个立式转桶内进行，公开了涉案权利要求中记载的大波轮和脱水桶合并为一体；但是，对比文件 2 仅指出常规技术中在桶内设置凸筋，而且对比文件 2 的技术方案中也不能在外壁或底部设置凸筋，所以对比文件 2 并没有公开上述区别特征②。因此，权利要求 1 的技术方案相对于对比文件 1 和对比文件 2 的结合具备创造性。

　　北京市第一中级人民法院经审理认为，权利要求中的"凸筋"与对比文件 1 中的"搅拌翼"相比较，两者的区别表现在以下几个方面。首先，"凸筋"和"搅拌翼"是两种结构不同的部件，"凸筋"窄而厚，"搅拌翼"宽而薄，二者在搅拌水流的过程中与水接触的角度和面积是不同的。其次，尽管对比文件1中指出搅拌翼可以设置在脱水桶的底部或侧壁，但其中并没有公开在脱水桶的底部和侧壁同时设置搅拌翼的技术方案，这与涉案专利的"凸筋"同时设置在桶底和桶壁上存在明显差异。再次，二者在搅拌过程中形成的水流的路线和搅拌强度也是有差异的，所解决的技术问题和产生的技术效果不同。由涉案专利的凸筋搅拌形成的水流的路线主要为沿着桶壁的方向，搅拌强度能够使水流达到上升至桶壁上部的小孔即可。而对比文件1中由搅拌翼搅拌形成的水流路线为升高到脱水槽上部设置的引导板上，其搅拌强度更大。由此可见，涉案专利设置的凸筋除了具有通过搅拌使水流上升的作用外，还可影响水流上升的路线，即使水流沿着桶壁通过上部小孔流回桶中，形成一股外循环水流，双股水流共同作用水流快、水量大，加速织物上浮下降翻滚，进一步提高了洗涤效果的作用。而对比文件1中也没有明确指出在桶底和/或桶壁上设置搅拌翼可使水流沿着桶壁方向上升。由此可知，"凸筋"和"搅拌翼"二者作用不相同，产生的技术效果不同，本领域技术人员从对比文件1中无法得到将"在桶底和桶壁上同时设置凸筋"代替"桶底或桶壁上同时设置搅拌翼"，以解决使"水流沿着桶壁通过上部小孔流回桶中，形成一股无织物阻挡的外循环水流"的技术启示。因此，相对于对比文件1和对比文件2的结合，涉案权利要求请求保护的技术方案具备创造性。

当事人上诉至北京市高级人民法院，北京市高级人民法院经审理认为：

首先，对于涉案专利"外凸筋和底下凸筋"这一技术特征，根据说明书中的描述，其功能和效果是使桶外部的水流自下而上上升，从而在桶外产生一股大而无阻挡水流合并桶内，提高了洗涤效果。而针对对比文件1中"与上述脱水桶一起转动的在上述脱水槽内形成水流的搅拌翼"这一技术特征，根据对比文件1的说明书中的描述，其功能和效果是搅拌翼搅拌脱水槽中蓄积的水，形成水流，由此脱水槽中的水位升高，流入脱水桶内，再经过搅拌翼重复搅拌，从而达到提高漂洗效率的目的。由此可见，涉案专利的该技术特征与对比文件1中"搅拌翼"这一技术特征均是通过"外凸筋和底下凸筋"或"搅拌翼"的搅拌作用将内桶外部的水自下而上升高，通过内桶上部的小孔进入内桶，加强了洗涤或漂洗的效果。因此，两个技术特征在各自的技术方案中所起的功能相同，所取得的效果也基本相同。对比文件1"搅拌翼"这一技术特征的目的是用于漂洗，与涉案专利中"外凸筋和底下凸筋"这一技术特征的目的是用于洗涤的形式上虽有所区别，但"漂洗"与"洗涤"均是洗衣机的工作步骤，对产品的结构、功能及效果均无任何影响。

其次，涉案专利"外凸筋和底下凸筋"设置于桶壁和桶底，而对比文件1中搅拌翼既可设置于桶底下部，也可以设置于侧壁。既然有"搅拌翼"设置于桶底下部或侧壁的启示，本领域普通技术人员在提升水流作用的启发下，可以直接推导出或联想到同时在底部和侧壁设置"搅拌翼"；而且，从"或"的位置关系形成"和"的位置关系，并未产生任何意想不到的新的技术效果，本领域技术人员不需要任何创造性劳动。

由上述分析可知，对比文件1中所述的"搅拌翼"与涉案专利中"外凸筋和底下凸筋"两个技术特征功能、效果相同，位置、结构相似，对于本领域技术人员而言，无须经过创造性劳动就可以直接推导出或联想到，也没有产生显著的进步。

结合北京市高级人民法院针对该案的观点，我们能够感受到，在机械领域的专利申请创造性审查中，由于技术效果的可预见性较强，相应地使得创造性的评判标准相对提高。许多时候并不要求在现有技术中明示或者穷举结构部件所能带来的技术效果，即使在对比文件中没有公开与本申请相同的技术效果，但是，本领域技术人员如果基于其已公开的结构以及功能能够预期其客观上也能达到类似效果，则可以直接认为该特征已经被对比文件公开或者认为对比文件能够给出技术启示。

6.3　电学领域的创造性审查

本节重点介绍电学领域的创造性审查的思维特点，以对涉及电学领域的案件审查提供参考和帮助。

6.3.1　电学领域技术发展特点

在经济全球化与数字革命时代的背景下，《国务院关于新形势下加快知识产权强国建设的若干意见》等重要政策文件印发，知识产权工作顶层设计全面强化。党的十八大报告提出"实施创新驱动发展战略"，党的十九大报告提出"创新是引领发展的第一动力"，党的二十大报告强调"坚持创新在我国现代化建设全局中的核心地位"。在《国务院关于新形势下加快知识产权强国建设的若干意见》中，明确要"加强新业态新领域创新成果的知识产权保护"。涉及电学领域的互联网、电子商务、人工智能、大数据、云计算、芯片等技术逐步形成，并推动了新业态、新领域的深度蓬勃发展，新业态、新领域相关技术的专利申请量随之激增，为经济高质量发展注入了新的动力，也为知识产权保护的高质量发展带来挑战。

与此同时，国务院对知识产权保护提出了新的要求，要建立健全新领域、新业态创新成果的保护制度，进一步提升专利授权和确权质量，加快我国创新型国家和世界科技强国建设。在我国专利审查制度中，对一项申请是否具备创造性的判断是保证专利授权和确权质量的重要因素，对一项发明的权利要求是否具备创造性的审查也是专利申请在实质审查过程中的关键步骤。因而，电学领域中前沿技术的发展及专利保护成为业界最为关注的热点。

国务院印发《新一代人工智能发展规划》指出，人工智能发展进入新阶段，经过60多年的发展，特别是在移动互联网、大数据、超级计算、传感网、脑科学等新理论、新技术以及经济社会发展强烈需求的共同驱动下，人工智能加速发展，呈现出深度学习、跨界融合、人机协同、群智开放、自主操控等新特征。大数据驱动知识学习、跨媒体协同处理、人机协同增强智能、群体集成智能、自主智能系统成为人工智能的发展重点，受脑科学研究成果启发的类脑智能蓄势待发，芯片化硬件化平台化趋势更加明显，人工智能发展进入新阶段。当前，新一代人工智能相关学科发展、理论建模、技术创新、软硬件升级等整体推进，正在引发链式突破，推动经济社会各领域从数字化、网络化向智能化加速跃升。

我国发展人工智能具有良好基础。国家部署了智能制造等国家重点研发计划重点专项，印发了《"互联网＋"人工智能三年行动实施方案》，从科技研发、应用推广和产业发展等方面提出了一系列措施。经过多年的持续积累，我国在人工智能领域取得重要进展，国际科技论文发表量和发明专利授权量已居世界第二，部分领域核心关键技术实现重要突破。语音识别、视觉识别技术世界领先，自适应自主学习、直觉感知、综合推理、混合智能和群体智能等初步具备跨越发展的能力，中文信息处理、智能监控、生物特征识别、工业机器人、服务机器人、无人驾驶逐步进入实际应用，人工智能创新创业日益活跃，一批龙头骨干企业加速成长，在国际上获得广泛关注和认可。加速积累的技术能力与海量的数据资源、巨大的应用需求、开放的市场环境有机结合，形成了我国人工智能发展的独特优势。❶

近年来，在国家发展战略的有力指导下，电学领域中以人工智能、大数据、云计算、区块链、物联网为代表的前沿热点技术涌现，技术发展的特点主要有以下三点。

1）技术发展快速，专利申请量激增

以人工智能技术为代表的前言技术发展非常迅猛，人工智能的概念从 1955 年美国约翰·麦卡锡提出，1956 年在达特茅斯会议上得到确认，其发展历程经历起步发展期（1956 年至 20 世纪 60 年代初）、反思发展期（20 世纪 60 年代至 70 年代初）、应用发展期（20 世纪 70 年代初至 80 年代中）、低迷发展期（20 世纪 80 年代中至 90 年代中），和稳步发展期（20 世纪 90 年代中至 2010 年）、蓬勃发展期（2011 年至今）共六个阶段，如图 6 - 3 - 1 所示❷。历经潮起潮落，直到如今大爆发式的蓬勃发展。人工智能和大数据逐渐渗透在生态学模型训练、经济领域中的各种应用、医学研究中的疾病预测及新药研发等。深度学习通过一个有着多层处理单元的深层网络对数据中的高级抽象进行建模，更是极大地推动了涉及电学领域中的图像和视频处理、文本分析、语音识别等问题的研究进程。

在专利申请量方面，随着我国经济发展水平和科研创新水平的不断提升，我国发明专利申请总量呈快速增长的态势。根据 WIPO 公布的数据，截至 2022 年，我国发明专利申请量已连续 11 年居于世界首位，成为名副其实的专利大国。在新业态新领域中，互联网、人工智能、大数据、云计算、芯片等领域技术发展表现非常活跃。在中国专利数据库中，2004—2022 年在中国的发明专利申请量变化趋势如图 6 - 3 - 2 所示。

---

❶ 国务院. 国务院关于印发新一代人工智能发展规划的通知 ［EB/OL］. （2017 - 07 - 20）［2023 - 03 - 15］. http://www. gov. cn/zhengce/content/2017 - 07/20/content_5211996. htm.

❷ 程序猿_凡白. 人工智能概述：人工智能发展历程 ［EB/OL］. （2020 - 06 - 04）［2023 - 03 - 15］. https://blog. csdn. net/qq_41855990/article/details/106544075.

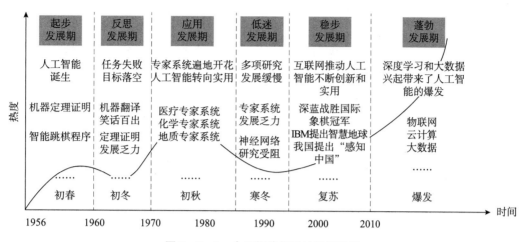

图 6 - 3 - 1　人工智能领域的发展阶段

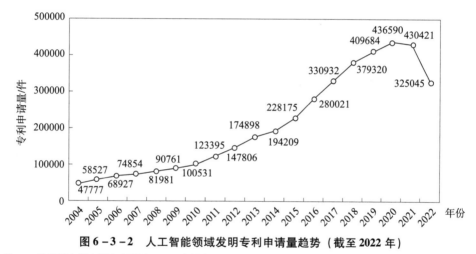

图 6 - 3 - 2　人工智能领域发明专利申请量趋势（截至 2022 年）

注：一般发明专利申请在申请后 3—18 个月公开，2020—2022 年的一些申请还处于待公开状态，因而图示申请量呈下降趋势。

从图 6 - 3 - 2 能够看出，从 2011 年起，最为热点的人工智能领域的发明专利申请量由起初的平缓增长逐渐到近几年出现陡增，并进入快速增长阶段，发展趋势表现出与图 6 - 3 - 1 中相应技术发展的阶段紧密同步，也体现出申请人对技术创新智慧成果的重视。知识产权作为无形财产，应真正为助力申请人智力成果的推广应用和保护创新，为申请人将高质量申请的智力成果更好地转化为生产力，推动社会经济效益发挥巨大作用。由此，涉及电学领域的科学技术的大发展和专利申请量的迅猛提升，对电学领域尤其人工智能、大数据领域的知识产权保护提出了更高的要求，为电学领域的专利审查从数量和质量上均带来了新的挑战。

2）应用领域广泛，跨界融合创新发展

随着电学领域科学技术发展，我国在互联网技术、人工智能技术、产业、应用及跨界融合等方面取得了积极进展。利用数据信息和互联网平台，使得互联网与各传统行业领域进行了深入融合。在科技产业发展中，利用互联网具备的优势特点，为传统行业的发展进行优化升级和转型，推动传统行业能够适应当下的新发展，从而最终推动各行各业不断向前发展。制造业、金融、医疗、农业、教育、交通、教育、对外贸易等传统行业都已在"互联网＋"的融合发展下增强了动能，充分推动了我国产业发展的规模和应用优势，加速了各产业发展的水平。在人工智能技术的驱动发展中，安防、智能家居、汽车驾驶、终端交互、计算机视觉、自然语言处理等领域也均得到广泛的技术应用。目前的前沿技术包括强化学习、深度学习、脑机接口技术、类脑芯片技术、智能机器人机交互技术、计算机视觉、目标检测、生物识别技术等，也正在推动着新一代人工智能技术的创新发展。

3）商业规则应用多样，智能算法发展迅速

算力和数据是人工智能的基础，人工智能的核心在于算法。在人工智能产业链的金字塔结构中，塔尖就是算法。换言之，算法体现人工智能的规则，人工智能依据数据得来的指向结果是通过算法的运行计算出来，实现对人的感知、思维、行为、表达的模拟。算法能够把纷繁复杂的数据转化为特定的、符合商业逻辑的关系结构或决策依据，借助算法来实现人类的感性思维活动。机器学习、知识图谱、自然语言处理、计算机视觉、生物特征识别、虚拟现实都离不开算法来实现对人类的模拟。

智能计算也被称为"软计算"，是人们受大自然中生物界规律的启迪，根据其原理，模仿求解问题的算法。人们从自然界得到启迪，模仿其结构进行发明创造，利用仿生原理进行设计，包括如人工神经网络算法、遗传算法、模拟退火算法和群集智能优化算法等。在网络模型与算法研究的基础上，利用各类算法特点组成实际的应用系统，例如，完成某种信号处理或模式识别的功能、构建专家系统、制成机器人、作业调度与排序、可靠性设计、车辆路径选择与调度、成组技术、设备布置与分配、交通问题、构建经济学模型研究某类策略、应用于免疫系统研究生命过程中的基因资源等。互联网技术在各领域的相互融合应用中，各领域对商业模式的应用实现，离不开体现其商业模式运作的规则。商业规则、管理规则、评价规则、推荐算法等均推动互联网科技迅速发展。计算机硬件的支持和智能计算使得新领域、新业态的发展得到了落地实现，体现商业规则和算法规则的发明在电学领域的人工智能、互联网等领域占有非常大的比重，成为备受关注的热点。

6.3.2　电学领域几种典型的权利要求

6.3.2.1　以计算机程序实现的发明申请的权利要求

《专利审查指南2010》第二部分第二章中规定，权利要求的两种基本类型包括产品权利要求和方法权利要求。在电学领域中，随着计算机技术的发展，大量的发明创造仅依靠计算机程序的创新即可实现，不必依赖于硬件的改动而不涉及对产品的硬件结构的改进，因而这类发明创造无法通过传统的产品权利要求寻求保护，通常主要以体现解决本发明技术问题必不可少的方法流程进行保护，权利要求的主题撰写为方法。有观点认为，方法或流程只能支持方法类型的权利要求，而不可能支持产品类型的权利要求，因而只以方法类型保护的权利要求不便于该类发明的申请人在后续司法侵权纠纷处理程序或法律裁决中对自身专利权利的主张。因此，考虑到涉及计算机程序的发明专利申请的特殊性，在《审查指南 2006》第二部分第九章第 5.2 节中增加了对权利要求书撰写的规定，允许对涉及全部以计算机程序流程为依据的发明，依照与反映该计算机程序流程的各步骤完全一一对应的方式撰写，或者按照与反映该计算机程序流程的方法权利要求完全对应一致的方式撰写装置权利要求。虽然这种产品权利要求非以硬件实体存在的功能模块架构的权利要求，但该特殊规定给全部以计算机程序实现的发明创造的权利保护和主张带来了便利。

在这种功能模块架构的产品权利要求基础上，2017 年修改后的《专利审查指南 2010》第二部分第九章中进一步明确了"计算机程序本身"和"涉及计算机程序的发明"二者的不同，并将"功能模块"修改为更准确的表达——"程序模块"，对涉及计算机程序发明的权利要求的撰写要求作了进一步修改，允许硬件实体为主题的产品权利要求可以通过计算机程序流程的形式来限定保护范围，即明确了硬件实体的装置权利要求的组成部分可以包括程序，而不再要求必须按照与反映该计算机程序流程的方法权利要求完全对应一致的方式撰写，由此使得涉及计算机程序的发明通过以硬件实体为主题的权利要求也能够得到保护，也即"包括程序组成的装置权利要求"。并且也首次允许以"计算机存储介质"为主题的产品权利要求可以采用通过计算机程序流程的方式进行限定，也即"介质＋计算机程序流程"的权利要求。

下面提供几类典型的电学领域的权利要求供读者了解。

权利要求保护主题类型示例：

1. 一种智能分析算法选取方法，其特征在于，所述方法包括：

获取监控场景的图像数据；

对所述图像数据进行分析，得到所述图像数据包含的各场景内容；

确定各所述场景内容各自对应的智能分析算法；

按照用于加载智能分析算法的计算节点的负载能力，在各所述场景内容对应的智能分析算法中选取目标智能分析算法，其中，所述目标智能分析算法的总算法负载不大于所述计算节点的负载能力。

…………

5. 一种智能分析算法选取装置，其特征在于，所述装置包括：

图像数据获取模块，用于获取监控场景的图像数据；

场景内容确定模块，用于对所述图像数据进行分析，得到所述图像数据包含的各场景内容；

初始算法确定模块，用于确定各所述场景内容各自对应的智能分析算法；

目标算法确定模块，用于按照用于加载智能分析算法的计算节点的负载能力，在各所述场景内容对应的智能分析算法中选取目标智能分析算法，其中，所述目标智能分析算法的总算法负载不大于所述计算节点的负载能力。

…………

11. 一种智能分析算法选取系统，其特征在于，所述系统包括：

场景分析模块，用于获取监控场景的图像数据；对所述图像数据进行分析，得到所述图像数据包含的各场景内容；

资源调度模块，用于确定各所述场景内容各自对应的智能分析算法；按照计算节点的负载能力，在各所述场景内容对应的智能分析算法中选取目标智能分析算法，其中，所述目标智能分析算法的总算法负载不大于所述计算节点的负载能力；利用所述计算节点加载所述目标智能分析算法。

12. 一种电子设备，其特征在于，包括处理器及存储器；

所述存储器，用于存放计算机程序；

所述处理器，用于执行所述存储器上所存放的程序时，实现权利要求1—5任一所述的智能分析算法选取方法。

13. 一种计算机可读存储介质，其特征在于，所述计算机可读存储介质内存储有计算机程序，所述计算机程序被处理器执行时实现权利要求1—5任一所述的智能分析算法选取方法。

上述示例中的权利要求1是以计算机程序实现的方法流程撰写的方法权利要求，权利要求5和权利要求11是以程序模块架构形式撰写的产品权利要求，权利要求12是以硬件实体为主题撰写的产品权利要求，权利要求13是以计算机介质为主题的产品权利要求。

6.3.2.2 多实施主体的单侧保护型的权利要求

在互联网、云计算、通信、医疗、物联网、区块链等电学领域中，发明技术方案的实施主体之间通常会发生较高程度的交互和融合。对于多个实施和执行主体共同实施的软件方法和商业方法，系统通常包括多侧实施主体的数据交互过程，而以系统整体进行撰写权利要求，则在主张专利侵权判定时，针对一个侵权执行主体采用全面覆盖原则来主张专利权利是非常困难的。因而，通常在相应领域中，申请人为了便于主张权利，通常会通过对每个执行主体的方案拆分，按照单侧撰写的原则提取每个实施主体的执行步骤，形成针对每个执行主体实施的技术方案。这也是该领域专利申请中典型的撰写形式。

权利要求示例：

1. 一种手机关机状态下共享充电宝租借方法，应用于客户端，其特征在于，包括：

采集用户的身份验证信息；

将所述身份验证信息发送给服务端；

收到来自服务端的所述用户的账户的账户信息并展示所述账户信息；

在所述账户内完成充电宝的租借操作或归还操作。

············

5. 一种手机关机状态下共享充电宝租借方法，应用于服务端，其特征在于，包括：

当接收到来自客户端的用户的身份验证信息，将所述用户的账户的账户信息返回给客户端；

当接收到来自客户端的租借请求时，从所述租借请求中获取租借的充电宝的信息，并将所述租借的充电宝的信息存入所述用户的账户的账户信息中，并向所述客户端返回租借确认命令；

当收到来自客户端的费用请求时，从所述费用请求中获取归还的充电宝的信息，并计算所述归还的充电宝的费用信息，并将所述费用信息发送给客户端；

当检测到用户针对所述费用信息完成付费后，将所述归还的充电宝的归还信息存入服务端上的所述用户的账户的账户信息中，并向客户端发送针对所述费用信息的付费完成通知。

············

10. 一种手机关机状态下共享充电宝租借系统，其特征在于，包括：服务端和至少一个客户端；

所述服务端用于实现如权利要求 5 所述的手机关机状态下共享充电宝租借方法；

所述客户端用于实现如权利要求 1—4 所述的任一项手机关机状态下共享充电宝租借方法。

从该示例可以看出，申请人从客户端、服务器以及整个系统的不同角度分别进行了多侧撰写。

6.3.2.3 新兴的以智能算法为主体的权利要求

在迅猛发展的人工智能、大数据等领域中，产业链基础层中数据计算、机器学习框架等类型的发明专利通常通过实现其方案的算法进行撰写，权利要求中通常包括多个步骤，权利要求的特征通常通过神经网络模型、深度学习模型、知识图谱等体现方案的改进；在创造性审查中，审查员检索到的现有技术也多出现于非专利论文、期刊、会议、技术网站等。

权利要求示例：

1. 一种基于深度学习的车辆检测方法，其特征在于，具体按照以下步骤实施：

步骤 1，构建带有标注和标签的图片库作为训练样本集和测试样本集；

步骤 2，构建改进的 Faster R－CNN 模型，所述改进的 Faster R－CNN 模型由区域建议网络和改进的 Faster R－CNN 网络组成；

步骤 3，利用 Edge Boxes 初步提取出较为准确的车辆候选区域；

…………

步骤 11，将步骤 9 产生的难负样本加入到训练集中，对网络再次训练，从而加强模型的类别判定能力，得到最优的改进的 Faster R－CNN 模型；

步骤 12，利用步骤 11 得到的最优的改进的 Faster R－CNN 模型，对实际中采集的待检测图像进行处理，从而得到车辆检测结果。

上述三类特点和相应的权利要求示例仅是对电学领域最为常见和最具有领域代表性的类型特点进行的说明，供读者了解电学领域申请文件的典型特点。电学领域涉及的子领域庞杂，在这里不再一一赘述。

6.3.3 电学领域创造性审查的难点和要点

随着互联网技术、人工智能技术、产业、应用及跨界融合等方面取得的积极进展，商业规则和算法、各领域智能技术应用等发明创造大量涌现。在电学领域中，我们该如何在专利制度下，基于专利法立法宗旨，既保护科学技术的创新发展，又平衡社会公众的利益，这使得我们在创造性评价中存在一些困惑。创造性评价的难点或关注点主要涉及以下方面。

（1）商业规则和算法作为涉及商业方法案件的核心，使得相应领域的专利申请中技术特征与商业规则和算法特征有着密不可分的关联性。涉及人工智能、"互联网＋"、大数据以及区块链等的发明专利申请，权利要求中往往既包含技术特征、又包含算法、商业规则和方法等特征。在对该领域申请的创造性审查中，对发明构思的确定、对区别特征的划分、对现有技术的结合启示的把握成为创造性审查中业界的讨论热点，也是申请人和审查员之间容易产生争议的焦点，与其他领域对一项发明的创造性把握存在明显的区别。

（2）技术应用领域广泛，基础的技术思路流程通常可以应用于不同的领域中以解决不同领域的技术问题，而核心硬件通常为计算机、处理器和终端等通用的硬件架构，或者基于规则和方法的实现而对基础硬件构件进行组织搭建。那么在这样的硬件架构下的计算机系统将其方法流程应用于不同领域中时，如何把握应用领域的差异给这类专利申请的创造性带来的贡献程度，不同的应用领域之间的应用是否存在技术启示、应用的难易程度有多大、达到的技术效果是否可以预期、在创造性审查中如何避免出现"事后诸葛亮"，也是在此类案件中创造性的审查难点。

国家知识产权局为落实中央文件要求、促进新形势下知识产权强国建设，满足创新主体对商业模式等新业态创新成果的专利保护需求，在 2017 年修改的《专利审查指南 2010》第二部分第一章第 4.2 节新增了以下内容："涉及商业模式的权利要求，如果既包含商业规则和方法的内容，又包含技术特征，则不应当依据专利法第二十五条排除其获得专利权的可能性。"由此向社会公众进一步明确，利用计算机和/或网络技术实现的，涉及金融、保险、租赁、拍卖、投资、营销、广告、经营管理等商业内容的发明专利申请，如果含有技术特征，不排除其获得专利权的可能性。

为全面贯彻党中央、国务院关于加强知识产权保护的决策部署，回应创新主体对进一步明确涉及"互联网＋"、人工智能等新业态、新领域专利申请审查规则的需求，国家知识产权局 2019 年 12 月 31 日以第 343 号公告发布《关于修改〈专利审查指南〉的决定》，再次对《专利审查指南 2010》进行了修改。此次修改细化了相关领域专利申请的审查规则、澄清了审查实践中很多疑难问题，力图实现进一步提高专利审查质量和效率、支撑创新驱动发展的目标。具体而言，对《专利审查指南 2010》第二部分第九章进行了进一步的完善性修改，进一步明确了涉及"互联网＋"等新业态、新领域专利申请审查规则的需求，在《专利审查指南 2010》第二部分第九章增加第 6 节"包含算法特征或商业规则和方法特征的发明专利申请审查相关规定"，其中，对涉及人工智能、"互联网＋"、大数据以及区块链等新业态、新领域的商业规则和方法等专利申请的一般审查原则作出相关规定。❶ 此次修改于 2020 年 2 月 1 日已施行。

对既包含技术特征又包含算法特征或商业规则和方法特征的发明专利申请进行创造性审查时，应将与技术特征功能上彼此相互支持、存在相互作用关系的算法特征或商业规则和方法特征与所述技术特征作为一个整体考虑。"功能上彼此相互支持、存在相互作用关系"是指算法特征或商业规则和方法特征与技术特征紧密结合、共同构成了解决某一技术问题的技术手段，并且能够获得相应的技术效果。

例如，如果权利要求中的算法应用于具体的技术领域，可以解决具体技术问题，那么可以认为该算法特征与技术特征功能上彼此相互支持、存在相互作用关系，该算法特征成为所采取的技术手段的组成部分，在进行创造性审查时，应当考虑所述的算法特征对技术方案作出的贡献。

再如，如果权利要求中的商业规则和方法特征的实施需要技术手段的调整或改进，那么可以认为该商业规则和方法特征与技术特征功能上彼此相互支持、存在相互作用关系，在进行创造性审查时，应当考虑所述的商业规则和方法特征对技术方案作出的贡献。❷

从《专利审查指南 2010》此次的修改可以看出，第二部分第九章中着重强调了创造性判断中应坚持以下原则：①整体考虑原则，该原则同样适用于第二部分第三章和第四章中新颖性和创造性的判断中；②关联考虑原则，即应将与技术特征功能上彼此相互支持、存在相互作用关系的算法特征或商业规则和方法特征与所述技术特征作为一个整体考虑，考虑算法特征或商业规则和方法特征对技术方案作出的贡献。这部分同时对"功能上彼此相互支持、存在相互作用关系"的概念进行了解释和举例说明。此处，"功能上彼此相互支持、存在相互作用关系"与第二部分第四章第 3.2.1.1 节中

---

❶　国家知识产权局. 2020 年《专利审查指南》第二部分第九章修改解读 [M]. 北京：知识产权出版社，2020：1.

❷　国家知识产权局. 专利审查指南 2010（2019 年修订）[M]. 北京：知识产权出版社，2019：183.

表述一致，在第九章特定的领域中进行再次强调也足以说明，在电学领域中人工智能、"互联网＋"、大数据等特定领域的发明专利申请的创造性审查中对技术特征和算法特征或商业规则之间关联性考量的极度重要性。

6.3.3.1 商业规则特征与技术特征的整体考量

对于涉及算法、商业规则或方法的申请，要整体上把握技术特征和算法、商业规则特征，应当将二者整体考虑，客观分析算法、商业规则特征与技术特征之间的关联性。如果二者在功能上彼此相互支持、存在相互作用关系，则应整体考虑其技术贡献；否则，则可将技术特征进行单独考量，而算法、商业规则特征通常仅涉及人为规定或商业规则而不能给方案带来技术贡献。

1. 应整体考量区别特征带来的技术贡献

【案例6－3－1】物流配送方法

【案情介绍】

涉案申请涉及一种物流配送方法。所要解决的技术问题是：在货物配送过程中，如何有效提高货物配送效率以及降低配送成本。技术构思是：物流人员到达配送地点后，可以通过服务器向订货用户终端推送消息的形式同时通知特定配送区域的多个订货用户进行提货，提高了货物配送效率并降低了配送成本。

涉及的权利要求内容如下：

一种物流配送方法，该方法包括：

当派件员需要通知用户取件时，派件员通过手持的物流终端向服务器发送货物已到达的通知；

服务器批量通知派件员派送范围内的所有订货用户；

接收到通知的订货用户根据通知信息完成取件；

其中，服务器进行批量通知具体实现方式为，服务器根据物流终端发送的到货通知中所携带的派件员ID、物流终端当前位置以及对应的配送范围，确定该派件员ID所对应的、以所述物流终端的当前位置为中心的配送距离范围内的所有目标订单信息，然后将通知信息推送给所有目标订单信息中的订货用户账号所对应的订货用户终端。

该申请的技术方案通俗来讲可以认为是一种快递配送方法：快递员通过手持的物流终端向服务器发送货物已到达的通知，然后由服务器批量通知派送范围内的所有订货用户，用户就可以收到短信，并根据短信通知完成取件。批量通知的具体实现方式为：服务器根据快递员发出的到货通知，提取里面的派件员ID、物流终端当前位置以及对应的配送范围，确定出与其对应的所有目标订单信息，接下来提取用户的手机号码，发送消息。可以理解，该申请主要是采用了这种批量通知的方式提高货物的配送效率，降低配送成本。

288

对比文件 1 涉及一种物流配送方法：由物流终端对配送单上的条码进行扫描，并将扫描信息发送给服务器以通知服务器货物已经到达；服务器获取扫描信息中的订货用户信息，并向该订货用户发出通知；接收到通知的订货用户根据通知信息完成取件。

可见对比文件 1 同样属于一种物流配送方法，具体来说是由物流终端对配送单上的条码进行扫描，扫描信息发送给服务器货物已经到达，服务器获取扫描信息中的订货用户信息，并向相应的用户发出通知。可以看出，对比文件 1 采用的通知规则是单个通知，快递员需要逐个地扫描每一件包裹，工作量比较大。所以该申请与对比文件 1 的主要区别特征在于，该申请采用了批量通知，而且给出了具体的批量通知的实现方式，具体包括服务器根据到货通知中的 ID、当前位置及对应的配送范围，确定配送范围内的所有目标订单信息，将通知信息推送给用户。该申请与对比文件 1 相比，权利要求的方案实际解决的技术问题是提高了订单到达的通知效率。

【案例评析】

对比文件 1 是否影响该申请的创造性，该如何考量？

首先，从技术贡献上，该申请为了实现批量通知，对服务器、物流终端和用户终端之间的数据架构和数据通信方式均作出了相应调整，取件通知规则和具体的批量通知实现方式在功能上彼此相互支持，存在相互作用关系；其次，从用户体验角度，通过上述改进，与逐个逐件通知相比，用户可以更快捷地获知订货到达情况的信息，能够提高用户体验；同时，现有技术并不存在对对比文件 1 作出改进并获得该申请技术方案的技术启示，该申请是具备创造性的。

这个案例提示我们，在该领域的审查中，不应当简单割裂技术特征和算法规则特征，而应将权利要求记载的所有内容作为一个整体，对其中涉及的技术手段、解决的技术问题和获得的技术效果进行分析。在创造性审查过程中，应当考虑与技术特征在功能上彼此相互支持、存在相互作用关系的算法特征或商业规则特征对技术方案作出的贡献。

2. 商业规则的改进未给方案带来技术改进

【案例 6 - 3 - 2】 自助实施数字优惠券的方法和系统

【案情介绍】

涉案申请涉及一种自助实施数字优惠券的方法和系统。在电子商务领域中，实施大型在线销售相关的许多不同优惠券是繁重并劳动密集的。该申请提供的方法和系统能够通过帮助卖主指定和每个数字优惠券相关的最大支出限制，使得卖主控制每个数字优惠券何时有效以应用于通过电子商务系统购买物品；当有效的数字优惠券的支出达到最大支出限制的预定百分比时，使数字优惠券中的有效优惠券无效。具体实现方案如下：如图 6 - 3 - 3 所示，自助端口提供具有用户界面的多个网络页面，帮助卖主直接控制促销活动 176 的各个数字优惠券 179 何时有效。用户界面 189a 包括和给定卖主相关的每个促销活动 176 的列表。在列表中和每个促销活动 176 相关的是活动开始日期 236 和活动结束日期 239。活动开始日期 236 和活动结束日期 239 指定和各个促销活动 176 相关的所有数字优惠券 179 有效的时间段。因此，考虑多个促销活动 176 可以是季节性的或与预定节日相关，具有时间性等，每个促销活动 176 指定激活其数字优惠券 179 的时间段。在有效的数字优惠券的支出达到最大支出限制的预定百分比之后，在预定时间段内，将发送到客户端的有效的数字优惠券无效。所述界面包括组件，能够帮助使得有效的活动无效。

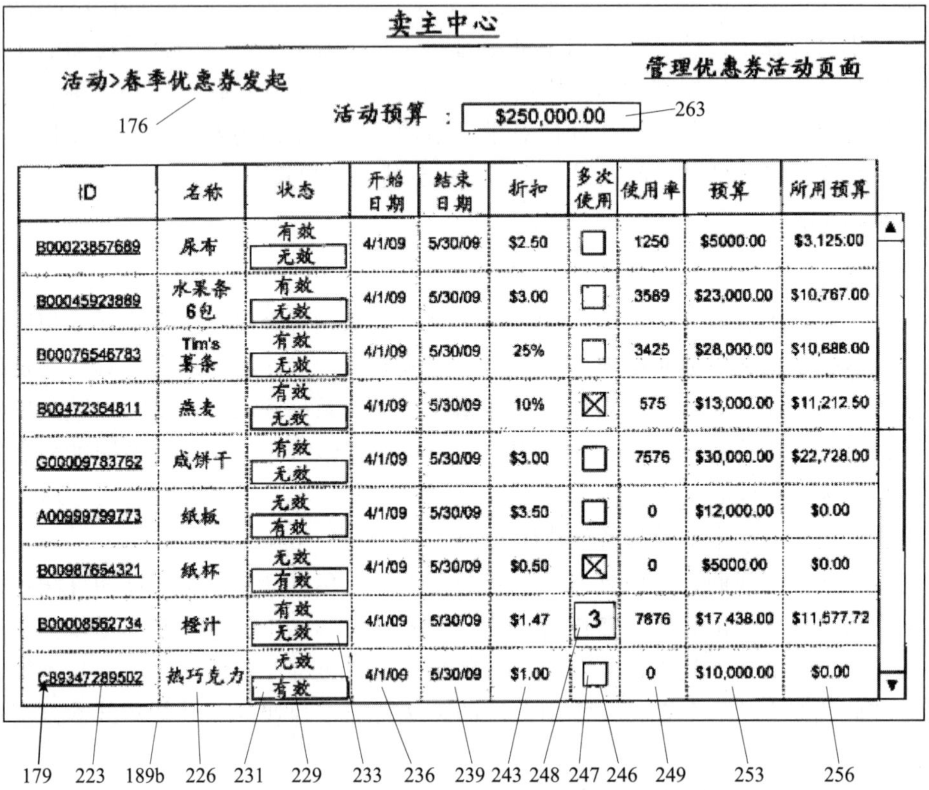

ID	名称	状态	开始日期	结束日期	折扣	多次使用	使用率	预算	所用预算
B00023857689	尿布	有效 / 无效	4/1/09	5/30/09	$2.50	☐	1250	$5000.00	$3,125.00
B00045923889	水果条 6 包	有效 / 无效	4/1/09	5/30/09	$3.00	☐	3589	$23,000.00	$10,767.00
B00076546783	Tim's 薯条	有效 / 无效	4/1/09	5/30/09	25%	☐	3425	$28,000.00	$10,688.00
B00472364811	燕麦	有效 / 无效	4/1/09	5/30/09	10%	☒	575	$13,000.00	$11,212.50
G00009783762	咸饼干	有效 / 无效	4/1/09	5/30/09	$3.00	☐	7576	$30,000.00	$22,728.00
A00999799773	纸板	无效 / 有效	4/1/09	5/30/09	$3.50	☐	0	$12,000.00	$0.00
B00987654321	纸杯	无效 / 有效	4/1/09	5/30/09	$0.50	☒	0	$5000.00	$0.00
B00008562734	橙汁	有效 / 无效	4/1/09	5/30/09	$1.47	3	7876	$17,438.00	$11,577.72
C89347289502	热巧克力	无效 / 有效	4/1/09	5/30/09	$1.00	☐	0	$10,000.00	$0.00

卖主中心
活动>春季优惠券发起 176
管理优惠券活动页面
活动预算：$250,000.00 263

179 223 189b 226 231 229 233 236 239 243 248 247 246 249 253 256

图 6-3-3　案例 6-3-2 涉案申请说明书附图

该申请权利要求 1 内容如下：

一种方法，包括如下步骤：

在计算设备中为多个卖主相关电子商务系统实施多个优惠券活动，每个优惠券活动包括至少一个数字优惠券；

通过自助端口帮助从各个所述卖主在所述计算设备中自动提交每个所述活动；

响应于各个所述优惠券活动的支出达到预定阈值限制各个所述优惠券活动的至少一个数字优惠券的分配，所述预定阈值包括各个所述优惠券活动的支出限制的百分比，所述百分比至少部分地基于优惠券的兑现率；以及

帮助所述卖主通过所述自助端口控制，关于和各个所述活动相关的所述数字优惠券是否有效以应用于通过所述电子商务系统购买物品；

其中针对优惠券的最大支出限制是基于兑现率和所述优惠券包括在相应网络页面中的比例的。

对比文件 1 公开了一种管理电子优惠券的系统，核心构思与该申请类似。系统中包括多个客户端，优惠券系统和多个客户端交互，系统中提供用户界面接口，用于生成或编辑优惠券广告，系统与用户界面间通过网络连接，通过网络执行优惠活动的提交，其中包括优惠券，用户通过接口浏览之前的优惠活动信息，系统中记录优惠活动的相关优惠券信息，由此用户可以进一步浏览相关信息，基于预算设定最大优惠数量，当达到设定值时使优惠券无效。

对比文件 2 公开了一种为产品创建活动的方法。在电子商务环境中，期望通过具有分发优惠券的能力来提高客户满意度。然而，还希望确保任何给定的优惠券仅由有权的客户使用一次。因此，该系统和方法将优惠券的使用强制执行到仅一次，并且该系统和方法将优惠券的使用限制到仅通过合适的活动（诸如促销）有资格的那些客户。这样的系统和方法将能够向潜在目标客户发送电子商务报价以获取新客户，同时保持与现有客户群的良好关系。其具体公开了能够对电子商务系统中优惠活动提供的优惠券进行无效处理，诸如通过指定用于无效的活动名称，并且确定优惠券是否被成功地离线。

【案例评析】

通过对对比文件的公开内容的分析对比，涉案申请权利要求 1 与对比文件 1 相比，区别特征为：①响应于满足所述最大支出限制，使和各个所述活动相关的所有数字优惠券无效，活动适用于经过所述电子商务系统购买物品；②定义一阈值为各个所述活动的最大支出限制的百分比，所述百分比至少部分地基于各个所述活动的兑现率，其中针对优惠券的所述最大支出限制是基于兑现率和所述优惠券包括在相应网络页面中的比例的；③响应于满足所述阈值，限制在一个或多个网络页面中包括优惠券，使得所述最大支出限制不被突出的优惠券的兑现超过。

基于以上区别特征可以确定，权利要求 1 实际解决的问题是：如何管理优惠券的使用。

上述区别特征①由对比文件 2 中公开的通过对使用次数的设置以对电子商务系统中优惠活动提供的优惠券进行无效的方式给出了在促销活动中对优惠券进行无效管理，以控制优惠券使用的启示。本领域技术人员根据活动需要制定如该区别特征所述的优惠券无效规则是容易想到的，并且该规则属于商业促销规则，并没有对电子商务系统带来技术上的贡献。

那么对于区别特征②和③该如何考虑？

根据对比文件 1 上述公开的内容可知，对比文件 1 中公开了根据支出的限制使活动无效，而由于采用设置阈值的方式来衡量评判标准属于本领域的公知常识，因此本领域人员根据优惠活动具体的操作需要，同时兼顾各个活动的需要，定义一阈值为各个活动的最大支出限制的百分比，限制优惠券的兑现数量，以更好地控制优惠券的发放量处于预算的范围内，这种规则的设定是容易想到的，并且这种规则设置属于本领域技术人员可以根据需要设置的商业规则，对所保护的电子商务系统并没有产生技术上的贡献。

对比文件1和对比文件2虽然没有公开根据活动兑现率定义指出限制的百分比（阈值），进而限制优惠券的兑换及无效。但对比文件1公开了："根据预算计算优惠券的最大数量，一旦发行的电子优惠券的数量等于优惠券的最大数量，系统将设置广告活动状态为'网络不活动'，从而不再发行电子优惠券。"该过程相当于对优惠券的兑现数量进行了限制。对比文件2公开了可以将优惠券设置为无效，同样也给出了使优惠券无效的技术启示。而至于该申请权利要求1中基于活动兑现率来制定最大支出限制百分比，其目的也在于控制优惠券的兑现量。本领域技术人员在对比文件1和对比文件2公开的内容的基础上，很容易想到采用其他优惠券管理规则来限制优惠券的兑现量。该申请权利要求1与对比文件1的区别主要在于优惠券使用的商业管理规则的设置，所解决的并不是技术问题，对所保护的方案并没有产生技术上的贡献。

综上所述，对于涉及算法、商业规则或方法的申请，在对创造性的审查中，要整体上把握技术特征和算法、商业规则特征，应当将二者整体考虑，客观分析算法、商业规则特征与技术特征之间的关联性。对于在最接近的现有技术的基础上，仅是针对算法规则的改进，并没有针对方案进行技术上的改进，这部分区别的实质仅仅是一种人为规定，并不能给要保护的方案带来技术上的改进，因而并不能使得方案具备创造性。

6.3.3.2 应用场景不同的创造性考量

在审查实践中，对于整体架构类似，但是应用场景不同的申请，应当客观判断应用场景的差异是否导致技术方案存在实质区别，要着重判断解决的技术问题是否实质相同，具体运作流程对于本领域技术人员而言是否存在实质差异，不同的应用领域之间的应用是否存在技术启示，应用的难易程度，不同场景的应用是否带来预料不到的技术效果等。

1. 应用场景不同给方案带来技术改进

【案例6-3-3】物品搜索方法、装置及机器人

【案情介绍】

涉案申请涉及一种物品搜索方法、装置及机器人。背景技术中指出，由于个人忽视或记忆力不好等原因，人们经常会在家里或者某个固定场所找不到当前需要的某样物品，如果能够借助机器人来找寻物品，用户找寻物品的效率将得到有效提高。为此，涉案申请主要解决用户寻找物品时效率低的问题，并提供一种物品搜索方法，如图6-3-4所示，能够实现：用户可以呼叫家庭中的某一个或某几个机器人20，如"Tom，帮我找找我的那本书放哪儿了，叫《钢铁是怎样炼成的》"，叫Tom的机器人接收到用户发出的语音信息后，通过语音识别和语义理解，识别出关键信息是"书"

"钢铁是怎样炼成的"，由此，当前的搜索任务即是搜索一本《钢铁是怎样炼成的》的书。接收到搜索任务之后，智能终端根据搜索任务所包含的关键信息来获取待搜索物品对应的 3D 模型，以便后续搜索过程中根据该 3D 模型来搜索待搜索物品。

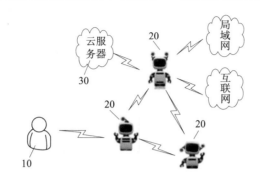

图 6 - 3 - 4　案例 6 - 3 - 3 涉案申请说明书附图

权利要求 1 如下：

> 1. 一种室内物品搜索方法，其特征在于，包括：
> 接收搜索待搜索物品的搜索任务，所述搜索任务为用户输入的语音信息；
> 根据所述搜索任务，获取所述待搜索物品对应的 3D 模型；
> 根据所述搜索任务，确定搜索所述待搜索物品的搜索任务组，所述搜索任务组为包括至少两个智能终端的智能终端集合；
> 根据获取到的所述 3D 模型，联合所述搜索任务组搜索所述待搜索物品，其中，所述搜索任务组的各个智能终端之间在搜索所述待搜索物品的过程中共享搜索结果；……。

对比文件 1 公开了一种水下搜救机器人的工作方法，将智能装备应用于海洋搜救任务中，水下搜救机器人的定位能力用于对海底取样，打捞遗失物品，挽回损失。为此对比文件 1 提供一种多水下搜救机器人协同控制系统，所述多水下搜救机器人协同控制系统包括至少两个所述水下搜救机器人、用于协调各机器人工作的服务器，以及用于提供电能的水下供能机器人（相当于权利要求 1 的智能终端）。各水下搜救机器人适于在各自的活动区域进行搜索活动（隐含公开了权利要求 1 的接收搜索待搜索物品的搜索任务），当其中一水下搜救机器人发现目标后，将目标位置发送至服务器，且由服务器通知各水下搜救机器人和水下供能机器人（相当于权利要求 1 的各个智能终端之间在搜索所述待搜索物品的过程中共享搜索结果）；以及所述服务器适于根据各水下搜救机器人当前的位置与目标位置确定一汇集点，即服务器通知各水下搜救机器人、水下供能机器人行进至该汇聚点进行汇合构成行进队列，且水下供能机器人位于队列最后，且为各水下搜救机器人提供电能，以前往目标地点。

对比文件 2 公开了一种移动巡检极地机器人自主充电系统及其方法，能够应用在南极科考站的电力系统巡检中，系统将目标物体的形状特征录入极地机器人的主控芯片中；机器人通过主控芯片控制摄像机云台匀速缓慢转动摄像机，使摄像机捕捉到极地机器人周边所有物体的图像；机器人主控芯片通过多边形匹配算法对摄像机所捕捉到的所有物体的图像进行形状对比处理，找出符合所述目标物体形状的图像，也即对比文件2公开了机器人根据接收到的目标物体的形状特征进行搜索，该特征在对比文件2中所起的作用与该申请中"根据该3D模型联合搜索任务组搜索所述待搜索物品"所起的作用类似，均是用于准确地搜索物品。

【案例评析】

对比文件1虽然也公开了一种搜索的方法，但涉案申请权利要求1与对比文件1的应用场景不同，权利要求1是用于搜索室内物品，对比文件1是用于水下搜救，室内和水下两者环境差异较大，导致在室内搜索时与在水下搜救时需要考虑的因素不同，从而导致二者在搜索方法的流程和有关搜索的技术手段的设置不同。具体而言，权利要求1室内物品搜索时用户和智能终端处在同一空间内，用户使用语音向智能终端输入搜索任务，提高了用户在操作上的便捷性，确定搜索所述待搜索物品的搜索任务组可以充分利用室内已有的各种智能终端参与搜索，并且室内物品通常有其习惯性的放置位置，根据待搜索物品对应的历史位置组进行搜索，从而提升搜索效率。而对比文件1在水下搜救时，通常用户和水下机器人不在同一空间内，用户不会直接使用语音向机器人输入搜索任务，水下搜救时通常只使用一种水下机器人，不存在同时存在多种水下机器人的情况，没有将多不同的机器人分组的需求，并且水下搜救任务的搜救目标的位置是随机的，不存在习惯性的位置，没有保存搜救目标的历史位置的必要性。因此，权利要求1对与比文件1的技术方案在整体上存在区别，二者的技术构思并不相同，对比文件1不能给出关于上述区别特征的技术启示。

虽然二者均涉及物品搜救，但不同的应用场景和具体技术手段的差异使得本领域技术人员在对比文件1的基础上没有动机将其应用于智能家居领域中并仅结合对比文件2中的"根据该3D模型联合搜索任务组搜索所述待搜索物品"的手段来得到该申请的技术方案。

2. 应用场景不同未给方案带来技术改进

【案例6-3-4】中药供应链溯源系统

【案情介绍】

该案例涉及一种中药供应链溯源系统，涉案申请所针对的技术问题是目前的溯源系统主要集中于牲畜和禽类，且溯源系统大多是单一的基于射频识别的系统，对药品的追溯与监管还没有实现大众化。因此，该申请提出一种药品溯源平台实现药品的溯源与监管方法，解决方案的系统架构包括如图6-3-5所示的三大部分：一是信息采集系统10，负责采集中药供应链中的中药信息，并将信息传送至服务器；二是服务器20，它负责存储中药信息并对其进行数据处理，具体来说是要生成与中药信息对应的信息查询编码或溯源码；三是信息查询终端30，具体为射频识别装置，与服务器通信连接，用于从服务器查询并获取中药信息。

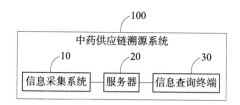

图 6-3-5　案例 6-3-4 涉案申请说明书附图

涉案权利要求内容如下：

一种中药供应链溯源系统，其特征在于，所述系统至少包括：

信息采集系统，用于采集所述中药供应链中的中药信息，并将该信息传送至服务器；

服务器，用于储存所述中药信息，并对所述中药信息进行处理；

信息查询终端，通过网络与所述服务器连接，用于从所述服务器查询并获取所述中药信息；

所述服务器还用于生成与所述中药信息对应的信息查询编码和/或溯源码；

所述信息查询终端为射频识别装置，其包括：射频识别模块，用于识别所述溯源码并获取对应的中药信息；显示模块，用于显示所述中药信息。

对比文件 1 的技术主题是一种基于移动智能终端的猪只养殖电子档案的构建方法，如图 6-3-6 所示。它的系统架构整体上也包括三大部分。首先是最底层的数据库层，

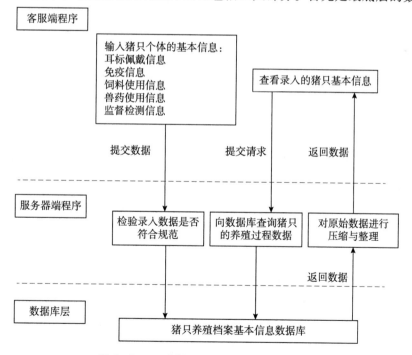

图 6-3-6　案例 6-3-4 对比文件 1 附图

对应于该申请的信息采集系统，用于建立猪只养殖档案基本信息数据库；其次是中间的服务器端，用于存储并处理基本信息数据，最后是最上层的客服端（客户端），对应于该申请的信息查询终端，用于与服务器进行网络通信，用来查询相应的猪只基本信息。也就是说，从系统架构来看，该申请和对比文件1是相同的，都是由数据库、服务器以及客户端构成，对比文件1实现的功能是对猪只建立电子档案，进而可以查看录入的猪只基本信息，实质上也实现了对猪只信息的溯源。

【案例评析】

如表6-3-1所示，通过特征对比，我们可以看出，区别特征①是处理的信息对象不同，该申请是针对中药信息的采集和查询，对比文件1是针对猪只信息的采集和查询；区别特征②是信息的加载方式不同，该申请是将服务器生成的信息查询编码和溯源码加载于中药产品的外包装或者小票上，而对比文件1是将记录猪只信息做成二维耳标佩戴在猪只身上；区别特征③是信息查询终端的具体方式不同，该申请是采用射频识别装置进行中药信息的采集和查询，而对比文件1中采用PDA，也即手持终端，进行猪只信息的采集和查询。通过上述对比，该申请与对比文件1最大的差异还是在于应用场景不同，而相应产生了上述三点区别。该申请相对于对比文件1实际解决的技术问题是提供一种应用于中药的中药信息溯源系统。

表6-3-1　案例6-3-4涉案申请与对比文件1的特征对比表

区别特征	涉案申请权利要求	对比文件1
区别特征①	溯源系统涉及中药相关信息的采集和查询	溯源系统涉及猪只信息的采集和查询
区别特征②	通过服务器生成信息查询编码和/或溯源码，加载于中药产品的包装或以小票方式与中药一体包装	记录猪只信息的二维耳标事先编写并佩戴在猪只身上，随着猪只的流转而流转
区别特征③	信息查询终端采用射频识别装置，用于识别所述溯源码并获取对应的中药信息	信息查询终端为PDA，通过输入猪只个体编码的方式进行查询

那么对比文件1能否评述该申请创造性呢？首先，对于区别特征①，二者的系统架构是相同的，均包括信息采集模块、服务器和客户端，而且发明目的均是对某种信息的溯源，虽然应用领域不同，该申请是应用于中药，对比文件1中是应用于动物猪只，但是，对于产品质量的过程监控以及生产过程可追溯的需求是现实生活和相应领域中客观且一直存在的；对于区别特征②，二者实质上均是对信息生成识别码并用于查询，而至于是先设置识别码再将相关信息与其关联储存，还是先获得相关信息再产生识别码，均是本领域惯用的技术手段；对于区别特征③，也就是具体的信息查询方式，无论是通过PDA这一公知的终端设备以输入编码的方式，还是通过射频识别的方

式进行信息识别，均是本领域的惯用技术手段。通过上述分析可知，在对比文件 1 的基础上结合本领域的公知常识得出权利要求 1 不具备创造性。

因此，在涉及商业模式的专利申请时，如果本申请的硬件架构与现有技术相同或相似，但应用场景不同时，应当考察二者针对实现的方法流程是否存在实质差异，所解决的问题是否实质相同，如果在现有技术基础上本领域技术人员有动机进行改进将其方案应用到本申请的领域或应用场景中，是否存在领域的转用带来的预料不到的技术效果。如果没有带来预料不到的效果，仅是针对新的领域带来可以预期的相应效果，则本申请相对于该现有技术不具备创造性。

6.4　化学领域的创造性审查

化学领域专利申请具有化学学科的一般特点，即以实验为基础、是宏观和微观的统一，与人类活动密不可分。本书所称的化学领域是广义上的化学领域，不仅包括无机化学、有机化学，还包括材料、医药、生物等与化学相关的周边领域。其特点包括：一些化学领域产品的组成或结构不明确，因而权利要求需要用参数进行限定，而参数属于性能特征，仅用参数表征的产品权利要求有片面性和模糊性的先天缺陷；此外，在多数情况下，化学发明能否实施往往难以预料，必须借助实验结果的证实才能得到确认，因而申请文件中的实施例、实验数据非常重要。

本节首先对化学领域的技术发展热点作简要介绍，继而展开分析化学领域权利要求的类型特点和解读方式，最后重点分析在创造性判断中对实验数据和参数限定的考量，以期为读者构建化学领域创造性审查的思维模式。

6.4.1　化学领域技术发展特点

化学与人类日常生活息息相关，从穿着的服装到一日三餐，以及各种生活用品、工业品、农业品、建筑材料、医药卫生等领域处处体现了化学技术日新月异、不断发展的情景。化学领域的创新技术门槛高❶，在研发过程中，需要投入大量的人力物力，需要专门的实验仪器和特定的实验条件。化学方法合成产物的结构和性能也需要通过多种仪器检测确定。在药物领域的新产品开发中，研发经费巨大、研究周期长，对于已经取得的结果需要多轮效果评估，流程复杂。与此同时，化学领域的技术研发需要大量的技术积累、沉淀和储备，技术创新具有明显的延续性特点，很少出现飞跃或跨步式的技术进步。目前化学领域的研究热点包括生物与医药技术领域的基因组、肿瘤、干细胞以及无机材料领域的磷酸铁锂、石墨烯材料、储能光电材料、无机纳米自清洁

---

❶　马天旗. 专利挖掘［M］. 北京：知识产权出版社，2016：188 – 190.

材料、3D 打印用陶瓷材料等。❶ 中国科学院发布的《2022 研究前沿》展示了化学与材料科学领域位于前十名的热点前沿，包括单原子催化、自供电可穿戴织物、用于水系电池的锌金属负极、具有圆偏振发光性质的热激活延迟荧光材料、用于锂硫电池的二维 MXene 材料、纳米酶、不对称催化合成轴手性化合物、机械化学、机器学习辅助的化学合成和多金属氧簇研究。❷ 化学领域除了向科技前沿的高新研究，作为传统工业中高污染、高能耗的代表，化学领域近年来也朝着减少有毒有害、降低生态破坏、提高生产效率、控制化工成本的方向发展，即绿色、高效、节能、自动化、智能化是化学领域技术发展的普遍方向。❸

6.4.2 化学领域几种典型的权利要求

随着化学领域各类型新技术的开发，相关领域的专利申请量居于高位。为了更好地建立化学领域的审查思维，本节首先介绍化学领域权利要求的表现形式，以期使读者对化学领域专利申请建立一个直观的认识。化学领域产品权利要求的范畴主要涉及化学物质、组合物、药品、饮食品、农药、微生物及生物制品等。❹ 方法及用途权利要求主要涉及上述产品的制备方法、参数及用途。下面介绍化学领域几种典型的权利要求的表现形式。

1）单一物质表征的权利要求

对于产品权利要求而言，由于化学类产品的复杂性，并非所有产品均能通过结构和/或组成特征进行清楚的表征。对于能用结构和/或组成特征表征的化学产品常以化合物、复合物、组合物的方式表征。化合物权利要求中，同一物质往往存在多种表征方式，包括俗名、化学名称、结构式、分子式、CAS 登记号等。化学名称即以国际通用的 IUPAC 规定的方式命名，具有统一的命名规则。分子式即用元素符号表明分子的组成及相对分子质量的化学组成式。CAS 登录号是美国化学文摘服务社为化学物质制定的登记号，该号是检索有多个名称的化学物质信息的重要工具。结构式是用元素符号和短线表示化合物（或单质）分子中原子的排列和结合方式的化学式，是一种简单描述分子结合的方法。以阿司匹林（aspirin）为例，"阿司匹林"为大众普遍使用的命名（俗名），由英语直译而来；其又名乙酰水杨酸，该名称表明其属于含有乙酰基的酸；化学名称为 2 - （乙酰氧基）苯甲酸。分子式为 $CH_3COOC_6H_4COOH$，CAS 登录号为 50 - 78 - 2，结构式如图 6 - 4 - 1 所示。

---

❶ 叶丽君. 对我国无机新材料领域的热点分析 [J]. 化学工业，2018，36（2）：24 - 29.

❷ 科睿唯安. 2022 全球化学与材料、化工领域 Top10 前沿报告发布 [EB/OL]. （2022 - 12 - 31）[2023 - 02 - 05]. https：//www.163.com/dy/article/HPUMTO910511BNSN.html.

❸ 吴健东. 化学工程与工艺自动化发展趋势 [J]. 天津化工，2022，36（5）：13 - 15.

❹ 唐代盛. 专利文件撰写 [M]. 北京：知识产权出版社，2017：198.

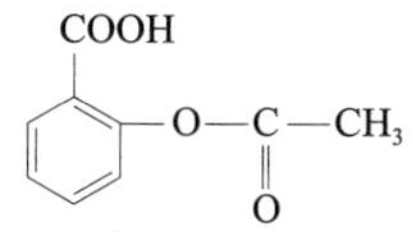

图 6 - 4 - 1　阿斯匹林结构式

对于化合物的表征方式，《专利审查指南 2010》第二部分第十章第 4.1 节规定："化合物权利要求应当用化合物的名称或者化合物的结构式或分子式来表征。化合物应当按通用的命名法来命名，不允许用商品名或者代号；化合物的结构应当是明确的，不能用含糊不清的措词。"

2）结构通式表征的权利要求

化合物权利要求较少保护单一物质，申请人为了拥有更大的保护范围，往往保护一系列具有相同结构或性质物质的集合。为了简单而准确地表达这一系列具有某些共同特点的物质，常以"结构通式"的方式进行表征。例如：

一种靶向 Neddylation 通路的抗肿瘤化合物，包括如式 I 结构通式的化合物：

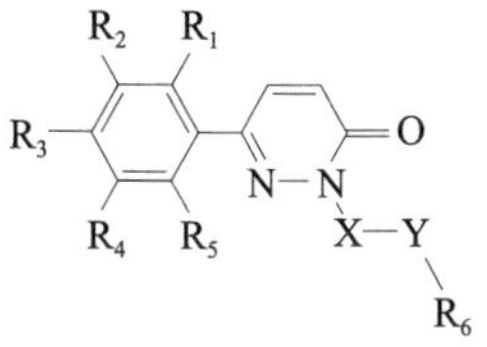

（式 I）

式中 R_1、R_5 分别选自氢、卤素、羟基、低级烷基……；R_2、R_3、R_4 选自氢、卤素、硝基、羟基……；R_6 选自氢、甲脒……；X 选自甲基、乙基……；Y 选自硫原子、氨基……

该权利要求表征的化合物的共有结构部分为一个苯基与哒嗪酮相连的结构，可变结构部分为取代基 R_1—R_6 以及 X 和 Y。当取代基选择不同基团时，即形成了一系列具有部分相同结构特征的不同物质的集合。需要注意的是，一般情况下化合物的功能由共有结构产生，即不同区别基团的功能常常是等效的；如果区别基团的选择导致化合物具备了不同的理化性能，则结构通式的设置可能是不合理的。

3）分子式通式表征的权利要求

复合物通常指由一系列分子（复杂有机物、无机化合物）以及单质相互结合组成的具有一定理化功能或物化特性的集合体，为了更加简洁地表明其成分，通常使用分子式通式表征。例如：

一种荧光体，其由通式：A_2MF_6：Mn^{4+} 表示，元素 A 为至少含有 K 的碱金属元素，元素 M 为选自 Si、Ge、Sn、Ti、Zr 及 Hf 中的一种以上的金属元素，F 为氟，Mn 为锰。

该权利要求用分子式通式表征了含有共有结构及可变结构的一系列复合物的集合，

其中共有结构为必须含有 A、M、F、Mn 四种元素以及各元素之间比例确定，可变结构是 A 元素以及 M 元素的具体选择。

4）组合物表征的权利要求

组合物是化学领域常见的产品权利要求类型之一，由两种以上组分构成，往往同时限定各组分的含量或比例。笔者依据权利要求中限定的组分在最终产品中的存在形式，将其分为以下几类。

（1）简单混合组合物，指权利要求限定的原料在最终产品中基本保持其固有属性的情形。例如：

> 一种复合肥料，其特征在于它由下述重量份的原料组成：硝铵磷 15—25 份、尿素 10—25 份、钾盐化肥 5—20 份、磷酸二氢钾 15—30 份、磷酸盐化肥 0—20 份、硫酸锌 4—8 份、硫酸锰 2—6 份和硼酸 0—6 份、黄腐酸钾 8—12 份。

该权利要求中，硝铵磷、尿素、钾盐化肥等组分通过机械混合从而形成最终复合肥料产品，复合肥料产品中各原料物质仍以原有的属性存在。权利要求还限定了各组分所占的重量份，当磷酸盐化肥和硼酸的重量份为 0 时，复合肥料中不添加相应组分。权利要求中限定"由……组成"表明其为一个封闭式权利要求，不含有未记载的其他组分。该权利要求表征了由 7—9 种组分构成的、各组分重量份在一定范围内浮动的复合肥料的集合。

（2）产生变化的组合物，指权利要求限定的原料在产品加工的过程中发生了实质的变化，不再具有原料本身的属性。例如：

> 一种陶瓷材料组合物，包括黏土、长石、石英和水等组分，其特征在于，在陶瓷组分中加入了具有四针状结构的氧化锌晶须，该组合物含量为：黏土 20%—40%、长石 10%—25%、石英 15%—25%、氧化锌晶须 2%—20%，水 15%—25%，经混合、研磨后在温度为 800—1300℃的环境下烧结而成。

该权利要求中，原料中的黏土、长石、石英、氧化锌晶须经过混合、研磨、烧结过程，其自身的属性发生了改变，各组分共同形成了坚硬的陶瓷产品。权利要求中的限定述语"包括"表明其为一个开放式的权利要求，即权利要求中还可以含有未记载的组分，但未记载的组分不应当影响该申请的技术效果。在该类型权利要求的审查过程中，需特别注意分清其中限定的组分在最终产品中是否依然存在，如权利要求中的水，在高温处理过程中就蒸发了。

又如：

> 一种用于防爆阀的 PTFE 薄膜，其特征在于，包括以下重量份的组分：PTFE 树脂 50—65 份，氧化钙 5—20 份，干冰 2—10 份，聚氨酯 5—15 份，聚苯酯 10—20 份。

该权利要求中各组分经过加工也不再保持各原料的固有属性，而是形成了一种具有防爆特性的薄膜。其中的组分之一为干冰，其作用为增加 PTFE 的脆性，使薄膜达到可爆破的性能，经过复杂的生产工艺之后，在最终产品薄膜中已不复存在。

5）参数表征的权利要求

对于化学结构尚不清楚的产品，允许使用参数和/或制备方法来定义。例如：

> 一种碳质材料，其通过元素分析求出的氮元素含量为 1.0wt% 以上……氮元素含量与氢元素含量之比为 6 以上且 100 以下……通过 X 射线衍射测定观测到的碳面间隔为 3.70 以上。

该案申请人通过元素分析、X 射线衍射表征了碳质材料的特点，将该申请的碳质材料与现有技术的碳质材料进行区分。在审查实践中发现，即使在产品的化学结构很清楚的情况下，很多申请人仍然倾向于通过参数表征来进一步限定产品。

又如：

> Ⅰ型无水的 4 -｛4 -［4 -（羟基二苯基甲基）-1 -哌啶基］-1 -羟基丁基｝-α，α -二甲基苯乙酸盐酸盐，其毛细管目测熔点在 196—201℃；在外推开始时的熔化吸热在 195—199℃，这是通过差示扫描量热法测定的；和 X - 射线粉末衍射图示基本如下表所示……

该权利要求的产品具有明确的结构式，但申请人仍试图通过毛细管目测熔点、熔化吸热、X - 射线粉末衍射来表征化合物的某些特点。在审查参数限定的权利要求时，需要判断权利要求限定的参数是否是该领域的一般参数。如果使用了非常用参数，如申请人自己定义的参数，此种情况下，申请人承担与现有技术进行区别的责任。❶ 此外，对于含有参数限定的权利要求，还要特别注意参数表征对权利要求的主题是否具有限定作用。对于该问题将在本章的第 6.4.4.2 部分详细展开。

6）方法表征的权利要求

化学领域的方法权利要求非常常见，通常采用具体步骤及参数进行表征。例如：

> 一种棉织物的前处理方法，包括：
>
> （a）准备工序；
>
> （b）退浆、将棉织物浸入退浆溶液中作退浆处理，退浆溶液配方为退浆酶 13—20g/L、苛性钠 5—10g/L、精炼剂 SR - 120 3—5g/L、浴比 1∶10；
>
> （c）精炼：将退浆后的棉织物放入精炼溶液中作精炼处理，精炼液包括精炼剂 SR - 120 3—5g/L、纯碱 5—10g/L、浴比为 1∶5—1∶30、温度为 70—90 ℃、精炼时间为 15—30min；
>
> （d）漂白；
>
> （e）预定型。

上述权利要求的主题是一种棉织物的前处理方法，由准备工序、退浆、精炼、漂白、预定型五个步骤组成。方法类权利要求存在工艺步骤多、工艺参数多等特点，通

---

❶ 马天旗. 国外及我国港澳台专利申请策略［M］. 北京：知识产权出版社，2018：152.

过撰写方式可知，其中关键步骤是退浆、精炼两个步骤，权利要求对这两个步骤使用的配方、浴比、处理温度和时间进行了具体限定。虽然通过撰写方式基本可以判断出该发明的关键，但仍要对说明书记载的事实进行认真核查，通过分析实验数据判定哪些技术手段是技术效果的关键影响因素，进而对权利要求限定的工艺步骤和参数进行拆解和分类。

7）用途表征的权利要求

对于已知产品，当发现有价值的新用途时可以授予专利权，由此产生了用途权利要求。例如：

一种透明质酸的新用途，其特征在于，用于降低精子离心损伤。

该权利要求中透明质酸属于已知产品，将其用于降低精子离心损伤的用途是申请人要求保护的发明点，属于一种用途发明。上述权利要求是典型的用途型权利要求。用途限定不仅存在于用途型权利要求，产品和方法权利要求中也常有用途限定的部分。

又如：

一种可纺织的绒真丝纤维织成的绒丝绸，其特征是，用于织造绒丝纤维要先用精炼助剂将生丝丝胶脱净，脱净后再使纤维膨化，使真丝直径变粗再施以非离子型软剂处理，再摩擦烘干。

该权利要求中"可纺织"即对"绒丝绸"这种产品的用途进行表征，表明其与其他绒丝绸的不同在于其可用于纺织工艺加工。

6.4.3　化学领域权利要求的解读

前文介绍了化学领域权利要求的主要类型，在审查实践中，权利要求的撰写方式多种多样。以产品权利要求为例，其中可能包括组成表征、结构表征、参数表征、制备方法表征、用途表征等。这些表征方式是否对权利要求的主题具有限定作用还需要根据技术方案的具体情况进行分析判断。

1）制备方法特征的限定作用

在审查过程中，权利要求中记载的制备方法特征是否具有限定作用，重点在于判断该制备方法特征是否导致权利要求的主题——产品本身的结构、组成或性质等方面产生了改变，换句话说，与不含制备方法特征的相同权利要求相比，产品本身是否产生了实质差别，如果制备方法特征导致产品的结构、组成或性质等方面产生了改变，则制备方法特征具有限定作用，如果权利要求中制备方法特征不论是否存在，对于产品本身结构、组成或性质等都没有影响，则该制备方法特征对权利要求的主题没有限定作用。下面通过两个例子，对制备方法特征的限定作用进行详细阐述。例如：

一种橡胶泡沫材料，其制备工艺为：①将橡胶生胶或者塑炼后的橡胶生胶100质量份、填料0—200质量份与硫化剂0.5—10质量份混炼制成混炼胶；②通过对热压成型的温度进行控制，得到预硫化程度沿厚度方向梯度变化的坯体，从而得到梯度泡孔结构的泡沫材料；③将具有梯度泡孔结构的预硫化橡胶泡沫材料在150—250℃硫化1—3h即得到橡胶泡沫材料。

该权利要求的主题是一种橡胶泡沫材料，其中，对热压成型的温度进行控制从而实现材料中泡孔的直径和密度沿着材料厚度方向，从一侧向另一侧呈连续梯度变化的技术效果。权利要求中的制备方法限定导致申请中的橡胶泡沫材料与本领域一般的橡胶泡沫材料在泡孔的大小、密度和排列方式存在明显区别，故权利要求中限定的制备方法特征具有限定作用。

又如：

一种二酮衍生物，其特征在于，所述衍生物的结构如式 I 所示：其中 X 为 C 或 N；Y 为 C 或 N，R_1 为氢、氯或溴，R_2 为氢或异丙基；

（式 I）

其制备方法为，在碱性三乙胺和羧基活化试剂，（2 – 氧化 – 恶唑 – 3 – 基）磷酸二苯酯条件下，酸酐化合物与苯胺衍生物反应生成如式 I 的二酮衍生物。

该权利要求的主题为一种二酮衍生物产品，权利要求已经通过结构通式明确限定了化合物结构，虽然权利要求中进一步限定了化合物的制备原料和制备工艺，但通过上述制备方法表征得到的产品与通过该结构通式表征的产品无法进行区分，即不管制备方法特征是否存在，权利要求的保护范围是相同的，因而权利要求中针对制备工艺的限定不具有限定作用。

2）使用方法特征的限定作用

使用方法是指产品在使用过程中应遵循的操作方法。通常而言，对于同一种产品，不同的使用方法不会导致产品本身的结构、组成或性质等发生改变，因而在很多情况下产品权利要求中记载的使用方法特征对产品本身都没有限定作用。但仍然存在例外情形，例如使用方法特征可能暗含了对产品状态的表征。下面通过两个具体实例，对使用方法特征的限定作用进行详细阐述。例如：

一种用于沙漠、沙地沙质土壤的生物菌肥，……分别形成根瘤菌肥、巨大芽孢杆菌肥和胶冻样芽孢杆菌肥；三种菌肥分开存放，在使用时充分混合。

该权利要求的主题为一种生物菌肥产品，由三种不同的菌肥共同构成，组成明确。其中限定的技术特征"三种菌肥分开存放，在使用时混合"似乎是对生物菌肥存放及使用方法的限定。一般情况下，对于产品的存放和使用方法不影响产品本身的结构或组成，因而不具备限定作用。但该申请中"三种菌肥分开存放"表明该申请生物菌肥的产品状态由未混合的三种菌剂共同构成产品，从而与本领域通常采用的三种菌以混合方式构成产品进行区分,"在使用前混合"表明在使用中,该申请的三种菌是以混合方式施用的。上述限定的目的是防止菌种在保存期间产生拮抗反应从而降低复菌的活性。由此可知,其中的使用方法限定构成了对产品在不同时期具体状态的限定,具有限定作用。

又如:

一种蹄角蛋白液的制备方法,其特征在于,包括以下步骤:

1)往搅拌桶中加入300份水,15份氢氧化钾,搅拌使其充分溶解(2)将选取和蹄角颗粒倒入搅拌桶中,加热至80—100℃后保温;

…………

7)过滤去除杂质,即得;

所述的蹄角蛋白液的应用,1份蹄角蛋白液和1000份水充分搅拌后,喷到果树的树叶和果实上,既为果实提供了养分,并使得果实更加美观。

该权利要求的主题是一种蹄角蛋白液,其中步骤1)—7)已经限定了产品的具体制备工艺。权利要求虽然进一步限定了蹄解蛋白液使用方法特征,但使用方法特征的限定不影响产品本身的结构或组成,因而不具备限定作用。

3)用途特征的限定作用

用途特征表征了权利要求主题产品的应用领域,在判断用途特征的限定作用时,要考查权利要求中用途特征以外的其他特征是否已经足够清晰、完整、明确地表征了产品的结构、组成或性质等特点。如果不论权利要求是否限定用途特征,产品的保护范围已经足够清晰、完整、明确,则用途表征不具有限定作用。当产品权利要求并没有完整、清晰、明确地限定保护范围时,如果用途特征隐含了该产品具有某方面的性能特点,则该用途特征具有限定作用。例如:

一种防水、防紫外线多功能蕾丝面料,包括:棉纤维35—48份、纳米二氧化钛8—10份、天莲纤维20—32份、柑橘纤维5—8份、竹笋纤维2—4份、高岭土3—5份、炭黑2—5份、甲苯1—3份、丁酮1—2份。

权利要求主题中"防水、防紫外线"是对蕾丝面料用途的限定,由于权利要求记载"包括",即其为开放式权利要求,用途特征隐含了该面料中还可能添加了具有防水、防紫外线功能的其他物质,故此时的用途限定对权利要求具有限定作用。

又如:

一种适用于海洋环境钢铁工程材料的杀菌防腐锌镀层,其特征在于,镀液由4,5-二氯-N-辛基-4-异噻唑啉-3-酮和镀液体系混合。

权利要求的主题中"适用于海洋环境钢铁工程材料"是对镀层具体用途的限定,该权利要求是一个封闭式权利要求,此时权利要求要求保护的产品——锌镀层的保护范围是否已被其所具有的组分明确确定了呢?经分析可知,其中的组分"镀液体系"是一个宽泛的概念,并未明确限定其所包含的成分,因而主题中的用途限定"适用于海洋环境钢铁工程材料"隐含了对镀液体系的选择性，具有限定作用。

再如：

> 一种防水、防紫外线多功能蕾丝面料，由以下组分构成：棉纤维 35—48 份、纳米二氧化钛 8—10 份、天莲纤维 20—32 份、柑橘纤维 5—8 份、竹笋纤维 2—4 份、高岭土 3—5 份、炭黑 2—5 份、甲苯 1—3 份、丁酮 1—2 份。

该权利要求中针对"防水、防紫外线"的限定即产品的用途限定，由于该权利要求限定"由……组成"，为封闭式权利要求，明确限定了面料的各个组分，其中各组分也具有清晰的定义，因而主题部分的用途限定未对产品本身的结构或组成产生影响，不具备限定作用。

最后如：

> 一种可提高制冷设备能效的制冷剂，其特征在于，含有质量百分比为 0.005%—0.15% 的纳米粒子，其中，所述纳米粒子为石墨烯或氧化石墨烯材料。

上述权利要求虽然是一个开放式的权利要求，但其中的用途限定"可提高制冷设备能效"是一个笼统的定义，不具有明确、清晰的意义，因而未对产品的结构或组成产生影响，不具备限定作用。

由上述案例可知，各种类型的表征对于权利要求是否有限定作用，需要根据不同案例中的具体情形一一甄别。对于权利要求中参数表征是否有限定作用，将在后文"参数限定"部分详细介绍。

4）权利要求解读示例

前文总结了化学领域权利要求的各种表征方式。在审查意见通知书答复的过程中，随着申请人的修改、权利要求的叠加和合并，这些表征方式常以结合的方式存在于一个权利要求中。对于含有多种表征方式的权利要求，如何判断其中各种表征方式的限定作用？现以一个典型示例介绍含有多种表征方式权利要求的解读。例如：

> 一种防治芦笋茎枯病的水悬浮剂，由以下组分组成，苯醚甲环唑 300g，丙烷脒 100g，木质素磺酸盐钠 42g，十二烷基苯磺酸钙 41g，十二烷基甜菜碱 50g，脂肪醇聚氧乙烯醚 60g，甘油 51g，阿拉伯树胶 1.5g，去离子水 354.8g，将上述原料经 1000r/min 搅拌混合，再加入砂磨机中研磨 1.5 小时，经 5000r/min 高剪切混合后调配制得到稳定的水悬浮剂，将上述得到的水悬浮剂按 1000 倍稀释喷雾。

该权利要求的主题为一种水悬浮剂产品。其含用途限定"防治芦笋茎枯病"；组分种类和含量的限定"苯醚甲环唑 300g，丙烷脒 100g，木质素磺酸盐钠 42g，十二烷基苯磺酸钙 41g，十二烷基甜菜碱 50g，脂肪醇聚氧乙烯醚 60g，甘油 51g，阿拉伯树胶 1.5g，去离子水 354.8g"；制备工艺的限定"上述原料经 1000r/min 搅拌混合，再加入砂磨机中研磨 1.5 小时，经 5000r/min 高剪切混合后调配制得到稳定的水悬浮剂"以及使用方法的限定"将上述得到的水悬浮剂按 1000 倍稀释喷雾"。由该权利要求的表述可知，其主题为一种水悬浮剂产品，且通过"由……组成"限定构成了封闭式权利要求，不包含未记载的组分。其中组分和含量的限定表征了悬浮剂的明确组成，具有限定作用。制备工艺中研磨、剪切的步骤条件限定了悬浮剂的物理状态，有限定作用。由于权利要求的主题为一种产品，并限定了明确的组成和制备工艺，因而"防治芦笋茎枯病"的用途没有隐含其结构和/组成的改变，对产品本身没有限定作用。水悬浮剂按 1000 倍稀释喷雾的使用方法对悬浮剂本身物理化学结构不产生影响，同样无限定作用。

根据前文引用的众多案例可知，对于权利要求中各种类型的限定，要考虑这些限定是否导致了技术方案在结构、组成或工艺步骤等方面产生了实质的影响：如果是这样的，则限定具有限定作用；如果限定未对技术方案的主题产生实质影响，则不具有限定作用。

6.4.4　化学领域创造性审查难点和要点

如前所述，在多数情况下，化学发明能否实施往往难以预料，必须借助实验结果的证实才能得到确认；化学领域产品的组成或结构不明确，权利要求常常需要用参数进行限定。因而，申请文件记载的实验数据如何正确解读和分析、如何判断其证明力、如何判断权利要求中的参数限定是否被对比文件公开、是否构成与最接近现有技术的区别特征等都是化学领域的审查难点和重点。

6.4.4.1　实验数据

众所周知，化学反应是物质在分子层面发生改变，并产生了新的物质。化学反应属于微观形态的变化，因而难以通过普通人肉眼直接确认。《专利审查指南 2010》第二部分第十章第 1 节规定，在多数情况下，化学发明能否实施往往难以预测，必须借助于试验结果加以证实才能够得到确认。实验数据是化学专利申请中"事实"部分的重要组成部分。在审查过程中，对申请文件以及对比文件记载的实验数据进行充分、客观的判断是正确进行创造性评价的基础。

1）实验数据的构成

实验数据用于证明说明书宣称的技术效果。实验数据包括实验方法、表格数据及能够对事实进行佐证的图表以及图片等。对实验数据进行分析时，实验方法是否属于所属领域的一般方法，实验数据是否符合常规、有无明显缺陷、实验数据对技术效果是否具有证明力属于审查的重点内容。实验方法包括对比实验的整体设计、实验操作方法、检测设备及检测方法等。下面以一个包含多种类实验数据的案例来展示常见的实验数据类型。

某申请涉及一种碳纳米纤维基电催化剂的制备方法。该案为证明其制备的电催化剂的技术效果，使用辰华 CHI-760e 电化学工作站对实施例 1—4 及对比例 1—5 制得的碳纳米纤维基电催化剂进行光电催化性能测试。并记载其检测方法为：

通过将 5mg 催化剂分散在由 650μl 去离子水、250μl 乙醇以及 100μl nafion 所组成的混合溶液中，随后用微量注射器取 $5\mu l$ 分散液滴在玻碳电极表面，自然烘干。在充满氧气的 0.1M 氢氧化钾溶液中利用旋转圆盘电极在电位区间为 0.06—1.06V 且扫描速度为 10mV/s 的条件下，测试催化剂在转速为 1600 转的条件下的 LSV 曲线，取极限电流密度值的一半的电流密度所对应的电位作为该催化剂的半波电位。结果如表 6-4-1 所示。测试过电势（电流密度 $10mA/cm^2$ 处对应的过电势）的实验步骤与上述相同，但是电位区间设置为 1.06—1.80V，扫描速度设置为 5mV/s，取电流密度为 $10mA/cm^2$ 处对应的电位减去 1.23V 所得到的数值大小即为该催化剂的过电势大小。循环稳定性测试通过利用循环伏安法测得，首先记录催化剂在转速为 1600 转时在电位区间为 0.06—1.06V 且扫描速度为 10mV/s 时的起始 LSV 曲线，随后利用循环伏安法将催化剂在 0.56—1.06V 电位区间内以 100mV/s 的扫描速度进行 8000 次 CV 测试，测试完成后按照上面测试起始 LSV 曲线的方法来记录经历了 8000 次 CV 测试后的 LSV 曲线，并将其和起始的 LSV 曲线的半波电位进行比较。

表 6-4-1　实施例 1—4 及对比例 1—5 制得的碳纳米纤维基电催化剂的比表面积及电催化性能

比较对象	比表面积/(m^2/g)	半波电位/mV	过电势/mV	8000 次循环后的半波电位/mV
实施例 1	240.45	800	370	761
实施例 2	235.21	794	458	753
实施例 3	237.33	791	390	747
实施例 4	241.25	802	371	763
对比例 1	224.52	780	405	730
对比例 2	213.20	770	397	729
对比例 3	229.26	792	395	752
对比例 4	227.33	790	393	749
对比例 5	0.18	610	最大电流密度小于 $10mA/cm^2$	557

　　除了性能数据以外，该案还提供了实施例 1 及对比例 1—2、5 制得的碳纳米纤维基电催化的 XRD 图（见图 6-4-2），以及实施例 1—3 和对比例 1—2、5 的扫描电镜图（见图 6-4-3）。

　　该案中提供的实验数据种类包括产品与对比例性能测试数据对比、产品与对比例 XRD 图以及扫描电镜图片。从产品性能、定性分析以及产品外观三个角度证明了产品所具有的各方面特点，体现了产品与对比例的差异。

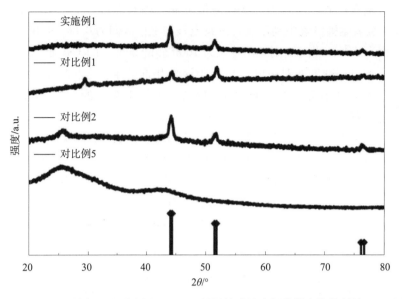

图6-4-2 实施例1和对比例1、2、5制得的碳纳米纤维基电催化剂的 XRD 图

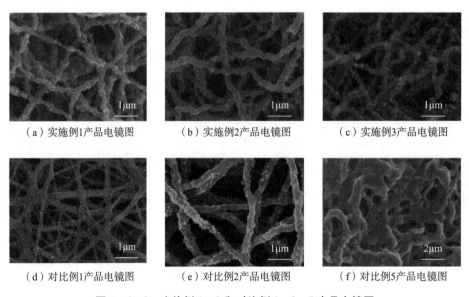

（a）实施例1产品电镜图　　（b）实施例2产品电镜图　　（c）实施例3产品电镜图

（d）对比例1产品电镜图　　（e）对比例2产品电镜图　　（f）对比例5产品电镜图

图6-4-3 实施例1—3和对比例1、2、5产品电镜图

2）实验数据的证明力

（1）说明书记载了有证明力的实验数据。令人信服的实验数据可以证明技术方案具有申请人宣称的技术效果，也可以证明技术方案相对于最接近的现有技术具有预料不到的技术效果。例如：

某申请涉及一种含拟除虫菊酯杀虫剂的组合物。关键技术手段在于，同时含有 A 嘧螨胺和 B 拟除虫菊酯类杀虫剂氰戊菊酯，A、B 两种活性组分的重量份数为 1：20—20：1。本申请说明书记载，其技术效果在于将具有不同作用机理的活性组分复配，降低用药量，扩大杀虫谱。说明书中实验部分对实验方法进行了详细的说明。

供试靶标：德国小蠊（Blattella germanica）成虫，室内饲养的敏感品系。

药液配制：根据不同试验需要，用电子分析天平分别准确称取供试样品，原药以丙酮溶解，再用 0.1% 吐温 80 水按照实验设计剂量稀释成具一定浓度梯度的系列药液。

试验方法：采用药膜法测定对德国小蠊成虫的活性大小，首先选用洁净的 250ml 三角瓶，按试验设计从低剂量到高剂量的顺序，将用丙酮稀释的不同浓度的药液加入到三角瓶中，每瓶 10ml，然后迅速转动三角瓶使药液均匀展着在瓶壁上，置阴凉处自然阴干。挑选整齐一致的试虫加入到三角瓶中，每瓶 10 头，每处理重复 3 次，另设空白对照。

将处理后的试材置于观察室内，观察室的温度、湿度、光照按需可调节。96 小时后调查死、活虫数，用 abbott 公式计算各个处理的实测死亡率。混配效果评价采用 Bliss 法，同实施例 20。如果两种活性组分在以一定浓度混合后标靶的实际死亡率大于理论死亡率 P，则判定两种活性组分在在设定浓度下混合使用具有增效作用，反之则为拮抗作用。

嘧螨胺与氰戊菊酯混配对德国小蠊协同作用测定结果见表 6-4-2。

表 6-4-2　嘧螨胺与氰戊菊酯混配对德国小蠊协同作用测定结果

供试药剂	浓度/（mg/l）	实测死亡率（96h）/%	理论死亡率/%	协同作用
A 嘧螨胺	10	0.0	—	—
B7 氰戊菊酯 （fenvalerate）	200 10	91.7 50.0	— —	— —
A + B7	10 + 200 10 + 10	100.0 70.0	91.7 50.0	增效 增效
CK	—	0.0	—	—

实验数据显示，A 和 B7 复配后产生了明显的协同增效，以浓度为 10mg/l 嘧螨胺进行试验时，死亡率为 0，而 10mg/l 的氰戊菊酯的死亡率为 50%，将 10mg/l 没有杀虫效果的嘧螨胺与 10mg/l 的氰戊菊酯复配后，其理论死亡率应为 50%，而实测死亡率达到了 70%，远远超出了预期。

审查员经检索得到 2 篇对比文件，对比文件 1 公开了一种杀虫杀螨组合物，其中含有作为活性成分的通式 I 化合物，具体可以为嘧螨胺，并公开可以向组合物中添加能与通式 I 的化合物兼容的其他活性成分，如其他的杀螨剂/杀虫剂等。对比文件 2 公开了一种杀虫剂，为氰戊菊。虽然对比文件 1 和对比文件 2 证明该申请的两种杀虫剂为常见杀虫剂种类，但由于该申请的实验方法设计合理，方法及数据经分析真实有效，实验数据表明两种杀虫剂复配产生了叠加增效，因此认为该申请相对于对比文件存在预料不到的技术效果，具备创造性。

（2）说明书中没有实验数据证明技术效果。当申请文件中仅在背景技术和发明内容部分记载了文字表述的技术效果，而未对实施例得到的产品的性能进行检测时，技术效果的信服力大大降低。例如：

> 一种黏合剂组合物，包括占组合物总重量 10%—50% 的树脂，包括聚丙烯酸酯聚合物和硝基纤维素；2.5%—5% 增塑剂；40%—87% 溶剂，聚丙烯酸酯的软化点在 30—100℃，分子量在 30000—150000。

该申请说明书记载，采用特定软化点和分子量的聚丙烯酸酯与硝基纤维素共同制备黏合组合物，能够达到人民币安全线生产的性能标准，承受近 190℃ 高温。然而该申请说明书仅罗列了组合物的制备例，没有记载任何实验数据证明技术效果。此时，审查员仅能够依据各组分公知的效果进行效果确认。经检索公知常识获知聚丙烯酸酯和硝基纤维素均可以作为黏合剂使用，因而本领域技术人员可以预期包含聚丙烯酸酯和硝基纤维素的组合物具有黏合作用，但无法预期其高温耐受性能够适用于人民币安全线的生产。在创造性评判断中，认为技术方案具有黏合剂的效果，而不能认可其具有耐 190℃ 高温的技术效果。

（3）说明书中有实验数据仍无法证明技术效果。在实际审查过程中，并非所有的实验结果均能对说明书宣称的技术效果进行有效证明。实验数据存在的缺陷包括实验设计缺陷、实验类型缺陷、实验真实性存疑等。例如：

某申请涉及一种用于沙漠、沙地沙质土壤的生物菌肥，其要解决的技术问题是生物菌释放到沙漠环境中存在水土不服，活性降低的问题。解决上述技术问题的关键在于采用基质与三种菌组合构成复合菌剂。说明书的实验设计将生物菌肥与无机肥（即不含菌的化肥）、空白载体（即不含菌的基质）、不施肥进行对比，应用于数种作物在沙漠土壤种植，检测作物的成活率、地上生物量、根系生长量。该实验数据即存在与宣称技术效果没有直接对应的缺陷。首先，对比例使用无机肥、空白载体和不施肥进行对照，其中无机肥是由氮、磷、钾等化合物构成的化肥，不含菌，不属于生物菌肥的同类型产品，难以比较该申请的生物菌肥与现有技术中普通的生物菌肥的效果差异。其次，作物成活率、产量的增加可能由生物菌肥活性提高导致，也可能为生物菌肥与无机肥或空白载体提供的营养元素不同、适应性不同等因素产生。即作物成活率高、生物量和生长量高与复合菌剂的活性高属于相关关系，而非因果关系。因此，实验数据不能证明该申请生物菌肥的活性提高。上述实验设计存在与说明书宣称的技术效果关联性不强的缺陷。对于该案，应将该申请的生物菌肥与市场上常见的同类生物菌肥或与调整菌种种类的菌肥进行对比，应用于同样的沙漠环境下，检测不同时间点在沙质土壤中微生物的存活数据，以证明该申请菌种的选择对沙漠条件下存活效果的提高的影响。上述例子说明当申请文件中实验设计存在缺陷时，实验数据的证明力下降。

有时，虽然申请文件记载了实验数据，然而对实验数据进行分析和解读后，发现实验方法不属于本领域通用的检测方法，则实验数据欲证明的技术效果同样不能被接受。例如：

某申请涉及一种用于 PCTG 黏合包胶的 TPE 合金材料的制备方法。该申请说明书并未针对 TPE 合金材料对 PCTG 包覆黏结力进行定性或定量测试，仅以"E 优异，F 差"的方式对包覆黏结力进行了断言性的结论描述，如表 6 - 4 - 3 所示。

表 6 - 4 - 3　TPE 合金材料包覆黏结力评价表

编号	实施例 4	实施例 5	实施例 9	对比例 1	对比例 2
PCTGOM（240℃）	E	E	E	F	F

注：E 为优异，F 为差；240℃为包覆成型温度。

且该申请说明书未具体描述包覆黏结力的测试方法，由于该申请记载的测量方法不属于所属领域公知标准测试方法，其评级也不具备公知标准，因此该申请的实验结果不能用于证明发明的创造性。

此外，实验方法如果存在违反本领域技术人员一般常识的操作方式，也会导致实验数据证明力显著下降。例如：

某申请说明书实验方法部分记载：配制 1000ml 混合溶液……将配制好的混合液完全倒入 250ml 的三口烧瓶中。由于将大体积的混合溶液完全倒入小体积的三口烧瓶不可能实现，因此实验方法存在明显瑕疵，实验数据不能够作为创造性评判的依据。

3）关于补交的实验数据

由于申请人在撰写申请文件时，检索到的现有技术不一定是最接近的现有技术，因而申请文件中提供的实验数据与审查员检索到最接近的现有技术的实验数据之间往往不具可比性，难以证明其技术效果。在申请人初始提交的申请文件存在欠缺的情况下，可以在审查意见答复中提交补充实验数据。

2020 年修订的《专利审查指南 2010》对第二部分第十章新增了第 3.5 节关于补交的实验数据 3.5.1 审查原则："判断说明书是否充分公开，以原说明书和权利要求书记载的内容为准。对于申请日之后申请人为满足专利法第二十二条第三款、第二十六条第三款等要求补交的实验数据，审查员应当予以审查。补交实验数据所证明的技术效果应当是所属技术领域的技术人员能够从专利申请公知常识开的内容中得到的。"

下面以几个实例表明如何考虑补交的实验数据的有效性和证明力。

【例 1】权利要求要求保护一种铜合金，限定了铜合金的具体组分。申请文件说明书中强调了铜合金具有高导电性，但无实验数据佐证。审查员引用对比文件评述了权利要求不具备创造性。申请人在意见陈述中补交了涉及铜合金强度和塑性等力学性能的实验数据，与该申请说明书记载的导电性并无关联。因而申请人补充的实验数据与待证事实无相关性，属于无效的补充实验数据。

【例 2】权利要求要求保护一种可擦洗功能型硅藻装饰材料，并限定了材料的具体组成。申请文件中并无各组分复配的实验数据。该案争议点在于各组成之间的复配是否产生了预料不到的技术效果。针对审查员的审查意见通知书，申请人提供了补充实验数据，但其仅记载了对材料进行干磨和湿磨实验，对于实验过程的具体参数、测试条件均未记载。在没有记载实验相关参数及测试条件时，难以判断实验结果的优劣，即申请人补充实验数据的证明力不足，属于无效的补充实验数据。❶

【例3】权利要求要求保护化合物 N－（3′，4′，5′－三氟联苯－2－基）－1－甲基－3－二氟甲基－1H－吡唑－4－甲酰胺。说明书记载该化合物用于防治小麦的叶锈病。该案在无效宣告请求审查过程中，专利权人提供了申请日后的补充实验证据。合议组对该案的说明书内容和补充实验证据进行充分考量，得出结论认为说明书在申请日前已完成了对该化合物的活性测试并且获得了低于20%的侵染，专利权人提供了申请日后的实验证据以使化合物与证据1中现有技术进行效果比较，技术效果数据根据原始申请文件给出的信息能够得到，因而实验数据能够予以接受。对于补充实验数据的证明效果，合议组认为，补充实验数据真实有效，结论合理。专利权人无法在申请日前针对所有现有技术方案进行效果对比实验，在无效宣告请求程序中根据请求人主张的现有技术方案进行效果对比，在无效宣告请求审理阶段提供了专利权人单方实验和第三方机构实验两份证明，采用大致相同的实验条件获得了近似的实验结论，每个实验的细节均具体清晰，不存在明显不合理之处，相互印证了化合物相对于现有技术结构接近的化合物获得了活性显著提高，因此对于该案中涉及的补充实验数据所证明的事实予以接受。❷

6.4.4.2 参数限定

在专利审查中，参数通常用于表明某一性质的程度（如分子量、黏度、折射率、机械强度等），或某一条件（如温度、压力、组分含量）的数值。参数限定属于化学领域专利审查的难点之一。

1）参数限定的分类

权利要求中出现的参数种类很多，为了便于归类，笔者将其分为以下几类。从参数的限定对象来看，参数包括性质参数和条件参数。性质参数限定某一物质所具有的性能，如分子量、特性黏度、X 衍射、阻燃性等。条件参数是限定物质性质以外的其他参数，如某一组分的含量、某一结构的尺寸、某一步骤的操作条件等。此外，对于一个技术方案而言，如果改进手段是因，技术效果是果，那么参数限定从使用角度上又可以分为结构参数和效果参数。其中，结构参数是为解决某个技术问题所采取的手段，如限定某原料组分的含量、某结构的尺寸、某步骤的操作条件、某原料的特性等，是对"因"的表征；效果参数表征技术方案所实现的技术效果，如改进后纤维的达到的断裂强度、改进后涂料的黏接性能、改进后化合物的抗过敏效果等，是对"果"的表征。在化学领域的专利申请中，权利要求中经常同时包含几种类型的参数限定。

---

❶ 赵凯，韩强，游学为，等. 浅谈化学领域创造性答复中如何有效地补充实验数据［J］. 中国发明与专利，2019，16（S2）：33 –36.

❷ 王险. 农药化合物补充实验数据在新版专利审查指南下的审查研究［J］. 世界农药，2022，44（1）：22 –24，45.

例如：

在含载于硅质载体上的磷酸催化剂的催化体系存在下，将烯烃水合成相应醇的方法，其特征在于，

a. 通过反应器的水与烯烃的摩尔比在 0.15—0.50 范围内；

b. 水/烯烃混合物的空间速度为 0.010—0.100g/（min·cm^3）催化剂体系；

c. 磷酸的浓度，按重量计，为催化体系总重量的 5%—55%；

d. 硅质载体是由 SiCl$_4$ 水解制得的合成硅石，所述硅石载体的孔隙度至少为 0.8mg/g、平均抗碎强度至少为 5.5kg 以及控重量计，纯度至少为 99%；

e. 烯烃水合反应在 170—300℃ 温度下进行；以及

f. 该反应在 2000—24000kPa 压力范围内进行。

该权利要求中，水与烯烃的摩尔比、催化体系的空间速度、磷酸的浓度、水合反应温度和压力均属于条件参数。合成硅石的孔隙度、平均抗碎强度和纯度为反应其性质的性质参数。权利要求中所有的参数都属于结构参数，是为将烯烃水合成相应醇所采取的技术手段。

又如：

具有肖氏 A 型硬度小于 40 的弹性体层的片材，该弹性体层的对不锈钢的黏合力在 90°剥离强度下不大于 11oz/in。

其中，"肖氏 A 型硬度小于 40" 和 "对不锈钢的黏合力在 90°剥离强度下不大于 11oz/in" 均为性质参数，限定了片材所具有的两种性能。在该技术方案中 "肖氏 A 型硬度小于 40" 为结构参数，即为改进片材性能所采用的手段，"对不锈钢的黏合力在 90°剥离强度下不大于 11oz/in" 为效果参数，即片材改进后所获得的性能。

2）化学领域参数限定的审查

（1）条件参数。条件参数是限定某一组分的含量、某一结构的尺寸、某一步骤的操作条件等。其属于技术方案为获得其所宣称的技术效果所采取的技术手段，因而一般认可条件参数对要求保护的技术方案具有限定作用。在判断权利要求中某一条件参数是否给技术方案带来创造性贡献时，要考虑该条件参数与技术方案所宣称的技术效果之间是否有对应关系。若根据说明书的记载结合实验数据证明某一条件参数属于发明点，则需要在现有技术中寻找启示，如使用对比文件或公知常识证据评述该参数的选择是否显而易见。若通过说明书的记载以及实验数据分析不能确认其作用，即属于非发明点，则认为其不属于必要技术特征，可以采用直接认定公知常识的方式进行评述该参数，以提高审查效率。

（2）性质参数。性质参数限定某一物质所具有的性能，根据技术方案中性质参数的作用可以分为结构参数（又称为"手段参数"）和效果参数（又称为"目标参数"）。性质参数往往表征物质在某一方面的性能，具有很强的特异性。同一产品可以检测的性能非常多，例如，纺织领域的纤维，可以检测的性能包括断裂强度、抗弯刚度、回潮率、阻燃性能、耐热性、耐日光性、耐酸性、耐磨性、染色性等，针对不同的使用

需求，可以进行多种不同性质的表征。对比文件未公开该申请的性质参数可能是未进行相应项目的检测，而不一定是产品本身不同。所以，对于性质参数，要认真分析技术方案，考虑性质参数是否构成区别特征。

《专利审查指南2010》第二部分第三章3.2.5节规定，对于包含性能、参数特征的产品权利要求，应当考虑该性能、参数特征是否隐含了要求保护的产品具有某种特定的结构和/或组成。如果该性能、参数特征隐含了要求保护的产品具有区别于对比文件产品的结构和/或组成，则权利要求具备新颖性。如果根据该性能、参数特征，无法将要求保护的产品与对比文件产品区分开，则可推定权利要求不具备新颖性。

专利审查指南中关于参数限定的规定显然是针对性质参数进行的说明，虽然位于新颖性章节，但其实质表达的是要考虑性质参数限定的特征是否构成了本申请与对比文件的区别特征，在创造性判断过程中，往往也采用同样的考虑标准。

3）参数限定在化学领域的创造性审查实例

化学领域创造性审查的难点在于性质参数是否构成本申请与对比文件的区别特征，在分析时，要关注性质参数与技术方案中其他手段之间是否产生对应关系。如果通过实验数据能够确定权利要求中限定的性质参数与其他手段呈因果关系，性质参数（往往是效果参数）可能不构成区别。例如：

> 一种备长炭纤维，其主要由聚酯与备长炭微粉和抗氧剂组成，其中备长炭微粉的含量为1wt%—2wt%；备长炭微粉的粒径为200—800目；所述备长炭纤维的碘吸附量为100—140mg/g，体积比电阻为 3.0×10^7—$7.0 \times 10^7 \Omega \cdot cm$。

技术方案中，备长炭微粉含量为条件参数、备长炭微粉粒径为结构参数，二者均用于为改进纤维性能所采取的技术手段。碘吸附量和体积比电阻为效果参数，属于纤维改进性能所获得的结果。经检索得到对比文件1：一种备长炭短纤维，通过在聚酯纤维内混入备长炭制备，其中备长炭含量为1wt%—5wt%，备长炭粒径为200—600目。

在考察该申请与对比文件1的区别特征时，需要考虑效果参数与技术方案中其他手段之间是否有关联，如果该申请说明书和实验数据的记载表明碘吸附量、体积比电阻与备长炭微粉的含量、粒径存在对应关系，即可以确定碘吸附量和体积比电阻的数值就是由1wt%—2wt%的备长炭微粉含量或200—800目的备长炭微粉带来的。则由于对比文件1公开了与该申请相同的备长炭微粉含量以及备长炭微粉粒径，必然具有相同的碘吸附量和体积比电阻。此时，该申请与对比文件1的区别特征就可以确认为只包括：权利要求1还含有抗氧剂。另一种情况是，若备长炭纤维的碘吸附量、体积比电阻与备长炭微粉的含量、粒径并无关联，则需要认可权利要求中效果参数的限定作用，此时，该申请与对比文件1的区别特征确认为：①权利要求1还含有抗氧剂；②权利要求1限定了备长炭纤维的碘吸附量和体积比电阻。

据此可知在分析权利要求中表征产品性质的参数时，要考虑这些性质参数与其他技术手段之间有无关联性，是否通过其他的技术手段的限定已经可以直接获得这些性质参数。如果是这样的，则上述性质参数与对应的技术手段共同构成一组特征，在确定区别特征时，只考虑产生性质的技术手段即可。

在审查实践中，参数限定的形式多种多样，当权利要求限定的参数与对比文件公开参数以不同的角度呈现时，如何判断本申请的参数是否被公开？下面以两个例子进行解释说明。

一种荧光体，其由通式：A_2MF_6：Mn^{4+} 表示，元素 A 为至少含有 K 的碱金属元素，元素 M 为选自 Si、Ge、Sn、Ti、Zr 及 Hf 中的一种以上的金属元素，F 为氟，Mn 为锰，所述荧光体在颗粒表面含有含 Ca 化合物，利用 X 射线光电子能谱法分析得到的原子组成比 $Ca/(Ca+A)$ 为 0.05 以上且 1 以下。

该权利要求限定了荧光体的组成，并限定了荧光体表面含有 Ca 化合物，通过参数限定表征了含 Ca 化合物的含量。

对比文件 1 公开了具有相同组成的表面含有 Ca 化合物的荧光体，并公开用含 Ca 化合物处理荧光体表面后 Ca 化合物的存在量为 10mol% 以上，80mol% 以下。该案的关键在于判断权利要求 1 中参数限定"利用 X 射线光电子能谱法分析得到的原子组成比 $Ca/(Ca+A)$ 为 0.05 以上且 1 以下"是否被对比文件 1"含 Ca 化合物处理荧光体表面后 Ca 化合物的存在量为 10mol% 以上，80mol% 以下"公开。

该参数限定属于结构参数，即用于改进技术方案的技术手段，根据判断并没有与之相关联的其他技术手段，因而具有限定作用。但由于该申请与对比文件的技术方案非常类似，都是将荧光体浸渍在含 Ca 化合物的水溶液中，让荧光体表面覆盖上 Ca 原子。由于该申请与对比文件采用两种不同的撰写方式，因此技术特征是否被对比文件 1 公开无法直接比较。经分析，上述两种撰写方式均是表征荧光体经过浸渍后表面覆盖 Ca 原子的程度。为了对两种不同方式的参数进行比较，需要对该申请中公式表达的含义进行进一步分析，经分析可知，当 $Ca/(Ca+A)=1$ 时，A 的含量为 0，X 射线光电子能谱检测不出荧光体表面碱金属元素的存在，即荧光体表面完全被 Ca 化合物覆盖。当 $Ca/(Ca+A)=0.05$ 时，Ca 化合物仅占荧光体表面 5% 的覆盖面积。即权利要求 1 中的参数限定实际上表征了荧光体表面 Ca 化合物覆盖率为 5%—100% 的范围。而对比文件中 CaF_2 表面 Ca 存在量在 10mol%—80mol% 之间，有非常大的概率落在权利要求 1 的 5%—100% 数值范围之内。根据以上分析，可以推定该申请对于原子组成比的参数限定已被对比文件 1 所公开。

在该案中，虽然该申请与对比文件 1 对同一技术手段的参数采用了不同的表征方式，无法直接比较，但审查员通过对权利要求 1 限定的内容进行深度分析，确定了其实质含义，并由于其限定了覆盖率为 5%—100% 这一很大的范围推定出其已被对比文件 1 公开，从而得出了正确的结论。

又如：

一种农业用膜，包括乙烯·乙酸乙烯酯共聚物（A）和聚烯烃（B）。乙烯·乙酸乙烯酯共聚物（A）中来自乙酸乙烯酯的结构单元的含量为 14 质量% 以上，且基于 JISK7210－1999 以 190℃、2160g 的负荷条件测得的熔体流动速率即 MFR 为 11g/10min 以上且 300g/10min 以下。

经检索，对比文件 1 公开了一种农业用膜，其也含有组分 A 和 B，并公开了组分 A 的熔体流动速度为 MFR 为 15g/10min，落在权利要求的数值范围之内。但问题在于对比文件 1 未公开熔体流动速的检测方法和检测条件。此时，权利要求 1 的参数限定是否构成与对比文件 1 区别？为了确认对比文件 1 公开产品的检测条件，审查员以对比文件 1 公开的产品名称 EVAFLEX－2807 为入口，经检索发现了一份证据 JP2003246694A，其中公开了三井杜邦聚合化学株式会社制造的产品 EVAFLEXP－2807 是在 JISK7210 的标准下测定的熔体流动速率。并通过三井杜邦聚合化学株式会社官网中公开的内容确定，其熔体流动速度的测试均采用 JISK7210－1999 标准，即是在 190℃、2160g 的负荷条件进行测定。审查员通过上述辅助证据证明对比文件 1 的 EVAFLEX－2807 的 MFR 为 15g/10min 是基于 JISK7210 标准，在同样的温度和压力条件下测定的，因此不构成与对比文件 1 的区别。

根据以上实例可知，对于化学领域权利要求的参数限定，要考虑其与技术方案中其他手段是否存在内在关联，并要结合具体案情分析参数所表征的实质含义，以及结合多种手段补充对参数限定的理解，以求达到客观、全面的事实认定。

第 7 章　创造性审查的大局思维

任何工作，只有把握好局部和整体、个人与集体的关系，树立正确的大局意识，在工作中把握大局，认清形势，形成大局思维，才能对自身工作有更清晰的定位，进而更好地服务于大局。专利审查作为现代政府提供的公共服务之一，必然也要服务于国家治理体系和治理能力现代化的大局。因此，在从事专利实质审查，进而实现鼓励创新的立法本意的工作中，培养和形成审查中的大局思维，就是保证审查工作能够服务于整个国家现代化目标的重要和必要手段。

在谈及审查工作需要何种"大局思维"之前，我们首先要厘清几个概念。什么是"大局意识"？如何才能在工作中践行"大局意识"？知识产权以及专利审查的大局是什么？

7.1　大局意识

"大局"是指宏观的、战略的整体局面和全局形势，带有根本性、决定性和方向性的特征。❶ 大局意识要求善于从全局高度、用长远眼光观察形势，分析问题，善于围绕党和国家的大事认识和把握大局，自觉地在顾全大局的前提下做好本职工作。

而要培养和落实作为方法论的大局意识，要在工作中把握好四个统一。❷

一是全局与局部的统一。大局意识要在全局与局部的空间维度展开，在全局与局部的关系中思考问题。大局意识首先是一种系统观。把握事物的整体性是这种系统观的实质。全局与局部的统一，是一种内在的统一，是对大局自身整体性的把握。全局与局部统一的内涵，就是全局由局部组成，全局高于局部、统率局部。把握好全局与局部的统一就要求我们在工作中不仅要认识到自身在全局中的地位与作用，也要立足自身位置为全局的正常运行出谋划策。

二是当前与长远的统一。按照辩证法的观点，世界是不断地发展的，故步不前是无法适应世界的发展的。因此无论何种工作，要维持正常的功能，必须要紧跟时代的脚步，跟随世界的发展不断发展自己。大局意识本身也是一种发展观，其实质是在阶段性与长远性之间保持一种平衡，阶段性要服务于长远性，长远性要以阶段性为依据。

---

❶　晓山. 新时代高素质党员干部三十六种意识 [M]. 北京：东方出版社，2021：13.
❷　司天卓. 大局意识的方法论探析 [J]. 领导科学，2020，763（2）：34 – 35.

做具体工作要脚踏实地，不能好高骛远，但制订工作计划时则需要有战略定力和前瞻性，保证当前工作为未来发展提供基础，不使其成为空中楼阁。

三是主体与客体的统一。大局意识需要具体的人去落实，去践行，大局意识需要一种自觉，只有自觉的主体才能将自身工作统一于大局，服务于大局，在日常的工作中胸怀大局，从大局的立场出发理解工作的内容和意义。因此，大局意识还是一种自觉观，它要求我们对待工作发挥主观能动性，不是被动应付，而是主动承担，为大局发展贡献力量。

四是规律和目的的统一。大局意识的系统观体现出大局内在与外在普遍联系的基本规律，大局意识的发展观体现出大局随时间不断发展的基本规律。另外，大局意识的自觉观说明主体对大局的能动作用，这使大局的内外联系与自身发展包含了人的目的，这种目的不是单个人的目的，而是普遍人的目的，更具体地说，就是人民群众的诉求，这本身就体现出以人民为中心的价值追求。所以，大局意识又是一种价值观。在工作中，只有时时、事事怀着以人民为中心的价值目标，才算是具备大局意识。

要在实践中充分发挥大局意识的方法论力量，还应具体探讨运用大局意识方法论的三个维度，那就是正确认识大局、自觉服从大局、坚决维护大局。

增强大局意识，正确认识大局是前提。大局既带有根本性、决定性和方向性的特征，又是不断发展变化的，只有保持清醒的头脑，才能面对新情况新问题层出不穷的时代，正确应对机遇与挑战。要用系统论来正确认识局部在全局中的地位和作用，对审查工作对于全局的影响和全局对局部的要求有清醒的认识；用发展的角度了解阶段与长远的统一，工作中既有阶段目标，也有长远目标，充分理解阶段目标对长远目标的意义；从自觉的角度把握自觉能动性，明确主体责任，主动担负责任，加强岗位能力锻炼，充分提高主体的能力，为客体目标的实现提供保障；以价值的角度把握大局意识的价值意义，自觉将人民群众的利益放在工作的中心位置，怀着为人民服务的情怀做好本职工作。

增强大局意识，自觉服从大局是重点。大局意识体现的是高瞻远瞩的政治见识和开阔包容的胸襟情怀，能够把握现在、透视未来，跳出一时一事、一地一己的局限，正确处理局部与全局、个人与整体、当前与长远的利益关系。[1] 仅仅正确认识大局是不够的，对于党员干部主体来说，大局并不仅仅是认识上的主客体关系，更是一种内在的同一关系。自觉服从大局的实质，即主体在正确认识大局的前提下，将自身目标统一到大局目标当中。更具体地说，就是自觉地在思想上、政治上、行动上同党中央保持高度一致。如今，国际的大局以维护世界和平发展、打造人类命运共同体为主线，国内的大局以实现中华民族伟大复兴为主线。自觉服从大局就意味着在日常的工作中要将这些目标作为工作的目标，自觉实践。

增强大局意识，坚决维护大局是关键。树立大局意识，仅仅认识大局、服从大局是不够的，还必须坚决维护大局。只要是对党和国家的事业发展有利、对长远发展有

---

[1] 《"四个意识"专题解读》编写组. "四个意识"专题解读［M］. 北京：中国言实出版社，2017：88.

利，就应该坚决做、马上办、干到位。把个人和部门的工作与大局联系起来，同贯彻落实党中央重大决策部署一致起来，积极推进中央各项政策措施落地。同时，在工作的规划和落实中，还要以人民的利益为重，把全心全意为人民服务落实在每一件工作中，让人民群众在具体中感受到党的宗旨。

7.2　知识产权工作的大局

正确认识大局是大局意识的前提，只有认清所处的时代、环境，才能正确谋划工作。对于知识产权工作也不例外，只有正确把握知识产权的国内外新潮流、新态势，才能保证知识产权工作又好又快发展。

7.2.1　中国特色知识产权事业发展取得的历史性成就

我国的知识产权保护工作从新中国成立伊始至今，走出了一条中国特色发展之路。我国用几十年的时间，走过了发达国家几百年的发展道路，实现了从无到有、从小到大的历史性跨越，成为一个名副其实的知识产权大国。

新中国成立后不久，我国就对知识产权保护工作进行了积极探索。党的十一届三中全会以后，我国知识产权工作逐步走上正规化轨道。2008 年《国家知识产权战略纲要》颁布实施，知识产权上升为国家战略。党的十八大以来，党中央把知识产权工作摆在更加突出的位置，习近平总书记作出一系列重要指示，多次主持召开中央全面深化改革委员会（领导小组）会议，审议通过《关于强化知识产权保护的意见》《知识产权综合管理改革试点总体方案》等重要文件，作出一系列重大部署。2020 年 11 月30 日，习近平总书记主持第十九届中央政治局第二十五次集体学习并发表重要讲话，深刻阐述了知识产权工作的"五大关系"、"两个转变"和"六项重点"，为知识产权事业发展提供了根本遵循和行动指南。

自 20 世纪 80 年代开始，我国陆续制定出台商标法、专利法、著作权法、反不正当竞争法、植物新品种保护条例、集成电路布图设计保护条例、奥林匹克标志保护条例等法律法规，建立了符合国际通行规则、门类较为齐全的知识产权法律体系，并在实践过程中，认真听取社会反馈，并结合我国经济形势的变化，不断修改完善。特别是近年来，新制定的民法典确立了知识产权保护的重大法律原则，专利法、商标法、著作权法修改，建立了国际上高标准的侵权惩罚性赔偿制度，为严格知识产权保护提供了有力的法律保障。同时，我国还陆续加入了知识产权领域几乎所有主要的国际公约，积极履行国际公约规定的各项责任义务，日益成为知识产权国际规则的坚定维护者、重要参与者和积极建设者，在国际知识产权合作的过程中，发出中国声音。❶

---

❶　申长雨. 加快推进知识产权强国建设 [J]. 中国信用，2022，2（9）：9.

截至 2022 年 6 月底，我国发明专利有效量达到 390.6 万件，有效注册商标量达到 4054.5 万件，累计批准地理标志产品 2493 个，核准地理标志作为集体商标、证明商标注册 6927 件，集成电路布图设计登记累计发证 5.7 万件。特别是通过实施专利质量提升工程、商标品牌战略和地理标志运用促进工程，核心专利、知名商标、优质地理标志产品等持续增加。保护方面，统筹推进严保护、大保护、快保护、同保护各项工作，知识产权保护社会满意度达到 80.61 分，整体步入良好状态。运用方面，统筹推进建机制、建平台、促产业各项工作，2020 年，专利密集型产业增加值达到 12.13 万亿元，占 GDP 的比重达到 11.97%，成为经济高质量发展的重要支撑。全球领先的 5000 个品牌中，中国占 408 个，总价值达 1.6 万亿美元。

我国在世界知识产权组织发布的《全球创新指数报告》中的排名，由 2013 年的第 35 位提升至 2021 年的第 12 位，稳居中等收入经济体之首，是世界上进步最快的国家之一。特别是在多个细分指标上表现良好，PCT 国际专利申请量自 2019 年起连续三年位居世界首位，知识产权收入在贸易总额中的占比持续提高，进入全球百强的科技集群数量跃居全球第二，表明我国正在从知识产权引进大国向知识产权创造大国转变。世界知识产权组织表示，中国排名持续稳步上升，预示着全球创新地理格局正在向东方转移。

7.2.2 新时代知识产权工作中的任务

习近平总书记深刻指出，创新是引领发展的第一动力，保护知识产权就是保护创新。知识产权保护工作关系国家治理体系和治理能力现代化，关系高质量发展，关系人民生活幸福，关系国家对外开放大局，关系国家安全。习近平总书记的重要论述将知识产权保护工作提升到了前所未有的高度，对知识产权工作提出了更高的要求。

我国现在正在全面建设社会主义现代化国家，必须从国家战略高度和进入新发展阶段要求出发，全面加强知识产权保护工作，促进建设现代化经济体系，激发全社会创新活力，推动构建新发展格局。只有加强知识产权创造、运用、保护、管理和服务，才能更好地对内激励创新，对外促进开放。从历史方位上来看，当前，我国正在从知识产权引进大国向知识产权创造大国转变，知识产权工作正在从追求数量向提高质量转变，这些都对整个知识产权事业提出了很高的要求。

在 2021 年 9 月发布的《知识产权强国建设纲要（2021—2035 年）》中，就集中体现了最高决策层对于知识产权事业的顶层设计和具体要求。《知识产权强国建设纲要（2021—2035 年）》明确了知识产权强国建设六大方面重点任务❶，这是知识产权强国建设的关键领域和核心环节，也是很长一段时间内知识产权事业最大的大局。

一是建设面向社会主义现代化的知识产权制度。构建门类齐全、结构严密、内外协调的知识产权法律体系，加快大数据、人工智能、基因技术等新领域新业态知识产

---

❶ 申长雨. 新时代知识产权强国建设的宏伟蓝图 [J]. 知识产权，2021，10（4）：12.

权立法。构建职责统一、科学规范、服务优良的管理体制，加强中央在知识产权保护的宏观管理、区域协调和涉外事宜统筹等方面事权。构建公正合理、评估科学的政策体系，响应及时、保护合理的新兴领域和特定领域知识产权规则体系。

二是建设支撑国际一流营商环境的知识产权保护体系。健全公正高效、管辖科学、权界清晰、系统完备的司法保护体制，便捷高效、严格公正、公开透明的行政保护体系，统一领导、衔接顺畅、快速高效的协同保护格局。实施知识产权保护体系建设工程，健全行政保护与司法保护衔接机制。

三是建设激励创新发展的知识产权市场运行机制。完善以企业为主体、市场为导向的高质量创造机制。健全运行高效顺畅、价值充分实现的运用机制，加强专利密集型产业培育，推进商标品牌建设。建立规范有序、充满活力的市场化运营机制，实施知识产权运营体系建设工程。

四是建设便民利民的知识产权公共服务体系。加强覆盖全面、服务规范、智能高效的公共服务供给，实施知识产权公共服务智能化建设工程。加强公共服务标准化、规范化、网络化建设，建立数据标准、资源整合、利用高效的信息服务模式。

五是建设促进知识产权高质量发展的人文社会环境。塑造尊重知识、崇尚创新、诚信守法、公平竞争的知识产权文化理念。构建内容新颖、形式多样、融合发展的知识产权文化传播矩阵。营造更加开放、更加积极、更有活力的知识产权人才发展环境，加强知识产权国际化人才培养。

六是深度参与全球知识产权治理。积极参与知识产权全球治理体系改革和建设，扩大知识产权领域对外开放。构建多边和双边协调联动的国际合作网络，积极维护和发展知识产权多边合作体系，深化与共建"一带一路"国家和地区知识产权务实合作，打造高层次合作平台。

坚持创新发展，实现高水平的自立自强，离不开知识产权制度的保障。只有严格保护知识产权，才能有效保护我国自主研发的关键核心技术，有效突破产业瓶颈，防范化解重大风险。知识产权制度赋予了科技创新者对于创新成果在一定期限内独享市场利益的权利，使其有机会收回创新投资并继续再投资，从而激励科技创新不断累积，进而推动以科技创新为主导的市场经济持续增长。可以说，知识产权制度为实现创新发展和高水平的自立自强提供了最有力的法律保障和最强大的激励机制。而在整个知识产权体系中，专利，特别是发明专利，是最能体现知识产权制度激励机制的制度之一，整个专利审查事业，特别是用于服务专利法立法宗旨的创造性审查，必然也要服务于国家战略的需要这个大局。而在专利审查服务于国家战略的大局中，由于创造性的审查能够最为直接地反映专利法的立法宗旨，在创造性的审查中，必然也需要形成大局思维，来实现通过创造性的审查服务国家高质量发展的战略目标。

7.3　创造性审查中的大局思维

从高速增长阶段转向高质量发展阶段，改革开放是永不停息的征程。中国的专利制度伴随改革开放而生，是社会主义市场经济的产物，是国家创新驱动、转型发展的主要支撑。加强知识产权保护，是提高中国经济竞争力最大的激励。专利审查是知识产权保护的源头和专利工作的基础，要发挥专利制度激励创新，促进增长模式向创新驱动转变，就必须要让专利权赋予那些真正值得鼓励的申请，发挥专利的制度价值，通过正向激励来提升专利质量，这是社会对专利审查工作的期待，也是专利审查工作应当担负的责任。专利制度的激励目的在于提升整个社会的创新能力，而创造性的法条本意正是用来评判发明的技术方案相对于现有技术所作出的技术贡献的高低，因此，创造性的审查与创新密切相关，在创造性审查中把握好大局意识，形成大局思维，让创造性审查能够从专利保护的源头为国家知识产权战略的实施发挥出应有的作用，可以说是整个专利审查中最为关键的思维。

创造性审查中的大局思维与其他工作中需要的大局思维有相同的部分，其同样需要处理好局部与全局、当下与长远、主体与客体、规律与目的的统一。那么在具体的审查实践中，该如何落实好这样的统一呢？笔者认为，应当从以下几个角度去考虑。

7.3.1 准确理解立法宗旨

专利的审查是判断其是否具备授权条件的一种行政行为。在判断过程中，虽然个案具体的情形千差万别，但其标准本质仍然是判断审查的专利申请是否值得给予专利权以资鼓励。对一件申请的授权是否能够达到鼓励创新的目的，是每件申请授权前需要回答的问题，这是创造性的立法本意，也是专利制度存在的价值。将法的精神落实在每个个案的审查中，就是将具体的个案与抽象的专利法有机结合在一起，是一种大局思维的体现。

专利审查是知识产权保护的源头和专利工作的基础。把好专利审查授权关，避免不当授权，用创造性审查实现正向的价值传导作用，就需要正确把握创造性的立法本意，对于值得鼓励的申请授权，对于不符合鼓励创新的申请，特别是不以保护创新为目的的非正常专利申请进行果断拦截。

例如，2012年，某申请人提交了一系列中药面膜的申请，涉案的系列申请要求保护含有中药成分的面贴膜用乳液。这些系列申请的权利要求构成大体相同，即包括白芨、茯苓等中药活性成分，复合防腐剂以及其他保湿剂、增稠剂、营养剂和水等辅料，权利要求中还具体限定了各个组分的具体成分和用量。该系列申请的说明书中均记载了制备例和测试例以及实验数据，用以证明其技术方案的技术效果。

该系列申请要求保护的面贴膜乳液的技术方案与最接近的现有技术相比[1]，区别特征之一在于涉案申请采用了某种复合防腐剂，该种复合防腐剂的组成成分为现有技术中已有的防腐剂。复审请求人在复审程序中强调，现有技术未公开其复合防腐剂，从现有技术公开的大量防腐剂中选择具体的防腐剂复合使用需要大量的实验研究与分析，

---

[1] 祝文明. 不可信实验数据致化妆品专利申请被驳回 [N]. 中国知识产权报，2018-07-11 (11).

并且在实验验证之前，本领域技术人员无法预期其技术效果，而专利申请的说明书实施例证明了该种复合防腐剂产生了协同增效的作用，取得了防腐性能大幅提高的效果，即取得了预料不到的技术效果，并以此认为其发明具备创造性。

在该案的复审审查过程中，合议组考察了与该申请相关的系列申请后发现，该申请说明书具体实施方式部分检测了实施例 1—8 的微生物水平，实验结果显示 6 个月内实施例 1—3 微生物均达标，实施例 4、5、7 第 6 个月微生物超标，实施例 6 第 5 个月起微生物超标，实施例 8 第 3 个月起微生物超标。除该申请之外，复审请求人在 2013 年 4 月 3 日和 26 日还申请了另外 8 件名称为"一种……面贴膜用乳液、面贴膜及其制备方法"的发明专利。上述申请的实施例与该申请除了活性成分不同之外，辅料以及用量也不完全相同，但是均得出与该申请完全相同的实验结果。此外，复审请求人于同年还提交了 20 余件其他类型面膜的发明专利申请，同样地，除了活性成分不同之外，辅料以及用量也不完全相同，然而这些申请的实验结果也完全相同。在活性成分、辅料及用量均不相同的情况下得到相同的实验结果，这种情况不符合实验科学的一般性规律，由此导致该申请说明书所提供的实验数据的真实可信度高度存疑，其所证明的技术效果无法采信。因此，该申请的复合防腐剂所能达到的技术效果应确定为本领域技术人员根据现有技术可预期的一般性效果。合议组在上述分析的基础上，得出了该申请要求保护的技术方案不具备创造性的结论。

对有价值的创新成果给予严格保护，剔除虚假编造、有损社会诚信的低质量申请，真正实现专利制度保护专利权人合法权益、鼓励发明创造的初心和应有之义，这正是在审查中正确体现创造性立法本意的大局意识。

7.3.2 合理把握裁量空间，维护国家安全

在知识产权治理体系和治理能力现代化进程中，专利审查工作面临新挑战和新要求。随着新领域新业态的快速发展，知识产权在高质量发展中的关注度、参与度和创新度不断提升，国家和创新主体对审查政策标准、审查质量、审查效率、审查模式等要求更高、更迫切、更多样化。与此同时，新的增长模式也需要整个社会对于创新驱动形成共识，形成尊重创新、保护创新的社会氛围。行政机关更是需要主动担当，在实质审查中体现审查促进创新的实质，发挥审查助力创新的助推作用，对于国内创新主体在趋紧国际先进技术的追赶路程上，提供合理合法范围内的服务。党的十八大以来，以习近平同志为核心的党中央把创新驱动发展上升为国家战略，标定了创新在我国现代化建设全局中的核心地位。习近平总书记 2019 年 1 月 17 日考察天津时特别强调："创新是一个国家、一个民族发展进步的不竭动力。中国经济由高速增长阶段转向高质量发展阶段，贯彻新发展理念是关系我国发展全局的一场深刻变革，着眼于中华民族伟大复兴战略全局和世界百年未有之大变局，身处于'两个一百年'奋斗目标历史交汇的关键节点，今后的发展如果走不出一条创新之路，就闯不出一条制胜之道，关键核心技术受制于人的局面就难以得到根本转变，就不得不长期忍受'卡脖子'之

痛。创新是推动高质量发展的需要，也是提高人民生活水平的需要，更是开启全面建设社会主义现代化国家新征程的需要。……要实现从'跟跑'到'并跑'再到'领跑'，要增强国家战略科技力量，加强基础研究，加快攻克重要领域'卡脖子'技术，必须调整优化科学结构、完善科技创新激励机制和科技评价机制，破除科技创新的思想障碍和制度藩篱、树立科技创新的科学评价导向、投入大精力加强科技创新人才队伍建设，竭力为高质量发展注入更多'源头活水'。"

专利审查的结果是与鼓励创新直接相关的，在创造性的审查中，有目的地拓宽视野，关注技术领域内的最新动态，了解国内外最新的技术趋势，在专利法框架内对于涉及"卡脖子"的技术给予更多的关注，助力创新主体，营造对创新主体更有帮助的审批环境，实现科技创新方向更为精准，结果更为直接，就是有助于通过创造性审查实现更为长远目标的大局思维。

例如，2020年8月11日，国家知识产权局向申请人中国人民解放军军事科学院军事医学研究院和康希诺生物股份公司发出专利授权通知书，对发明专利申请"一种以人复制缺陷腺病毒为载体的重组新型冠状病毒疫苗"（申请号：202010193587.8）授予专利权。这件发明专利的发明人之一，是被授予"人民英雄"国家荣誉称号的军事科学院军事医学研究院研究员陈薇院士。

2020年1月11日，新冠病毒基因序列发布后，全世界有多个不同国家的团队开始了疫苗的研发。2020年1月26日，接到奔赴一线的命令，几个小时后，陈薇率领军事医学专家组就已到达武汉。此时，各国新冠病毒疫苗研发工作在快马加鞭地进行。在5种技术路线中，陈薇团队专攻的是重组新冠病毒疫苗（腺病毒载体）。这种疫苗是用经过改造后无害的腺病毒作为载体，装入新冠病毒的S蛋白基因，制成腺病毒载体疫苗，刺激人体产生抗体。

2020年3月16日，重组新冠病毒疫苗获批率先启动临床试验。3月18日，陈薇院士的团队联合康西诺就申请了该腺病毒疫苗的申请。4月10日，完成疫苗一期临床试验接种的108位志愿者，全部结束集中医学观察，健康状况良好。4月12日，疫苗开展二期临床试验，成为当时全球唯一进入二期临床试验的新冠病毒疫苗。7月20日，国际学术期刊《柳叶刀》杂志在线发表了陈薇团队研发的疫苗二期临床试验结果的论文。研究指出，该疫苗是安全的，并且可以诱发免疫反应。此后，疫苗又在俄罗斯和巴基斯坦开展三期临床试验。8月11日，陈薇被授予"人民英雄"国家荣誉称号，也是在同一天，陈薇院士团队的发明专利获得了授权。

在该申请分配给审查员时，负责审查的审查员根据该申请的主题、发明人以及申请人结合申请的时间节点，敏感意识到了这份申请有可能关乎到整个国家的健康安全，必须给予特别的关注。

在核实了整份申请文件的技术事实之后，通过检索审查员获得了相关的现有技术。该现有技术同样涉及腺病毒载体型疫苗的开发，不同的是现有技术是SARS病毒的疫苗。这个疫苗同样采用经典的腺病毒疫苗开发路线，也是病毒序列合成、载体构建、病毒包装的步骤。通过对比可以发现，该申请与现有技术的主要区别是病毒的序列不同，该申请适用了优化后的新型冠状病毒的 S 蛋白。

负责该案的审查员在创造性的衡量中，认真考虑了申请日之前每个技术团队对于新冠病毒的了解程度、对于其可能使用的蛋白质优化所需要的难度、整个技术方案产生所需要的实验精度和难度。特别是，审查员更为敏锐地认识到，在抗疫的"战役"中，时间就是生命，这件申请可能关乎卫生安全，事关人民福祉。因此，在与现有技术已经存在较为明显的差异的情况下，审查员直接与申请人通过电话沟通，在消除了申请文件中的形式缺陷后作出了授权决定，而此时距离该发明提出申请，仅仅过去不到 5 个月，而审查员从拿到申请文件、检索、与申请人沟通，到作出授权决定，整个周期只有 32 天，使这款疫苗成为首件中国新冠疫苗专利。

2022 年 7 月 26 日，第 23 届中国专利奖评审结果揭晓，这项关系公众生命健康的发明专利荣获中国专利金奖，这是中国政府授予专利权的发明创造者的最高级别政府奖。

这项事关国家安全战略的技术，从立项到最终获得专利保护，体现了整个专利审批系统主动发挥大局思维的作为。2020 年 2 月 15 日，国家市场监督管理总局、国家药品监督管理局、国家知识产权局发布了根据《专利优先审查管理办法》（国家知识产权局令第 76 号），发布了《支持复工复产十条》，明确对涉及防治新冠感染的专利申请、商标注册，依请求予以优先审查办理。陈薇院士团队依据《专利优先审查管理办法》和《支持复工复产十条》，提出优先审查请求。国家知识产权局认为其符合优先审查标准，按优先审查程序进行办理。在审查过程中，审查员秉承客观公正的精神，对所有专利申请一视同仁，严把审查授权关，强化质量评价，严格依法审查，确保优先审查专利申请的授权质量；同时站位大局，在申请已经明显区别于现有技术的情况下，没有通过通知书沟通的方式来进一步确认创造性的程度，而是通过更为快捷的方式帮助创新主体更快地获得更为优质的授权，使得疫苗技术没有受制于人。

7.3.3 为创新保驾护航

知识产权制度是一种激励和保护创新并促进创新性成果推广运用的法律制度和激励机制。它既体现为激励创新创造，也体现为激励对创新的投资与创新成果的商业化。创新是引领发展的第一动力，保护知识产权就是保护创新。在《"十四五"国家知识产权保护和运用规划》中要求，全面加强知识产权保护，激发全社会创新活力。专利审查是专利保护的源头，在审查中准确理解技术事实，充分了解现有技术，在横向、纵向的维度上去理解技术方案在现有技术中的坐标，在此基础上对技术方案作出客观、公正的判断，通过准确理解创造性的立法本意来把握每一件专利申请是否符合鼓励创新的立法本意，使得真正的创新能够得到高质量的保护，形成高质量的创新，这是在审查工作中正确运用创造性，使审查能够为创新保驾护航的大局意识。

例如，国家知识产权局发布的 2021 年度专利复审无效十大案件中，有一件发明名称为"防爆装置"的案件。这件案件在无效宣告请求审理过程中，由于涉及新能源领域的多个重要创新主体之间的侵权纠纷，引起了业界的高度关注。

涉案专利名称为"防爆装置"（专利号：ZL201521112402.7），专利权人为宁德时代新能源科技股份有限公司（以下简称"宁德时代"），无效宣告请求人为东莞塔菲尔新能源科技有限公司（以下简称"东莞塔菲尔"）与江苏塔菲尔新能源科技股份有限公司（以下简称"江苏塔菲尔"）。2020年3月，原告宁德时代起诉东莞塔菲尔和江苏塔菲尔两家公司未经其许可，侵犯其上述"防爆装置"实用新型专利权，请求判令二被告连带赔偿原告经济损失1.2亿元。该案为国内首起新能源汽车电池专利侵权案，为国内锂电池专利维权拉开了序幕。东莞塔菲尔和江苏塔菲尔针对涉案专利先后向国家知识产权局提出了3次专利权无效宣告请求。

无效宣告请求阶段中，面对东莞塔菲尔和江苏塔菲尔提出的证据组合，宁德时代对权利要求进行了修改，与最接近的现有技术的区别就在于"加强环"和"连通机构"。请求人认为上述区别分别为不同的现有技术所公开，并认为权利要求1相对于证据1结合证据2及公知常识，或者相对于证据1结合证据6和公知常识不具备创造性。

该案关于创造性判断的关键主要在于：如何理解该专利相对于现有技术的主要改进点；进而，如何考虑作为技术改进点的多个特征之间的协同关系对权利要求创造性产生的影响。

结合涉案专利说明书及附图对技术方案的具体记载，可充分理解涉案专利相对于现有技术主要的改进如下：电池顶盖增设加强环及保护层，与密闭腔室、连通机构具有紧密的联系，而连通机构也是基于上述结构进行设置的，并且方便了电池气密性检测与防爆片破损检测，提高质检效率同时提高电池的安全性和使用可靠性。因此，根据上述区别特征可确定涉案专利实际解决的技术问题是：增强电池顶盖强度的同时使得电池顶盖在固定防爆片时不易变形，并通过气密性检测提高电池安全性和使用可靠性。

涉案专利的技术方案中，在电池顶盖上增设加强环及保护层，其与密闭腔室、连通机构具有紧密的联系，由保护层、防爆片和纵向通孔的孔壁共同围成密闭腔室，而连通机构也是基于上述密闭腔室的结构进行设置，使得密闭腔室与外部相连通，从而方便了电池气密性检测与防爆片破损检测，提高质检效率同时提高电池的安全性和使用可靠性。请求人提供的证据中，或者未公开加强环，或者未公开连通机构，或者二者均未公开，并且都未公开涉案专利中由密闭腔室到连通机构、最终解决了电池气密性检测与防爆片破损检测问题的设计思路。因此，上述密闭腔室、加强环与连通机构等技术特征，相互之间在结构和功能上存在协同作用，具有紧密联系，不应将其割裂，而应从整体上考虑上述特征的协同作用对权利要求创造性的影响。因此，修改后的权利要求1相对于请求人主张的多种证据结合方式均具备创造性。❶

该案对新能源领域产品结构类申请的创造性判断进行了详细阐释，深入分析了如何基于本领域技术人员角度来对结构复杂的权利要求进行创造性判断，尤其是针对多

---

❶ 唐向阳. 多个技术特征之间的协同关系对创造性的影响［N］. 中国知识产权报，2022 – 07 – 13（6）.

个特征之间的协同关系是否对权利要求创造性产生影响。《专利审查指南 2010》第二部分第四章中规定："对于功能上彼此相互支持、存在相互作用关系的技术特征，应整体上考虑所述技术特征和它们之间的关系在要求保护的发明中所达到的技术效果。"请求人在无效宣告理由中，将权利要求的技术特征拆解，分别引用多份现有技术证据"各个击破"，拆解割裂多个结构特征之间紧密的配合关系，忽略技术特征之间的相互协同作用。这种将技术特征碎片化的现象容易导致的问题是：将散落于不同现有技术中的零散技术特征或技术特征的局部简单拼凑在一起，即认为现有技术中存在技术启示。

通过准确站位本领域技术人员，审理该案的合议组充分考虑了技术方案的整体，将具有紧密配合关系的技术特征作为整体考虑来判断其对现有技术作出的贡献，最终作出了正确的判断，维护了创新主体的合法权益。最终，福建省高级人民法院以专利权人在无效宣告程序中提交的权利要求 1—8 为基础，认定被诉侵权产品落入涉案专利的保护范围。最终双方达成了和解。

7.3.4 创新模式服务大局

作为专利审查的行政部门，专利审查部门除了通过提升审查能力、提高审查效率来满足创新主体对于审查服务的质量和效率的精细化要求，还应当主动创新审查模式，为创新主体提供高质量、高效率的服务，不断提升社会公众对专利审查工作的满意度。在提质增效的工作中，加大创新力度，自下而上推动工作创新，将满足创新主体需求作为工作的出发点，做到谋划为人民，并将这种精神践行在创造性的审查中，真正地形成以人民为中心的价值追求。

例如，国家知识产权局专利局专利审查协作北京中心发挥自身专业优势，在 2020 年新冠疫情暴发之初，快速组建审查员专家队伍，联合兄弟单位奋战 84 小时开发出"新型冠状病毒感染肺炎防疫专利信息共享平台"，提供近万条新冠疫情防控专利信息，免费向社会开放，受到包括"中国政府网"和"学习强国"在内的多家媒体的广泛关注报道，为高校、科研院所、卫生医疗机构的科技研发人员提供了"抗疫"专利信息支撑。[1]

在审查提质增效大背景下，创新审查模式是提高审查效能、服务创新主体、助推高质量发展的必行之举。聚类审查就是其中一种在新形势下的创新审查模式，这种审查方式聚焦创新主体或新兴技术比较集中的领域，通过精细匹配审查资源，以小组审查等方式，提升审查效率。聚类审查及工作组审查，在缩短审查周期、提高审查效率等方面具有积极作用，不仅可以帮助审查员实现标准统一，还可以帮助创新主体获得更为优质、高效、更可预期的审查意见，是实现帮助创新主体高质量发展的创新审查模式。

例如，2022 年，国家知识产权局专利局专利审查协作北京中心某审查部门接收到

---

[1] 李杨芳. 添足知识产权之薪 助燃创新发展之火［N］. 中国知识产权报，2021－06－11（4）.

一批某创新主体的专利申请，这批申请技术领域集中在水利工程，技术内容较为接近，而且申请人是国内重点领域的重要创新主体，采用集中审查的模式，不仅可以减少重复工作量，提升审查效率，还可以让创新主体能够较为集中地了解其某一技术领域中，不同研究方向上的技术贡献，从而为创新主体调整研发重点、谋划专利布局提供关键信息。为此，负责这批案件审查的审查部门建筑工程一室在征得申请人的同意后，成立了专项工作组进行集中审查。

集中审查开展后，审查员通过充分检索，将整批案件按照对现有技术贡献程度高低分为不同的三种类型。对于符合创造性条件，申请文件仅存在需修改的形式缺陷的申请，通过电话沟通，不发出通知书，经申请人补正后一次授权。对于有创造性但贡献明显较低的申请，发出审查意见通知书，明确告知申请人申请文件中存在的实质缺陷，再通过与联系人电话沟通，将集中审查中的对于创造性判断的心证过程、现有技术状况告知申请人，帮助申请人明确案件前景。这部分案件经过沟通后，申请人接受了关于审查部门对于创造性的判断，不再进行答复。对于审查部门认为不具备创造性，但申请人并不认同的案件，审查部门将意见中的主要争议点进行了汇总，通过视频会晤和技术说明会的方式进行了集中讨论。

在审查部门和创新主体共同参加的技术说明会中，创新主体中的一线研发人员详细介绍了研发思路，以及体现在专利申请中的关键技术特征，同时还结合已经在产业实践中取得的成果，使审查部门对行业技术现状和发展趋势有了更深入的了解。同时，在技术说明会现场，研发团队还与审查员现场就创造性意见中的主要争议焦点进行了深入的交流。最终，通过创新的审查模式，帮助创新主体快速、高效地获得了高质量的审查服务。申请人专门向审查部门发了感谢信，对审查部门在审查过程中提供的专业指导和高效审查表示了感谢。

提升专利质量，是我国由要素驱动发展向创新驱动发展、由知识产权大国向知识产权强国迈进的必然要求。如今，改革已进入全面深化阶段，经济从高速度发展转向高质量发展，已成为新时代中国经济的鲜明特征。创新审查模式，通过创造性审查帮助优质创新主体实现高质量专利，实现高质量创新，达到高质量发展，正是将创造性审查与发展大局结合运用，在创造性审查中体现大局意识。

第8章　创造性审查意见的撰写

本书以上章节通过翔实的案例，对创造性评判的整体流程进行了具体阐述。了解了创造性评判中的典型问题和注意事项后，接下来进入创造性评判意见的撰写环节。

在创造性评判过程中，具有说服力的创造性审查意见是有效提升审查质效的关键因素。因此，本书编写组以创造性评判过程中涉及的几个典型问题为例，从一般通知书和优秀通知书的比对入手，为读者展示创造性评判过程的通知书撰写真实案例，以期能够为实审审查员创造性审查意见的撰写给出实践指导和启发。

8.1　审查意见通知书的功能

《专利法》第37条规定："国务院专利行政部门对发明专利申请进行实质审查后，认为不符合本法规定的，应当通知申请人，要求其在指定期限内陈述意见，或者对其申请进行修改；无正当理由逾期不答复的，该申请即被视为撤回。"

在实质审查过程中，国家知识产权局认为一项发明专利申请不符合《专利法》及《专利法实施细则》有关规定而不能在其现有申请文本的基础上授予专利权的，不能直接作出驳回该发明专利申请的决定，而是必须首先通知申请人，为其提供一个陈述意见、进行修改的机会。通常情况下，国家知识产权局以"审查意见通知书"的形式，将审查意见和初步结论通知申请人。❶

审查意见通知书作为官方法律文书，是审查员与申请人进行沟通的主要手段，是审查员与申请人进行书面交流的重要渠道。审查员在审查意见通知书中将申请文件中不符合《专利法》及《专利法实施细则》的缺陷和倾向性结论告知申请人，申请人针对审查意见通知书的审查意见作出针对性的意见陈述和/或修改，通过审查员的综合评判进而获得该申请是否能够获得专利权的结论。审查意见通知书与申请人答复的过程是国家知识产权局与申请人之间的对话过程，是使专利申请能够符合《专利法》及《专利法实施细则》有关规定的过程。审查意见通知书给予申请人纠正其申请文件撰写过程中的失误或偏差的机会，提高其申请能够获得专利权的可能性。

审查意见通知书的审查意见应当以事实为依据，以法律为准绳，法条适用准确，用语规范严谨，事实呈现清楚。同时，审查意见通知书的审查意见应当详略得当，明

---

❶　尹新天. 中国专利法详解［M］. 北京：知识产权出版社，2011：431－433.

确告知申请人其申请文件的缺陷所在，合理引导申请人进行意见答复。

高效的审查意见，能够使得申请人充分了解其申请的授权前景，畅通审查员与申请人之间的沟通路径，有利于提高审查效率，整体提高审查质量。

8.2　审查意见撰写要点

创造性评判是审查意见通知书中最重要，也是最常见的审查意见，其撰写质量无疑能够直接影响到审查员与申请人之间的沟通效果。

创造性评判审查意见应当立足公开的事实，客观有理，主次分明，明确全面。同时，创造性评判审查意见易读易懂，也是使得申请人能够准确领会审查意见的实质观点的重要因素。

本节通过真实案例，对创造性评判过程中涉及的几个典型问题的实质审查意见撰写进行举例分析。

8.2.1　实际解决的技术问题的分析与确定

确定区别特征及基于区别特征确定发明实际解决的技术问题是创造性评判"三步法"中承上启下的关键步骤。发明实际解决的技术问题应当是基于最接近的现有技术重新确定的实际解决的技术问题，是通过与最接近的现有技术比较得出的，其可能是说明书中提及的某个技术问题，也可能不同于说明书中记载的技术问题，审查员应当根据最接近的现有技术的选择重新确定发明实际解决的技术问题。

重新确定发明实际解决的技术问题，是以区别特征带来的技术效果作为基础的，不是技术手段本身，也不是能够找到该技术手段的指引。

因此，在创造性审查意见撰写过程中，客观分析技术方案在说明书中记载的技术问题和技术效果，基于最接近的现有技术重新确定的发明实际解决的技术问题，能够有效避免创造性评判中先入为主的"事后诸葛亮"式的判断偏差，使得创造性审查意见客观正确。

【案例 8 - 2 - 1】一种左旋沙丁胺醇及其盐的制备方法

【案情介绍】

该案例涉及申请号为 201610728414.5 的发明专利申请，发明名称为"一种左旋沙丁胺醇及其盐的制备方法"。

该申请说明书记载：现有技术中，左旋沙丁胺醇是肾上腺素能 β_2 - 受体激动剂，临床用于治疗支气管哮喘，比外消旋体具有更好的支气管扩张效果，用量少、不良反应小。左旋沙丁胺醇的合成有多种方法：第一种方法是利用消旋体沙丁胺醇进行拆分制备光学异构体，但这种拆分方法步骤复杂、拆分剂非常昂贵、成本高，而且分离得到左旋沙丁胺醇的收率很低；第二种方法是不对称催化法，该路线用到多种毒性很大的物质，且部分物质的制备要求较高、成本较高；第三种方法使用手性氧氮杂硼烷催化剂在硼烷的作用下，将前体 α - 亚胺酮或 α - 胺基酮进行手性还原得到左旋沙丁胺醇，该方法需要专门制备催化剂，且其前体亚胺保存不易，不易大量生产。

该申请为解决上述技术问题，提供一种方便快捷、成本低廉、操作简便、原料相对易得、适于大规模生产的左旋沙丁胺醇的制备方法。

权利要求 1 如下：

一种用于制备式 V 的左旋沙丁胺醇的方法，其特征在于包含以下步骤：

（1）以式 I 化合物为原料，在有机溶剂中与溴反应生成 II，反应中使用的溶剂为 N，N - 二甲基甲酰胺、N，N - 二乙基乙酰胺、二甲亚砜、二氯甲烷、乙酸乙酯、乙醚、丙酮等的一种或多种混合物，反应时间为 3—4 小时，反应温度为 0—50℃；

（2）II 在（1R，2S）-（+）-1 - 氨基 -2 - 茚醇存在下，在有机溶剂中用硼烷还原，生成 R 构型的醇 III，反应中使用的溶剂为 N，N - 二甲基甲酰胺、N，N - 二乙基乙酰胺、二甲亚砜、二氯甲烷、四氢呋喃（THF）、二氧六环或乙醚的一种或多种混合物，硼烷与（1R，2S）-（+）-1 - 氨基 -2 - 茚醇的摩尔比为 1：（0.008—0.055），反应温度为 0—50℃，反应时间 3—4 小时；

（3）III 与叔丁胺在高压反应釜中反应，生成中间体 IV，反应中所用溶剂为二氯甲烷、四氢呋喃、甲醇或乙醇等的一种或多种混合物，或不用溶剂，反应温度为 50—130℃，反应时间 3—4 小时，III 与叔丁胺的摩尔比为 1：（4—8）；

（4）IV 在酸和/或碱存在下，脱去保护基 R1 和 R2，或经碱脱去其中一个保护基，然后氢化脱去另一个保护基，得到左旋沙丁胺醇游离碱，再与酸成盐得到终产物左旋沙丁胺醇盐，反应中所用溶剂为甲醇、乙醇、异丙醇或水的一种或多种混合物，酸为 50% TFA 溶液、4MHCl 二氧六环溶液、5%—20% 盐酸、盐酸异丙醇溶液、硫酸或枸橼酸，碱为氢氧化钠或氢氧化钾，氢化催化剂为 Pd - C；

式 I 中 R₁ 和 R₂ 可以相同或不同，分别选自乙酰基、HCO、苄基、苄氧羰基、叔丁基、四氢吡喃基、三甲硅基、2－硝基苄基。"

该申请的产物对映体过量值大于 92%，操作简单，收率高，解决了制备左旋沙丁胺醇的关键技术难点；成品光学纯度达 99.9%，无须其他手性拆分方式进行纯化。本申请路线短，无须专门制备催化剂，反应收率高，适于大规模生产。

【案例评析】

审查意见通知书中引用的对比文件涉及发明名称为"左旋沙丁胺醇及其盐的制备方法"的中国发明专利申请。对比文件的说明书记载：目前用于治疗哮喘的药物中 β₂－肾上腺受体激动剂是临床上应用最为广泛的抗哮喘药物。左旋沙丁胺醇为长效 β₂－肾上腺受体激动剂，作用持续时间长，起效快。目前左旋沙丁胺醇的合成方法主要有外消旋体拆分法、金属催化不对称合成、底物控制的不对称合成、水解动力学拆分等，这些合成方法存在原料价格贵、生产成本高等问题。

对比文件提供一种新的左旋沙丁胺醇的合成方法，以克服现有技术中存在的反应条件苛刻、操作烦琐、污染严重、收率低、成品质量不高、难以规模化工业生产的问题。

对比文件公开的左旋沙丁胺醇的制备方法包括：

（a）化合物 1 与二甲胺、甲醛在 0—40℃下反应 3—12h，得到反应混合物，在所得反应混合物中加入硫酸溶液，接着用氨水调节 pH 为 7.0—7.5，然后用甲苯萃取，萃取所得有机相依次用水、饱和食盐水洗涤后，减压浓缩得到浓缩物，所得浓缩物与醋酐在有机溶剂 A 中，于 30—150℃反应 2—10h，得到反应液 A，反应液 A 经后处理得到化合物 2；

（b）在有机溶剂 B 中，步骤（a）所得化合物 2 和溴化试剂于 －5—40℃下反应 1—12h，得到反应液 B，反应液 B 经后处理得到化合物 3；

（c）氮气保护下，在有机溶剂 C 中，步骤（b）所得化合物 3 在手性催化剂（S）－二苯基脯氨醇、硼烷试剂作用下，于 20—80℃反应 8—20h，得到反应液 C，反应液 C 经后处理得到化合物 4；

（d）在有机溶剂 D 中，步骤（c）所得化合物 4 在碱作用下，于 0—40℃反应 8—16h，得到反应液 D，反应液 D 经后处理得到化合物 5；

（e）将步骤（d）所得化合物 5 与叔丁胺混合，于 40—100℃下反应 8—16h，得到反应液 E，反应液 E 经后处理，得到终产物左旋沙丁胺醇 6。

对比文件公开的技术方案路线（参见图 8－2－1）简单，采用廉价的对羟基苯乙酮作为起始原料，总共经 5 步反应得到目标产物左旋沙丁胺醇；对比文件的合成方法反应条件温和，操作简便，收率高，立体选择性好，生产成本低，适合工业化生产，具有较大的实际应用价值和社会经济效益。

该申请请求保护的是一种制备左旋沙丁胺醇的方法，背景技术中提出现有的制备方法步骤复杂、拆分剂昂贵以及收率低、不适合大规模生产的问题。从该申请请求保

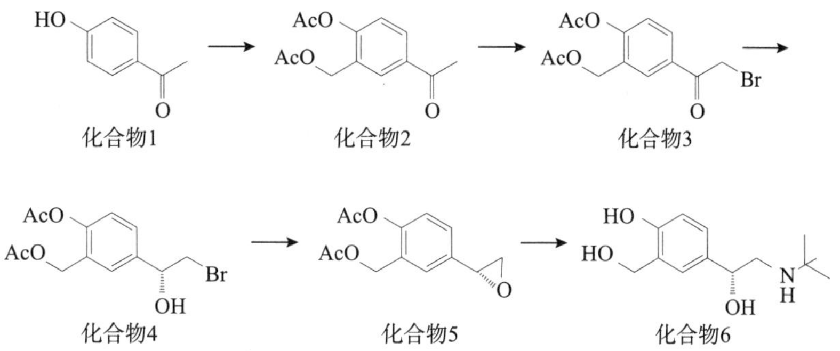

图 8 - 2 - 1 案例 8 - 2 - 1 对比文件 1 公开的技术方案路线

护的技术方案可以得到制备左旋沙丁胺醇的过程：原料与溴反应生成含羰基的溴代苯乙酮，并在催化剂下对其中的羰基进行手性还原得到手性醇，直接与叔丁胺反映生成化合物并经脱保护生成左旋沙丁胺醇游离碱进而生成左旋沙丁胺醇。

对比文件也公开了左旋沙丁胺醇的制备方法，其制备过程包括：化合物 2 与液溴在氯仿溶剂中 0℃反应 5h 得到化合物 3；化合物 3 在 S - 二苯基脯氨醇存在下，在甲苯溶剂中用硼烷还原，室温反应过夜得到化合物 4；化合物 4 在碱性条件下制备得到化合物 5，再与叔丁胺反应同时脱去保护基生成化合物 6，即左旋沙丁胺醇游离碱。

所属技术领域的技术人员通过将该申请请求保护的技术方案与对比文件进行特征比对，可获知该申请与对比文件的主要区别特征为（为聚焦评述意见，以下仅基于该主要区别特征进行分析）：该申请权利要求 1 在还原得到手性醇化合物之后直接与叔丁胺在高压反应釜中反应，随后进行脱保护得到左旋沙丁胺醇游离碱之后还与酸成盐得到了左旋沙丁胺醇盐；而对比文件则在得到手性醇之后在碱性条件下制备得到化合物 5，再与叔丁胺反应同时脱去保护基生成左旋沙丁胺醇游离碱。

也就是说，由该申请的反应路线图和对比文件的反应路线图对比可知：该申请是在还原得到手性醇化合物后直接与叔丁胺进行反应；而对比文件 1 得到手性醇后并不是直接与叔丁胺进行反应，而是将手性醇环氧化后再与叔丁胺进行反应。

一般情况下，对于区别特征实际解决的技术问题，按照创造性评判"三步法"的步骤和思路，审查员先找出权利要求请求保护的技术方案与对比文件 1 的区别特征后，通常情况下，其并不会在审查意见通知书中对发明实际解决的技术问题的确定过程进行详细论述，而是直接给出结论，进而形成一般通知书创造性审查意见。常见情形如下：

> 权利要求请求保护的技术方案与对比文件的区别特征为：权利要求在还原得到手性醇化合物后直接与叔丁胺进行反应，对比文件则在还原得到手性醇化合物后环氧化得到化合物 5 进而与叔丁胺进行反应。由此确定权利要求 1 实际解决的技术问题是：提高左旋沙丁胺醇的制备收率。……

一般通知书中，实审审查员简单地将该申请说明书中记载的技术问题直接认定为基于区别特征发明相对于对比文件实际解决的技术问题。然而从该申请与对比文件记载的全文来看，虽然该申请与对比文件均是公开的左旋沙丁胺醇的制备方法，且其背景技术所记载的现有制备方法存在的问题也有相似之处，但对于不同的制备方法，其实际能够解决的技术问题和带来的技术效果并不相同，因此将该申请说明书中记载的整体技术方案解决的技术问题直接认定为发明相对于对比文件实际解决的技术问题的认定方式显得随意且不够客观。

该申请的实审审查员首先确定该申请权利要求请求保护的技术方案与对比文件的区别特征，并从该申请说明书记载的整体技术方案解决的技术问题出发，重点分析基于上述区别特征如何得出发明实际解决的技术问题，客观地对发明实际解决的技术问题进行认定，使得通知书创造性审查意见中对该部分的评述客观准确：

> 权利要求请求保护的技术方案与对比文件的区别特征为：本申请权利要求 1 在还原得到手性醇化合物之后直接与叔丁胺在高压反应釜中反应，随后进行脱保护得到左旋沙丁胺醇游离碱之后还与酸成盐得到了左旋沙丁胺醇盐，而对比文件则在得到手性醇之后在碱性条件下制备得到化合物 5，再与叔丁胺反应同时脱去保护基生成左旋沙丁胺醇游离碱。本申请说明书中记载其对羰基进行手性还原可直接得到 R 构型的手性醇，操作简单、收率高，其制备方法路线短、收率高、适合大规模生产，然而对比文件 1 公开的方法同样是对羰基进行手性还原得到 R 构型的手性醇；对于收率，本申请各个步骤的收率分别为 86.11%、85.67%、62.7% 和 69.29%，而对比文件实施例 3、6—8 的收率分别为 90%、82%、85% 和 80%，由此可见本申请并未取得较对比文件更高的收率；本申请直接采用溴代苯乙醇与叔丁胺反应，而对比文件 1 还进行了环氧化，因此本申请相对于对比文件 1 反应路线更短。基于上述分析可以确定本申请实际解决的技术问题是如何缩短反应路线进而提供一种替代的左旋沙丁胺醇盐的制备方法。……

优秀通知书中，实审审查员并不急于对发明相对于对比文件实际解决的技术问题进行认定，而是从该申请说明书记载的整体技术方案解决的技术问题出发，重点针对收率，详细分析该申请请求保护的技术方案的区别特征相对于对比文件是否解决了收率更高的问题；通过该申请与对比文件各步骤的收率比对，得到该申请并未取得较对比文件更高的收率的结论，进而从该申请和对比文件的反应路线分析获得实际解决的技术问题。也由此可知，一般通知书中简单认定的区别特征相对于对比文件实际解决的技术问题为提高制备收率并不准确。这份优秀创造性审查意见中对区别特征实际解决的技术问题的分析及说理客观准确，行文通畅合理。

由此可见，在创造性审查意见的撰写中，确定发明实际解决的技术问题时，不能简单照搬申请文件的文字记载内容，可以先对相关考虑因素进行充分分析，在此基础上客观确定发明实际解决的技术问题，而不仅仅只给出一个认定结论，这样会使得审查意见更加客观、更有说服力。

8.2.2　技术特征实质相同的认定

权利要求由技术特征构成，发明与现有技术之间的技术特征比对贯穿创造性评判"三步法"的全过程。最接近的现有技术的选取、区别特征的确定、技术启示的获取各步骤的评判都以技术特征比对的准确性为基础。

创造性评判过程中，技术特征的比对不应当受文字表述的限制，其实质性技术内容是技术特征比对的依据。如果发明的技术特征与现有技术的相应技术特征文字表述不同，在创造性评判时需要考虑发明的该项技术特征与对比文件的相应技术特征在各自的技术方案中的功能、效果和目的，从而进一步判断该技术特征是否被现有技术公开。[1]

创造性评判中技术特征实质相同的认定，对发明与现有技术相比是否存在创造性起到决定性的作用。

【案例8－2－2】一种缝纫机电磁铁降噪机构

【案情介绍】

该案例涉及申请号为201810796267.4的发明专利申请，发明名称为"一种缝纫机电磁铁降噪机构"。

该申请说明书记载：在现有技术中，缝纫机在正倒缝时，电磁铁伸缩驱动送料调节轴转动，并通过调节曲柄、送料摆动杆带动送料调节器摆动，送料调节螺柱被送料调节器进行针距限位。电磁铁包括有壳部及设置在壳部外的框架，壳部内设置有线圈，铁芯贯穿设置在壳部内且头部及尾部分别伸出框架外。这种结构的电磁铁存在缺陷：当电磁铁在伸出时，电磁铁内的铁芯圆台面与电磁铁外壳内侧壁撞击，回缩时，螺母会与电磁铁外壳外侧壁撞击，送料调节螺柱在正倒缝转换时，会与送料调节器撞击，上述各种撞击产生很大的噪声，严重影响了缝纫机的使用操作。

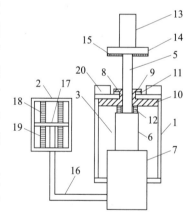

图8－2－2　案例8－2－2该申请缝纫机电磁铁降噪机构

该申请为解决上述技术问题，提出一种缝纫机电磁铁降噪机构，降低缝纫机正倒缝过程中由于电磁铁的结构产生的噪声，提高操作性能。图8－2－2为该申请缝纫机电磁铁降噪机构。

该申请的缝纫机电磁铁降噪机构，包括电磁铁壳体1与降噪装置2，所述电磁铁壳体1内贯穿连接有铁芯3，所述电磁铁壳体1外侧设有外框4，上卡块9设于所述电磁铁壳体1外侧，且所述上卡块9底部设有第一橡胶垫11，所述下卡块10底部连接有第

---

❶ 石必胜. 专利创造性判断研究 [M]. 北京：知识产权出版社，2012：159.

一减震弹簧 12，所述第一减震弹簧 12 底部连接所述中间部 6，所述铁芯 3 顶部设有电磁铁接头 13 与螺母 14，所述螺母 14 底部设有第二橡胶垫 15，所述尾部 7 一侧连接 L 形杆 16，所述 L 形杆 16 贯穿所述降噪装置 2 底部并延伸至所述降噪装置 2 内部，所述 L 形杆 16 顶部连接移动板 17，所述移动板 17 顶部通过第二减震弹簧 18 连接所述降噪装置 2 内腔顶部，所述移动板 17 底部通过第三减震弹簧 19 连接所述降噪装置 2 内腔底部。

在使用时，当铁芯 3 伸出或缩回时，第一减震弹簧 12 启动到作用，同时第一橡胶垫 11 起到减小噪声作用，当螺母 14 碰撞到上卡块 9 时，第二橡胶垫 15 起到降噪作用，且铁芯 3 在移动时，移动板 17 跟随移动，第二减震弹簧 18 与第三减震弹簧 19 也可以起到降噪作用，同时设置的蜂窝吸音板 20，能够吸收部分铁芯 3 的撞击产生的噪声。

该申请提交的权利要求 1 内容如下：

> 一种缝纫机电磁铁降噪机构，包括电磁铁壳体（1）与降噪装置（2），其特征在于，所述电磁铁壳体（1）内贯穿连接有铁芯（3），所述电磁铁壳体（1）外侧设有外框（4），所述铁芯（3）包括头部（5）、中间部（6）与尾部（7），所述头部（5）贯穿所述电磁铁壳体（1）与所述外框（4）的顶部……

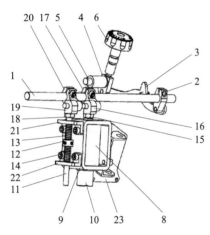

图 8 - 2 - 3　案例 8 - 2 - 2 对比文件
缝纫机缓冲机构

【案例评析】

审查意见通知书中引用的对比文件涉及缝纫机倒缝的缓冲机构（参见图 8 - 2 - 3）。该缓冲机构包括有针距调节机构，针距调节机构包括有倒缝电磁铁 7，倒缝电磁铁 7 包括有壳部 8 及设置在壳部 8 外的框架 9，壳部 8 内设置有线圈，铁芯 10 贯穿设置在壳部 8 内且头部及尾部分别伸出框架 9 外，在框架 9 的一侧设置有缓冲铁芯 10 动作的缓冲装置。缓冲装置包括有缓冲轴 11，缓冲轴 11 通过缓冲轴座设置在框架 9 的一侧，在缓冲轴 11 上套装有挡圈 12，挡圈 12 与缓冲轴座上端之间的缓冲轴 11 外套装有缓冲弹簧 13，在挡圈 12 与缓冲轴座下端之间的缓冲轴 11 外套装有缓冲弹簧 14。

在使用时，对比文件的缓冲弹簧 13、14 的设置减缓了铁芯的头部的螺母与框架碰撞以及电磁铁内的铁芯圆台面与电磁铁壳部内侧壁之间的撞击速度及撞击力度。

一般情况下，审查员在通知书撰写过程中会简单、直接地进行技术特征认定，形成的一般通知书创造性审查意见如下：

> 对比文件公开一种缝纫机倒缝的缓冲机构，即一种电磁铁降噪机构。……

一般通知书中，实审审查员自证对比文件为该申请的最接近的现有技术后便进行直接认定进而进入创造性审查意见的撰写中。虽然对比文件与该申请两者的技术领域相同，但其技术主题不同，解决的技术问题在各自的说明书记载中也不尽相同，但审查员对该最接近的现有技术的对比文件的内心确认过程并未呈现给申请人。因此，申请人面对该直接认定的审查意见，不免会产生缓冲机构为何能够相当于降噪机构的疑惑。

该申请的实审审查员从对比文件的具体技术方案和技术原理出发，分析其缓冲机构如何解决降噪问题，在通知书审查意见中将最接近的现有技术的确定部分的说理充分完整地展现出来：

> 对比文件公开一种缝纫机倒缝的缓冲机构，其通过在电磁铁壳体与铁芯圆台面之间设置缓冲弹簧实施缓冲，也解决了电磁铁机构内铁芯圆台面与电磁铁外壳内侧壁及送料调节螺柱与送料调节器的撞击而产生的过大噪声问题，即其实质上是一种电磁铁降噪机构。……

在优秀通知书中，实审审查员给出对比文件的技术主题后，没有直接评述对比文件的缓冲机构相当于该申请的降噪机构，而是从对比文件的具体技术方案出发，对其技术原理进行分析，对对比文件中的缓冲机构如何解决其降噪问题进行了分析，进而得到对比文件中的缓冲机构实质上也是一种降噪机构的结论，使得在创造性审查意见中的认定有理有据。

在创造性审查意见的撰写中，如果遇到了现有技术在技术领域、技术问题、技术手段、技术效果与本申请表面不同但实质相同的情况，建议不要仅直接给出一个结论，而是从具体技术方案和原理出发，充分分析二者为何实质相同，使得评述更有说服力。